普通高等教育“十三五”规划教材

自动控制原理

（第2版）

Principles of Automatic Control

(2nd Edition)

王卫江　陈志铭　王晓华 ◎ 编著

北京理工大学出版社
BEIJING INSTITUTE OF TECHNOLOGY PRESS

内 容 简 介

本书主要介绍闭环控制系统的基本理论及其工程分析和设计方法。全书共 9 章，前 6 章主要介绍控制的发展、闭环系统的基本原理、数学模型的建立、控制系统的基本分析方法、稳定性分析以及控制系统的设计和校正。后 3 章分别讲述现代控制理论、计算机控制理论和非线性控制系统。

全书内容力图构成一个完整的体系，使读者掌握控制理论的基本分析和设计方法。

本书可以作为自动化、通信、计算机、机电、光电、化工等专业本科生的教材，也可供相关专业的工程技术人员参考。

图书在版编目（CIP）数据

自动控制原理 / 王卫江，陈志铭，王晓华编著. —2 版. —北京：北京理工大学出版社，2017.7（2020.1重印）

ISBN 978-7-5682-4263-9

Ⅰ. ①自… Ⅱ. ①王… ②陈… ③王… Ⅲ. ①自动控制理论 Ⅳ. ①TP13

中国版本图书馆 CIP 数据核字（2017）第 155370 号

出版发行 / 北京理工大学出版社有限责任公司
社 址 / 北京市海淀区中关村南大街 5 号
邮 编 / 100081
电 话 /（010）68914775（总编室）
（010）82562903（教材售后服务热线）
（010）68948351（其他图书服务热线）
网 址 / http://www.bitpress.com.cn
经 销 / 全国各地新华书店
印 刷 / 三河市华骏印务包装有限公司
开 本 / 787 毫米×1092 毫米 1/16
印 张 / 16.25
字 数 / 382 千字
版 次 / 2017 年 7 月第 2 版 2020 年 1 月第 2 次印刷
定 价 / 48.00 元

责任编辑 / 陈莉华
文案编辑 / 陈莉华
责任校对 / 孟祥敬
责任印制 / 李志强

前言（第2版）

PREFACE (Second Edition)

本教材阐述了自动控制理论中的基本概念与基本原理，涵盖了经典控制理论和现代控制理论中的基本内容。

本教材是在2009年出版的第1版的基础上进行的进一步修订，保持了原书的基本结构，一共包含9章内容。首先对原书的错误进行了勘误与修正，然后根据需要补充了部分细节内容，如典型环节的极坐标图、波特图、极坐标图的绘制方法、滞后-超前补偿网络的设计方法等诸多部分以及部分例题，使内容结构更加清晰完整。

本教材适用于高等院校电子、通信、计算机等非自动化专业的教材，也可作为成人教育和继续教育的教材，亦可供有关科技人员参考使用。

本教材第2版参加编写的人员及具体分工是：第1、2、3章由王卫江副教授编写；第4、5、6章由陈志铭副教授编写；第7、8、9章由王晓华副教授编写。特别要感谢第1版的两位编者，韩绍坤教授和许向阳副教授，在他们打下的第1版的良好基础之上，我们的修订得以顺利完成，在此表示衷心的感谢。

由于编者水平有限，对于书中存在的缺点和错误，恳请各位读者批评指正。

编　者

前言（第1版）

PREFACE (First Edition)

本教材全面阐述了自动控制的基本理论，系统地介绍了自动控制系统分析和设计的基本方法。全书共分9章，第1章对自动控制理论的起源、现状、发展进行了简单介绍；第2章介绍控制系统的数学描述方法，系统地介绍了控制系统的数学模型以及利用结构图等效化简和梅逊增益公式确定系统闭环传递函数的方法；第3章介绍了线性系统的时域分析方法，重点对系统的稳定性、快速性、准确性的分析方法进行了讨论；第4章介绍了线性系统根轨迹分析方法，重点讨论了根轨迹的绘制法则以及利用根轨迹分析系统性能的方法；第5章介绍了系统频域分析方法，对频域法作图、分析的原理进行了详细讨论；第6章介绍了控制系统的综合和校正方法，分别介绍了采样根轨迹方法和频率特性方法进行系统校正的方法；第7章介绍了控制系统的状态空间分析方法，对系统的状态空间描述、运动分析、可控性、可观测性、线性变换以及综合设计方法进行了讨论；第8章介绍了线性离散系统的分析与校正，讨论了z变换理论，介绍了线性离散系统的分析方法；第9章讨论了非线性系统的描述函数法。

本教材可作为高等学校自动化、通信、计算机、自动控制等专业的教材，也可作为成人教育和继续教育的教材，亦可供有关科技人员参考。

本教材由北京理工大学信息科学技术学院“自动控制理论基础 B 教学组”集体分工编写。参加编写的人员及具体分工是：第1、2、3章由韩绍坤教授编写；第4、5、6章由许向阳副教授编写；第7、8、9章由王晓华副教授编写。对书中存在的错误及不妥之处，恳请各位读者、同行批评指正。

编　者

目 录
CONTENTS

第1章
绪　论

1.1　自动控制及其发展概述

自动控制作为一种重要的技术手段，能在没有人参与的情况下，高速度和高精度地自动完成被控对象的运动。它已在宇宙航行、军事装备的自动化、工业过程的自动控制、自动检测等方面获得了广泛的应用。自动控制在工业、农业、国防及科学技术的现代化中起着重要作用，自动控制技术的应用不仅使生产过程实现自动化，从而提高劳动生产率，增加产品量，降低生产成本，提高经济效益，改善劳动条件，使人们从繁重的体力劳动和单调重复的脑力劳动中解放出来，这在冶金、采矿、机械、化工、电子等部门尤为明显。同时，自动控制又可使工作具有高度的准确性，大大地提高了产品的质量和数量，提高了武器的命中率和战斗力。近年来，自动控制的应用范围还扩展到交通管理、生物医学、生态环境、经济管理、社会科学和其他许多社会生活领域，并对各学科之间的相互渗透起到促进作用。在人类改造大自然、探索新能源、发展空间技术和创造人类社会文明方面都具有十分重要的意义。

自动控制理论是在人类改造自然的生产实践活动中孕育、产生，并随着社会生产和科学技术的进步而不断发展、完善起来的。早在古代，劳动人民就凭借生产实践中积累的丰富经验和对反馈概念的直观认识，发明了许多闪烁着控制理论智慧火花的杰作。第一次工业革命促进了自动控制的飞速发展，1788 年，由詹姆斯·瓦特（James Watt）发明的蒸汽机离心调速器是一个最著名的例子。在他发明的蒸汽机上使用了离心调速器，解决了蒸汽机的速度控制问题，引起了人们对控制技术的重视。蒸汽机在某些条件下，转速会发生振荡，这个现象引起了一些学者的兴趣。1868 年，英国物理学家麦克斯威尔（J. C. Maxwell）根据力学原理，用常系数线性微分方程描述了调速器—蒸汽机—负荷系统，并得出简单的代数判据，圆满地解决了稳速问题，开辟了用数学方法研究控制系统的途径。此后，英国数学家劳斯（E. J. Routh）和德国数学家古尔维茨（A. Hurwitz）分别在 1877 年和 1895 年独立地建立了直接根据代数方程的系数判别系统稳定性的准则，就是现在的劳斯–古尔维茨判据。用此准则设计系统，可以保证系统的稳定性，并具有满意的控制精度。这些方法奠定了经典控制理论中时域分析法的基础。1932 年，美国物理学家奈奎斯特（H. Nyquist）研究了长距离电话线信号传输中出现的失真问题，运用复变函数理论建立了以频率特性为基础的稳定性判据，奠定了频率响应法的基础。第二次世界大战前夕，自动控制理论有了进一步的发展。1934 年，赫兹（H. L. Hazen）发表了具有历史意义的著作《伺服机构理论》，提出了用于位置控制系统的伺服机构的概念，讨论了可以精确跟踪变化的输入信号的继电式伺服机构。随后，波特（H. W. Bode）和尼柯尔斯（N. B. Nichols）在 20 世纪 30 年代末和 40 年代初进一步将频率响应法加以发展，形成了经典控制理论的频域分析法，为工程技术人员提供了一个设计反馈控制系统的有效工具。

第二次世界大战期间，军工技术的发展，要求控制系统能够准确地跟踪迅速变化的目标，即要求系统有良好的瞬态特性。如在设计研制飞机自动驾驶仪、火炮定位系统、雷达天线控制系统及其他军用系统时，这些系统的复杂性和对快速跟踪、精确控制的高性能追求，迫切要求拓展已有的控制技术，促使了许多新的见解和方法的产生。同时，还促进了对非线性系统、采样系统以及随机控制系统的研究。当时设计这类系统所需的理论已经在通信工程中发展形成，这就是以奈奎斯特（H. Nyquist）稳定判据为基础的频率响应理论。它对于分析、设计单变量系统是非常有效的工具。设计者只需要根据系统的开环频率特性，就能够判别闭环系统的稳定性和给出稳定裕量。同时又能非常直观地表示出系统的主要参数，即开环增益与闭环系统稳定性的关系。频率响应法圆满地解决了单变量系统的设计问题。在此基础上，波特（H. W. Bode）于 1945 年发表了用图解法来分析和综合反馈控制系统的方法，并将其应用于控制工程中，这就形成了控制理论中用于分析和设计控制系统的频率法。第二次世界大战推动了自动控制理论和实践的发展。飞机、火炮、舰船快速精确的控制，雷达跟踪和导弹制导技术发展之快令人惊奇。

战后，随着这些新理论及实践成果的公布，控制理论出现了蓬勃发展的新阶段。1948 年，美国科学家伊万斯（W. R. Evans）提出了根据系统参数变化时特征方程的根变化的轨迹来研究控制系统的“根轨迹”理论，创建了用微分方程模型来分析系统性能的整套方法，为分析系统性能随系统参数变化的规律性提供了有力工具，被广泛应用于反馈控制系统的分析、设计中。以传递函数作为描述系统的数学模型，以时域分析法、根轨迹法和频域分析法为主要分析设计工具，构成了经典控制理论的基本框架。到 20 世纪 50 年代，经典控制理论发展到相当成熟的地步，形成了相对完整的理论体系。至此，控制理论发展的第一阶段——自动调节阶段基本完成。建立在频率法和根轨迹法基础上的控制理论，通常称为经典控制理论。经典控制理论研究的对象基本上是以线性定常系统为主的单输入/单输出系统，还不能解决如时变参数问题，多变量、强耦合等复杂的控制问题。

20 世纪 50 年代中期至 60 年代初，空间技术的发展迫切要求解决更复杂的多变量系统、非线性系统的最优控制问题（例如火箭和宇航器的导航、跟踪和着陆过程中的高精度、低消耗控制）。实践的需求推动了控制理论的进步，同时，计算机技术的发展也从计算手段上为控制理论的发展提供了条件，既适合于描述航天器的运动规律，又便于计算机求解的状态空间描述成为主要的模型形式。例如人造地球卫星空间技术的发展，要求实时地、高精度地处理多变量和非线性控制问题。计算机技术的成熟和完善，使得有可能在研究中利用标准式或状态形式的常微分方程作为数学模型，直接在时域内进行大量复杂的解算、设计以及实现高度完备的最优控制，并逐步形成了一套完整的理论，这就是有别于“经典控制理论”的“现代控制理论”。俄国数学家李雅普诺夫（A. M. Lyapunov）1892 年创立的稳定性理论被引用到控制中。1956 年，苏联科学家庞特里亚金提出极大值原理。同年，美国数学家贝尔曼（R. Bellman）创立了动态规划。极大值原理和动态规划为解决最优控制问题提供了理论工具。1959 年美国数学家卡尔曼（R. E. Kalman）提出了著名的卡尔曼滤波器，1960 年卡尔曼又提出系统的可控性和可观测性问题。到 20 世纪 60 年代初，一套以状态方程作为描述系统的数学模型，以最优控制和卡尔曼滤波器为核心的控制系统分析、设计的新原理和新方法基本确定，现代控制理论应运而生。

现代控制理论主要利用计算机作为系统建模、分析、设计以及控制的手段，适用于多变量、非线性、时变系统。现代控制理论在航空、航天、制导与控制中创造了辉煌的成就，人类迈向宇宙的梦想变为现实。为了解决现代控制理论在工业生产过程的应用中所遇到的被控对象精确状态空间模型不易建立，合适的最优性能指标难以构造，所得最优控制器往往过于复杂等问题，科学家们不懈努力，在近几十年中不断提出一些新的控制方法和理论。

至今，现代控制理论又有了巨大发展，并形成了若干分支，例如线性系统理论、最优控制理论、动态系统辨识、自适应控制、大系统理论、模糊控制、预测控制、容错控制、鲁棒控制、非线性控制和复杂系统控制等，大大地扩展了控制理论的研究范围。控制理论目前还在向更深、更广阔的领域发展。

1.2　自动控制的基本方式

自动控制系统的种类很多，被控制量多种多样，如温度、压力、流量、电压、转速、位移等，可以按照多种方式组成，组成各种控制系统的具体元部件有很大差异，但从控制方式的角度看，系统的基本结构相似。工程上应用的控制系统，根据有无反馈，把控制系统分为两种最基本的形式，即开环控制系统和闭环控制系统。

1. 开环控制系统

控制系统中，如果输出信号不反馈到输入端产生控制作用，控制装置与被控对象之间的作用信号是单方向传递的，只有正向控制作用而没有反向控制作用，也就是说，开环控制系统的输出量不对系统的控制作用发生影响。称这种系统为开环控制系统，如图 1–1 所示。

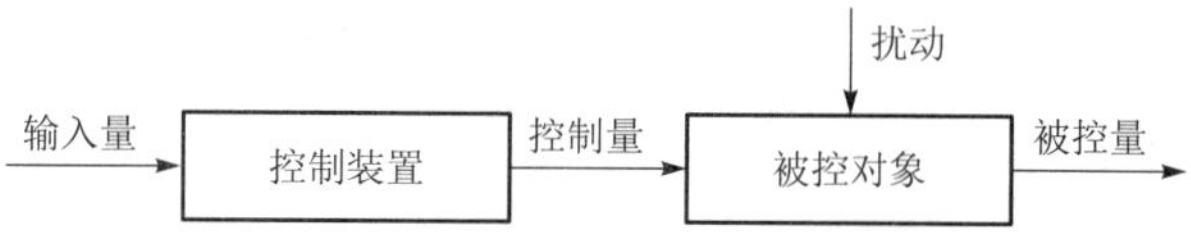

图 1–1　开环控制系统示意图

开环控制又可称为前馈控制，因为控制作用是由输入信号直接向前输送的，而不是由输出信号回输到输入信号来进行控制的，故称为前馈控制。

图 1–2 为一开环控制系统，它由给定电压通过执行机构控制机械轴的转角。输入电压 u_1 加到放大器上，其输出电压为

$$u_2 = k_1 u_1 \tag{1–1}$$

式中，k_1 为放大器的放大系数。电压 u_2 加到力矩传感器上。如果忽略电动机控制绕组的电感，则电动机的输出力矩为

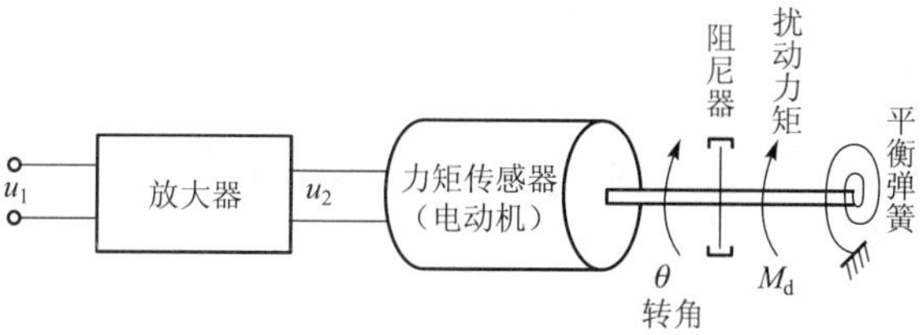

图 1–2　开环控制系统

$$M = k_2 u_2 = k_1 k_2 u_1 \tag{1-2}$$

式中，k_2 为电动机的系数。

在电动机力矩作用下，机械部分将产生转动。由于受到黏性摩擦和弹簧恢复力矩的作用，最后停止在平衡位置上。此时，转角θ 与力矩 M 的关系为

$$\theta = k_t M = k_t k_1 k_2 u_1 \tag{1-3}$$

式中，k_t 为弹簧系数。式（1–3）表示了输入电压与转角的关系，即表述了该系统输入与输出的关系。

如果该系统中的放大器、电动机和弹簧等都是线性的，即 k_1、k_2、k_t 都是常数，那么机械转角就能准确地反映外加电压的大小，系统就没有误差。

若该系统中存在着随机扰动，例如机械轴受到随机干扰力矩 M_d 的作用，那么机械轴的转角θ为

$$\theta = k_t k_1 k_2 u_1 - k_t M_d \tag{1-4}$$

可见，干扰将引起误差。显然，开环控制系统抗干扰能力差。

开环控制系统具有结构简单，易于调整，容易实现，不存在稳定性问题等优点。为了提高开环控制精度通常需要采用高精密的元件，良好的工作环境，但会增加工作成本。因此，开环控制系统通常用于控制精度要求不高的场合。

2. 闭环控制系统

控制系统中，如果把系统输出信号反馈到输入端，由输入信号和输出信号的偏差信号对系统进行控制，这种系统称为闭环控制系统，也称为反馈控制系统。

闭环控制系统示意图如图 1–3 所示。将检测到的被控制量送回到输入端，与输入量一起进行比较，得到偏差量，偏差量作用于控制器上，控制器对偏差量进行某种处理，产生相应的控制量，作用在被控对象上，使系统的被控制量趋向于给定的数值。

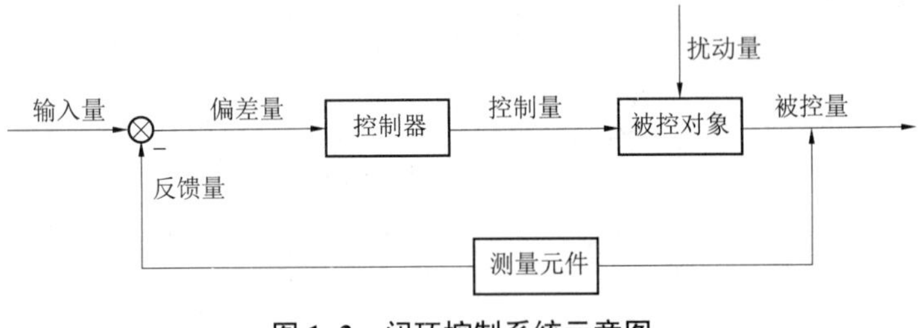

图 1–3　闭环控制系统示意图

若反馈信号与输入信号相减，称为负反馈；反之，若二者相加，则称为正反馈。

闭环控制的实质是利用负反馈来减小偏差，具有自动修正被控变量偏离输入量的作用，能够很好地抑制各种干扰的影响，以达到精确控制的目的。

闭环控制系统包含以下信号组成的基本部分：

（1）输入量：外加的系统参考变量，是被控量的给定值。

（2）偏差量：被控量的给定值与实际值之差。

（3）被控量：被控对象的输出量。

（4）反馈量：被控量经测量元件的检测及变换后返回到输入端的信号。

（5）扰动量：外加在系统上的不希望的信号，会对被控量产生不利影响。

在图 1–2 所示的开环控制系统中，在机械轴上安装一个电位计，用于测量输出转角的实际值。设电位计的反馈系数为 k_f，电位计的输出电压为 u_f，并将它反馈到输入端，把反馈电压 u_f 和输入电压 u_1 按相反的极性串接起来，加到放大器的输入端，这样就构成了反馈控制系统，如图 1–4 所示。

电位计输出电压为

$$u_f = k_f\,\theta \tag{1–5}$$

放大器输入端电压为

$$\Delta u = u_1 - u_f \tag{1–6}$$

放大器输出端电压为

$$u_2 = k_1(u_1 - k_f\,\theta) \tag{1–7}$$

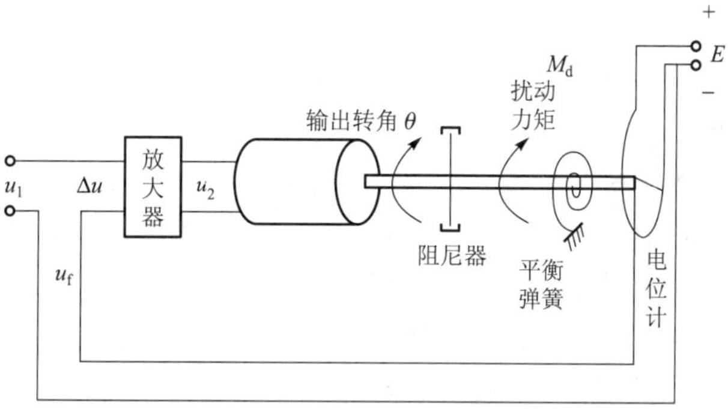

图 1–4　闭环控制系统

电动机的力矩为

$$M = k_1 k_2(u_1 - k_f\,\theta) \tag{1–8}$$

式中，k_2 为电动机系数。存在干扰力矩 M_d 的情况下，机械轴的转角为

$$\theta = k_1 k_2 k_t(u_1 - k_f\theta) - k_t M_d \tag{1–9}$$

变换式（1–9）得到

$$\theta = \frac{k_1 k_2 k_t}{1 + k_1 k_2 k_t k_f}u_1 - \frac{k_t}{1 + k_1 k_2 k_t k_f}M_d \tag{1–10}$$

比较式（1–4)和式（1–10)可以看出，在闭环控制系统中干扰力矩所产生的输出量偏离仅是开环控制系统的 $\frac{1}{1 + k_1 k_2 k_t k_f}$。如果回路增益 $k_1 k_2 k_t k_f$ 足够大，干扰力矩使输出角度的偏差就变得很小了。显然，闭环控制系统比开环控制系统的抗干扰能力强。

在干扰力矩 $M_d = 0$ 时，闭环控制系统的输入–输出关系为

$$\theta = \frac{k_1 k_2 k_t}{1 + k_1 k_2 k_t k_f}u_1 \tag{1–11}$$

当控制系统前向通道的某个元件的放大系数发生变化时，使总的放大系数变化 $\Delta k_1 k_2 k_t$，其相对变化为 $\frac{\Delta k_1 k_2 k_t}{k_1 k_2 k_t}$。通过简单的微分运算可得出输出量的相应变化量为

$$\frac{\Delta\theta}{\theta} = \frac{1}{1 + k_1 k_2 k_t k_f}\frac{\Delta k_1 k_2 k_t}{k_1 k_2 k_t} \tag{1–12}$$

可见，前向通道元件的放大系数发生变化时，在闭环控制系统引起的输出误差，仅是开环控制系统的 $\dfrac{1}{1+k_1k_2k_tk_f}$。因此，在闭环控制系统中，对前向通道元件的精度要求不高，这样就可以用成本较低的元件构成精确的控制系统。

如果回路增益 $k_1k_2k_tk_f \gg 1$，则式（1–11）可简化成

$$\theta \approx \frac{1}{k_f}u_1 \tag{1–13}$$

显然，闭环控制系统的输入–输出特性仅由反馈元件决定。这也表明前向通道的元件精度对控制系统的精度几乎没有影响。

由式（1–13）很容易推导出如下关系式

$$\frac{\Delta\theta}{\theta} = \frac{\Delta k_f}{k_f} \tag{1–14}$$

式（1–14）表明反馈元件不稳定将直接引起输出的误差，如果 k_f 变化 10%，那么控制系统的输出误差就是 10%，这个结论和开环控制系统是一致的。因此，在构成闭环控制系统时，要特别注意挑选反馈元件，因为它决定了系统的精度。这是很容易理解的，我们知道闭环控制系统是根据偏差进行控制的，而偏差是借助测量元件得到的，如果测量元件本身性能不稳定，那么控制系统的准确性就很难保证了。闭环控制系统有很多优点，对于要求较高的控制系统都采用闭环控制系统，但闭环控制系统却有一个突出的问题，即系统的稳定性。

由上可见开环控制系统的优点是结构简单、经济、调试方便，缺点是抗干扰能力差、控制精度不高；闭环控制系统的优点是具有纠正偏差的能力、抗干扰性好、控制精度高，缺点是结构复杂、价格高、参数应选择适当。

1.3 控制系统的分类及组成

1.3.1 控制系统的分类

自动控制系统的类型很多，它们的结构和完成的任务也各不相同。为了研究方便，可以将自动控制系统按照一定的原则分成各种类型。

按控制的方式可分为开环控制、闭环控制。

按元件的类型可分为机械系统、电气系统、机电系统、液压系统、气动系统、生物系统等。

按系统功用可分为温度控制系统、压力控制系统、位置控制系统。

按系统的性能可分为线性系统、非线性系统、连续时间系统、离散时间系统、定常系统、时变系统、确定性系统、不确定性系统。

按给定量的变化规律可分为恒值控制系统、随动系统、程序控制系统。

1. 线性系统与非线性系统

线性系统是由线性元件组成的系统，输入输出关系满足齐次性和叠加性，线性系统在数学上比较容易实现和处理，是研究得比较成熟的一类系统。

非线性系统的组成元件中至少有一个或多个非线性元件，元件的输入输出关系呈非线性关系，例如饱和特性、死区特性、继电特性等，此类系统不满足叠加定理。非线性系统普遍

存在，对于非线性程度不严重的情形，可利用各种线性化手段进行线性近似，利用线性系统的理论与方法进行分析。对于非线性程度严重的情形，必须应用非线性理论进行分析。

2. 恒值控制系统、随动系统和程序控制系统

恒值控制系统的输入信号是某个恒定常量，当系统受到干扰时，被控量会偏离期望值出现偏差，系统的控制任务就是要根据偏差量产生控制作用，使输出量（被控量）恢复到期望值，并以一定的精度保持在期望值附近，一般对于温度、压力、流量、液位等热工参数的控制多属于恒值控制。

随动系统又称为伺服系统或跟踪系统，随动系统的输入信号是预先不知道的随时间任意变化的函数，要求系统的被控量以一定的精度跟随输入量的变化而变化，随动系统也能克服扰动，但其控制任务的侧重与恒值控制不同，恒值控制侧重于抗干扰，而随动控制系统侧重于“跟踪”，因此应用方向也不同，随动系统更多地应用于航天、军工、机械、造船等领域。

程序控制系统的输入量是按预定规律随时间变化的函数，要求被控量也按照同样的规律变化，这类系统通常用于生产过程的控制中，如化工、军事、冶金、造纸等的生产过程，恒值控制系统也可视为程序控制系统的特例。

3. 连续时间系统和离散时间系统

连续时间系统的各环节间传输的信号都是关于时间的连续信号，即模拟信号，简称连续系统。连续时间系统的输入输出关系通常用微分方程进行描述。

离散时间系统的各环节间传输的信号至少有一处存在离散时间信号，简称离散系统。离散时间系统的输入输出关系通常用差分方程进行描述。

4. 定常系统与时变系统

定常系统中各参数不随时间变化，又称时不变系统，系统的响应只与输入信号的形状和系统本身的特性有关，而与输入信号的初始时刻无关。

时变系统中存在关于时间 t 的参数，随时间变化而变化，系统的响应不仅与输入信号和系统本身的特性有关，而且还与输入信号的初始时刻有关。

5. 确定性系统与不确定性系统

确定性系统的结构和参数是确定的，预先可知的，系统的输入信号（包括给定输入和扰动）也是确定的，并且可以用解析式或图表确切地表示。

不确定性系统本身的结构和参数不确定或作用于系统的输入信号是不确定的。

1.3.2 控制系统的组成

对于一个控制系统来说，不管其结构多么复杂，用途尽管各种各样，它们都是由一些具有不同职能的基本元件组成的，图 1–5 就是一个典型的自动控制系统方框图。

这种闭环控制系统主要由比较元件、放大元件、执行元件和补偿元件等组成。

（1）比较元件：又称测量元件或敏感元件。它的作用是将输出与输入信号进行比较，并将比较所得的系统误差转换成误差信号送到放大器。比较元件中又可分为位置比较元件、速度测量元件、温度测量元件等。常用的位置比较元件有电位计、自整角机、旋转变压器、感应同步器、差动变压器、三自由度陀螺仪等。作为速度测量元件的有测速发电机，作为温度测量元件的有热电偶、电阻温度计等。

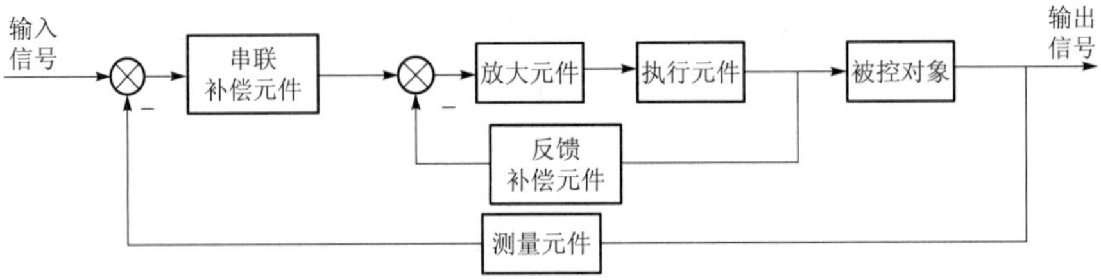

图 1–5　自动控制系统的基本组成

（2）放大元件：即放大器，它的作用是将功率很小的误差信号放大后去推动执行元件，使执行元件带动被控对象运动。常用的放大元件有电子放大器、磁放大器、可控硅整流器、交磁放大机、液压放大器、气动放大器等。

（3）执行元件：执行元件的作用是根据放大元件提供的信号驱动被控对象按输入信号的变化规律运动。常用的执行元件有直流伺服电动机、交流伺服电动机、直流力矩电动机、步进电动机（用于数字控制系统）、液压马达、液压缸、气动马达等。

（4）校正元件：又称校正电路或补偿电路。它的作用是调整原有系统的参数和性能，使系统满足自动控制的技术要求，使系统输出在每一瞬时都能跟踪输入。

1.3.3　控制系统的常用术语介绍

（1）自动控制：在无人直接参与的情况下，通过控制器使被控对象或过程自动地按照预定要求进行。

（2）对象：通常是一个设备，是由一些机器零件有机地组合在一起的，实现自动控制的机器设备或生产过程，其作用是完成一个特定的动作。在下面的讨论中，称任何被控物体（如加热炉、化学反应器或宇宙飞船）为对象。

（3）过程：称任何被控制的运行状态为过程，其具体例子如化学过程、经济学过程、生物学过程。

（4）系统：完成一定任务的一些元、部件的组合。

（5）扰动：破坏控制量与被控量之间正常函数关系的因素，称为系统的扰动。扰动是一种对系统的输出产生不利影响的信号。

（6）反馈控制：反馈控制是这样一种控制过程，它能够在存在扰动的情况下，力图减小系统的输出量与参考输入量（或者任意变化的希望的状态）之间的偏差，而且其工作正是基于这一偏差基础之上的。

（7）反馈控制系统：反馈控制系统是一种能对输出量与参考输入量进行比较，并力图保持两者之间既定关系的系统，它利用输出量与输入量的偏差来进行控制。

应当指出，反馈控制系统不限于工程范畴，在各种非工程范畴内，诸如经济学和生物学中，也存在着反馈控制系统。

（8）随动系统：随动系统是一种反馈控制系统，在这种系统中，输出量是机械位移、速度或者加速度。因此，随动系统这个术语，与位置（或速度或加速度）控制系统是同义语。随动系统在现代工业中被广泛采用。

（9）过程控制：在工业生产过程中，诸如对压力、温度、湿度、流量、频率以及原料、燃料成分比例等方面的控制，称为过程控制。

1.4 对控制系统性能的基本要求

理想情况下，自动控制系统的被控量和给定值相等，没有误差，而且不受干扰的影响。

在实际系统中，其组成系统包含电子、电磁、机电、液压、机械等元件，它们存在着储能元件，使系统的输出滞后于输入；由于机械部分的质量，存在着惯量；电路中的电感、电容，引起系统工作的滞后。如果系统中其结构和各元件参数配合不当，则系统输出与输入不能同步，控制过程不会立即完成，而是有一定的延迟，这就使被控量回复到给定值要有一个时间过程，称为过渡过程。过渡过程呈现振荡形式，如果这个振荡过程是逐渐减弱的，系统最后可以达到平衡状态，并进入稳定过程。反之，系统产生振荡发散，过程不稳定，致使其不能正常工作。所以系统稳定性是评定系统性能指标的根本前提。在稳定工作的前提下，良好的系统要求响应速度快，控制精度高。

概括起来，工程上常以稳、准、快三个方面来评价自动控制系统的基本性能指标。

（1）稳：指的是系统的稳定性，稳定性是保证系统正常工作的前提条件和基础，是指系统动态过程的振荡倾向和系统重新恢复平衡的能力。一个稳定的控制系统，其被控量与给定值的偏差应随时间的推移逐渐减小并趋于零，以达到平衡状态。在有可能达到平衡的条件下，要求系统动态过程的振荡要小，对被控量的振幅和频率应有要求。过大的波动将使系统运动部分超载，导致运动失灵或破坏。

（2）准：指的是准确性，是衡量系统静态性能的指标。准确性是指系统的控制精度（一般用稳态误差来衡量），即系统过渡到新的平衡状态或在干扰作用下重新恢复平衡后，最终保持的被控量与给定值之间的偏差精度，它反映了动态过程基本完成后的性能。这时，系统的被控量与给定值之间的偏差应是很小的。根据系统的工作要求，对偏差值应有所规定。

（3）快：指的是系统的快速性，是指系统动态过程持续时间的长短，是衡量系统动态性能的指标，称为动态特性，也称为暂态特性。稳和快反映系统在控制过程中的性能。为了很好地完成控制任务，控制系统仅仅满足稳定性要求是不够的，还必须对过渡过程的形状和快慢提出要求。既快又稳，则控制过程中被控量偏离给定值小，偏离的时间短，系统的动态精度高。

1.5 本课程的任务

自动控制原理是研究自动控制基础理论规律的一门工程技术科学，本课程所要研究的两大任务为系统分析和系统设计。

（1）对于一个具体的控制系统，如何从理论上对它的动态性能和稳态精度进行定性的分析和定量的计算，这类问题叫系统分析，即分析系统的稳定性、振荡倾向、快速性、准确性及其系统结构、参数的关系。分析的目的是了解和认识已有的系统，并为系统设计打下基础。

（2）根据对系统性能的要求，如何合理地设计校正装置，使系统的性能能全面地满足技术上的要求。也就是在给出被控对象及其技术指标要求的情况下，构造一个满足技术指标要求的控制系统，或改造那些未能达到要求的系统，这就是系统设计问题。

习　题

1.1　回答以下问题：

（1）什么是开环控制系统和闭环控制系统？比较它们的主要特点。

（2）自动控制系统的组成由哪几部分构成？各部分的主要作用有哪些？

（3）对自动控制系统性能的基本要求有哪些？

1.2　说明以下控制原理，并指出哪些是开环控制，哪些是闭环控制。

（1）空调器的温度调节；

（2）射箭运动；

（3）司机驾驶汽车；

（4）人体温保持在 37 ℃的温控系统；

（5）汽车刹车防抱死系统。

1.3　习题图 1–1 所示是一液位控制系统原理示意图。在任何情况下，希望液面高度 h 维持不变，说明系统工作原理并画出系统元件框图。

1.4　有一发电机–电动机调速系统如习题图 1–2 所示。其工作原理是操纵者转动操纵电位计的手柄，可使电位计的输出电压 U_r 改变大小和方向。经前置放大器和直流发电机两极放大，使加在伺服电动机上的端电压也随之改变大小和方向，从而使负载具有所要求的转速。试说明该系统的给定值、被控量和干扰量，并画出系统原理框图。

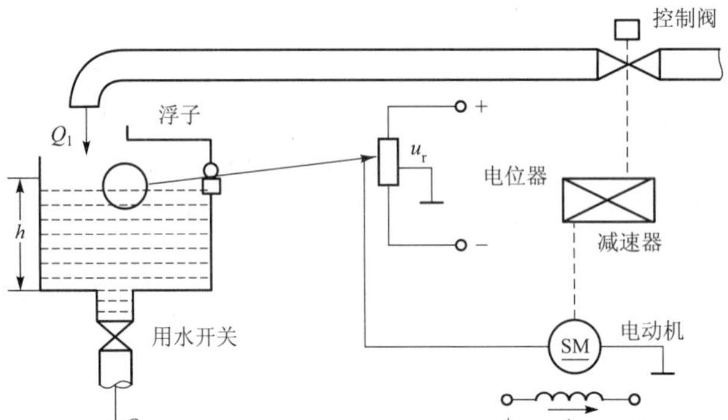

习题图 1–1

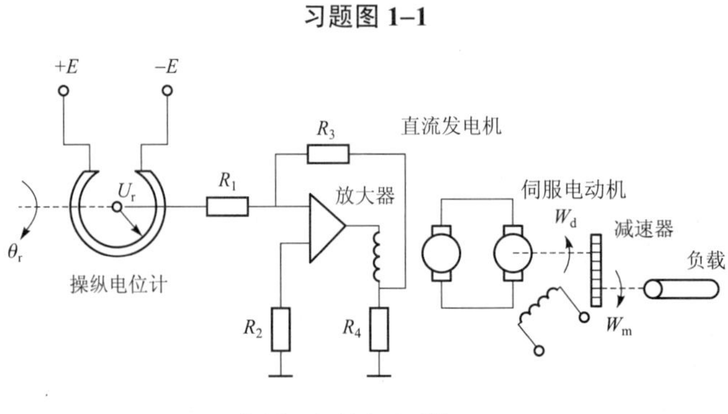

发电机–电动机调速系统

习题图 1–2

第 2 章
控制系统的数学模型

控制系统的种类很多，如物理系统、化学过程、生物工程、社会经济活动等，人们常将描述系统工作状态的各物理量随时间变化的规律用数学表达式或图形表示出来，称为系统的数学模型。

为了从理论上对自动控制系统进行定性分析和定量计算，首先要建立控制系统的数学模型。

系统的数学模型是描述系统输入、输出变量以及内部各变量之间关系的数学表达式。描述诸变量动态关系的数学表达式称为动态模型。常用的动态数学模型有微分方程、传递函数和动态结构图。

建立合理的数学模型，对于系统的分析研究是至关重要的。一般应根据系统的实际结构参数及计算所要求的精度，略去一些次要因素，使模型既能准确地反映系统的动态本质，又能简化分析和计算的工作。

任何元件或系统实际上都是很复杂的，难以对它作出精确、全面的描述，必须进行简化或理想化。简化后的元件或系统为该元件或系统的物理模型。简化是有条件的，要根据问题的性质和求解的精确要求，来确定出合理的物理模型。

许多表面上完全不同的系统（如机械、电气、液压系统）却具有完全相同的数学模型。数学模型表达了该系统的共性，因此数学模型建立后，研究系统主要指研究系统所对应的数学模型，以数学模型为基础，分析并综合系统的各项性能，而不再涉及实际系统的物理性质和具体特点。

建立控制系统数学模型的方法通常有解析法和实验法。解析法是根据系统中各元件所遵循的物理、化学、生物等各种科学规律和运行机理，列出相应的系统各变量之间的相互关系的运动方程，又称为理论建模，本章只讨论解析法。实验法是人为地给系统施加某种测试信号，记录其输出响应，并用适当的数学模型去逼近，从而得到能够描述系统性能的数学模型，又称为系统辨识。

在实际工作中，这两种方法是相辅相成的。一般地，对于简单的环节或装置，多用理论推导，而对于复杂的装置，往往因涉及的因素较多，更多时候采用实验方法。

2.1 控制系统的时域模型

在自动控制系统中，数学模型有多种形式，时域中常用的数学模型有微分方程、差分方程和状态方程，频域中有频域特性，复频域中有传递函数，还有方框图、根轨迹图、波特图等多种图形化模型。

用解析法列写系统或元件微分方程的一般步骤如下：

（1）根据实际工作情况，确定系统和各元件的输入、输出变量。

（2）从输入端开始，按照信号的传递顺序，依据各变量所遵循的物理（或化学）定律，列写出在变化（运动）过程中的动态方程，一般为微分方程组。这些定律包括：电路中的基尔霍夫电路定律，力学中的牛顿定律，流体方面的有关流体力学定律、能量守恒定律等。

（3）消去中间变量，写出输入、输出变量的微分方程。

（4）标准化。即将与输入有关的各项放在等号右侧，与输出有关的各项放在等号左侧，并都按降幂排列。最后将系统归化为具有一定物理意义的形式。

在列写某元件的微分方程时，还必须注意与其他元件的相互影响，即所谓负载效应。

下面举例说明建立微分方程的步骤和方法。

例 2.1 试建立如图 2–1 所示 *RLC* 无源网络的动态方程。已知输入量为 u_i，输出量为电容器上的电压 u_o。

解：根据基尔霍夫定律得

$$L\frac{\mathrm{d}i(t)}{\mathrm{d}t}+Ri(t)+\frac{1}{C}\int i(t)\mathrm{d}t=u_i(t) \tag{2–1}$$

$$u_o(t)=\frac{1}{C}\int i(t)\mathrm{d}t \tag{2–2}$$

由式（2–2）得

$$i(t)=C\frac{\mathrm{d}u_o(t)}{\mathrm{d}t} \tag{2–3}$$

代入式（2–1）得

$$LC\frac{\mathrm{d}^2u_o(t)}{\mathrm{d}t^2}+RC\frac{\mathrm{d}u_o(t)}{\mathrm{d}t}+u_o(t)=u_i(t) \tag{2–4}$$

这是一个二阶线性常系数微分方程，对应的系统称为二阶线性定常系统。

例 2.2 试列写出图 2–2 中无源网络的微分方程。

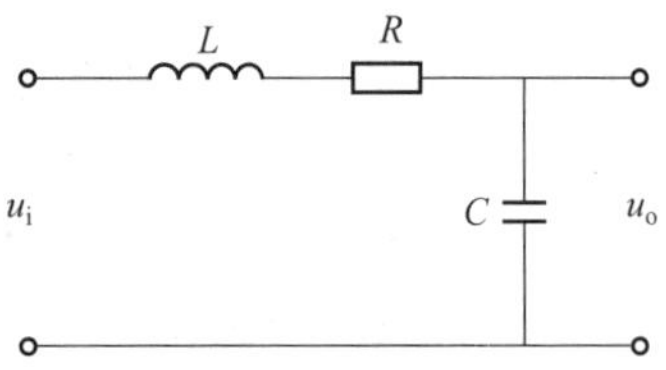

图 2–1 *RLC* 无源网络

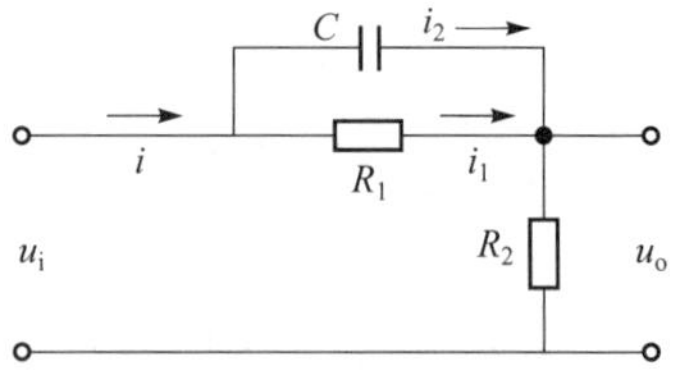

图 2–2 *RC* 无源网络

解：根据电压平衡方程，可得

$$R_1i_1=\frac{1}{C}\int i_2\mathrm{d}t \tag{2–5}$$

$$i=i_1+i_2 \tag{2–6}$$

$$u_o=R_2i \tag{2–7}$$

$$u_i=R_1i_1+u_o \tag{2–8}$$

由式（2–5）得

$$i_2 = R_1 C \frac{\mathrm{d}i_1}{\mathrm{d}t} \tag{2-9}$$

将式（2–9）代入式（2–6）可得

$$i = i_1 + R_1 C \frac{\mathrm{d}i_1}{\mathrm{d}t} \tag{2-10}$$

又由式（2–8）得

$$i_1 = \frac{u_i - u_o}{R_1}$$

将 i_1 代入式（2–10），再代入式（2–7）可得

$$u_o = R_2 \left[\frac{u_i - u_o}{R_1} + R_1 C \frac{1}{R_1} \frac{\mathrm{d}(u_i - u_o)}{\mathrm{d}t} \right] \tag{2-11}$$

整理可得所求无源网络的微分方程为

$$R_1 R_2 C \frac{\mathrm{d}u_o}{\mathrm{d}t} + (R_1 + R_2) u_o = R_1 R_2 C \frac{\mathrm{d}u_i}{\mathrm{d}t} + R_2 u_i \tag{2-12}$$

例 2.3　铁芯线圈如图 2–3 所示，已知输入为 u_i，列写输出为电流 i 的线圈动态微分方程。

解：

$$u_i = u_L + Ri$$

式中，u_L 为铁芯线圈的感应电动势，它等于线圈中磁链的变化率，即

$$u_L = \frac{\mathrm{d}\psi(i)}{\mathrm{d}t} \tag{2-13}$$

铁芯线圈的磁链是流经线圈电流 i 的非线性函数

$$\frac{\mathrm{d}\psi(i)}{\mathrm{d}t} + Ri = \frac{\mathrm{d}\psi(i)}{\mathrm{d}i} \frac{\mathrm{d}i}{\mathrm{d}t} + Ri = u_i \tag{2-14}$$

这是一个非线性微分方程，只有在一定条件下才可近似将磁链表示为

$$\psi(i) = Li \tag{2-15}$$

例 2.4　一个系统由弹簧–质量–阻尼器组成，如图 2–4 所示。m 为物体质量，k_t 为弹簧系数，f 为黏性摩擦系数，外力 $F(t)$ 为输入，位移 $x(t)$ 为输出，列写系统的微分方程。

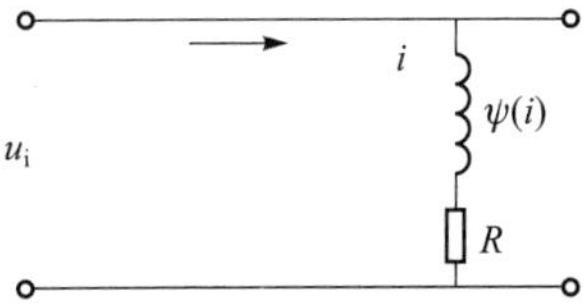

图 2–3　铁芯线圈

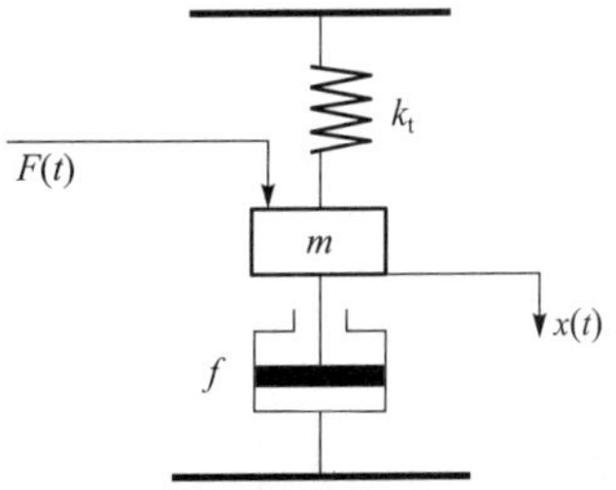

图 2–4　弹簧–质量–阻尼器

解：在外力 $F(t)$作用下，如果弹簧恢复力和阻尼器阻力与 $F(t)$不能平衡，则质量 m 将有加速度，进而使速度和位移发生变化。

根据牛顿第二定律，有

$$F(t)+F_1(t)+F_2(t)=m\frac{\mathrm{d}^2x(t)}{\mathrm{d}t^2} \tag{2-16}$$

式中，$F_1(t)$为阻尼器阻力，$F_1(t)=-f\cdot\frac{\mathrm{d}x(t)}{\mathrm{d}t}$；$F_2(t)$为弹簧恢复力，$F_2(t)=-k_\mathrm{t}x(t)$；$f$为阻尼系数；$k_\mathrm{t}$为弹簧系数，即弹簧刚度。则有

$$F(t)-f\frac{\mathrm{d}x(t)}{\mathrm{d}t}-k_\mathrm{t}x(t)=m\frac{\mathrm{d}^2x(t)}{\mathrm{d}t^2} \tag{2-17}$$

将式（2–17）标准化，得

$$\frac{m}{k_\mathrm{t}}\frac{\mathrm{d}^2x(t)}{\mathrm{d}t^2}+\frac{f}{k_\mathrm{t}}\frac{\mathrm{d}x(t)}{\mathrm{d}t}+x(t)=\frac{1}{k_\mathrm{t}}F(t) \tag{2-18}$$

例 2.5 试证明图 2–5（a）、（b）所示的机械、电气系统是相似系统（即两系统具有相同的数学模型）。

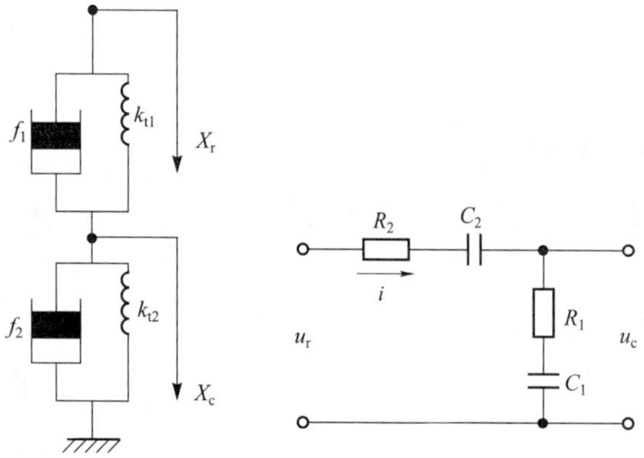

（a）　　　　（b）

图 2–5　机械、电气相似系统

（a）机械系统；（b）电气系统

解：对于网络 2–5（a），输入为X_r，输出为X_c，根据力的平衡原理，可以列出其运动方程式为

$$k_{\mathrm{t}1}(X_\mathrm{r}-X_\mathrm{c})+f_1(\dot{X}_\mathrm{r}-\dot{X}_\mathrm{c})=k_{\mathrm{t}2}X_\mathrm{c}+f_2\dot{X}_\mathrm{c} \tag{2-19}$$

整理得方程的标准形式为

$$(f_1+f_2)\dot{X}_\mathrm{c}+(k_{\mathrm{t}1}+k_{\mathrm{t}2})X_\mathrm{c}=f_1\dot{X}_\mathrm{r}+k_{\mathrm{t}1}X_\mathrm{r} \tag{2-20}$$

对于网络 2–5（b），可以列写电路方程如下

$$R_2i+\frac{1}{C_2}\int i\mathrm{d}t+R_1i+\frac{1}{C_1}\int i\mathrm{d}t=u_\mathrm{r} \tag{2-21}$$

$$C_1u_{\mathrm{c}1}=C_2u_{\mathrm{c}2} \tag{2-22}$$

$$u_\mathrm{c}=R_1i+u_{\mathrm{c}1} \tag{2-23}$$

$$(R_1+R_2)i+u_{\mathrm{c}1}+u_{\mathrm{c}2}=u_\mathrm{r} \tag{2-24}$$

由式（2–22）、式（2–23）、式（2–24）联立求出

$$i=\frac{u_\mathrm{r}-\left(1+\frac{C_1}{C_2}\right)u_\mathrm{c}}{R_1+R_2-\left(1+\frac{C_1}{C_2}\right)R_1} \tag{2-25}$$

将式（2–25）代入式（2–21）后，再将式（2–21）两边微分得

$$(R_1+R_2)\dot{u}_\mathrm{c}+\left(\frac{1}{C_1}+\frac{1}{C_2}\right)u_\mathrm{c}=R_1\dot{u}_\mathrm{r}+\frac{1}{C_1}u_\mathrm{r} \tag{2-26}$$

观察式（2–20）和式（2–26），发现二者形式上是相同的，只是系数和变量不同，称二者具有相同的数学模型，也就是机械系统（a）和电气系统（b）具有相同的数学模型，故这两个物理系统为相似系统。相似系统揭示了不同物理现象之间的相似关系，为我们利用简单易实现的系统（如电的系统）去研究机械系统提供了理论依据。因为一般来说，电的或电子的系统更容易通过试验方法进行研究。

例 2.6　图 2–6 所示为电枢控制直流电动机的微分方程，取电枢电压 $u_a(t)$（V）为输入量，电动机转速 $\omega_m(t)$（rad/s）为输出量，列写微分方程。图中 $R_a(\Omega)$、L_a(H)分别是电枢电路的电阻和电感，M_c (N·m)是折合到电动机轴上的总负载转矩，励磁磁通为常值。

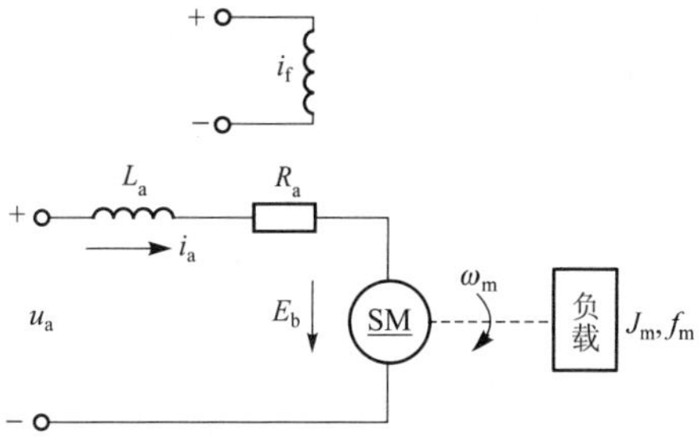

图 2–6　电枢控制直流电动机原理图

解：电枢控制直流电动机的工作实质是将输入的电能转换为机械能，也就是由输入的电枢电压 $u_a(t)$在电枢回路中产生电枢电流 $i_a(t)$，再由电流 $i_a(t)$与励磁磁通相互作用产生电磁转矩 $M_m(t)$，从而拖动负载运动。因此，直流电动机的运动方程由电枢回路电压平衡方程、电磁转矩方程、轴上转矩平衡方程 3 部分组成。

电枢回路电压平衡方程为

$$u_a(t) = L_a \frac{di_a(t)}{dt} + R_a i_a(t) + E_b \tag{2–27}$$

通常 L_a 很小，可以忽略不计，那么

$$u_a(t) = R_a i_a(t) + E_b \tag{2–28}$$

式中，E_b 是电枢反电动势，它是当电枢旋转时产生的反电动势，其大小与励磁磁通及转速成正比，方向与电枢电压 $u_a(t)$相反，即

$$E_b = k_b \omega_m(t) \tag{2–29}$$

式中，k_b 为反电动势系数，V/（rad·s^{-1}）。

电磁转矩方程为

$$M_m(t) = C_m i_a(t) \tag{2–30}$$

式中，C_m 为电动机转矩系数，N·m/A；M_m 为由电枢电流产生的电磁转矩，N·m。

电动机轴上的转矩平衡方程为

$$J_m \frac{d\omega_m(t)}{dt} + f_m \omega_m(t) = M_m(t) - M_c(t) \tag{2–31}$$

式中，J_m 为等效转动惯量（电动机和负载折合到电动机轴上的转动惯量），kg·m^2；f_m 为电动机和负载折合到电动机轴上的黏性摩擦系数，N·m/(rad·s^{-1})；$M_c(t)$为作用在轴上的负载阻转矩。

由式（2–27）～式（2–31）消去中间变量，得

$$T_m \frac{d\omega_m(t)}{dt} + \omega_m(t) = k_q u_a(t) - k_1 M_c(t) \tag{2–32}$$

$$k_q = \frac{C_m}{R_a f_m + C_m k_b}, \quad k_1 = \frac{R_a}{R_a f_m + C_m k_b}, \quad T_m = \frac{R_a J_m}{R_a f_m + C_m k_b}$$

式中，T_m 为电动机机电时间常数，s。

例 2.7　试列写直流调速系统的微分方程，系统原理如图 2–7 所示。

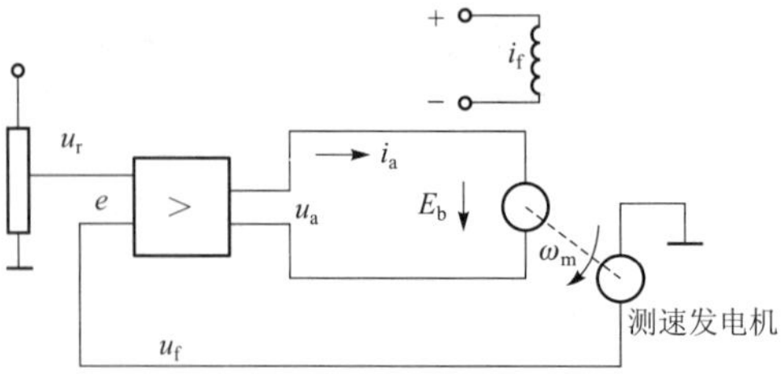

图 2–7　直流调速控制系统

解： 系统的参考输入为电位计给定的电压 u_r，输出为电动机的转速 ω_m。

$M_c=0$，电动机方程可以利用式（2–32）得到。

从输入端开始，逐步列写微分方程组如下

$$e(t)=u_r(t)-u_f(t) \tag{2–33}$$

$$u_a=k_a e(t) \tag{2–34}$$

$$T_m\frac{d\omega_m(t)}{dt}+\omega_m(t)=k_q u_a(t) \tag{2–35}$$

$$u_f=k_{cf}\omega_m(t) \tag{2–36}$$

消去中间变量 e、u_a、u_f 之后，得到 u_r 与 ω_m 之间的微分方程为

$$T_m\frac{d\omega_m(t)}{dt}+(1+k)\omega_m(t)=k_a k_q u_r(t) \tag{2–37}$$

式中，$k=k_a k_q k_{cf}$；k_a 为放大器的电压放大系数。

例 2.8　试列写图 2–8 所示位置随动系统的微分方程。该系统是用来控制有转动惯量 J_2 和黏性摩擦 f_2 的机械负载，使其位置与输入手柄的位置同步。

解： 该系统由两个电位计组成角位移误差检测器，它的滑动臂分别与输入手柄及负载轴相连，当输入轴与负载轴的角位置 θ_r 与 θ_c 不相等时，产生误差角 θ_e：$\theta_e=\theta_r-\theta_c$（$-\theta_c$ 的减号表示 θ_c 为负反馈），误差角 θ_e 与误差检测器的灵敏度 k_e 的乘积，即为加至放大器的电压 u_a，经放大器放大 k_a 倍，再加到电动机电枢，驱动电动机并带动负载转动。k_s 是加至电位计两端的电压与电位计滑臂最大转角之比（V/rad）。电动机一般经减速器带动负载，本例设减速器仅有一对齿轮，齿数分别为 Z_1 与 Z_2。

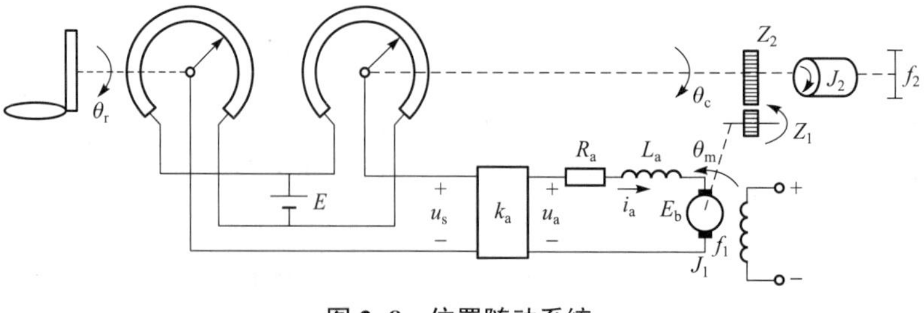

图 2–8　位置随动系统

下面从输入端 θ_r 开始，依次列写各元件的微分方程。

误差检测器的方程为

$$\theta_e(t)=\theta_r(t)-\theta_c(t) \tag{2–38}$$

$$u_s(t)=k_s\theta_e(t) \tag{2-39}$$

放大器方程为

$$u_a(t)=k_a u_s(t) \tag{2-40}$$

式中，k_a 为放大器的电压放大系数。

由于电动机带动减速器和负载一起转动，因此列写电动机方程时，必须考虑减速器和负载的转动惯量及等效黏性摩擦系数。设电动机转子和齿轮 Z_1 的转动惯量为 J_1，黏性摩擦系数为 f_1，负载和齿轮 Z_2 的转动惯量为 J_2；折算到电动机轴上的总等效转动惯量为 J_m，总黏性摩擦系数为 f_m，由机械原理可以推出

$$J_m=J_1+J_2\left(\frac{Z_1}{Z_2}\right)^2=J_1+J_2/i^2 \tag{2-41}$$

$$f_m=f_1+f_2\left(\frac{Z_1}{Z_2}\right)^2=f_1+f_2/i^2 \tag{2-42}$$

式中，$\dfrac{Z_2}{Z_1}=i$ 为减速器的减速比。

本例中设 $M_c=0$，应用式（2–32），考虑到 $\omega_m=\dfrac{d\theta_m}{dt}$，$\theta_c(s)=\dfrac{1}{i}\theta_m(s)$，由式（2–38）、式（2–39）和式（2–40），则可以列写出系统的微分方程为

$$T_m\frac{d^2\theta_m(t)}{dt^2}+\frac{d\theta_m(t)}{dt}=k_q k_a k_s\left[\theta_r-\frac{1}{i}\theta_m(t)\right] \tag{2-43}$$

式中，$k_q=\dfrac{C_m}{R_a f_m+C_m k_b}$；$T_m=\dfrac{R_a J_m}{R_a f_m+C_m k_b}$；$k_b$ 为反电动势系数，V/（rab・s^{-1}）。

对式（2–43）进一步整理得系统的微分方程为

$$T_m\frac{d^2\theta_m(t)}{dt^2}+\frac{d\theta_m(t)}{dt}+k_m\theta_m(t)=k\theta_r \tag{2-44}$$

式中，$k=\dfrac{k_a k_s C_m}{R_a f_m+C_m k_b}$；$k_m=\dfrac{k}{i}$；$T_m=\dfrac{R_a J_m}{R_a f_m+C_m k_b}$。

由以上实例可以看出，实际存在的各种控制系统，不论是机械的、电动的、生物的还是经济学的，其数学模型有可能是相同的，也就是说它们体现的是相同的运动规律，人们将其称为相似系统。在研究这类模型时将各系统物理变量看作抽象变量，对抽象的数学模型进行研究，其结论具有一般性。

2.2　非线性微分方程的线性化

2.1 节讨论了微分方程的建立，描述的是线性定常系统，而实际的物理系统往往有死区、饱和、间隙等各类非线性现象。严格地讲，几乎所有实际物理系统都是非线性的。由于组成系统的环节（元器件）的特性，存在有不同程度的非线性关系。只是在许多情况下非线性因素较弱，近似看作线性，并按线性写出动态数学模型。但有些元件的非线性程度比较严重，如果简单地按线性处理，将会产生较大误差，甚至得出错误结论。

如例 2.3 中的铁芯线圈磁链与电流的关系；例 2.8 中电动机轴上的黏性摩擦力矩与转速的关系，如图 2–9 所示实际上为非线性特性，其动态数学模型为非线性微分方程。解非线性微分方程是很困难的，且由于非线性特性的类型不同，没有通用的解析求解方法。通常将非线性问题在合理的可能条件下简化成线性问题，即线性化。

控制系统都有一个额定的工作状态及与之对应的工作点，非线性微分方程能进行线性化的基本假设是变量偏离其预期工作点的偏差很小，并且关于变量的函数在工作点处存在导数或偏导数。由数学的级数理论可知，若函数在给定区域内各阶导数存在，则在给定工作点邻域内可将非线性函数按泰勒级数展开。当偏离范围很小时，忽略级数展开式中偏差的高次项，得到关于偏差的一次项线性方程，这种用关于增量的线性方程代替关于实际变量的非线性方程的方法称为小偏差线性化方法。

设连续变化的非线性函数为 $y = f(x)$，其非线性特性如图 2–10 所示。

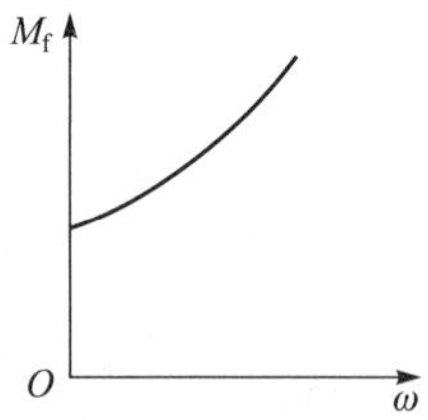

图 2–9　黏性摩擦力矩与转速的关系

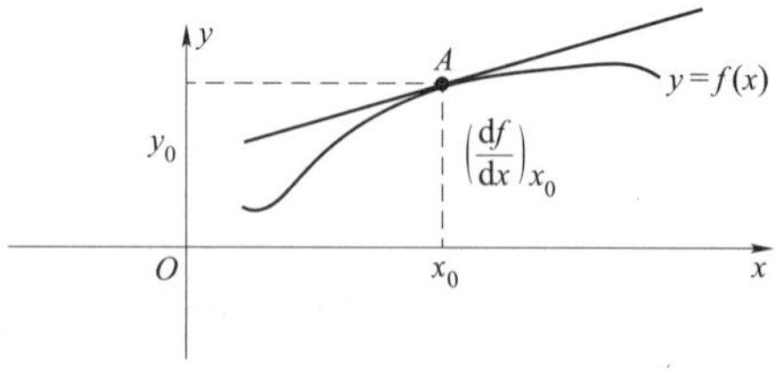

图 2–10　非线性特性

在工作点 (x_0, y_0) 处将其展开成泰勒级数为：

$$y = f(x_0) + \frac{df}{dx}\Big|_{x=x_0}(x - x_0) + \frac{1}{2!}\frac{d^2 f}{dx^2}\Big|_{x=x_0}(x - x_0)^2 + \cdots$$

当变量在 x 的工作点附近变化很小时，即 $(x - x_0)$ 很小时，忽略级数中二次及以上各项，得到

$$y = f(x_0) + \frac{df}{dx}\Big|_{x=x_0}(x - x_0)$$

又知 $y_0 = f(x_0)$，则有

$$y - y_0 = \frac{df}{dx}\Big|_{x=x_0}(x - x_0)$$

令 $y - y_0 = \Delta y$，$x - x_0 = \Delta x$，得到

$$\Delta y = \frac{df(x)}{dx}\Big|_{x=x_0}\Delta x$$

可见非线性的特性曲线可用该工作点的切线方程代替，变量的增量之间满足线性函数关系，因此该方法又称增量线性化方法，这种线性化方法是工程上很有用的一项技巧，其实质是在一个很小的范围内，将非线性特性用一段直线来代替，在很多情况下，对于不同的预期工作点，线性化后的方程形式是一样的，但各项系数有可能不同。

在作非线性系统线性化时，需要注意的是小偏差线性化的前提条件是变量在预期工作点邻域内变化很小，并且关于各变量的各阶导数或偏导数存在，符合上述条件的非线性特性称为非本质非线性。而不符合上述条件的非线性函数称为本质非线性，不能用该方法进行线性化方法近似，可采用其他非线性方法分析和处理。

当系统是非线性多变量函数时，即 $y=f(x_1,x_2,\cdots,x_n)$，在工作点 $(x_{10},x_{20},\cdots,x_{n0})$ 附近的线性增量函数为：

$$\Delta y=\frac{\partial f}{\partial x_1}\Big|_{(x_1=x_{10},x_2=x_{20},\cdots,x_n=x_{n0})}\Delta x_1+\frac{\partial f}{\partial x_2}\Big|_{(x_1=x_{10},x_2=x_{20},\cdots,x_n=x_{n0})}\Delta x_2+\cdots+\frac{\partial f}{\partial x_n}\Big|_{(x_1=x_{10},x_2=x_{20},\cdots,x_n=x_{n0})}\Delta x_n$$

如例 2.3 中，线圈的微分方程为

$$\frac{\mathrm{d}\psi(i)}{\mathrm{d}i}\frac{\mathrm{d}i}{\mathrm{d}t}+Ri=u_{\mathrm{r}}$$

$\psi(i)$ 曲线如图 2–11 所示，由于 $\psi(i)$ 是电流 i 的非线性函数，因此 $\frac{\mathrm{d}\psi(i)}{\mathrm{d}i}$ 不是常数，它随着线圈中电流的变化而变化，这说明该方程为非线性方程。

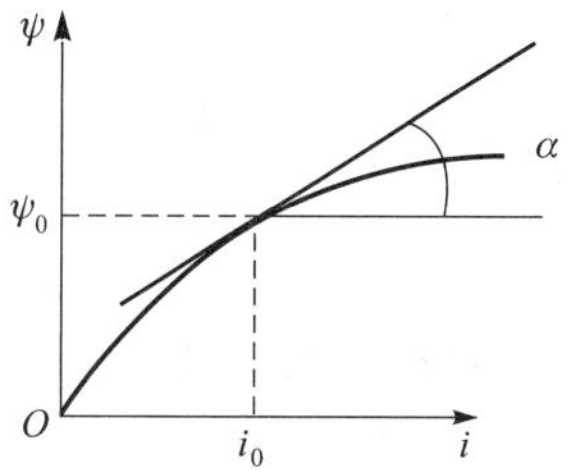

图 2–11　$\psi(i)$ 曲线

设线圈的初始平衡状态下的端电压为 u_0，电流为 i_0，则有 $u_0=Ri_0$。

若在工作过程中，线圈电压、电流只在平衡工作点（u_0，i_0）附近变化，即只有增量 Δu_{r} 和 Δi，因而线圈中的磁链 $\psi(i)$ 变化 $\Delta\psi$。如果 $\psi(i)$ 在 i_0 附近连续可导，那么在平衡点 i_0 附近内磁链 ψ 可表示成泰勒级数，即

$$\psi=\psi_0+\left(\frac{\mathrm{d}\psi}{\mathrm{d}i}\right)_{i=i_0}\Delta i+\frac{1}{2!}\left(\frac{\mathrm{d}^2\psi}{\mathrm{d}i^2}\right)_{i=i_0}(\Delta i)^2+\cdots+\frac{1}{n!}\left(\frac{\mathrm{d}^n\psi}{\mathrm{d}i^n}\right)_{i=i_0}(\Delta i)^n \tag{2–45}$$

由于 Δi 是微小增量，可略去高阶无穷小项及余项，故式（2–45）近似为

$$\psi=\psi_0+\left(\frac{\mathrm{d}\psi}{\mathrm{d}i}\right)_{i=i_0}\bullet\Delta i \tag{2–46}$$

式中，$\left(\frac{\mathrm{d}\psi}{\mathrm{d}i}\right)_{i=i_0}$ 为平衡点 i_0 处 $\psi(i)$ 的导数。令

$$L=\left(\frac{\mathrm{d}\psi}{\mathrm{d}i}\right)_{i=i_0} \tag{2–47}$$

此值称为动态电感。则式（2–46）变成

$$\psi=\psi_0+L\bullet\Delta i \tag{2–48}$$

且有

$$\Delta\psi=\psi-\psi_0=L\bullet\Delta i \tag{2–49}$$

式（2–49）说明，经线性化处理后，线圈中电流增量与磁链增量之间已成线性关系。

将原方程中的 u_{r}、ψ、i 均表示成平衡点附近的增量关系，即

$$u_{\mathrm{r}}=u_0+\Delta u_{\mathrm{r}} \tag{2–50}$$

$$i=i_0+\Delta i \tag{2–51}$$

$$\psi=\psi_0+L\Delta i \tag{2–52}$$

则

$$\frac{\mathrm{d}}{\mathrm{d}t}(\psi_0 + L \cdot \Delta i) + R(i_0 + \Delta i) = u_0 + \Delta u_\mathrm{r}$$

展开得

$$L\frac{\mathrm{d}\Delta i}{\mathrm{d}t} + R\Delta i = \Delta u_\mathrm{r} \tag{2-53}$$

在实际使用中，常略去增量符号而写成如下形式

$$L\frac{\mathrm{d}i}{\mathrm{d}t} + Ri = u_\mathrm{r} \tag{2-54}$$

但应明确，u_r、i 均为平衡点处的增量，L 是取平衡点的电感值。L 可以从计算解析式 $\psi(i)$ 在 i_0 处的导数求得；也可以通过作 $\psi(i)$ 曲线在 i_0 处的切线，计算切线斜率 $\tan\alpha$ 来求得（参见图 2–11）。

2.3 传递函数

传递函数是在用拉氏变换求解线性常微分方程的过程中引申出来的概念。微分方程是在时域中描述系统动态性能的数学模型，在给定外作用和初始条件下，解微分方程可以得到系统的输出响应。但一般情况下，这种求解只限于低阶微分方程，高阶微分方程的求解比较困难，而且即使能求解，也不便于分析系统的结构和参数对其动态过程的影响。因此，在对单变量线性定常系统的研究过程中，最常采用的数学模型是传递函数。传递函数是经典控制理论中重要的数学模型。利用传递函数不必求解微分方程就可以研究系统的输出响应和系统的结构、参数对其动态过程的影响，因而使分析问题大大简化。另外，还可以把对系统性能的要求转化为对传递函数的要求，使设计问题容易实现。

2.3.1 传递函数的概念

传递函数是描述系统（或元件）输入与输出关系的一种数学模型。

传递函数的定义是：在线性定常系统（环节）中，当初始条件为零时，输出量的拉氏变换与输入量的拉氏变换之比称为系统（或环节）的传递函数，用 $G(s)$表示，即

$$G(s) = \frac{Y(s)}{R(s)}$$

式中，$Y(s)$为系统（或环节）输出量 $y(t)$的拉氏变换；$R(s)$为系统（或环节）输入量 $r(t)$的拉氏变换。

线性定常系统的数学模型可用如下微分方程的一般形式表示

$$\begin{aligned} &a_n\frac{\mathrm{d}^n}{\mathrm{d}t^n}y(t) + a_{n-1}\frac{\mathrm{d}^{n-1}}{\mathrm{d}t^{n-1}}y(t) + \cdots + a_1\frac{\mathrm{d}}{\mathrm{d}t}y(t) + a_0 y(t) \\ &= b_m\frac{\mathrm{d}^m}{\mathrm{d}t^m}r(t) + b_{m-1}\frac{\mathrm{d}^{m-1}}{\mathrm{d}t^{m-1}}r(t) + \cdots + b_1\frac{\mathrm{d}}{\mathrm{d}t}r(t) + b_0 r(t) \end{aligned} \tag{2-55}$$

式中，$r(t)$为输入量；$y(t)$为输出量；a_0，a_1，…，a_n 及 b_0，b_1，…，b_m 为由系统结构、参数决定的常数。设 $r(t)$和 $y(t)$及其各阶导数在 $t=0$ 时的值均为零，即零初始条件，则对式（2–55）

求拉氏变换，并令 $R(s)=L[r(t)]$，$Y(s)=L[y(t)]$，可得 s 的代数方程为

$$[a_n s^n + a_{n-1}s^{n-1} + \cdots + a_1 s + a_0]Y(s) = [b_m s^m + b_{m-1}s^{m-1} + \cdots + b_1 s + a_0]R(s)$$

式中，$n \geqslant m$。所以线性定常系统传递函数的一般形式可以转换为

$$G(s) = \frac{Y(s)}{R(s)} = \frac{b_m s^m + b_{m-1}s^{m-1} + \cdots + b_1 s + b_0}{a_n s^n + a_{n-1}s^{n-1} + \cdots + a_1 s + a_0} = \frac{N(s)}{D(s)} \tag{2-56}$$

式中，$N(s) = b_m s^m + b_{m-1}s^{m-1} + \cdots + b_1 s + b_0$；$D(s) = a_n s^n + a_{n-1}s^{n-1} + \cdots + a_1 s + a_0$。

可以看出，求出系统（或环节）的微分方程后，只要把方程式中各阶导数用相应阶次的变量 s 代替，就很容易求得系统（或环节）的传递函数。

2.3.2　传递函数的性质

传递函数是描述线性定常系统特性的另一种数学模型，它与系统在时域中的线性常系数微分方程模型相对应。

传递函数表达了系统把输入量转换成输出量的传递关系，只取决于系统本身的结构和参数，而与输入信号（幅度与大小）等外部作用无关。

传递函数为复变量 s 的有理分式。对于实际的控制系统，传递函数分子的最高阶次 m 小于或等于分母的最高阶次 n（即 $m \leqslant n$），这是因为实际系统中具有电磁、机械或机电惯性的缘故。

$G(s)$虽然描述了输出与输入之间的关系，但它不提供任何该系统的物理结构。因此许多不同的物理系统可能具有完全相同的传递函数。

使传递函数分子多项式等于零的根称为传递函数的零点；使分母多项式等于零的根称为传递函数的极点。由于多项式的系数 a_i、b_j($i=0$，1，2，…，n；$j=0$，1，2，…，m)均取决于系统结构参数，它们都是实数，所以零点和极点均为实数或共轭复数。传递函数分母多项式是系统的特征多项式。传递函数的极点就是系统特征方程的根，特征方程的各个根分别决定系统输出（响应）的各个分量。根据系统传递函数零、极点在复平面上的分布情况就可以了解系统的动态特性。

传递函数 $G(s)$中的复变量 $s=\sigma+\mathrm{j}\omega$，在$\sigma=0$ 的特殊情况下，即 $s=\mathrm{j}\omega$时，$G(s)=G(\mathrm{j}\omega)$。$G(\mathrm{j}\omega)$是系统的频率特性，也是系统的正弦传递函数，它表示系统对正弦信号输入时的响应特性。

如果 $G(s)$已知，那么可以研究系统在各种输入信号作用下的输出响应。

系统的传递函数 $G(s)$ 是复变量 s 的函数，通常也另外表达成如下两种形式。

第一种：

$$G(s) = \frac{b_m(s+z_1)(s+z_2)\cdots(s+z_m)}{a_n(s+p_1)(s+p_2)\cdots(s+p_n)} = k_{\mathrm{g}}\frac{\prod_{i=1}^{m}(s+z_i)}{\prod_{j=1}^{n}(s+p_j)}$$

式中 $-z_i(i=1,2,\cdots,m)$ 是分子多项式的零点，称为传递函数零点；$-p_j(j=1,2,\cdots,n)$ 是分母多项式的零点，称为传递函数的极点；$k_{\mathrm{g}}=\dfrac{b_m}{a_n}$ 称为传递函数的传递系数，也称系统的根轨迹增益。

第二种：$G(s)=\dfrac{b_0}{a_0}\bullet\dfrac{d_m s^m+d_{m-1}s^{m-1}+\cdots+d_1 s+1}{c_n s^n+c_{n-1}s^{n-1}+\cdots+c_1 s+1}=\dfrac{K\prod\limits_{i=1}^{\mu}(\tau_i s+1)\prod\limits_{i=1}^{\eta}(\tau_i^2 s^2+2\xi_i\tau_i s+1)}{s^v\prod\limits_{j=1}^{\rho}(T_j s+1)\prod\limits_{j=1}^{\sigma}(T_j^2 s^2+2\xi_i T_i s+1)}$

式中，τ_i 为分子中各子环节的时间常数；T_j 为分母中各子环节的时间常数；$K=\dfrac{b_0}{a_0}$ 称为系统增益。

2.3.3 典型环节的传递函数

不管实际控制系统的物理结构如何，它们的固有特性都可以用传递函数的一般形式来表示

$$G(s)=\frac{K\prod\limits_{i=1}^{\mu}(T_i s+1)\prod\limits_{i=1}^{\eta}(T_i^2 s^2+2\xi_i T_i s+1)}{s^v\prod\limits_{j=1}^{\rho}(T_j s+1)\prod\limits_{j=1}^{\sigma}(T_j^2 s^2+2\xi_j T_j s+1)} \qquad (2\text{–}57)$$

式中，v为整数或零，$v+\rho+2\sigma=n,\mu+2\eta=m$，$m\leqslant n$。任何开环传递函数的多项式均可分解成式（2–57）的形式。任何线性定常系统的开环传递函数均由式（2–57）中的一、二阶基本环节组成。

由式（2–57）可以看出传递函数由一些基本子式的乘积组成，通常为了便于研究，按数学模型的不同，将系统的组成元件归纳为几个不同的类别，称为典型环节。式（2–57）中的每一个基本子式就是各典型环节的传递函数。典型环节如下。

1. 比例环节

比例环节又称放大环节，输出量 $y(t)$的大小与输入量 $r(t)$成比例，输出量的变化与输入量同步。其运动方程为

$$y(t)=Kr(t)$$

式中，K 为放大系数。比例环节的传递函数为

$$G(s)=\frac{Y(s)}{R(s)}=K \qquad (2\text{–}58)$$

放大环节的典型实例就是各种运算放大器。

2. 微分环节

微分环节是自动控制系统中经常应用的环节，其特点是在暂态过程中，系统的输出量 $y(t)$与输入量 $r(t)$的变化率成比例，即与输入量的导数成比例，可以说该环节的数学运算性能是作微分运算。

$$y(t)=k\frac{\mathrm{d}r(t)}{\mathrm{d}t},\quad G(s)=\frac{Y(s)}{R(s)}=ks \qquad (2\text{–}59)$$

微分环节的典型例子是测速发电机和微分运算电路，如图 2–12 所示。

图 2–12（a）为永磁式直流测速发电机示意图。ϕ 为测速发电机输入轴的转角，e 是输出电动势，输出电动势与输入角速度成比例，即

$$e(t)=k_{\mathrm{cf}}\frac{\mathrm{d}\phi(t)}{\mathrm{d}t}$$

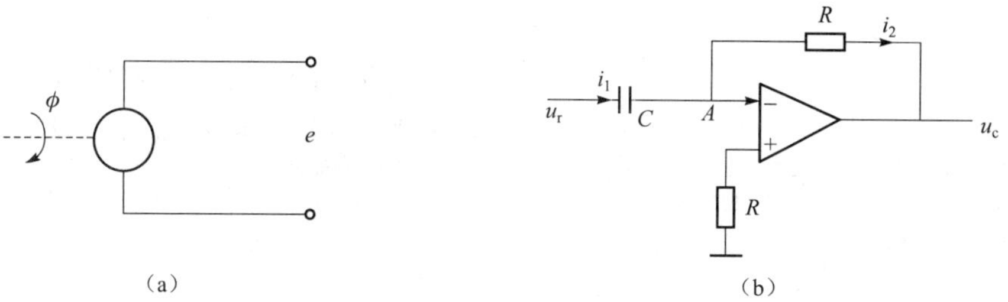

图 2–12　微分环节的典型例子

(a) 永磁式直流测速发电机；(b) 微分集成运放电路

故传递函数为

$$G(s)=\frac{E(s)}{\Phi(s)}=k_{cf}s$$

式中，k_{cf}为测速发电机的斜率。

图 2–12（b）为微分集成运放电路，称为 D（微分）调节器。u_c为输出电压，u_r为输入电压。由于集成运放的放大系数很大，可达 10^6 以上，而输出电压一般在 20 V 以下，故输入端 A 点电压近似为零，称 A 点为虚地点，因此，可得下列方程组

$$i_1 \approx i_2$$

$$i_1 = C\frac{\mathrm{d}u_r}{\mathrm{d}t}$$

$$u_c = -i_2 R$$

则有

$$u_c = -RC\frac{\mathrm{d}u_r}{\mathrm{d}t}$$

$$U_c(s) = -RCsU_r(s)$$

故传递函数为

$$G(s)=\frac{U_c(s)}{U_r(s)}=-RCs=-\tau s \tag{2–60}$$

式中，$\tau=RC$，称为时间常数。

3. 一阶微分环节

一阶微分环节是输出量$y(t)$与输入量$r(t)$及其导数成比例，输出量超前输入量。一阶微分环节的运动方程为

$$y(t)=k\left[r(t)+\tau\frac{\mathrm{d}r(t)}{\mathrm{d}t}\right]$$

一阶微分环节的传递函数为

$$G(s)=\frac{Y(s)}{R(s)}=k(1+\tau s) \tag{2–61}$$

式中，k 为比例系数；τ 为时间常数。

对于一阶微分环节，当输入 $r(t)$为常量时，输出 $y(t)$也是常量，与 $r(t)$的大小成比例，相

当于比例环节。

一阶微分环节的实例如图 2–13 所示，它是比例–微分调节器，简称 PD 调节器。

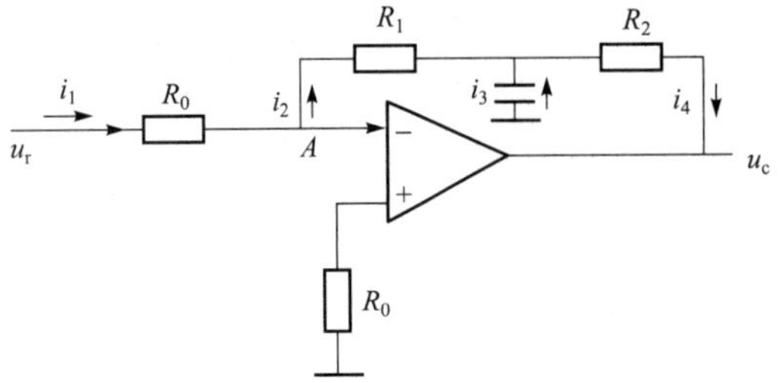

图 2–13　PD 调节器

根据电路基本定律有

$$\begin{cases} u_r = i_1 R_0 \\ i_1 \approx i_2 \\ i_2 + i_3 = i_4 \\ u_c = -(i_2 R_1 + i_4 R_2) \\ i_2 R_1 = \dfrac{1}{C}\int i_3 \mathrm{d}t \end{cases}$$

将上述方程组消去中间变量后，进行拉氏变换，得 PD 调节器的传递函数为

$$G(s) = \frac{U_c(s)}{U_r(s)} = -k(1+Ts) \tag{2–62}$$

式中，$k = \dfrac{(R_1+R_2)}{R_0}$；$T = \dfrac{R_1 R_2 C}{(R_1+R_2)}$。

4. 二阶微分环节

二阶微分环节是输出量 $y(t)$ 与输入量 $r(t)$ 及其一阶和二阶导数成比例，输出量超前输入量。该环节的运动方程为

$$y(t) = k\left[r(t) + 2\zeta\tau\frac{\mathrm{d}r(t)}{\mathrm{d}t} + \tau^2\frac{\mathrm{d}^2 r(t)}{\mathrm{d}t^2}\right]$$

$$G(s) = \frac{Y(s)}{R(s)} = k(1+2\zeta\tau s+\tau^2 s^2) \tag{2–63}$$

式中，k 是比例系数；τ 为时间常数；ζ 是系数（阻尼比）。

5. 积分环节

积分环节是输出量与输入量的积分成比例，输出量滞后输入量，滞后相角 $\phi = \dfrac{\pi}{2}$，积分环节的传递函数为

$$y(t) = k\int_0^t r(t)\mathrm{d}t$$

$$G(s) = \frac{Y(s)}{R(s)} = \frac{k}{s} \tag{2–64}$$

当输入消失时，输出具有记忆功能。

典型实例有电动机角速度与角度间的传递函数，模拟计算机中的积分器等。

图 2–14 为积分环节实例。该电路为积分调节器。根据其电路图可写出如下方程组

$$i_1 \approx i_2，\ u_r = i_1 R$$

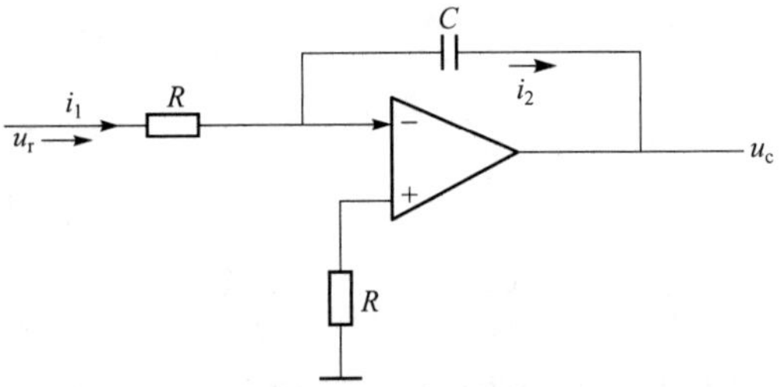

图 2–14　积分环节

$$u_c = -\frac{1}{C}\int i_2 \mathrm{d}t$$

消去中间变量，传递函数为

$$G(s) = \frac{U_c(s)}{U_r(s)} = -\frac{1}{RCs} = -\frac{k}{s}$$

（2–65）

式中，$k = \frac{1}{RC}$。

6. 惯性环节

惯性环节是输出量 $y(t)$滞后输入量 $r(t)$，相应的运动方程为

$$T\frac{\mathrm{d}y(t)}{\mathrm{d}t} + y(t) = kr(t)$$

传递函数为

$$G(s) = \frac{Y(s)}{R(s)} = \frac{k}{1+Ts} \tag{2–66}$$

典型实例有直流伺服电动机，当忽略电枢绕组电感 L 时就是一个惯性环节。

7. 振荡环节

振荡环节的输出量 $y(t)$滞后输入量 $r(t)$，运动方程为

$$T^2\frac{\mathrm{d}^2 y(t)}{\mathrm{d}t^2} + 2\zeta T\frac{\mathrm{d}y(t)}{\mathrm{d}t} + y(t) = r(t)$$

传递函数为

$$G(s) = \frac{\omega_n^{\ 2}}{s^2 + 2\zeta\omega_n s + \omega_n^{\ 2}} = \frac{1}{T^2 s^2 + 2\zeta Ts + 1} \tag{2–67}$$

式中，ζ 为阻尼比 $(0 \leqslant \zeta < 1)$；ω_n 为自然振荡角频率（无阻尼振荡角频率）；$T = \frac{1}{\omega_n}$。

振荡环节中有两个独立的储能元件，并可进行能量交换，其输出出现振荡，典型环节如 RLC 振荡电路。

由式（2–4）可知

$$LC\frac{\mathrm{d}^2 u_o(t)}{\mathrm{d}t^2} + RC\frac{\mathrm{d}u_o(t)}{\mathrm{d}t} + u_o(t) = u_i(t)$$

两边进行拉氏变换后得

$$LCs^2U_o(s) + RCsU_o(s) + U_o(s) = U_i(s)$$

$$G(s) = \frac{U_o(s)}{U_i(s)} = \frac{1}{LCs^2 + RCs + 1}$$

8. 时滞环节

时滞环节是输入信号加入后，其输出端要经过一段时间才能复现输入信号的环节。

时间特性表达式为

$$y(t) = r(t-\tau)$$

$$G(s) = \mathrm{e}^{-\tau s} \tag{2-68}$$

式中，τ 为延迟时间。

特点：时滞环节的输出量能准确复现输入量，但需延迟一固定的时间间隔。

在对管道压力、流量等物理量的控制时，其数学模型就包含有延迟环节。

以上前 7 种典型环节的传递函数是构成控制系统传递函数的基本因子。需要注意的是，对某个具体的物理部件所取输入、输出物理量不同，则表示该部件的传递函数性质可能不同。例如测速发电机，当输入为转角ϕ，输出为电压，则测速发电机为微分环节；当输入为角速度$\omega = \frac{\mathrm{d}\phi}{\mathrm{d}t}$时，测速发电机为比例环节。又如机械减速器，当它的输入与输出为相同的物理量时，机械减速器为比例环节；当输入为角速度或转速，输出为转角时，则减速器为积分环节。

2.3.4　典型元器件的传递函数

掌握典型元器件和部件的传递函数，对于建立系统的传递函数是很重要的。

1. 两个相同电位计组成的误差角检测器

两个相同电位计组成的误差角检测器如图 2–15 所示。电位计电刷转角最大值为θ_{max}，设$k_p = \frac{E}{\theta_{max}}$(V/rad)，该式为电位计的灵敏度。两个电位计并联，转角之差为

$$\Delta\theta(t) = \theta_1(t) - \theta_2(t)$$

$$u(t) = k_p \Delta\theta(t)$$

拉氏变换后得

$$U(s) = k_p \Delta\theta(s)$$

则

$$G(s) = \frac{U(s)}{\Delta\theta(s)} = k_p \quad （比例环节） \tag{2-69}$$

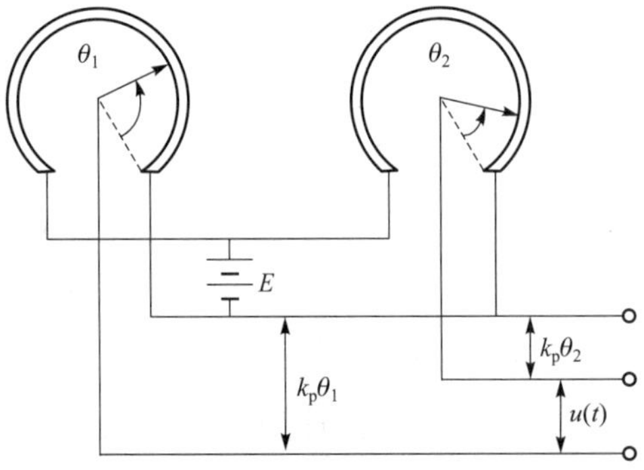

图 2–15　电位计组成的误差角检测器

2. 测速发电机

测速发电机如图 2–16 所示。其转子与待测设备的转轴相连，无论是直流或交流测速发电机，其输出电压正比于转子的角速度，其微分方程为

$$u(t) = k_t \frac{\mathrm{d}\theta(t)}{\mathrm{d}t} = k_t \omega(t)$$

拉氏变换后得

$$U(s) = k_t s\theta(s) = k_t \omega(s)$$

于是测速发电机的传递函数为

$$G(s) = \frac{U(s)}{\theta(s)} = k_t s \tag{2-70}$$

$$G(s)=\frac{U(s)}{\omega(s)}=k_t \tag{2-71}$$

式（2–71）的相应示意图如图 2–17 所示。

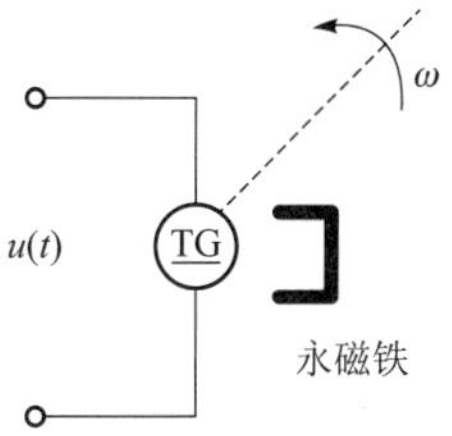

图 2–16　测速发电机

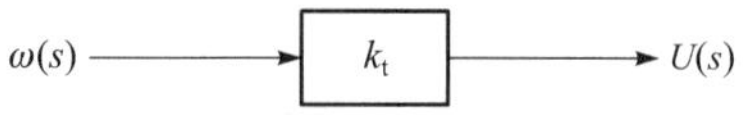

图 2–17　测速发电机的传递函数

3. 直流电动机

直流电动机如图 2–18 所示，图中各参数含义如下。

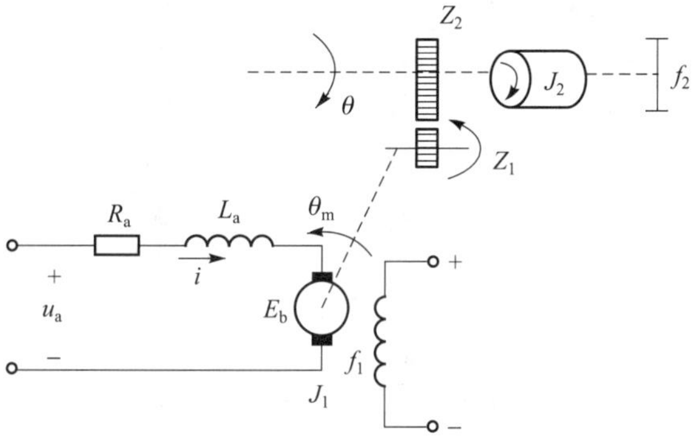

图 2–18　直流电动机

u_a：电枢控制电压；

R_a：电枢直流电阻；

L_a：电枢绕组电感（常量）；

E_b：电枢反电动势；

J_1，f_1：电动机轴上的转动惯量和黏性摩擦系数；

θ_m：电动机转角；

i：减速器减速比，$i=\dfrac{Z_2}{Z_1}$；

θ：负载转角；

J_2，f_2：负载轴上的转动惯量和黏性摩擦系数；

M_L：折算到电动机轴上的负载外加力矩，$M_L=\dfrac{M_2}{i}$。

首先将负载轴的转动惯量和黏性摩擦系数都折算到电动机轴上。

由式（2–41）和式（2–42）可知

$$J_m=J_1+J_2\left(\frac{Z_1}{Z_2}\right)^2=J_1+\frac{J_2}{i^2}$$

$$f_m = f_1 + f_2\left(\frac{Z_1}{Z_2}\right)^2 = f_1 + \frac{f_2}{i^2}$$

由式（2–27）电枢回路电压平衡方程得

$$u_a(t) = L_a\frac{\mathrm{d}i_a(t)}{\mathrm{d}t} + R_a i_a(t) + E_b$$

由式（2–29）有

$$E_b = k_b\omega_m(t) = k_b\frac{\mathrm{d}\theta_m(t)}{\mathrm{d}t}$$

由式（2–30）有

$$M_m(t) = C_m i_a(t)$$

将 $\omega_m(t) = \frac{\mathrm{d}\theta_m(t)}{\mathrm{d}t}$ 代入式（2–31），则电动机轴上的转矩平衡方程转化为

$$J_m\frac{\mathrm{d}^2\theta_m(t)}{\mathrm{d}t^2} + f_m\frac{\mathrm{d}\theta_m}{\mathrm{d}t} = M_m(t) - M_L(t)$$

考虑到

$$\theta = \frac{\theta_m}{i}$$

进行拉氏变换后得

$$U_a(s) = R_a I_a(s) + L_a s I_a(s) + E_b(s)$$
$$M_m(s) = C_m I_a(s)$$
$$J_m s^2\ \theta_m(s) + f_m s\ \theta_m(s) = M_m(s) - M_L(s)$$
$$\theta(s) = \frac{\theta_m(s)}{i}$$
$$E_b(s) = k_b s\theta_m(s)$$

保留 $u_a(s)$、$\theta(s)$、$M_L(s)$，消去中间变量，忽略 L_a 得

$$s\left[\frac{R_a J_m}{R_a f_m + C_m k_b}s + 1\right]\theta(s) = \frac{C_m}{(R_a f_m + C_m k_b)i}U_a(s) - \frac{R_a}{(R_a f_m + C_m k_b)i}M_L(s)$$

$$G(s) = \frac{\theta(s)}{U_a(s)} = \frac{C_m}{s[R_a J_m s + R_a f_m + C_m k_b]i} \tag{2–72}$$

令 $T_m = \frac{R_a J_m}{(R_a f_m + C_m k_b)}, k_m = \frac{C_m}{R_a f_m + C_m k_b}$，式（2–72）可写成

$$G(s) = \frac{\theta(s)}{U_a(s)} = \frac{\frac{k_m}{i}}{s(T_m s + 1)} \tag{2–73}$$

即如图 2–19 所示。

4. 无源网络

图 2–20 所示为 *RC* 无源网络。*RC* 无源网络的微分方程为

$$u_{\mathrm{r}} = Ri + \frac{1}{C}\int i\mathrm{d}t$$

$$u_{\mathrm{c}} = \frac{1}{C}\int i\mathrm{d}t$$

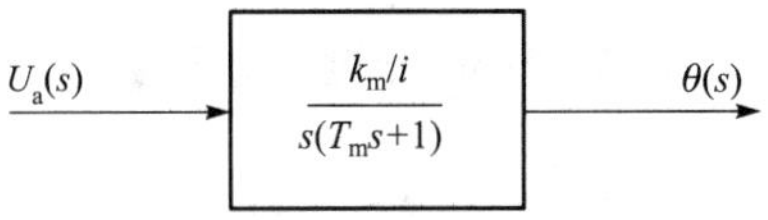

图 2–19　直流电动机传递函数

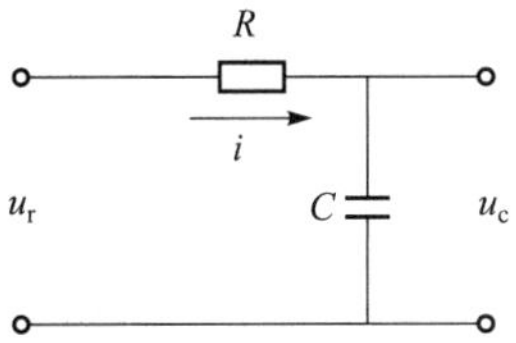

图 2–20　*RC* 无源网络

拉氏变换后得

$$U_{\mathrm{r}}(s) = \frac{RCsI(s) + I(s)}{Cs}$$

$$U_{\mathrm{c}}(s) = \frac{I(s)}{Cs}$$

消去中间变量得

$$RCsU_{\mathrm{c}}(s) + U_{\mathrm{c}}(s) = U_{\mathrm{r}}(s)$$

$$G(s) = \frac{U_{\mathrm{c}}(s)}{U_{\mathrm{r}}(s)} = \frac{1}{RCs+1} \tag{2–74}$$

5. 系统的传递函数

如例 2.8 中图 2–8 所示的是位置随动系统，试列写其传递函数。

若负载轴上有外加力矩 M_2，参照直流电动机的微分方程，从输入端依次列出各元件的微分方程（参见例 2.8）。

误差检测器的方程为

$$\theta_{\mathrm{e}}(t) = \theta_{\mathrm{r}}(t) - \theta_{\mathrm{c}}(t)$$

$$u_{\mathrm{s}}(t) = k_{\mathrm{s}}\theta_{\mathrm{e}}(t)$$

放大器的方程为

$$u_{\mathrm{a}}(t) = k_{\mathrm{a}}u_{\mathrm{s}}(t)$$

式中，k_{a} 为放大器的电压放大系数。

进行拉氏变换，有

$$\theta_{\mathrm{e}}(s) = \theta_{\mathrm{r}}(s) - \theta_{\mathrm{c}}(s)$$

$$U_{\mathrm{s}}(s) = k_{\mathrm{s}}\theta_{\mathrm{e}}(s)$$

$$U_{\mathrm{a}}(s) = k_{\mathrm{a}}U_{\mathrm{s}}(s)$$

考虑到

$$J_{\mathrm{m}} = J_1 + J_2\left(\frac{Z_1}{Z_2}\right)^2 = J_1 + \frac{J_2}{i^2}$$

$$f_m = f_1 + f_2\left(\frac{Z_1}{Z_2}\right)^2 = f_1 + \frac{f_2}{i^2}$$

式中，$\frac{Z_2}{Z_1} = i$ 为减速器的减速比。

电动机方程见本节3中直流电动机的描述。

本例中 $M_c=0$，故 $M_L(s)=0$，保留 $U_a(s)$、$\theta_c(s)$，消去中间变量，忽略 L_a 整理得

$$T_m \frac{d^2\theta_m(t)}{dt^2} + \frac{d\theta_m(t)}{dt} = k_q k_a k_s\left[\theta_r - \frac{1}{i}\theta_m(t)\right]$$

传递函数为

$$\Phi(s) = \frac{\theta_c(s)}{\theta_r(s)} = \frac{\dfrac{k_s k_a C_m}{R_a i}}{J_m s^2 + \left(f_m + \dfrac{C_m k_b}{R_a}\right)s + \dfrac{k_s k_a C_m}{R_a i}} = \frac{k}{Js^2 + Fs + k} \tag{2-75}$$

式中，$k = \frac{k_s k_a C_m}{R_a i}$；$F = f_m + \frac{C_m k_b}{R_a}$；$J = J_m$。

由式（2–75）可见，该随动系统的数学模型是一个二阶微分方程，即为二阶系统。

2.4 动态结构图（方框图）及其简化

在前面已提到采用动态结构图（简称结构图或方框图）可以直观地表示系统输出、输入和中间变量传递过程的关系，是控制系统中描述复杂系统的一种简便方法。系统动态结构图实质上是系统原理图与数学描述二者的结合，既补充了原理图中所需的定量描述，又赋予了纯数学描述的物理意义，既可以根据方框图进行数学运算，又可以通过方框图直观了解系统中信号的流动特点、各元件的相互关系以及在系统中所起的作用。它作为一种数学模型，在运算过程中有更方便、更形象直观的优点，因此得到了较广泛的应用。

2.4.1 动态结构图的基本概念

动态结构图是由一些符号、方框、表示输入输出方向的通路和箭头以及表示信号之间关系的综合点组成，把它们连接在一起构成动态结构图。在引入传递函数后，可以把环节的传递函数标在框图的方块里，并把输入量和输出量用拉氏变换表示。这时 $Y(s)=G(s)R(s)$ 的关系可以在框图中体现出来。

定义：把一个环节的传递函数写在一个方框里面所组成的图形，该图形表示了变量之间的数学关系，称这种方框图为函数结构图或框图。它是传递函数的图解化，框图中各变量均以 s 为自变量。

方框图通常由方框、信号流线、相加点、分支点组成，如图2–21所示。

方框：表示元件或环节的输入量、输出量之间的函数关系。

信号流线：带箭头的线段，表示环节的输入、输出信号，箭头方向表示信号的传递方向。

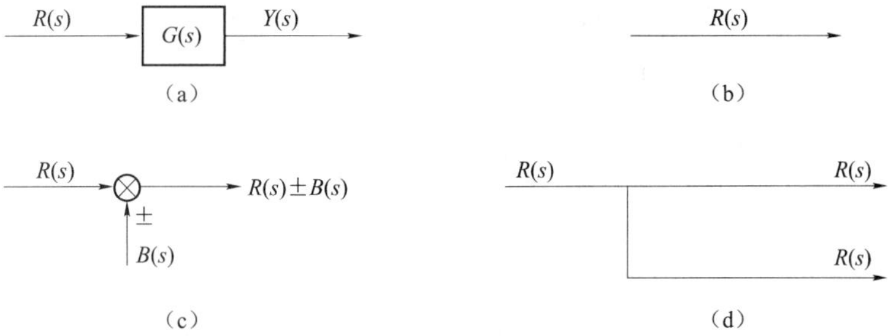

图 2–21　方框图的组成

（a）方框；（b）信号流线；（c）相加点；（d）分支点

相加点：表示求两个及以上信号的代数和，又称为综合点，“+”表示相加，“−”表示相减，“+”可省略不写。

分支点：信号引出的位置，又称为引出点。从同一点引出的信号在数值和性质上是完全相同的。

若已知系统的组成和各部分的传递函数，就可以把系统的各个环节全都用函数方框来表示，并且根据实际系统中各环节信号的相互关系，用信号流线和相加点把各个函数方框连接起来，形成系统的动态结构框图。图 2–22 所示为典型系统动态结构图。绘制系统框图的根据是系统各环节的动态微分方程、系统动态微分方程组及其拉氏变换式。

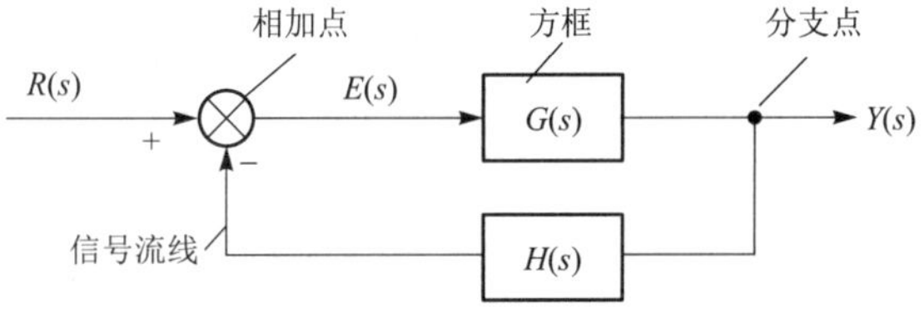

图 2–22　典型系统动态结构图

例如，*RC* 无源网络的动态结构图如图 2–23 所示。

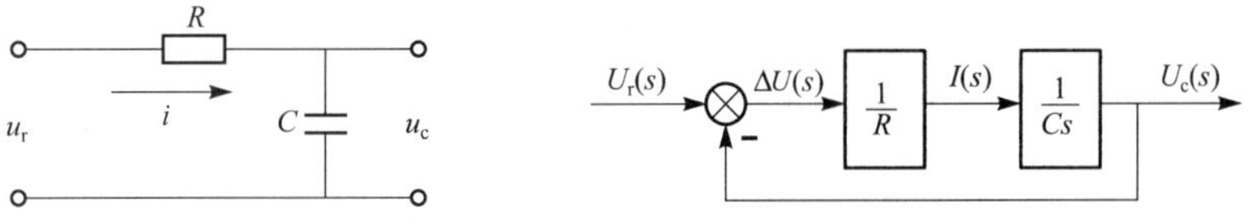

图 2–23　*RC* 无源网络动态结构图

2.4.2　系统动态结构图的建立

建立动态结构图的步骤如下：

（1）建立系统各元件、部件的微分方程，并确定其相应的输入、输出量，要注意各环节之间的负载效应。

（2）对各元件的微分方程进行拉氏变换，并作出各元件的结构图。

（3）按系统中各元件之间的传递关系，依次将结构图连接起来，把输入量放在系统左端，输出量放在右端，得到系统的结构图。

例 2.9　如图 2–8 所示的位置随动系统，已知其运动方程，可作出其相应的结构图。已知微分方程的相应拉氏变换为

$$
\begin{cases}
\theta_e(s)=\theta_r(s)-\theta_c(s) & \text{(a)}\\
U_s(s)=k_s\theta_e(s) & \text{(b)}\\
U_a(s)=k_aU_s(s) & \text{(c)}\\
U_a(s)=R_aI_a(s)+L_asI_a(s)+E_b(s) & \text{(d)}\\
M_m(s)=C_mI_a(s) & \text{(e)}\\
Js^2\theta_m(s)+fs\theta_m(s)=M_m(s)-M_L(s) & \text{(f)}\\
E_b(s)=k_bs\theta_m(s) & \text{(g)}\\
\theta_c(s)=\dfrac{1}{i}\theta_m(s) & \text{(h)}
\end{cases}
\tag{2–76}
$$

根据以上 8 个子方程可以分别画出其方框图，如图 2–24 所示。

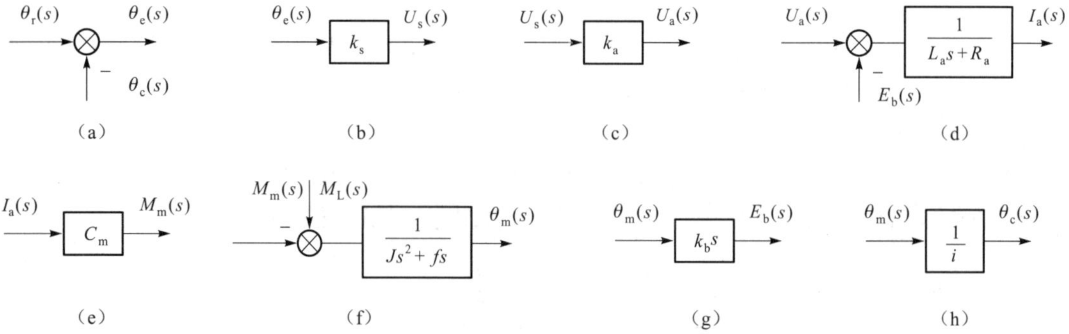

图 2–24　式（2–76）子方程的结构图

然后将各方框图连接起来，可得到图 2–25 所示的系统结构图。

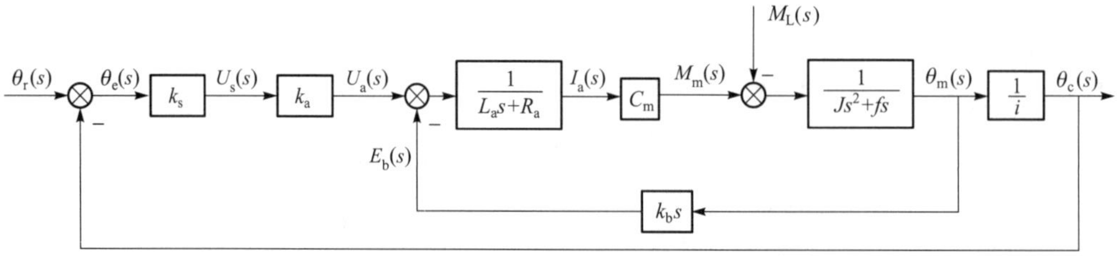

图 2–25　位置随动系统结构图

略去电感 L_a，系统结构图如图 2–26 所示。

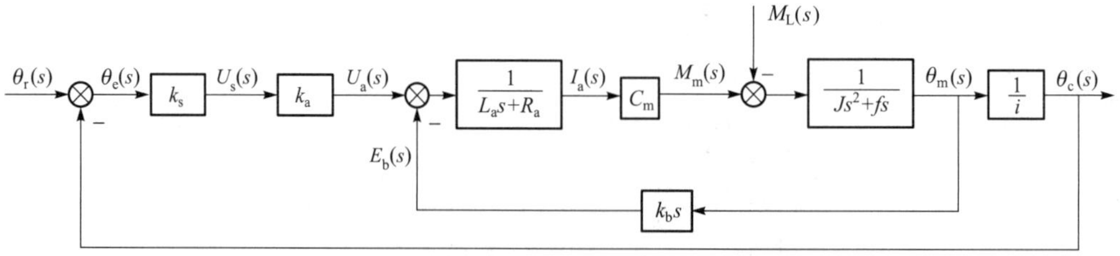

图 2–26　$L_a=0$ 时的位置随动系统结构图

在式（2–76）中，（d）～（h）是描述带负载的电动机的动态方程。图 2–26 直观地表示了系统从输入 $\theta_r(s)$ 及 $M_L(s)$ 开始，信号在各个元件中的传递过程，直到输出 $\theta_c(s)$。为了进一步对系统作出定性分析和定量估量，还需要进一步将结构图简化。

例 2.10　试绘制图 2–27 所示的无源网络结构图。

解： 对于本例题，可以运用基本电路知识，利用电压、电流、电阻和复阻抗的关系，可直接建立结构图。其中：u_r 为网络输入，u_c 为网络输出。（$u_r - u_c$）为 R_1 与 C 并联支路的端电压，流经 R_1 与 C 的电流 i_1 和 i_2 相加为 i，而 $iR_2 = u_c$。根据这些关系，可绘制该网络的结构图，如图 2–28 所示。应该注意，一个系统或者一个元件、一个网络，其结构图不是唯一的，可以绘出不同的形式。但它们的总动态规律和总传递函数应该是相同的。如例 2.10 的网络结构图可用图 2–29 表示。

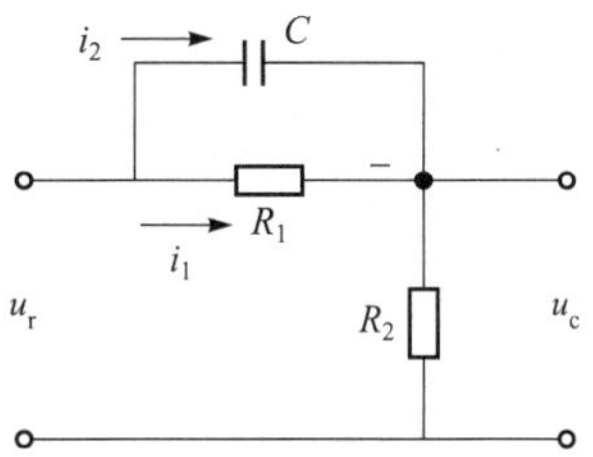

图 2–27　*RC* 无源网络

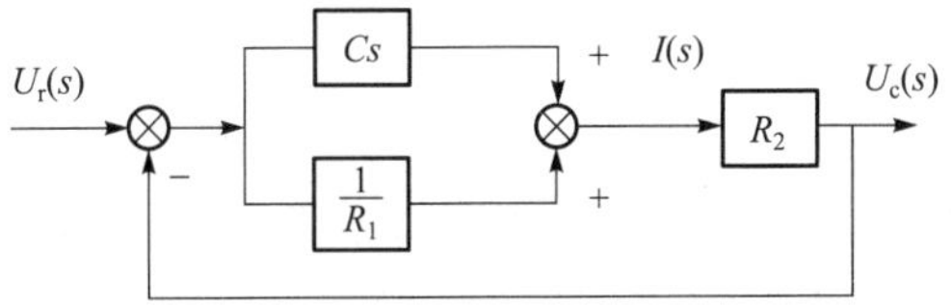

图 2–28　例 2.10 网络结构图

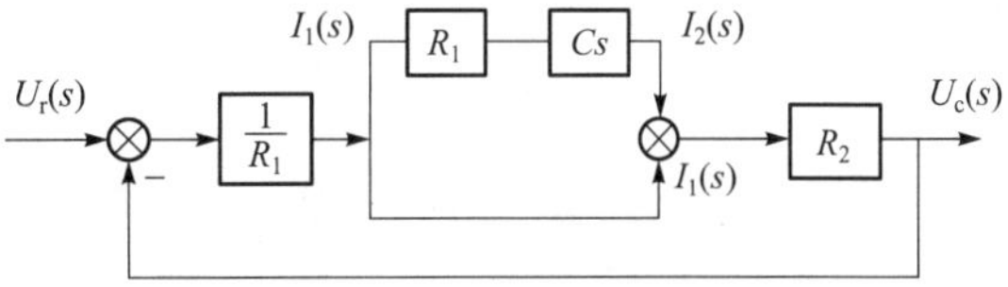

图 2–29　例 2.10 另一形式结构图

2.4.3　结构图的等效变换

为进一步对系统的动态过程进行计算，需要对系统的结构图进行运算和变换，求出系统的总传递函数，也就是使系统的方框图汇集成一个等效的方框图。变换的实质相当于对方程组进行消元，求得系统输入量对输出量的总关系式。

结构图的等效变换，即对结构图的任一部分进行变换时，变换前、后输入–输出总的数学关系应保持不变。结构图的等效变换包括两部分，一部分是关于系统基本连接的等效变换，另一部分是关于相加点与分支点位置变化对应的等效变换。

1. 结构图的基本组成形式

结构图的基本组成形式分为三种。

（1）串联连接。结构图中方框与方框首尾相连，前一个方框的输出作为后一个方框的输入，称此形式为串联连接，如图 2–30（a）所示。

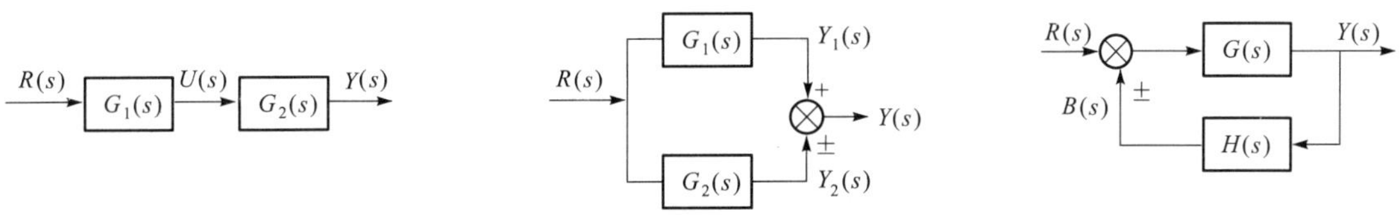

（a）　　（b）　　（c）

图 2–30　结构图的组成形式

（a）串联连接；（b）并联连接；（c）反馈连接

（2）并联连接。两个或两个以上方框并行，具有同一个输入，而以各方框输出的代数和作为总输出，称此形式为并联连接，如图 2–30（b）所示。

（3）反馈连接。一个方框的输出，输入到另一个方框，得到的输出又返回到前一个方框的输入端，称此形式为反馈连接，如图 2–30（c）所示。

任何复杂系统的结构图都是由这三种基本形式组合而成的。

2. 结构图的等效变换法则——基本连接等效变换

（1）串联方框的等效变换。两个传递函数分别为 $G_1(s)$ 和 $G_2(s)$，以串联方式连接，如图 2–30（a）所示，可用一个传递函数代替。

由图 2–30（a）可写出

$$U(s)=G_1(s)R(s)$$
$$Y(s)=G_2(s)U(s)$$

消去 $U(s)$ 得

$$Y(s)=G_1(s)G_2(s)R(s)=G(s)R(s)$$

可见

$$G(s)=G_1(s)G_2(s) \tag{2-77}$$

上述结论可以推广到两个以上传递函数的串联。n 个传递函数的串联等于 n 个传递函数的乘积，如图 2–31 所示。

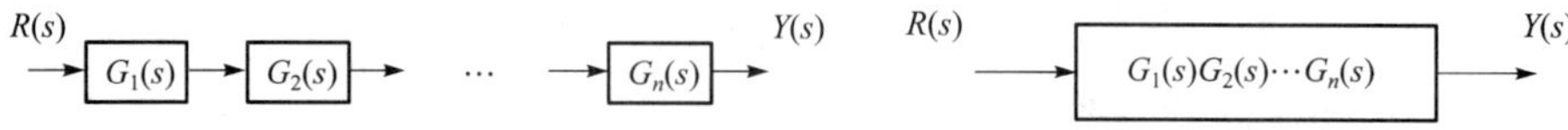

（a）　　　　　　（b）

图 2–31　串联连接的等效变换

（a）串联连接的一般形式；（b）等效后的串联连接

（2）并联方框的等效变换。传递函数分别为 $G_1(s)$ 和 $G_2(s)$ 的并联连接，如图 2–30（b）所示，可用一个传递函数代替，并可确定其传递函数和方框图。

由图 2–30（b）可得

$$
\begin{aligned}
Y_1(s)&=G_1(s)R(s)\\
Y_2(s)&=G_2(s)R(s)\\
Y(s)&=Y_1(s)\pm Y_2(s)\\
&=G_1(s)R(s)\pm G_2(s)R(s)\\
&=[G_1(s)\pm G_2(s)]R(s)\\
&=G(s)R(s)
\end{aligned}
$$

可见

$$G(s)=G_1(s)\pm G_2(s) \tag{2-78}$$

由式（2–78）可见，两个传递函数并联的等效传递函数，等于各个传递函数的代数之和。对于上述结论可推广到 n 个传递函数的并联，其等效传递函数等于 n 个传递函数的代数和，如图 2–32（b）所示。

（3）反馈连接的等效变换。图 2–33（a）所示为反馈连接的一般形式，其等效变换的结果如图 2–33（b）所示。以下证明此关系。由图 2–33（a）按信号传递的关系有

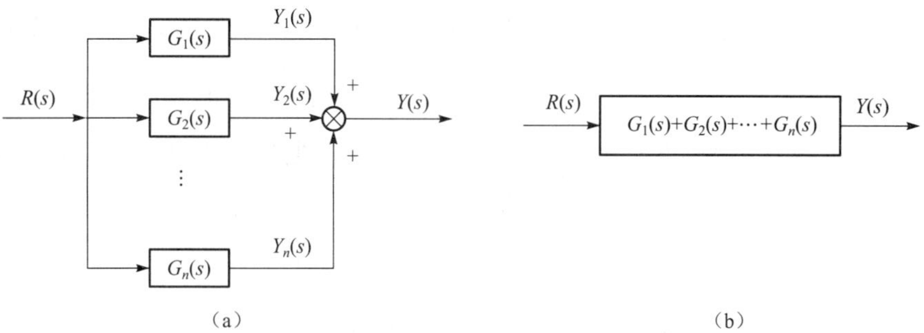

图 2–32　并联连接的等效变换

（a）并联连接的一般形式；（b）等效后的并联连接

$$Y(s)=G(s)E(s)$$
$$B(s)=H(s)Y(s)$$
$$E(s)=R(s)\pm B(s)$$

消去 $E(s)$、$B(s)$ 得

$$Y(s)=G(s)[R(s)\pm H(s)Y(s)]$$
$$Y(s)[1\mp G(s)H(s)]=G(s)R(s)$$

因此

$$\varPhi(s)=\frac{Y(s)}{R(s)}=\frac{G(s)}{1\mp G(s)H(s)} \tag{2–79}$$

由式（2–79）可见，反馈连接结构图等效变换为一个方框图，反馈时为“±”值时，等效变换后方框中运算变为“∓”，称式（2–79）为闭环传递函数。

当反馈通道中的传递函数 $H(s)$ =1 时，反馈为单位反馈，此时

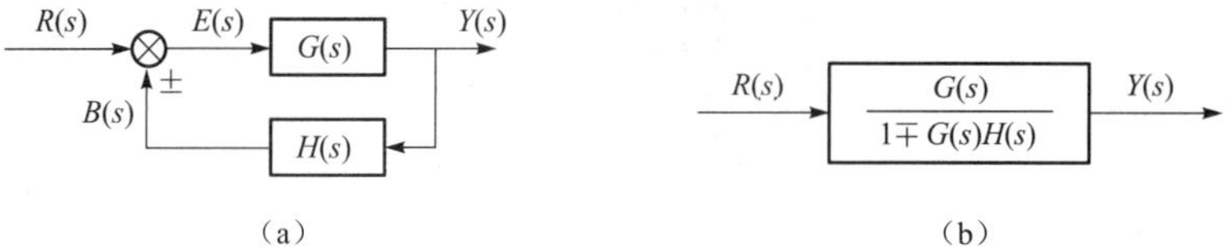

图 2–33　反馈连接的等效变换

（a）反馈连接的一般形式；（b）等效变换的结果

$$\varPhi(s)=\frac{G(s)}{1\mp G(s)} \tag{2–80}$$

式（2–77）、式（2–78）、式（2–79）为变换中的基本法则。

3. 结构图的等效变化法则——相加点与分支点的等效变换

对于一般的系统结构图，通常会出现上述三种连接形式的交叉，以致无法使用基本连接的等效变换合并方法来简化结构图，这时就必须首先采用移动相加点与分支点的方法解除交叉，再应用基本连接等效方法最终得到整个系统的传递函数。

（1）相加点的移动。

① 相加点前移。图 2–34 表示相加点前移的等效结构。

将 $G(s)$方框后的相加点前移到 $G(s)$的输入端，而且仍要保持信号 R、Q、Y 的关系不变。

则必须在被挪动的通道上串入 $G(s)$的倒函数方框，以保持等效，如图 2–34（b）所示。下面导出此关系。

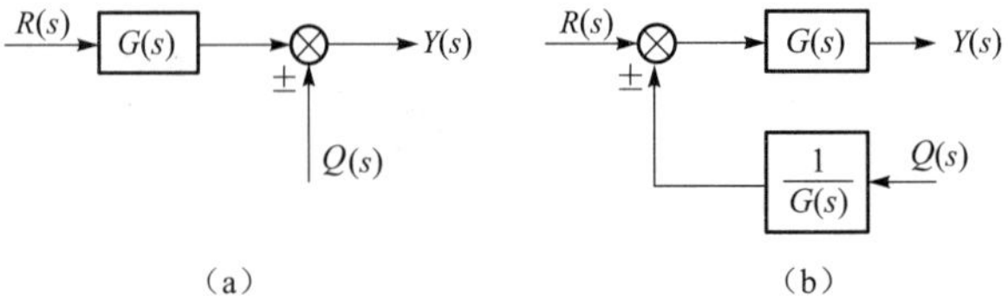

图 2–34　相加点前移

（a）相加点移动前；（b）相加点移动后

挪动前的结构图中信号关系为

$$Y(s)=G(s)R(s)\pm Q(s)$$

挪动后的信号关系为

$$Y(s)=G(s)[R(s)\pm G(s)^{-1}Q(s)]=G(s)R(s)\pm Q(s)$$

由此可见两者完全等效。

② 相加点之间的移动。图 2–35 表示相邻两个相加点直接挪动的等效变换。

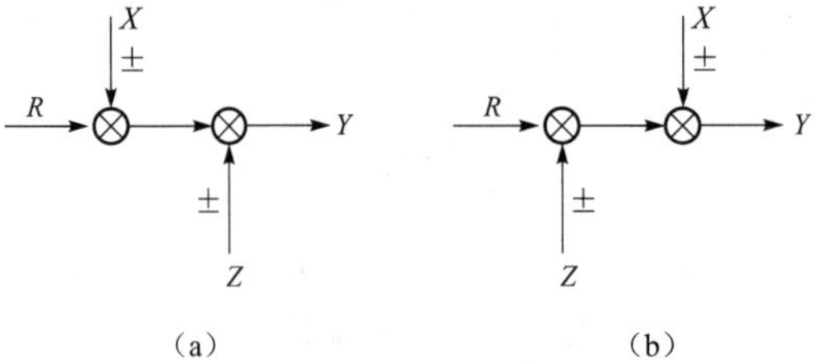

图 2–35　相邻相加点的挪动

（a）相加点移动前；（b）相加点移动后

挪动前总输出信号为

$$Y=R\pm X\pm Z$$

挪动后总输出信号为

$$Y=R\pm Z\pm X$$

两者完全相同。因此，相邻相加点之间的移动不影响总的输出–输入关系。

③ 相加点后移。将 $G(s)$ 方框前的相加点移到 $G(s)$ 的输出端，同时仍要保持信号 R、Q、Y 的关系不变，则必须在被移动的通道上串联一个 $G(s)$ 方框，以保持函数关系等效，如图 2–36 所示。下面导出对应关系。

图 2–36　相加点后移

（a）相加点移动前；（b）相加点移动后

挪动前的信号关系为

$$Y(s)=[R(s)\pm Q(s)]G(s)=R(s)G(s)\pm Q(s)G(s)$$

挪动后的信号关系为

$$Y(s)=R(s)G(s)\pm Q(s)G(s)$$

变换前后输入输出关系完全等效。

（2）分支点的移动。

① 分支点后移。图 2–37 表示了分支点后移的等效变换。

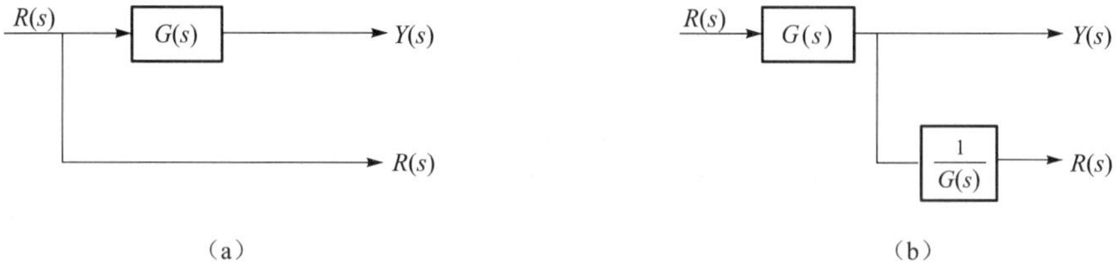

图 2–37　分支点后移

（a）分支点移动前；（b）分支点移动后

挪动后要保持输出为 R，则要在被挪动的通道上串入 $G(s)$的倒函数方框，如图 2–37（b）所示，证明如下：

$$R(s)=\frac{R(s)}{G(s)}G(s)=R(s)$$

② 相邻分支点之间的移动。若干个分支点相邻，这表明是同一信号输送到许多地方。因此，分支点之间相互交换位置，不会改变引出信号的性质。即不需要作任何传递函数的变换，如图 2–38 所示。

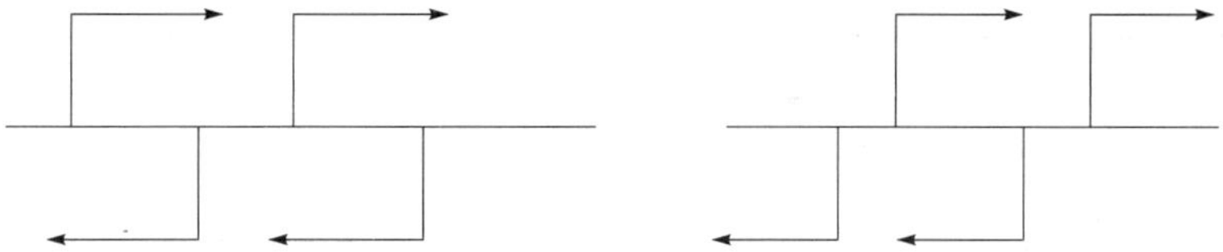

图 2–38　相邻分支点的移动

③ 分支点前移。

移动前的信号关系为

$$Y(s)=[R(s)\pm Q(s)]\cdot G(s)=R(s)G(s)\pm Q(s)G(s)$$

移动后的信号关系为

$$Y(s)=R(s)G(s)\pm Q(s)G(s)$$

由此看出，移动前后信号关系完全等效。图 2–39 表示了分支点前移的等效变换，移动前后要保持输出仍为 Y，则在被移动支路上，应串入 $G(s)$ 函数方框，如图 2–39（b）所示。

移动前：

$$Y(s)=R(s)G(s)$$

移动后：

$$Y(s)=R(s)G(s)$$

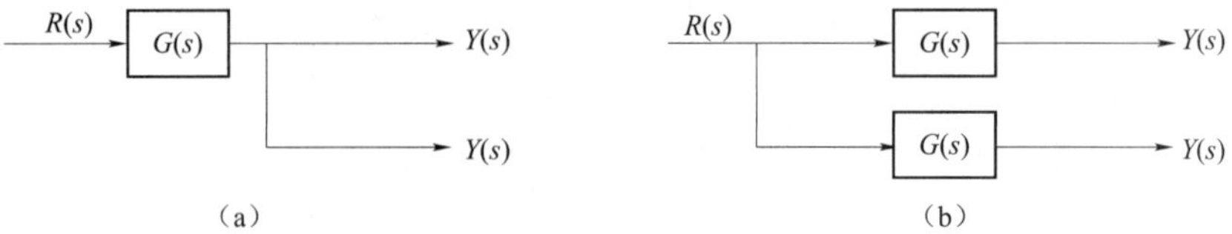

图 2–39　分支点前移

（a）分支点移动前；（b）分支点移动后

表 2–1 列出了系统基本连接等效规则；表 2–2 列出了相加点移动等效规则；表 2–3 列出了分支点移动等效规则。

表 2–1　系统基本连接等效规则

原结构图	等效后的结构图	等效运算关系
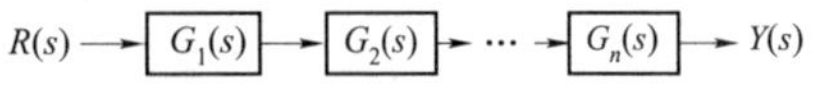	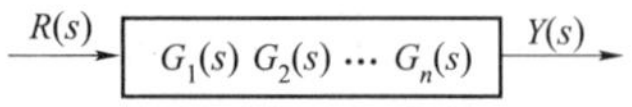	$G(s)=G_1(s)\cdot G_2(s)\cdot\cdots\cdot G_n(s)$
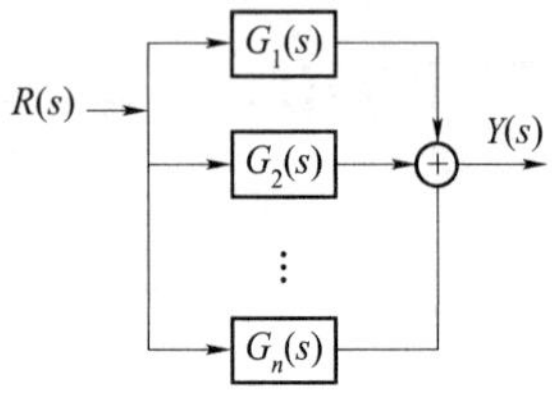	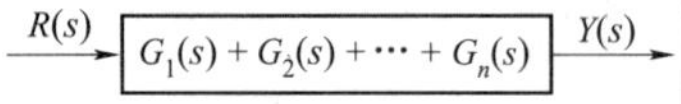	$G(s)=G_1(s)+G_2(s)+\cdots+G_n(s)$
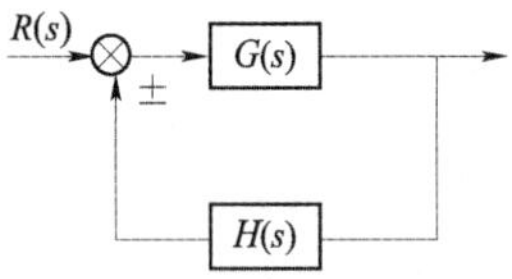	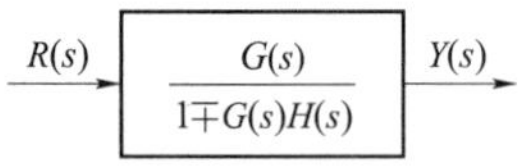	$\Phi(s)=\dfrac{G(s)}{1\mp G(s)H(s)}$

表 2–2　相加点移动等效规则

原结构图	等效后的结构图	等效运算关系
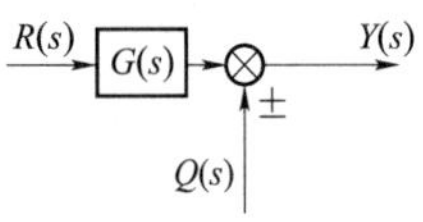	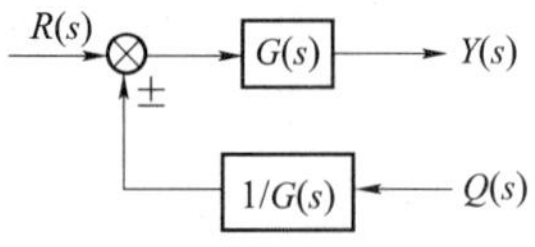	相加点前移 $Y(s)=R(s)G(s)\pm Q(s)$ $=\left[R(s)\pm\dfrac{1}{G(s)}Q(s)\right]G(s)$
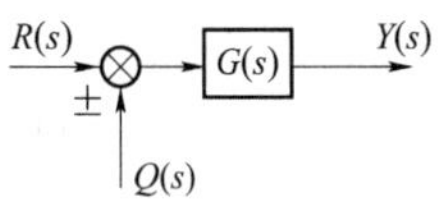	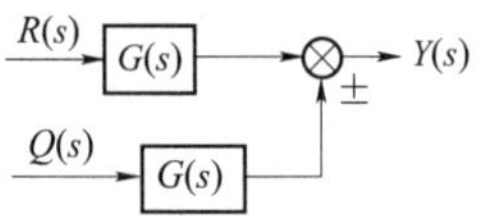	相加点后移 $Y(s)=[R(s)\pm Q(s)]G(s)$ $=R(s)G(s)\pm Q(s)G(s)$
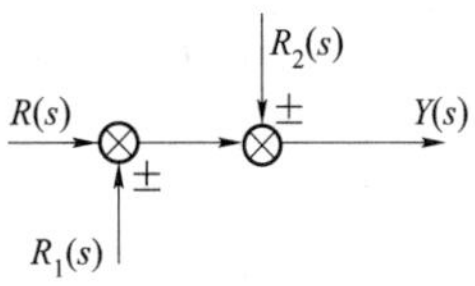	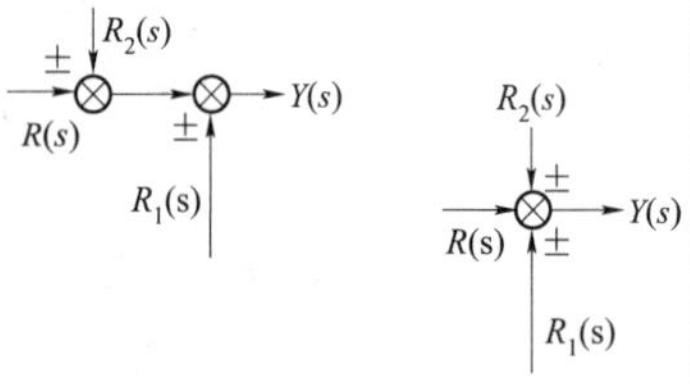	相加点变位、合并 $Y(s)=R(s)\pm R_1(S)\pm R_2(S)$ $=R(s)\pm R_2(S)\pm R_1(S)$

表 2–3　分支点移动等效规则

原结构图	等效后的结构图	等效运算关系
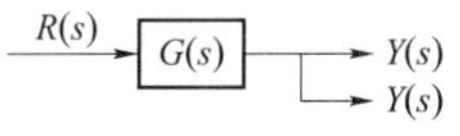	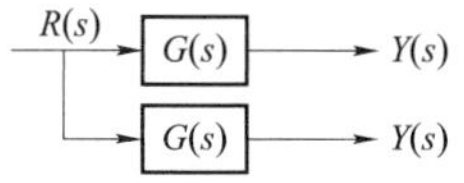	分支点前移 $Y(s)=R(s)G(s)$
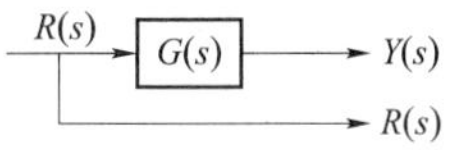	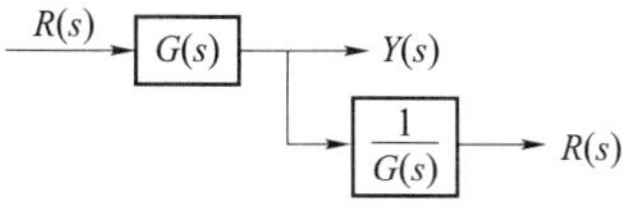	分支点后移 $Y(s)=R(s)G(s)$ $R(s)=R(s)G(s)\frac{1}{G(s)}$
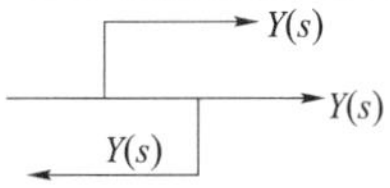	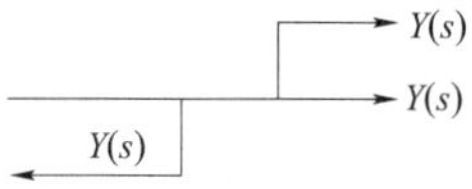	分支点变位 $Y(s)=Y(s)$

4. 结构图变换举例

例 2.11　对图 2–23 的结构图进行变换，求出 RC 无源网络的传递函数。

解：利用串联法则，求得前向通路的等效传递函数 $G(s)=\dfrac{1}{RCs}$，图 2–23 简化为图 2–40（a）。再应用反馈法则，变换成图 2–40（b），此即为 RC 无源网络的传递函数。

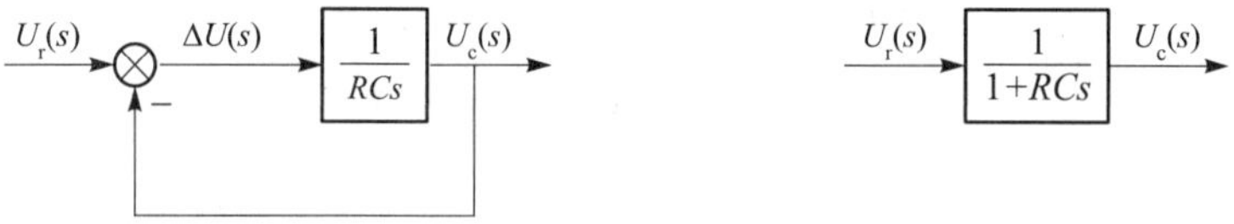

（a）　　　　　　　　（b）

图 2–40　结构图的等效变换

（a）串联等效后的结构图；（b）反馈等效后的结构图

例 2.12　根据图 2–26 进行结构变换，求位置随动系统的传递函数 $\Phi(s)$。

解：在求 θ_c 与 θ_r 关系时，根据线性叠加原理，可把力矩 M_L 归结在黏性摩擦系统，因此可取负载力矩 $M_L=0$。

在图 2–26 中有两个反馈回路，里面的称为局部反馈，外面的称为主反馈。变换时，先从局部反馈开始，逐步向外简化。

先把局部反馈回路中的前向通道合并成一个方框，则图 2–26 变成图 2–41（a），再用反馈法则，将局部反馈变为一个方框，得到图 2–41（b）。再用串联法则，把主回路中的前向通路合并，得到图 2–41（c）。最后利用单位反馈法则，把结构图变成图 2–41（d）的形式，即系统的传递函数。

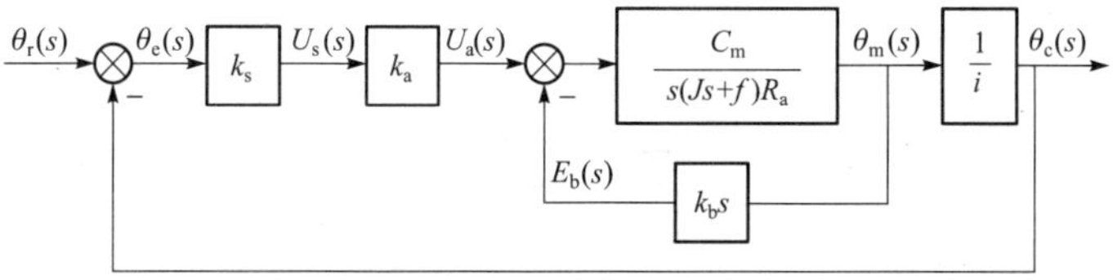

（a）

图 2–41　图 2–26 的等效变换

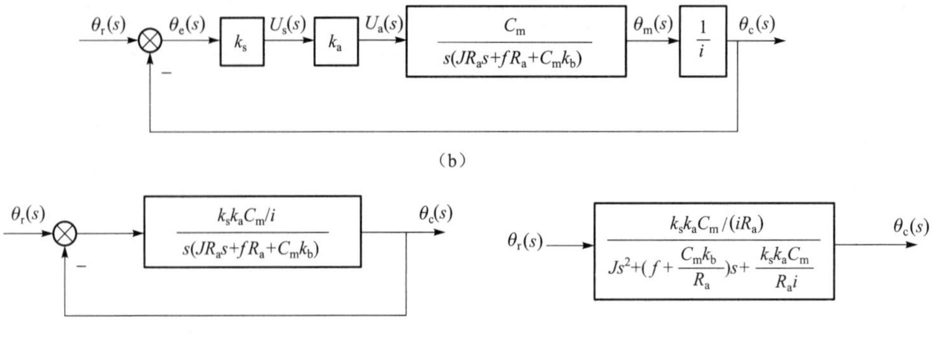

图 2–41　图 2–26 的等效变换（续）

例 2.13　简化图 2–42 所示系统的结构图，并求系统传递函数 $\Phi(s)$。

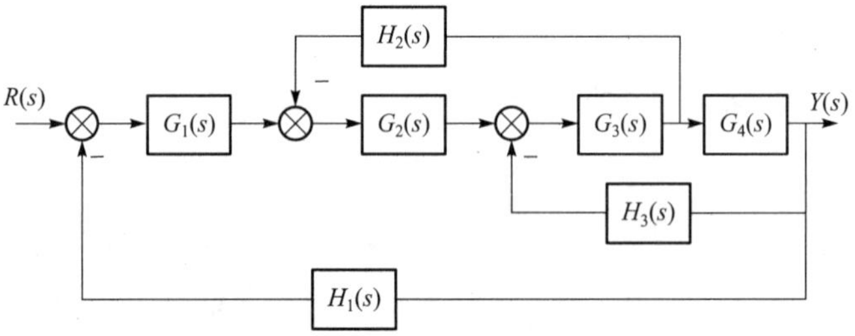

图 2–42　多回路系统结构图

解：这是个多回路系统，有相加点、分支点的交叉。为了从内回路到外回路逐步简化，首先要消除回路交叉连接。

第一步：将相加点后移，将图 2–42 简化为图 2–43（a）。

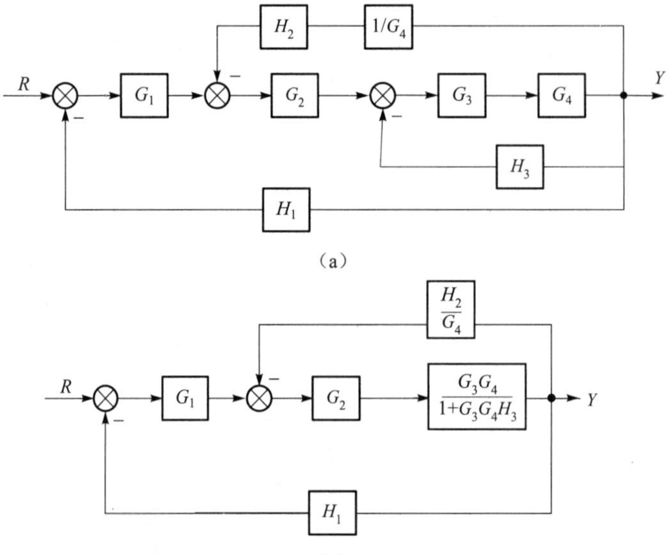

图 2–43　图 2–42 系统的等效变换

（a）结构图变换（1）；（b）结构图变换（2）

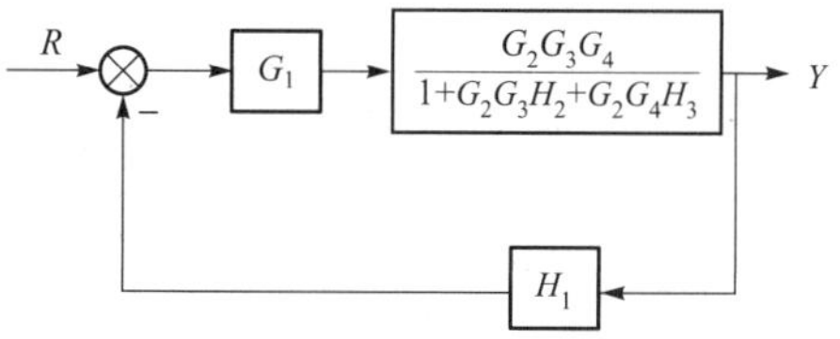

（c）

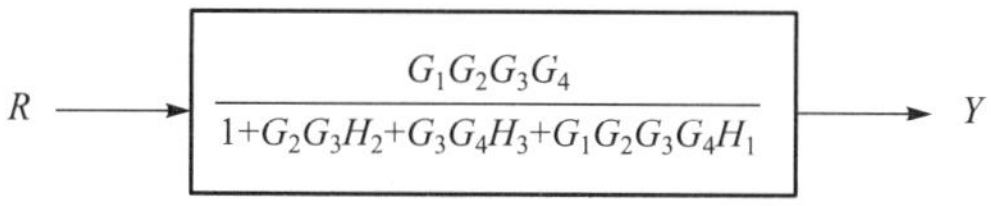

（d）

图 2–43　图 2–42 系统的等效变换（续）

（c）结构图变换（3）；（d）结构图变换（4）

第二步：对图 2–43（a）中，由 $G_4(s)$、$G_3(s)$ 和 $H_3(s)$ 组成的小回路进行串联及反馈变换，得图 2–43（b）的形式。

第三步：对图 2–43（b）中的内回路实行串联及反馈变换，得图 2–43（c）的形式。

第四步：将图 2–43（c）按串联和反馈法则变换成图 2–43（d）的形式，此即系统的传递函数。

例 2.14　简化图 2–44 所示系统的结构图，并求系统的传递函数 $\Phi(s)$。

解：第一步：将负反馈内回路的相加点 B 后移，并与 C 点交换位置，得图 2–45（a）的形式，消除了回路中的交叉。

第二步：将并联的方框图 $G_2(s)$ 和 $G_4(s)$ 合并成一个方框图，将内回路 $G_2(s)$、$G_3(s)$ 和 $H(s)$ 按反馈法则合并成一个方框图，得到如图 2–45（b）所示的形式。

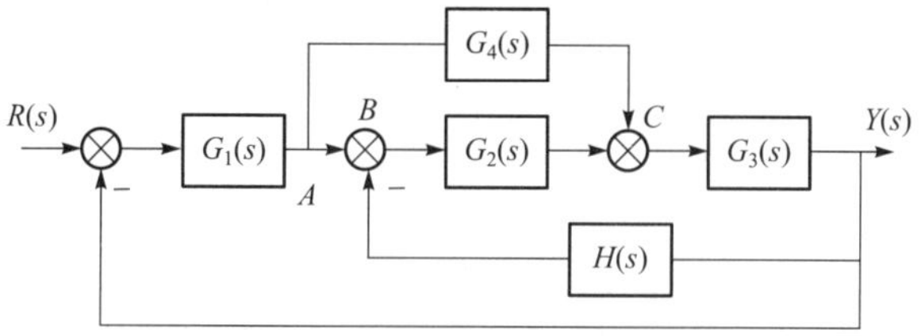

图 2–44　多回路系统结构图

第三步：将图 2–45（b）的形式按负反馈的法则简化成图 2–45（c）的形式，此即简化后系统的总传递函数。

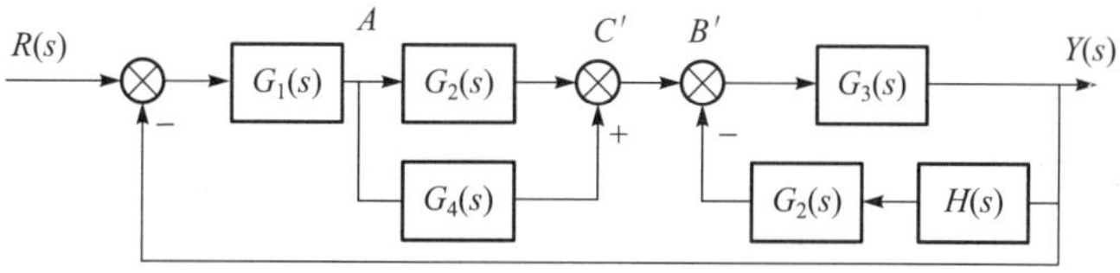

（a）

图 2–45　图 2–44 的等效变换

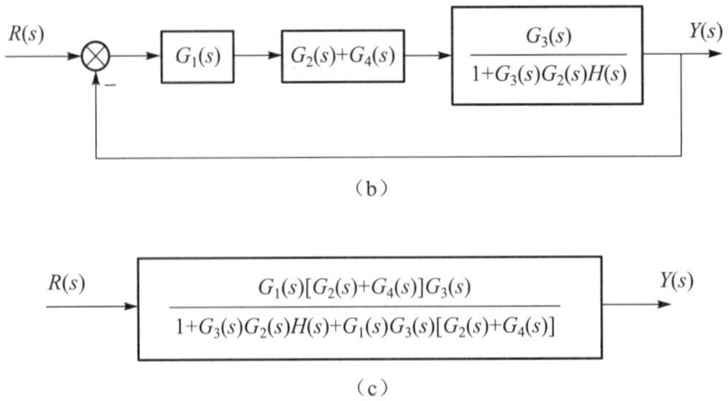

图 2–45　图 2–44 的等效变换（续）

由以上几个例子可以归纳出简化结构图和求总传递函数的一般步骤如下：

（1）确定输入量、输出量。如果有多个输入量，则必须分别对每个输入量进行结构图变换。

（2）若结构图中有交叉联系，则首先要消除交叉，形成无交叉的多回路系统。

（3）对多回路系统，应从里向外变换，最后求得总的传递函数。

2.5　系统对给定作用和扰动作用的传递函数

自动控制系统工作过程中有两类外作用同时作用于系统，一类为有用信号，即输入信号，另一类为干扰信号。输入信号 $r(t)$通常加在控制系统输入端；而干扰 $n(t)$一般作用在被控对象上，也可能出现在其他元件上，也可能夹杂在指令中。图 2–46 为典型的闭环自动控制系统结构图。通常，偏差信号的大小反映系统的控制精度，因此也必须了解偏差信号与给定输入和扰动信号之间的关系。研究这类系统的输出量 $y(t)$的运动规律时，既要考虑输入量 $r(t)$的作用，还要考虑干扰 $n(t)$的影响。对于线性系统，可以对每一个输入量分别求出输出量，然后进行叠加，得到系统输出量。

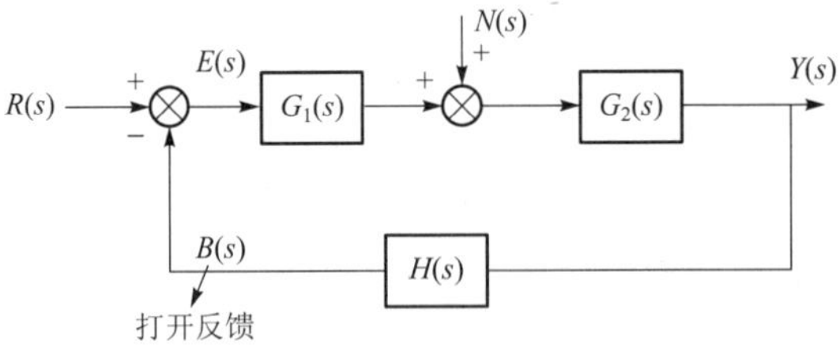

图 2–46　闭环控制系统典型结构

系统的传递函数分为开环传递函数、闭环传递函数和误差传递函数，它们的定义与相互关系如下。

1. 前向通路传递函数

打开反馈后，输出 $Y(s)$与 $R(s)$之比等价于 $Y(s)$与误差 $E(s)$之比，即

$$\frac{Y(s)}{R(s)}=\frac{Y(s)}{E(s)}=G_1(s)G_2(s)=G(s) \tag{2-81}$$

2. 反馈通路传递函数

主反馈信号 $B(s)$与输出信号 $Y(s)$之比为

$$\frac{B(s)}{Y(s)}=H(s) \tag{2-82}$$

3. 开环传递函数

系统在主反馈量断开的情况下，主反馈量与输入量的拉氏变换之比称为开环传递函数。也就是前向通路的传递函数与反馈通路的传递函数之积为开环传递函数。它的表达式为

$$G(s)=\frac{B(s)}{R(s)} \tag{2-83}$$

图 2–46 中 $G(s)=G_1(s)G_2(s)H(s)$。

4. 系统闭环传递函数

（1）$r(t)$ 作用下，令 $n(t)=0$，图 2–46 简化为图 2–47。输出 $y(t)$ 对输入 $r(t)$ 的传递函数为：

$$\frac{Y(s)}{R(s)}=\varPhi_{\mathrm{R}}(s)=\frac{G_1(s)G_2(s)}{1+G_1(s)G_2(s)H(s)}$$

（2）$n(t)$ 作用下，为了研究扰动对系统的影响，需求出 $y(t)$ 对 $n(t)$ 的传递函数。令 $r(t)=0$，图 2–46 转化为图 2–48。

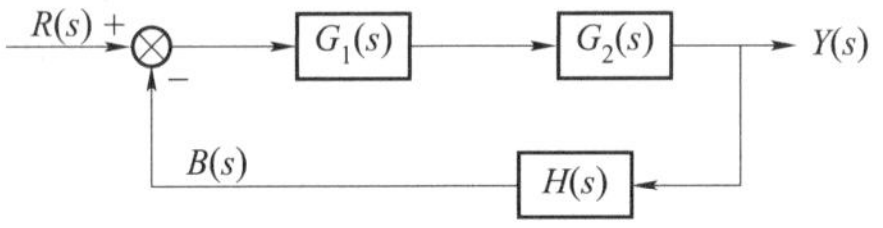

图 2–47　$n(t)$=0 时图 2–46 的简化图

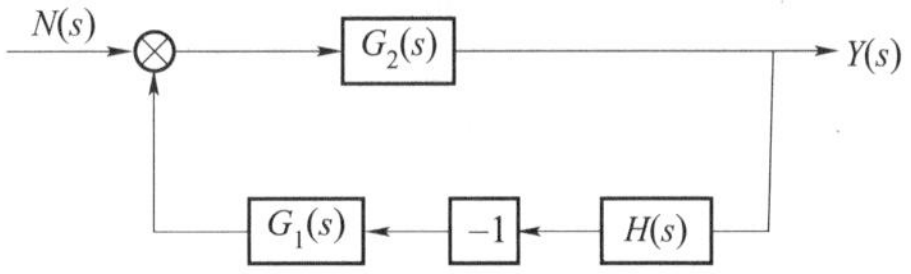

图 2–48　$r(t)$=0 时图 2–46 的简化图

$$\varPhi_{\mathrm{N}}(s)=\frac{Y(s)}{N(s)}=\frac{G_2(s)}{1-G_1(s)\cdot(-1)\cdot G_2(s)H(s)}=\frac{G_2(s)}{1+G_1(s)G_2(s)H(s)}$$

（3）系统的总输出。当给定输入和扰动输入同时作用于系统时，线性系统的总输出满足叠加原理，等于各输入信号引起的输出之和。

$$Y(s)=\varPhi_{\mathrm{R}}(s)R(s)+\varPhi_{\mathrm{N}}(s)N(s)=\frac{G_1(s)G_2(s)}{1+G_1(s)G_2(s)H(s)}R(s)+\frac{G_2(s)}{1+G_1(s)G_2(s)H(s)}N(s)$$

5. 系统偏差信号的传递函数

（1）$r(t)$ 作用下，令 $n(t)=0$，图 2–46 变换为图 2–49。

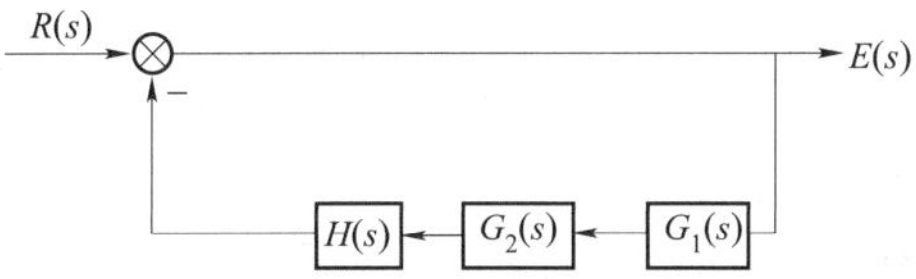

图 2–49　图 2-46 系统的变换结构（1）

$$\varPhi_{\mathrm{RE}}(s)=\frac{E(s)}{R(s)}=\frac{1}{1+G_1(s)G_2(s)H(s)}$$

（2）$n(t)$ 作用下，令 $r(t)=0$，图 2–46 转化为图 2–50。

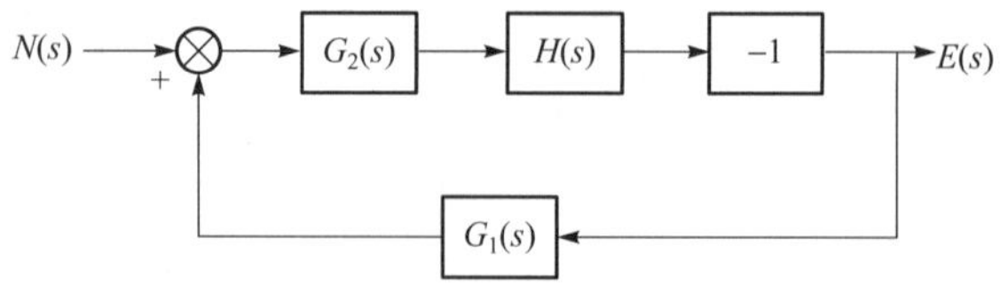

图 2–50　图 2–46 系统的变换结构（2）

$$\Phi_{NE}(s)=\frac{E(s)}{N(s)}=\frac{-G_2(s)H(s)}{1+G_1(s)G_2(s)H(s)}$$

（3）系统总偏差。根据叠加原理，当 $r(t)$ 与 $n(t)$ 同时作用时，系统的总偏差为

$$E(s)=\Phi_{RE}(s)R(s)+\Phi_{NE}(s)N(s)=\frac{1}{1+G_1(s)G_2(s)H(s)}R(s)+\frac{-G_2(s)H(s)}{1+G_1(s)G_2(s)H(s)}N(s)$$

从上述各传递函数中可以看到，系统各种输入–输出关系中的分母多项式是相同的，而传递函数的分母多项式正是系统的特征多项式，是由系统本身特性决定的，这是闭环传递函数的共同规律。

2.6　信号流图和梅逊公式

方框图是一种很有用的图示法，可以直观而完整地表示受控变量与输入变量之间的关系，但是，当系统结构复杂时方框图的化简过程很烦琐，而且易出错。于是引入 Mason（梅逊）提出的信号流图来分析系统。信号流图也是控制系统的一种数学模型。信号流图以节点间的线段作为基本描述手段在求复杂系统的传递函数时较为方便。采用信号流图，可利用梅逊增益公式直接求得系统任意两个变量间的关系，因此，信号流图在控制工程中也被广泛地应用。

2.6.1　信号流图中的术语

信号流图是基于一组因果关系的线性代数方程构成的，是由节点和支路组成的信号的传递网络，以图 2–51 为例加以说明。例如，考虑如下代数方程组：

$$\begin{aligned}x_2&=a_{12}x_1+a_{32}x_3\\x_3&=a_{23}x_2+a_{43}x_4+a_{53}x_5\\x_4&=a_{34}x_3+a_{44}x_4+a_{24}x_2\\x_5&=a_{45}x_4+a_{25}x_2\\x_6&=x_5\end{aligned}$$

节点：表示系统各个变量的点。以小圆圈表示，如 $x_1,x_2,\cdots,x_6$。

支路：连接节点之间的有向线段。支路上箭头的方向表示信号传递方向。一个信号只能按照支路上的箭头方向进行传送。

支路增益：两个节点间的负载，又称为支路传输。如图 2–52 所示。

输入节点：仅有输出支路的节点，如图 2–51 所示的 x_1。

输出节点：仅有输入支路的节点。有时信号流图中没有一个节点是仅具有输入支路的。我们只要定义信号流图中任一变量为输出变量，然后从该节点变量引出一条增益为 1 的支路，即可形成一输出节点，如图 2–51 中所示的 x_5 。

混合节点：既有输入支路又有输出支路的节点，如图 2–51 所示的 x_2，x_3，x_4 。

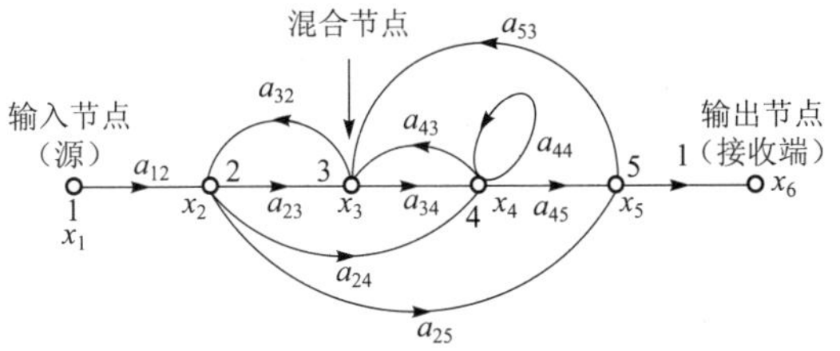

图 2–51　信号流图

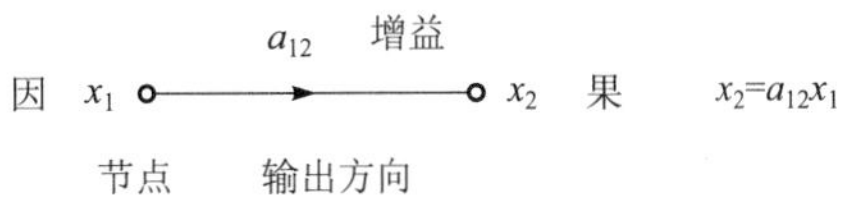

图 2–52　支路传输

前向通路：开始于输入节点，沿支路箭头方向，每个节点最多只经过一次，最终到达输出节点的通路称为前向通路。

① $x_1 \to x_2 \to x_3 \to x_4 \to x_5$ ，$a_{12}a_{23}a_{34}a_{45} = P_1$

② $x_1 \to x_2 \to x_4 \to x_5$ ，$a_{12}a_{24}a_{45} = P_2$

③ $x_1 \to x_2 \to x_5$ ，$a_{12}a_{25} = P_3$

前向通道增益：前向通路上各支路增益之乘积，用 P_k 表示。

回路：起点和终点在同一节点，经过其他节点次数不多于 1 次的通路。

$x_2 \to x_3 \to x_2$ ，$x_2 \to x_4 \to x_3 \to x_2$ ，$x_3 \to x_4 \to x_3$

$x_2 \to x_5 \to x_3 \to x_2$ ，$x_2 \to x_4 \to x_5 \to x_3 \to x_2$

$x_3 \to x_4 \to x_5 \to x_3$ ，$x_4 \to x_4$

回路增益：回路中所有支路的乘积，用 L_a 表示。如：$L_1 = a_{23}a_{32}$ ，$L_2 = a_{24}a_{43}a_{32}$ ，$L_3 = a_{34}a_{43}$ 。

不接触回路：回路之间没有公共节点时，这种回路叫作不接触回路。在信号流图中，可以有两个或两个以上的不接触回路。

例如：$x_2 \to x_3 \to x_2$ 和 $x_4 \to x_4$ ，$x_2 \to x_5 \to x_3 \to x_2$ 和 $x_4 \to x_4$ 。

信号流图的性质有如下几点。

① 信号流图只适用于线性定常系统。

② 支路表示一个信号对另一个信号的函数关系，信号只能沿支路上的箭头指向传递。

③ 在节点上可以把所有输入支路的信号叠加，并把相加后的信号送到所有的输出支路。

④ 具有输入和输出节点的混合节点，通过增加一个具有单位增益的支路把它作为输出节点来处理。

⑤ 对于一个给定的系统，由于中间变量的选择不同，所以信号流图不是唯一的。描述同一个系统的方程可以表示为不同的形式。

2.6.2　信号流图的绘制

信号流图的基本绘制方法有两种：

（1）根据微分方程绘制。

（2）由系统方框图按照对应关系绘制。

例 2.15　画出图 2–53 所示系统方框图的信号流图。

解：用小圆圈表示各变量对应的节点。在比较点之后的引出点 A_1、A_2 ，只需在比较点后设置一个节点便可。也即可以与它前面的比较点共用一个节点。

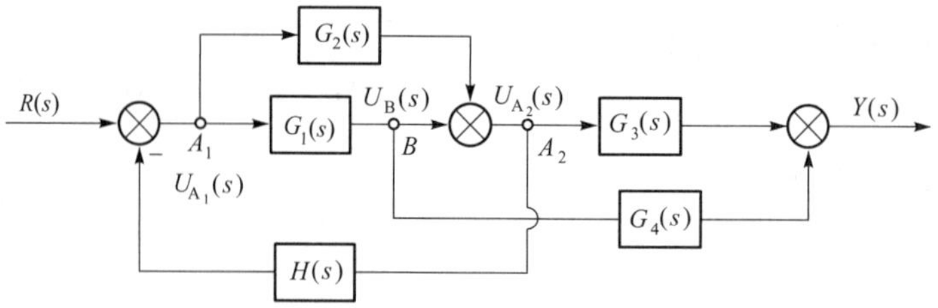

图 2–53　系统方框图

在比较点之前的相加点 B，需设置两个节点，分别表示引出点和比较点，注意图中的 e_1 和 e_2，信号流图如图 2–54 所示。

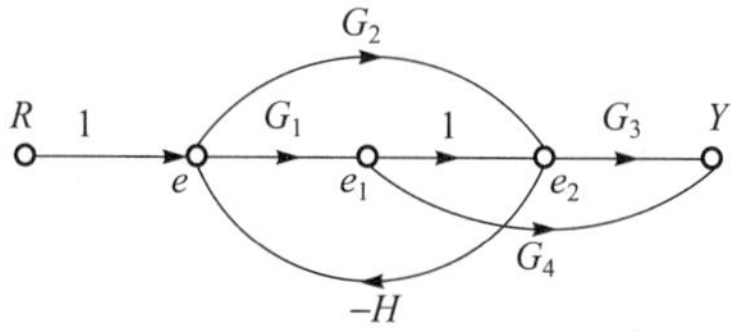

图 2–54　信号流图

2.6.3　梅逊公式（S. J. Mason）

利用梅逊公式可以由复杂的方框图或信号流图直接得到系统的传递函数。

梅逊公式的一般形式为

$$P=\frac{1}{\Delta}\sum_{k=1}^{n}P_k\Delta_k \tag{2-84}$$

式中，P 为系统总增益（总传递函数）；k 为前向通路数；Δ为特征式，它是信号流图所表示的方程组系数矩阵的行列式。在同一个信号流图中，不论求图中任何一对节点之间的增益，其分母总是Δ，变化的只是其分子。且

$$\Delta=1-\sum L_a+\sum L_b L_c-\sum L_d L_e L_f+\cdots \tag{2-85}$$

其中，P_k 为从输入端到输出端第 k 条前向通路的传递函数；Δ_k 为在 Δ 中，将与第 k 条前向通路相接触的回路所在项除去后剩下的部分，称为余子式；$\sum L_a$ 为所有不同回路增益乘积之和；$\sum L_b L_c$ 为所有任意 2 个互不接触回路增益乘积之和；$\sum L_d L_e L_f$ 为所有 3 个互不接触的回路增益乘积之和。

……

“回路增益乘积”是指反馈回路的前向通路和反馈通路增益的乘积，并且包括代表反馈极性的正、负号，下面来举例说明。

例 2.16　利用梅逊公式求图 2–55 所示系统的闭环传递函数。

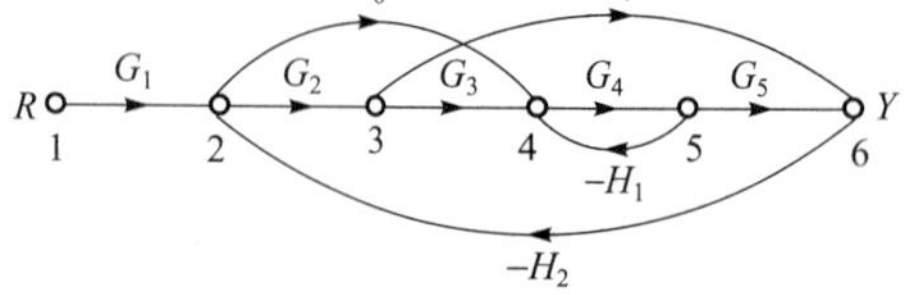

图 2–55　某系统的信号流图

解：由图可知前向通路有 3 个，分别如下：

$$1\to2\to3\to4\to5\to6,$$

$$P_1=G_1G_2G_3G_4G_5,\quad \Delta_1=1$$

$$1\to2\to4\to5\to6,\quad P_2=G_1G_6G_4G_5,\quad \Delta_2=1$$

$$1\to2\to3\to6,\quad P_3=G_1G_2G_7,\quad \Delta_3=1+G_4H_1$$

4 个单独回路分别如下：

$$4\to5\to4,\quad L_1=-G_4H_1$$

$$2\to3\to6\to2,\quad L_2=-G_2G_7H_2$$

$$2\to4\to5\to6\to2,\quad L_3=-G_6G_4G_5H_2$$

$$2\to3\to4\to5\to6\to2,\quad L_4=-G_2G_3G_4G_5H_2$$

L_1与L_2 互不接触：

$$L_{12}=G_4G_2G_7H_1H_2$$

$$\varDelta=1+G_4H_1+G_2G_7H_2+G_6G_4G_5H_2+G_2G_3G_4G_5H_2+G_4G_2G_7H_1H_2$$

$$\frac{Y(s)}{R(s)}=\frac{1}{\varDelta}(P_1\varDelta_1+P_2\varDelta_2+P_3\varDelta_3)$$

$$=\frac{G_1G_2G_3G_4G_5+G_1G_6G_4G_5+G_1G_2G_7(1+G_4H_1)}{1+G_4H_1+G_2G_7H_2+G_6G_4G_5H_2+G_2G_3G_4G_5H_2+G_4G_2G_7H_1H_2}$$

例 2.17　系统的方框图如图 2–56 所示，试画出信号流图，并用梅逊公式求系统的传递函数$\dfrac{Y(s)}{R(s)}$。

解：信号流图如图 2–57 所示。

只有 1 个前向通路：

$2\to3\to4\to5\to6$，$P_1=G_1G_2G_3$，$\varDelta_1=1$

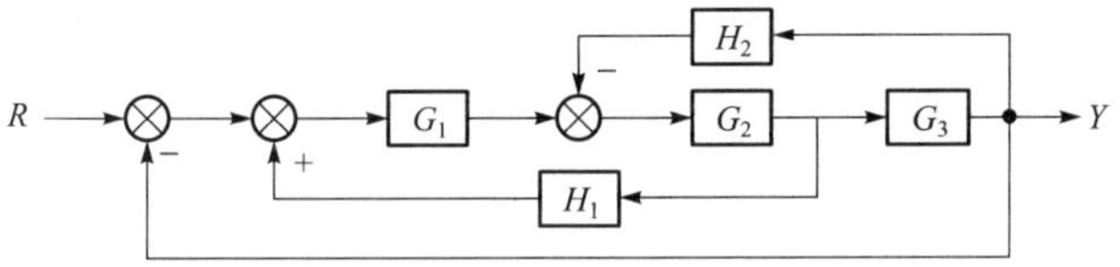

图 2–56　系统方框图

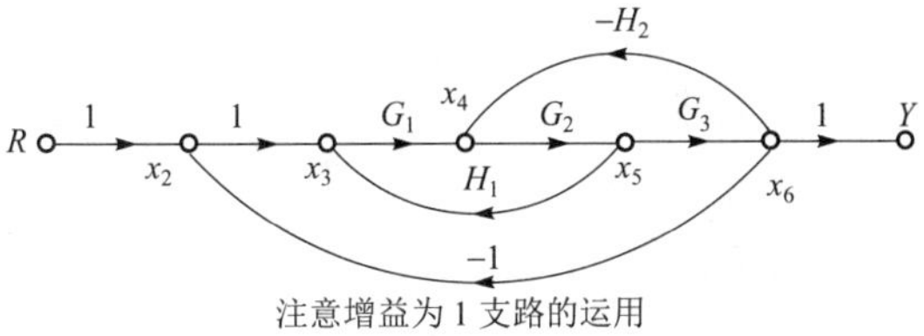

图 2–57　图 2–56 系统信号流图

有 3 个独立回路：

$2\to3\to4\to5\to6\to2$，$L_1=-G_1G_2G_3$

$3\to4\to5\to3$，$L_2=G_1G_2H_1$

$4\to5\to6\to4$，$L_3=-G_2G_3H_2$

没有 2 个及 2 个以上的互相独立回路。

$$\frac{Y(s)}{R(s)}=\frac{P_1\varDelta_1}{\varDelta}=\frac{P_1\varDelta_1}{1-(L_1+L_2+L_3)}=\frac{G_1G_2G_3}{1+G_1G_2G_3-G_1G_2H_1+G_2G_3H_2}$$

同样，对于系统方框图，也可以不作结构变换，应用梅逊公式直接写出系统的传递函数。

例 2.18　如图 2–58 所示的多回路系统，用梅逊公式求其传递函数。

解：该系统中有 4 个反馈回路，且均为负反馈。4 个回路中，只有 2、3 回路互不接触。因此

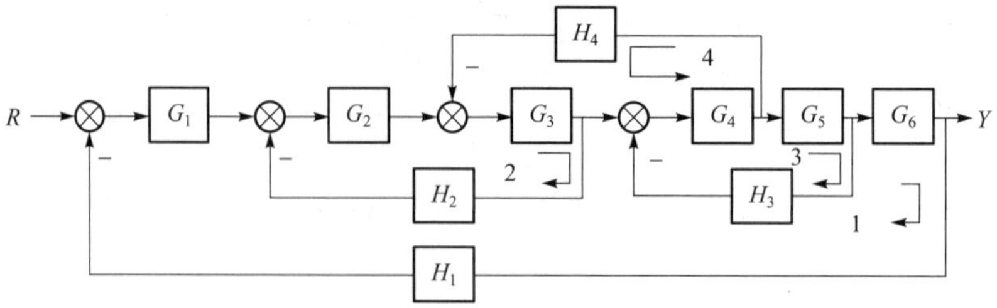

图 2–58 多回路系统

$$\sum_{i=1}^{4} L_a = L_1 + L_2 + L_3 + L_4$$
$$= -G_1G_2G_3G_4G_5G_6H_1 - G_2G_3H_2 - G_4G_5H_3 - G_3G_4H_4$$
$$\sum L_bL_c = L_2L_3 = (-G_2G_3H_2)(-G_4G_5H_3)$$
$$= G_2G_3G_4G_5H_2H_3$$

而

$$\sum L_dL_eL_f = 0$$

特征式为

$$\varDelta = 1 - \sum L_a + \sum L_bL_c$$
$$= 1 + G_1G_2G_3G_4G_5G_6H_1 + G_2G_3H_2 + G_4G_5H_3 + G_3G_4H_4 + G_2G_3G_4G_5H_2H_3$$

由于图 2–58 中只有一条前向通路，输入信号只能经 $G_1G_2G_3G_4G_5G_6$ 传至输出端，因此所有回路均与前向通路相接触，有重合的部分，故余子式为

$$\varDelta_1 = 1$$

将上述各项值代入式（2–84），得总传递函数为

$$G(s) = \frac{1}{\varDelta}\sum_{k=1}^{n} P_k\varDelta_k$$
$$= \frac{G_1G_2G_3G_4G_5G_6}{1 + G_1G_2G_3G_4G_5G_6H_1 + G_2G_3H_2 + G_4G_5H_3 + G_3G_4H_4 + G_2G_3G_4G_5H_2H_3}$$

例 2.19 系统如图 2–59 所示，试用梅逊公式求系统传递函数 $\varPhi(s)$。

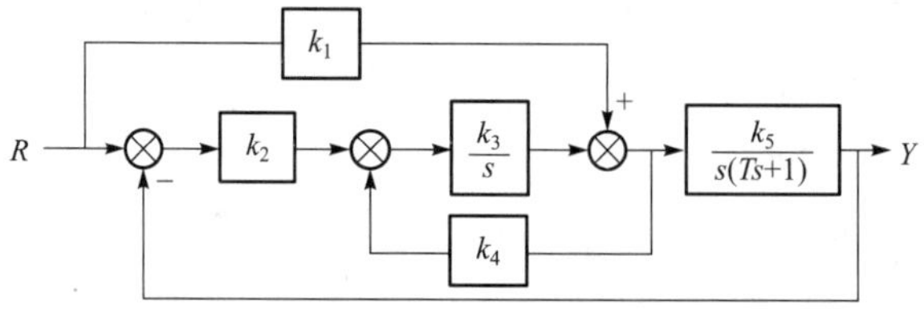

图 2–59 系统结构图

解： 该结构图有两条前向通路，则

$$P_1 = \frac{k_1k_5}{s(Ts+1)}, \quad P_2 = \frac{k_2k_3k_5}{s^2(Ts+1)}$$

有两个反馈回路，则

$$L_1=\frac{-k_3k_4}{s}, \quad L_2=\frac{-k_2k_3k_5}{s^2(Ts+1)}$$

两者互相接触，故特征式为

$$\Delta=1+\frac{k_3k_4}{s}+\frac{k_2k_3k_5}{s^2(Ts+1)}$$

又两条前向通路与回路均有接触，因此

$$\Delta_1=\Delta_2=1$$

将以上各式代入梅逊公式，得系统的传递函数为

$$\Phi(s)=\frac{\dfrac{k_1k_5}{s(Ts+1)}+\dfrac{k_2k_3k_5}{s^2(Ts+1)}}{1+\dfrac{k_3k_4}{s}+\dfrac{k_2k_3k_5}{s^2(Ts+1)}}=\frac{k_1k_5s+k_2k_3k_5}{Ts^3+(1+k_3k_4T)s^2+k_3k_4s+k_2k_3k_5}$$

习　　题

2.1　试列写如习题图 2–1 所示网络的微分方程。

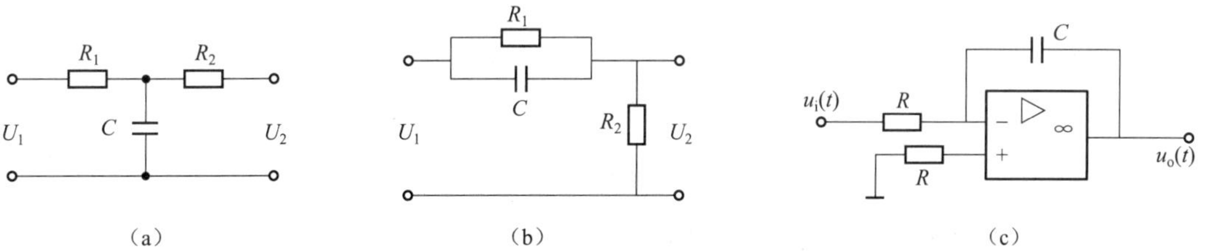

习题图 2–1

2.2　一个由弹簧－质量－阻尼器组成的机械平移系统如习题图 2–2 所示，k_1、k_2 分别为弹簧弹性系数，B_1、B_2 分别为黏性阻尼系数，$X_r(t)$为输入量，$X_c(t)$为输出量。试列写系统的运动方程式。

2.3　系统如习题图 2–3 所示。试建立微分方程并求系统的传递函数。

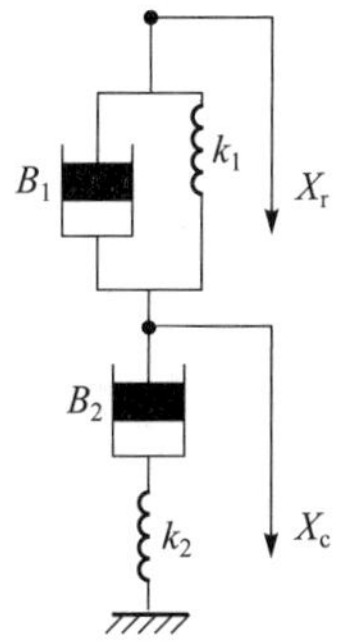

习题图 2–2

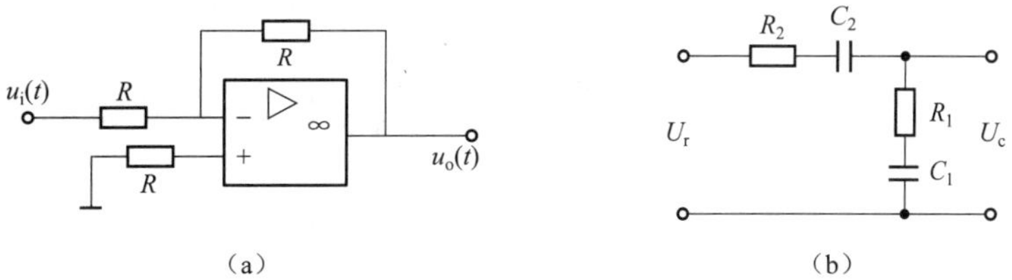

习题图 2–3

2.4　已知系统的微分方程组如下：

$$X_1(t)=R(t)-C(t)$$

$$X_2(t)=\tau\frac{\mathrm{d}X_1(t)}{\mathrm{d}t}+k_1X_1(t)$$

$$X_3(t)=k_2X_2(t)$$

$$X_4(t)=X_3(t)-X_5(t)-k_5C(t)$$

$$\frac{\mathrm{d}X_5(t)}{\mathrm{d}t}=k_3X_4(t)$$

$$k_4X_5(t)=T\frac{\mathrm{d}C(t)}{\mathrm{d}t}+C(t)$$

其中，τ，k_1，k_2，k_3，k_4，k_5，T 均为正常数，试建立系统 $R(t)$对 $C(t)$的动态结构图，并求出系统的传递函数 $\dfrac{Y(s)}{R(s)}$。

2.5　已知系统结构图如习题图 2–4 所示，试通过等效变换法求出系统传递函数 $\dfrac{X_c(s)}{X_r(s)}$。

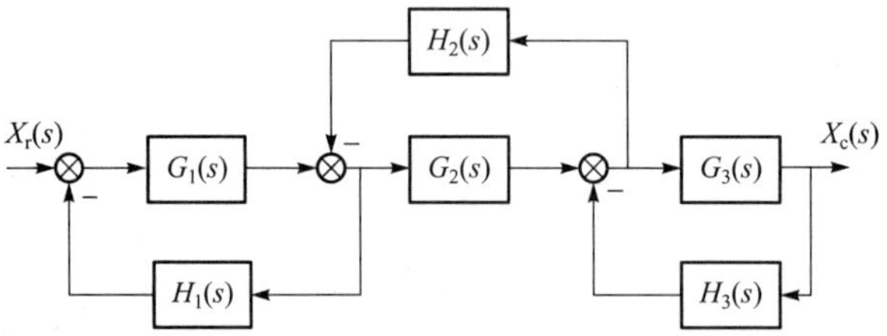

习题图 2–4

2.6　简化习题图 2–5 所示系统的结构图，并求系统的传递函数。

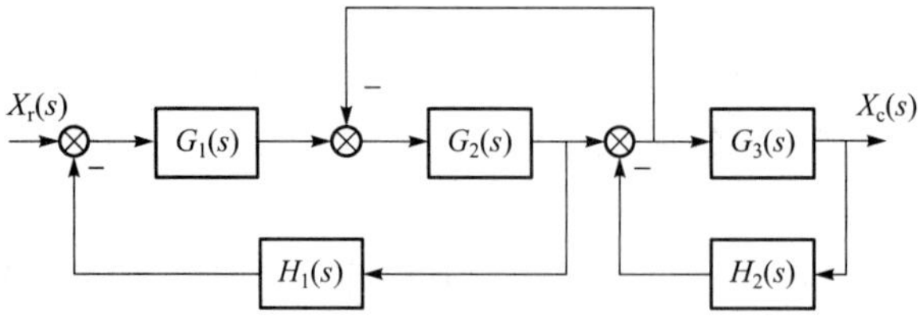

习题图 2–5

2.7　系统如习题图 2–6 所示，试分别用简化方法和梅逊公式求系统的传递函数。

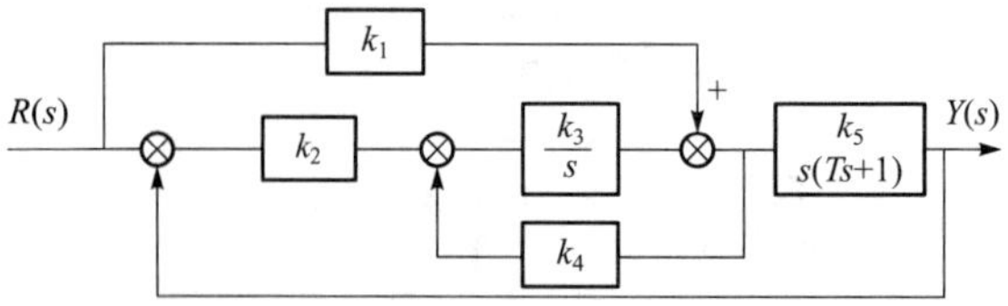

习题图 2–6

2.8　绘制如习题图 2–7 所示系统信号流图，并用梅逊公式求系统的传递函数。

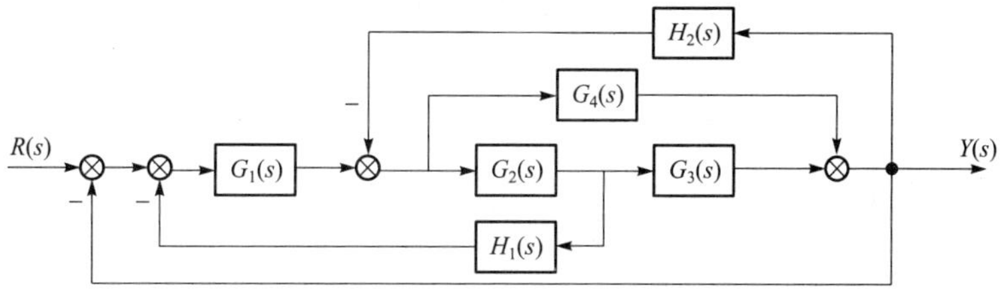

习题图 2–7

2.9　如习题图 2–8 所示液位控制系统，试求系统输出 $H(s)$分别对给定 $H_0(s)$和扰动 $Q_2(s)$的传递函数，并求出系统的总输出 $H(s)$。

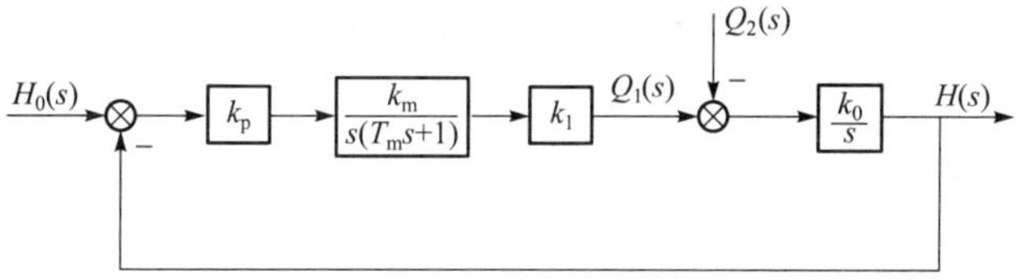

习题图 2–8

第 3 章
时域分析法

在第 2 章介绍了建立系统各种数学模型的方法，这些模型包括微分方程、传递函数、方框图以及信号流图。建立起控制系统的数学模型后，就可以运用适当的方法对系统的控制性能进行全面的分析和计算。对于线性定常系统，常用的工程方法有时域分析法、根轨迹法和频率法。本章讨论时域分析法。

时域分析法是指控制系统在一定的输入信号作用下，根据输出的时域表达式，分析系统的稳定性、瞬态性能和稳态性能。在初始条件为零时，根据描述系统的微分方程或传递函数，以拉普拉斯变换为数学工具，直接求解出在某种典型输入作用下系统输出量随时间变化的表达式，然后根据此表达式获取对应的描述曲线来分析系统性能。时域分析法直观、物理概念清楚，是分析控制系统特性的基础，由于分析过程是在时域内进行的，故称为时域分析法。

3.1 典型控制过程及性能指标

控制系统的性能指标，可以通过系统时间响应的瞬态过程和稳态过程来评价。

一个控制系统的时间响应 $y(t)$，不仅取决于系统本身的结构、参数，而且还同系统的初始状态以及加在系统上的外部作用有关。例如，*RC* 网络的电容上有没有初始电压，输入电压是直流还是交流，其输出的响应完全不同。

实际上，各种控制系统的输入信号和干扰也不相同，甚至事先无法知道，系统的初始状态也不相同。为了描述控制系统的内部特征，通常对外部作用和初始状态作一些典型化处理。控制系统本质上是时域系统，因此对控制系统而言，确定时域性能指标是非常重要的。如果系统是稳定的，可以用多个性能指标来衡量系统对输入信号的响应。然而，系统的实际输入信号通常是未知的，因此在分析和设计控制系统时，需要确定一个对不同控制系统进行比较的基础，这个基础就是规定需要选用标准测试信号作为输入信号，然后比较不同系统对这些输入信号的响应。选取标准测试信号通常从以下几个方面考虑：选取的标准测试信号能反映系统工作时的大部分实际情况；信号形式尽可能简单，易于实验室实现，且便于数学分析。常用的标准测试信号有阶跃信号、斜坡信号和抛物线信号等。

3.1.1 典型初始状态

规定控制系统的初始状态均为零状态，即在 $t=0^-$时

$$\dot{y}(0^-)=\ddot{y}(0^-)=y(0^-)=\cdots=0$$

这表明，在外部作用加于系统的瞬时($t=0$)之前，系统是相对静止的，被控量及其各阶导

数相对于平衡工作点的增量为零。

3.1.2 典型测试信号

典型测试信号是众多而复杂的输入信号的一种近似和抽象，它的选择不仅使数学运算简单，而且还便于用实验来验证。常用的典型测试信号有以下 4 种。

1. 单位阶跃信号

单位阶跃信号表示输入时的瞬时变化。例如，如果输入是一个机械轴的角位移，阶跃输入表示了轴的突然旋转。

其数学描述为

$$1(t)=\begin{cases}0, t<0\\1, t>0\end{cases}$$

其拉氏变换式为

$$L[1(t)]=\frac{1}{s} \tag{3-1}$$

单位阶跃信号作为测试信号非常有用，因为它的初始瞬时跃变揭示了信号的突变特点，例如，指令的突然转换、电源的突然接通、负荷的突然变化等，均可视为单位阶跃作用。

2. 单位斜坡信号

单位斜坡信号代表了随时间匀速变化的信号，如图 3–1（b）所示。其数学描述为

$$r(t)=t\times 1(t)=\begin{cases}0, t<0\\t, t\geqslant 0\end{cases}$$

其拉氏变换式为

$$L[t\times 1(t)]=\frac{1}{s^2} \tag{3-2}$$

单位斜坡信号用来测试系统对随时间线性变化的输入信号的响应。例如，数控机床加工斜面时的进给命令，主拖动系统发出的位置信号等，均可视为斜坡作用。

3. 单位脉冲信号

如图 3–1（c）所示。其数学描述为

$$\delta(t)=\begin{cases}\infty, t=0\\0, t\neq 0\end{cases} \quad 且\int_{0^-}^{0^+}\delta(t)\mathrm{d}t=1$$

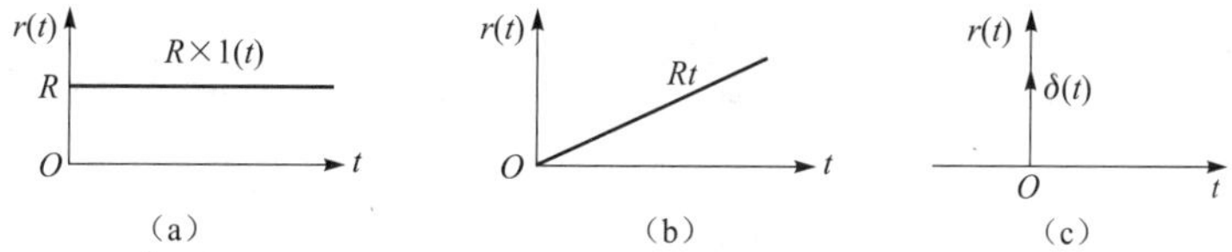

图 3–1 典型外作用

（a）单位阶跃作用；（b）单位斜坡作用；（c）单位脉冲作用

其拉氏变换式为

$$L[\delta(t)]=1 \tag{3-3}$$

单位脉冲作用$\delta(t)$在现实中不存在，它只具有数学上的意义，但它却是一个重要的数学

工具。例如，冲击力、脉冲电信号、阵风等，可近似作为脉冲作用。

4. 正弦信号 $A\sin\omega_0 t$

其拉氏变换式为

$$L[A\sin\omega_0 t] = \frac{A\omega_0}{s^2+\omega_0^2} \tag{3-4}$$

式中，A 为振幅；ω_0 为角频率。

例如，电源及机械振动的噪声、伺服振动台的输入指示等均可近似为正弦作用。

5. 单位抛物线信号

单位抛物线信号如图 3–2 所示，其数学描述为

$$r(t)=\frac{Rt^2}{2}u_s(t)$$

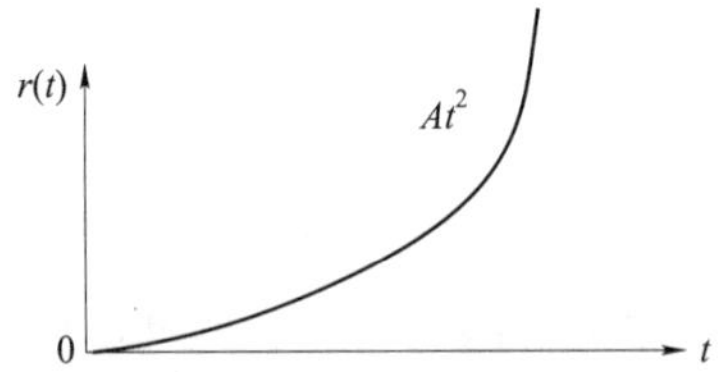

图 3–2 单位抛物线信号

抛物线信号代表了匀加速变化的信号。抛物线信号可用作宇宙飞船控制系统的典型输入。

这些信号的共同特点是数学描述简单，从阶跃信号到抛物线信号，信号随时间变化逐渐加快，理论上我们能够定义变化更快的信号，比如 t^3，但实际中我们很少有需要用到比抛物线信号变化更快的测试信号。这是因为，到后面可以看到，为了精确跟踪一个高阶输入，系统中必须有高阶积分环节，而由此又会严重影响系统的稳定性。

分析系统特性究竟采用何种典型输入信号，取决于实际系统在正常工作情况下最常见的输入信号形式。当系统的输入具有突变性质时，可选择阶跃函数为典型输入信号；当系统的输入随时间增长变化时，可选择斜坡函数为典型输入信号。

3.1.3 典型时间响应

若系统输出信号的拉氏变换是 $Y(s)$，则系统的时间响应为

$$y(t)=L^{-1}[Y(s)] \tag{3-5}$$

$Y(s)$的每一个极点都对应于 $y(t)$的一个时间响应项，即运动模态，而 $y(t)$就是由 $Y(s)$的所有极点所对应的时间响应项构成的线性组合。

初始状态为零的系统在典型输入信号作用下的输出，称为典型时间响应。

1. 单位阶跃响应

系统在单位阶跃输入 $r(t)=1(t)$作用下的响应，称为单位阶跃响应，如图 3–3（a）所示。若系统的闭环传递函数为$\Phi(s)$，则单位阶跃响应的拉氏变换为

$$Y(s)=\Phi(s)\cdot R(s)=\Phi(s)\cdot\frac{1}{s} \tag{3-6}$$

因此有

$$y(t)=L^{-1}[Y(s)]$$

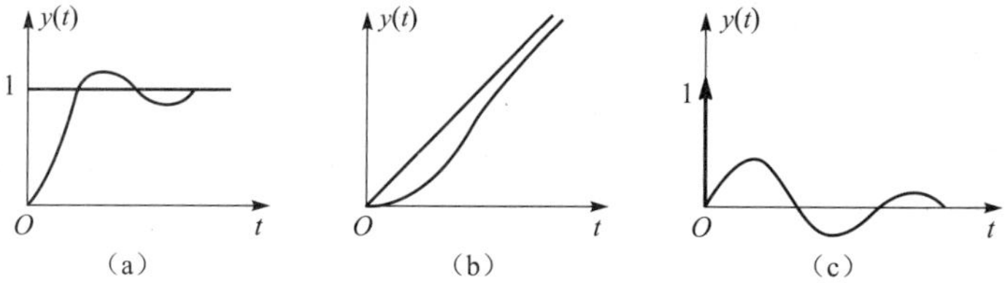

图 3–3　典型时间响应

（a）单位阶跃响应；（b）单位斜坡响应；（c）单位脉冲响应

2. 单位斜坡响应

系统在单位斜坡输入 $r(t)=t\times1(t)$作用下的响应，称为单位斜坡响应，如图 3–3（b）所示。

单位斜坡响应的拉氏变换为

$$Y(s)=\Phi(s)\cdot R(s)=\Phi(s)\cdot\frac{1}{s^2} \tag{3–7}$$

因此

$$y(t)=L^{-1}[Y(s)]$$

3. 单位脉冲响应

系统在单位脉冲输入 $r(t)=\delta(t)$作用下的响应，称为单位脉冲响应，也称单位冲激响应，如图 3–3（c）所示。

单位脉冲响应的拉氏变换为

$$Y(s)=\Phi(s)\cdot R(s)=\Phi(s)\cdot 1=\Phi(s) \tag{3–8}$$

因此

$$y(t)=L^{-1}[Y(s)]$$

4. 3 种响应之间的关系

比较一阶系统对单位脉冲、单位阶跃和单位斜坡输入信号的响应，就会发现当它们的输入信号之间有如下关系时

$$\delta(t)=\frac{\mathrm{d}}{\mathrm{d}t}[1(t)]=\frac{\mathrm{d}^2}{\mathrm{d}t^2}[t\times1(t)] \tag{3–9}$$

则一定有如下的时间响应关系与之对应

$$h(t)=\frac{\mathrm{d}}{\mathrm{d}t}k(t)=\frac{\mathrm{d}^2}{\mathrm{d}t^2}C_{\mathrm{t}}(t) \tag{3–10}$$

这种对应关系表明，系统对输入信号导数的响应就等于系统对该输入信号响应的导数。或者说，系统对输入信号积分的响应，就等于系统对该输入信号响应的积分，其积分常数由零输出初始条件确定。这是线性定常系统的一个重要特性，不仅适用于一阶线性定常系统，而且适用于任意阶线性定常系统。

$$H(s)=sK(s) \tag{3–11}$$

$$K(s)=sC_{\mathrm{t}}(s) \tag{3–12}$$

由式（3–9）～式（3–10）可见，单位脉冲响应的积分就是单位阶跃响应，而单位阶跃响应的积分就是单位斜坡响应。

3.1.4 阶跃响应的性能指标

控制系统的时间响应可分为动态和稳态两个过程。对于稳定的系统，对于一个有界的输入，当时间趋于无穷大时，系统达到一个新的平衡状态，工程上称之为进入稳态过程。系统达到稳态过程之前的过程称为动态过程，动态过程又称暂态过程、瞬态过程、过渡过程，是指从初始状态到接近最终状态的响应过程，体现了系统能否由一个平衡状态到达另一个平衡状态，并且体现了这种状态转变过程的快速性、平稳性等动态特性。稳态过程是指时间 $t \to \infty$ 时系统的输出状态。人们关注的是输出量对输入量的复现程度，体现了系统的控制精度、稳态误差等稳态特性，因此，研究系统的时间响应，必须对动态和稳态两个过程的特点和性能以及有关指标加以探讨。

一般认为，跟踪和复现阶跃信号对系统来说是较为严格的工作条件。故通常以阶跃响应来衡量系统控制性能的优劣和定义时域性能指标。稳定系统的单位阶跃响应有衰减振荡和单调上升两种类型。系统的阶跃响应性能指标如下所述，参见图 3–4。

1. 衰减振荡的单位阶跃响应性能指标

（1）延迟时间 t_d：指单位阶跃响应曲线 $y(t)$ 上升到其稳态值 $y(\infty)$ 的 50%所需的时间。

（2）上升时间 t_r：指单位阶跃响应第一次达到 $y(t_r)$ 稳态值的时间。上升时间体现了系统的响应速度。上升时间越短，响应速度越快。

（3）峰值时间 t_p：指单位阶跃响应曲线 $y(t)$超过其稳态值而达到第一个峰值所需要的时间。

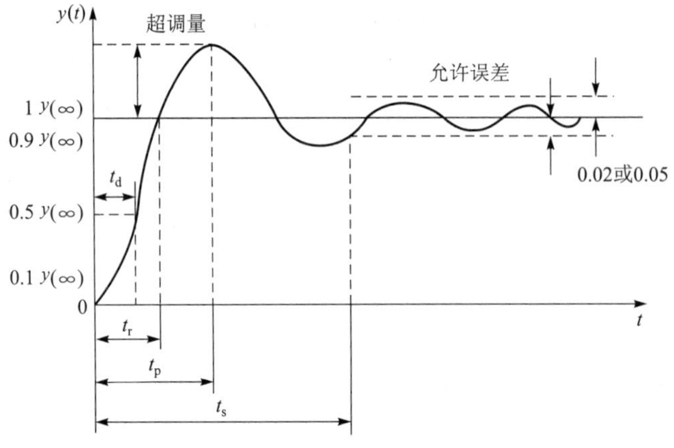

图 3–4　控制系统的典型单位阶跃响应

（4）最大超调量 $\sigma\%$：简称超调量，指在响应过程中，响应的最大值 $y(t_p)$ 超出稳态值 $y(\infty)$ 的最大偏离量与稳态值 $y(\infty)$ 之比，即

$$\sigma\% = \frac{y(t_p) - y(\infty)}{y(\infty)} \times 100\% \qquad (3\text{–}13)$$

式中，$y(\infty)$ 为单位阶跃响应的稳态值；$y(t_p)$ 为单位阶跃响应的峰值。

（5）调节时间 t_s：又称过渡过程时间，指单位阶跃响应曲线 $y(t)$ 与稳态值 $y(\infty)$ 之间误差达到规定的允许值，通常取（±5%）或（±2%）作为误差带，响应曲线达到并不再超出该误差带的最小时间。工程上认为，当 $t \leqslant t_s$ 时响应过程为瞬态过程，当 $t > t_s$ 后响应过程进入稳态过程。

（6）振荡次数 N：在 $0 < t \leqslant t_s$ 时间内，单位阶跃响应 $y(t)$ 穿越其稳态值 $y(\infty)$ 次数的一半。

上述 6 项性能指标中，延迟时间 t_d、上升时间 t_r 和峰值时间 t_p 均表征系统响应初始阶段的快慢；调节时间 t_s 表示系统过渡过程持续的时间，从总体上反映了系统的快速性；超调量 $\sigma\%$ 和振荡次数 N 反映了系统瞬态响应过程振荡的激烈程度，体现系统的平稳性。一般侧重以超调量 $\sigma\%$、调节时间 t_s 评价系统的单位阶跃响应的平稳性、快速性。

2. 单调上升的单位阶跃响应性能指标

具有单调上升特点的单位阶跃响应曲线，由于没有振荡特点，没有超调量，因此不考虑峰值时间 t_p、振荡次数、最大超调量等指标，只用调节时间 t_s 表示瞬态过程的快速性，有时也会考虑用上升时间 t_r 体现系统的快速性。而针对单调上升的单位阶跃响应曲线，上升时间 t_r 定义为响应值由稳态值 $y(\infty)$ 的 10%上升到 90%所需的时间。

由于计算高阶微分方程时间解的复杂性，因此时域分析法通常适用于分析一、二阶系统。而高阶系统主要应用根轨迹法和频率法进行研究。

3.2　一阶系统的时域分析

由一阶微分方程描述的系统，称为一阶系统，是工程中最基本最简单的系统。一些控制元、部件以及简单系统，如 RC 网络、发电机、空气加热器、液位控制系统等都属一阶系统。

3.2.1　一阶系统的数学模型

一阶系统的微分方程为

$$T\frac{\mathrm{d}y(t)}{\mathrm{d}t}+y(t)=r(t) \tag{3-14}$$

式中，$y(t)$为输出量；$r(t)$为输入量；T 为时间常数。

一阶系统的结构图如图 3–5 所示。其闭环传递函数为

$$\Phi(s)=\frac{Y(s)}{R(s)}=\frac{1}{Ts+1} \tag{3-15}$$

式中，$T=RC$。

称式（3–14）和式（3–15）为一阶系统的数学模型。时间常数 T 为表征系统惯性的一个主要参数，所以一阶系统也称为惯性环节。时间常数 T 对于不同的系统具有不同的物理意义。

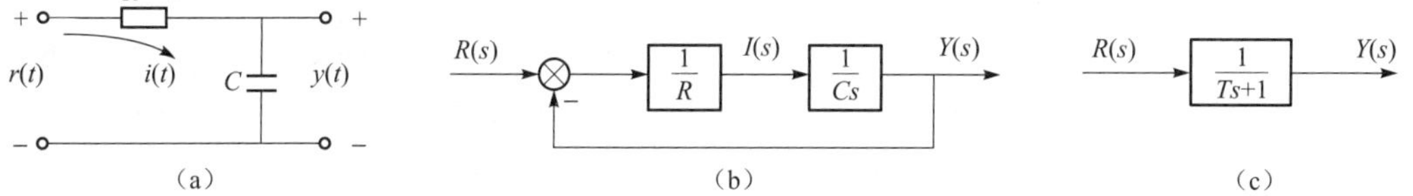

图 3–5　一阶系统的结构图

（a）电路图；（b）方框图；（c）等效方框图

3.2.2　一阶系统的单位阶跃响应

1. 单位阶跃响应曲线

当系统的输入信号为单位阶跃信号，即 $r(t)=1(t)$ 时，其拉氏变换为

$$R(s)=\frac{1}{s}$$

则系统输出的拉氏变换为

$$Y(s)=\Phi(s)\cdot R(s)=\frac{1}{Ts+1}\cdot\frac{1}{s}$$

取 $Y(s)$的拉氏反变换，得单位阶跃响应为

$$y(t)=L^{-1}\left[\frac{1}{Ts+1}\cdot\frac{1}{s}\right]=L^{-1}\left[\frac{1}{s}-\frac{1}{s+\frac{1}{T}}\right]$$

则

$$y(t)=1-\mathrm{e}^{-t/T},\ t\geqslant 0 \tag{3-16}$$

或写成

$$y(t)=y_{ss}+y_{tt} \tag{3-17}$$

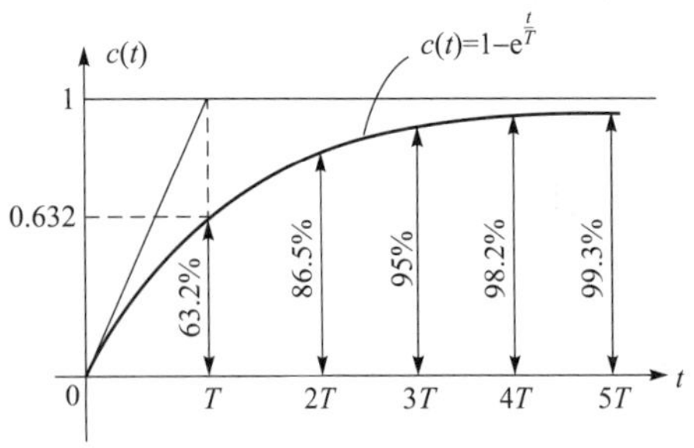

图 3–6　一阶系统的单位阶跃响应

式中，$y_{ss}=1$，代表稳态分量；$y_{tt}=-\mathrm{e}^{-t/T}$ 代表瞬态分量，当 $t\to\infty$ 时，y_{tt} 衰减为零。

显然，一阶系统的单位阶跃响应曲线是一条由零开始，按指数规律上升并最终趋于 1 的曲线，如图 3–6 所示，响应曲线具有非振荡特征，故也称为非周期响应。

时间常数 T 是表征响应特性的唯一参数，它与输出值有明确的对应关系：

$$t=T,\ y(T)=0.632$$
$$t=2T,\ y(2T)=0.865$$
$$t=3T,\ y(3T)=0.950$$
$$t=4T,\ y(4T)=0.982$$
$$t=\infty,\ y(\infty)=1$$

可以用实验方法，根据这些值鉴别和确定被测系统是否为一阶系统。时间常数 T 反映了系统的惯性大小，T 与相应速度呈反比。T 越小，惯性越小，响应速度越快，单调曲线上升越陡峭；反之，T 越大，惯性越大，响应速度越慢，单调曲线上升越平缓。工程上又称一阶系统为惯性环节。这一特性反映在零极点图上，是由一阶系统的闭环极点距离虚轴的远近决定的，闭环极点离虚轴越远，系统响应速度越快。离虚轴越近，响应速度越慢。

2. 单位阶跃响应曲线的斜率

响应曲线的初始斜率为

$$\left.\frac{\mathrm{d}y(t)}{\mathrm{d}t}\right|_{t=0}=\left.\frac{1}{T}\mathrm{e}^{-t/T}\right|_{t=0}=\frac{1}{T} \tag{3-18}$$

式（3-18）表明，在 $t=0$ 时，斜率为 $\frac{1}{T}$，一阶系统的单位阶跃响应如果以初始速度等速上升至稳态值 1，所需的时间恰好为 T。这也是确定一阶系统时间常数的另外一种方法。

由于一阶系统的阶跃响应没有超调量，所以其性能指标主要是调节时间 t_s（速度快慢）。

由于 $t=3T$ 时，输出响应可达稳态值的 95%；$t=4T$ 时，响应可达稳态值的 98.2%，故一般取

$$t_s=3T \text{ (对应 5\%误差带)} \tag{3-19}$$

$$t_s=4T \text{ (对应 3\%误差带)} \tag{3-20}$$

因此，要求快速性好，只要使系统时间常数 T 减小。一阶系统跟踪单位阶跃信号时，输出量和输入量之间的位置误差为：

$$e(t)=1(t)-y(t)=\mathrm{e}^{-\frac{t}{T}}$$

当 $t\to\infty$ 时，位置误差随时间减小，最后趋于零。

$$\lim_{t\to\infty}e(t)=\lim_{t\to\infty}e^{-\frac{t}{T}}=0\text{，即 }e_{ss}(\infty)=0$$

可见，一阶系统的单位阶跃响应是没有稳态误差的。

例 3.1　一阶系统的结构图如图 3-7 所示。试求该系统单位阶跃响应的调节时间 t_s。若要求 $t_s\leqslant$ 0.1 s，试问系统反馈系数应取何值。

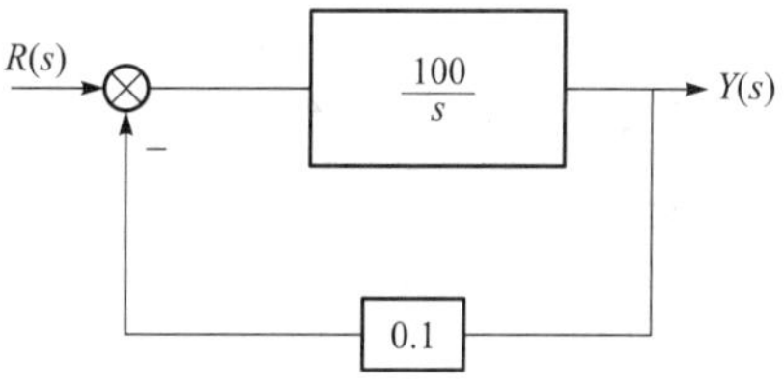

图 3-7　一阶系统的结构图

解：由系统结构图写出闭环传递函数为

$$\Phi(s)=\frac{Y(s)}{R(s)}=\frac{\frac{100}{s}}{1+\frac{100}{s}\times 0.1}=\frac{10.0}{0.1s+1}$$

由闭环传递函数得到时间常数为

$$T=0.1\text{ (s)}$$

若取误差带为 5%，则调节时间为

$$t_s=3T=0.3\text{ (s)}$$

闭环系统传递函数分子上的数值 10 称为放大系数。调节时间 t_s 与其无关，只取决于时间常数 T。

当要求 $t_s\leqslant$0.1 s 时，求反馈系数值。设反馈系数为 k_f ($k_f>0$)，由结构图写出闭环传递函数为

$$\Phi(s)=\frac{\frac{100}{s}}{1+\frac{100}{s}k_f}=\frac{\frac{1}{k_f}}{\frac{0.01}{k_f}s+1}$$

由闭环传递函数可得

$$T=\frac{0.01}{k_f}\ (\mathrm{s})$$

$$t_s=3T=\frac{0.03}{k_f}\leqslant 0.1$$

所以

$$k_f\geqslant 0.3$$

3.2.3 一阶系统的单位斜坡响应

当系统的输入信号为单位斜坡信号，即 $r(t)=t$ 时，其拉氏变换为

$$R(s)=\frac{1}{s^2}$$

则系统输出的拉氏变换为

$$Y(s)=\frac{1}{Ts+1}\cdot\frac{1}{s^2}$$

取 $Y(s)$ 的拉氏反变换得

$$y(t)=L^{-1}\left[\frac{1}{Ts+1}\cdot\frac{1}{s^2}\right]=L^{-1}\left[s^2-\frac{T}{s}+\frac{T}{s+\frac{1}{T}}\right]$$

$$=t-T+T\cdot \mathrm{e}^{-t/T}\quad (t\geqslant 0)$$

$$=y_{ss}+y_{tt} \tag{3-21}$$

式中，$y_{ss}=t-T$，为响应的稳态分量；$y_{tt}=T\cdot\mathrm{e}^{-t/T}$ 为响应的瞬态分量，当时间 t 趋向于无穷时，y_{tt} 衰减到零。

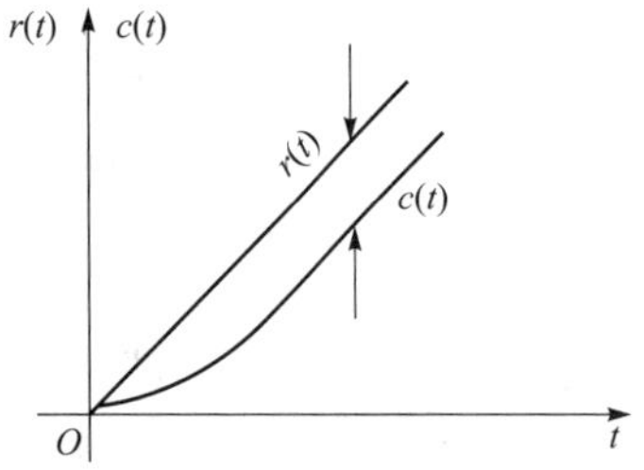

图 3–8 一阶系统的单位斜坡响应

斜坡响应曲线如图 3–8 所示。响应的初始速度为

$$\left.\frac{\mathrm{d}y(t)}{\mathrm{d}t}\right|_{t=0}=1-\left.\mathrm{e}^{-t/T}\right|_{t=0}=0$$

一阶系统的单位斜坡响应具有稳态误差。即一阶系统跟踪单位斜坡信号时，总是存在位置误差，系统的输出量与输入量之间的位置误差为

$$e(t)=t-y(t)=T(1-\mathrm{e}^{-t/T})$$

显然，在初始时刻输出速度与输入速度之间的误差最大。

当 $t\to\infty$ 时，

$$\lim_{t\to 0}e(t)=\lim_{t\to\infty}[t-y(t)]=\lim_{t\to\infty}[t-(t-T+T\mathrm{e}^{-t/T})]=T$$

即 $e_{ss}(\infty)=T$。

可见，一阶系统在斜坡输入下的稳态输出与输入斜率相等，只是滞后一个时间 T，或者说存在一个跟踪位置误差，其数值与时间 T 的数值相等。因此，时间常数 T 越小，则响应越快，输出量对输入量的滞后时间越小，稳态误差越小，跟踪精度越高，但最终仍存在一个误差。

3.2.4　一阶系统的单位脉冲响应

当系统的输入信号为单位脉冲信号，即 $r(t)=\delta(t)$ 时，其拉氏变换为

$$R(s)=1$$

系统输出的拉氏变换为

$$Y(s)=\frac{1}{Ts+1}\cdot R(s)=\frac{1}{Ts+1}$$

取 $Y(s)$的拉氏反变换，得

$$y(t)=L^{-1}\left[\frac{1}{Ts+1}\right]=\frac{1}{T}\mathrm{e}^{-t/T}\qquad (t\geqslant 0)\tag{3-22}$$

可见，单位脉冲响应就是系统闭环传递函数的拉氏反变换，包含了系统动态特性的全部信息，其响应曲线如图 3–9 所示。响应的初始斜率为

$$\left.\frac{\mathrm{d}y(t)}{\mathrm{d}t}\right|_{t=0}=-\frac{1}{T^2}\mathrm{e}^{-t/T}\Big|_{t=0}=-\frac{1}{T^2}$$

若以初始速度等速下降，则当 $t=T$ 时，输出为 0。

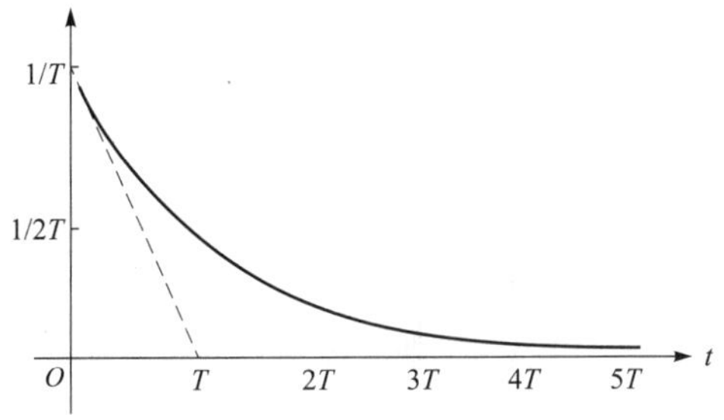

图 3–9　一阶系统的单位脉冲响应

可见，响应是一条单调下降的指数曲线。输出量的初始值为$\frac{1}{T}$，当时间趋于无穷时，输出量趋于零，所以不存在稳态分量。时间常数 T 同样反映了响应过程的快速性，T 越小，响应越快。

3.2.5　一阶系统故障状态分析

当一阶系统出现某些故障时，可以根据一阶系统单位阶跃响应曲线具有单调上升的特点，判断故障原因。图 3–10 所示为一阶系统故障分析结构图。

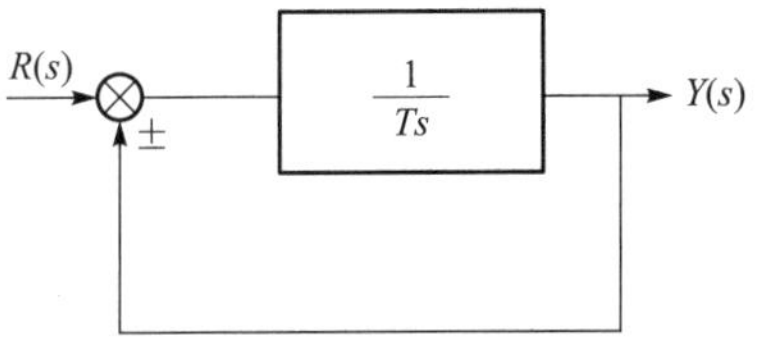

图 3–10　一阶系统故障分析结构图

第一种情况：当输入为阶跃信号，而输出 $y(t)$随时间线性增长时，可以断定，积分器的反馈断开了。证明如下。

由于积分器断开，所以有

$$Y(s)=\frac{1}{Ts}\cdot R(s)$$

单位阶跃信号输入时

$$R(s)=\frac{1}{s}$$

则

$$Y(s)=\frac{1}{Ts}\cdot\frac{1}{s}=\frac{1}{Ts^2}$$

取 $Y(s)$的拉氏反变换，得

$$y(t)=\frac{1}{T}\cdot t \qquad (t\geqslant 0)$$

由此得：输出量 $y(t)$随 t 线性增长，即输出量等于输入信号的积分。

第二种情况：当输入为阶跃信号，而输出 $y(t)$随时间按指数规律无限增长时，可以断定，反馈错接为正反馈了。证明如下。

对于正反馈的一阶系统有

$$Y(s)=\frac{1}{Ts-1}\cdot R(s)$$

单位阶跃输入信号时

$$R(s)=\frac{1}{s}$$

则

$$Y(s)=\frac{1}{Ts-1}\cdot\frac{1}{s}$$

取 $Y(s)$的拉氏反变换，得

$$Y(t)=L^{-1}\left[\frac{1}{Ts-1}\cdot\frac{1}{s}\right]=-1+\mathrm{e}^{t/T} \qquad (t\geqslant 0)$$

可见，输出 $y(t)$随时间 t 的增长，按指数规律越来越偏离稳态值。这是个不稳定系统。

3.2.6 改善一阶系统性能的措施

从前面的讨论中可以看出，一阶系统的性能直接决定于时间常数 T 的影响，时间常数不仅决定系统响应速度，而且影响系统稳态误差。总的来说，时间常数越大，系统惯性越大，响应速度越慢，跟踪精度越差，因此实际工程中，通常希望有较小的时间常数，可以采用两种方法进行改进，一种是对一阶系统引入常值负反馈，另一种是在前向通道串联放大环节。

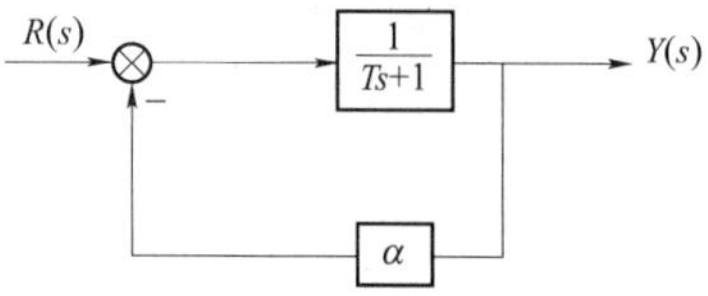

图 3–11 引入常值负反馈

第一种情况：对于传递函数为 $G(s)=\dfrac{1}{Ts+1}$ 的一阶系统，引入常值负反馈，如图 3–11 所示。由图 3–11 可得闭环系统的传递函数为

$$\varPhi(s)=\frac{\dfrac{\alpha}{Ts+1}}{1+\dfrac{\alpha}{Ts+1}}=\frac{\dfrac{1}{1+\alpha}}{\dfrac{T}{1+\alpha}s+1}=\frac{k'}{T's+1} \qquad (3\text{–}23)$$

式中 $k'=\dfrac{1}{1+\alpha}$，$T'=\dfrac{T}{1+\alpha}<T$。可以看出，通过负反馈减小了系统的时间常数，提高了系统响应速度。

第二种情况：对于闭环传递函数为

$$G(s)=\frac{s}{s+k}=\frac{1}{\dfrac{s}{k}+1}=\frac{1}{Ts+1}$$

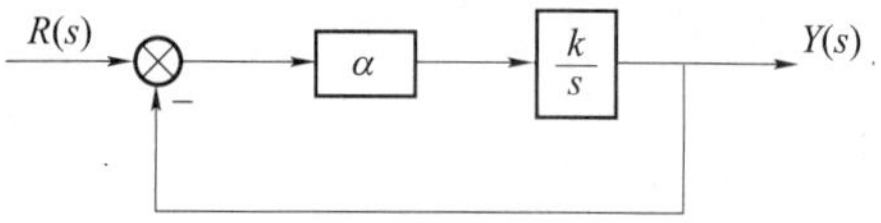

图 3–12 串联一个放大环节

的一阶系统，在前向通道上串联一个放大环节，如图 3–12 所示。

由图 3–12 得系统闭环传递函数为：

$$\Phi(s)=\frac{\dfrac{\alpha k}{s}}{1+\dfrac{\alpha k}{s}}=\frac{1}{\dfrac{1}{\alpha k}s+1}=\frac{1}{T's+1} \tag{3–24}$$

通过比较，$T=\dfrac{1}{k}$ 与 $T'=\dfrac{1}{\alpha k}$，只要选择放大环节 $\alpha>1$，就能确保 $T'<T$，即通过增加系统的放大系数 α，减小了系统时间常数，提高了系统响应速度。

3.3　二阶系统的时域分析

由二阶微分方程描述的系统称为二阶系统。例如，*RLC* 网络、忽略电枢电感 L_a 后的电动机、具有质量的物体的运动。与一阶系统一样，二阶系统也是控制系统的最基本形式之一。许多高阶系统在一定条件下，可以近似地简化为二阶系统来研究。因此，研究二阶系统具有重要实际意义。

3.3.1　二阶系统的数学模型

先从一个二阶系统实例来导出其数学模型，再抽象为一般形式进行讨论。

某位置随动系统原理图如图 3–13 所示。该系统的任务是控制一个转动的负载，该负载具有黏性摩擦系数 f_2 和转动惯量 J_2，要使负载的位置与输入手柄位置同步。

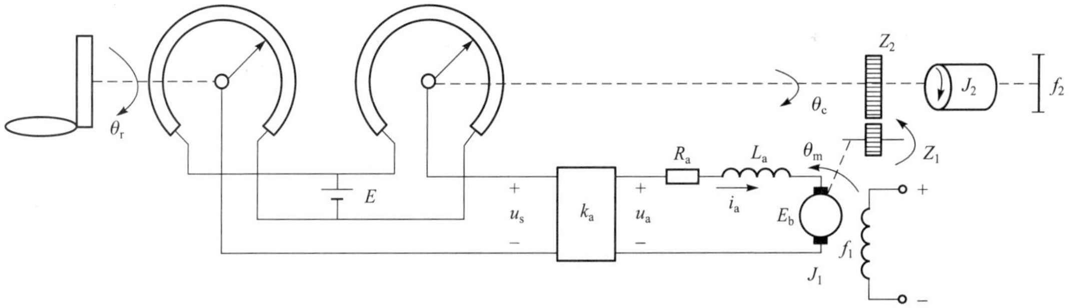

图 3–13　位置随动系统

图 3–14 给出了二阶位置随动系统结构图。由图可见，一对电位计组成了误差检测器，其传递函数为 k_s，当输入手柄和输出轴之间的角位置不相等时，它输出一个与误差角 $\theta_e(=\theta_r-\theta_c)$ 成正比的误差电压 $u_s[=k_s(\theta_r-\theta_c)]$ 加到直流放大器的输入端，放大器输出电压 $u_a(=k_a u_s)$ 用来控制它激励直流伺服电动机的电枢，则电动机产生转矩带动输出轴转动。

由于电枢电感 L_a 很小，可忽略不计。由图 3–14 可写出前向通路的传递函数为

$$G(s)=\frac{\dfrac{k_s k_a C_m}{iR_a}}{s\left[Js+\left(f+\dfrac{C_m k_b}{R_a}\right)\right]}$$

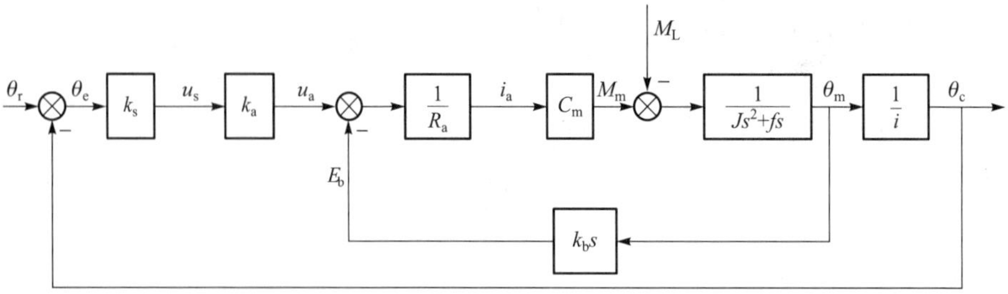

图 3–14　二阶位置随动系统结构图

式中，J 和 f 分别为折算到电动机轴上的总转动惯量和总黏性摩擦系数。

令

$$\frac{k_s k_a C_m}{i \cdot R_a} = k\ ,\qquad f + \frac{C_m k_b}{R_a} = F$$

则

$$G(s) = \frac{k}{Js^2 + Fs} \tag{3–25}$$

由前向通路传递函数 $G(s)$可以写出闭环传递函数为

$$\Phi(s) = \frac{\theta_c(s)}{\theta_r(s)} = \frac{k}{Js^2 + Fs + k} \tag{3–26}$$

令式（3–26）分母为零，得系统闭环传递函数特征方程为

$$Js^2 + Fs + k = 0 \tag{3–27}$$

式中，F 为实际阻尼系数。当 $F^2 = 4Jk$ 时，系统处于临界阻尼状态，即特征方程有一对相同的负实根。

令 F_c 为临界阻尼系数，则有

$$F_c = 2\sqrt{Jk}$$

为了使以上关系具有普遍性，引入新参量

$$\omega_n^2 = \frac{k}{J} \tag{3–28}$$

$$2\zeta\omega_n = \frac{F}{J} \tag{3–29}$$

式中，ω_n 为无阻尼自然频率或固有频率；ζ 为无量纲的阻尼系数，又称阻尼比。

$$\xi = \frac{\text{实际阻尼系数}}{\text{临界阻尼系数}} = \frac{F}{F_c} = \frac{F}{2\sqrt{Jk}} \tag{3–30}$$

则式（3–26）的闭环传递函数式可写成如下一般形式，其结构图如图 3–15 所示。

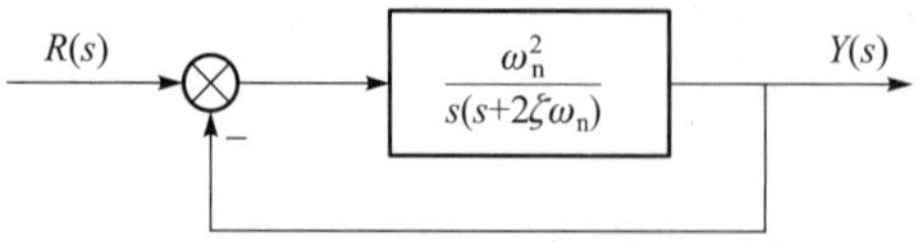

图 3–15　二阶系统的反馈结构图

$$\Phi(s) = \frac{Y(s)}{R(s)} = \frac{\omega_n^2}{s^2 + 2\zeta\omega_n s + \omega_n^2} \tag{3–31}$$

式（3–31）是二阶系统的基本表达式，或写成

$$\Phi(s) = \frac{Y(s)}{R(s)} = \frac{1}{T^2 s^2 + 2\zeta Ts + 1} \tag{3–31′}$$

其中 $T=\dfrac{1}{\omega_n}$ 为二阶系统的时间常数。

3.3.2　二阶系统的特征根分析

由式（3–31）可得二阶系统闭环特征方程为

$$s^2+2\zeta\omega_n s+\omega_n^2=0 \tag{3–32}$$

特征方程的根为

$$s_{1,2}=-\zeta\omega_n\pm\omega_n\sqrt{\zeta^2-1} \tag{3–33}$$

随着 ζ 取值的不同，特征根在 s 平面上的位置不同将直接影响系统的时间响应。

（1）当 $0<\zeta<1$ 时，系统有一对负实部的共轭复根，如图 3-16（a）所示，称此为欠阻尼状态。

$$s_{1,2}=-\zeta\omega_n\pm j\omega_n\sqrt{1-\zeta^2}$$

（2）当 $\zeta=1$ 时，系统有一对相等的负实根，$s_{1,2}=-\zeta\omega_n$，如图 3-16（b）所示，称此为临界阻尼状态。

（3）当 $\zeta>1$ 时，系统有两个不等的负实根，如图 3-16（c）所示，称此为过阻尼状态。

$$s_{1,2}=-\zeta\omega_n\pm\omega_n\sqrt{\zeta^2-1}$$

（4）当 $\zeta=0$ 时，系统有一对纯虚根，如图 3-16（d）所示，称此为无阻尼状态或零阻尼状态。

$$s_{1,2}=\pm j\omega_n$$

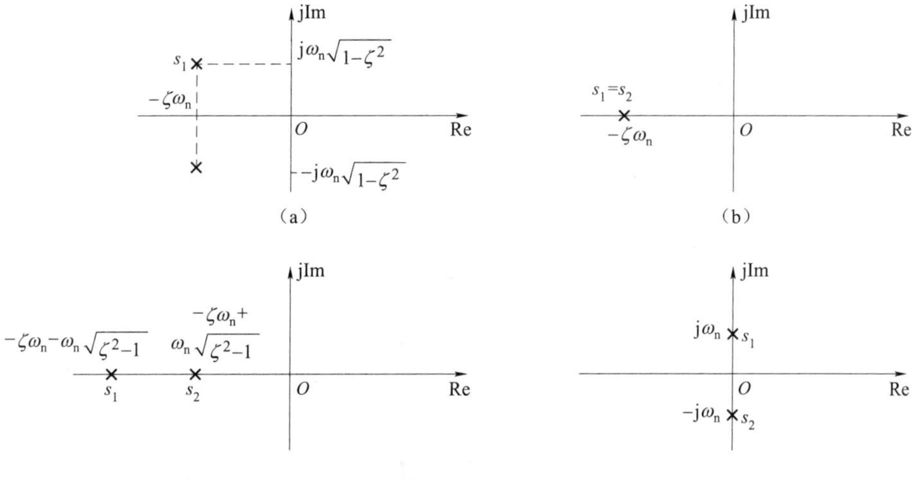

图 3–16　二阶系统的特征根

（a）欠阻尼状态的根；（b）临界阻尼状态的根；（c）过阻尼状态的根；（d）无阻尼状态的根

3.3.3 二阶系统的单位阶跃响应

下面研究在单位阶跃输入作用下二阶系统的响应情况。

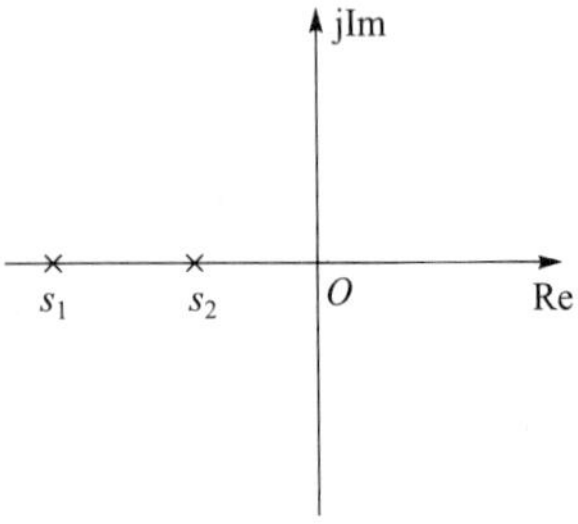

图 3–17 $\zeta>1$ 时的特征根

1. 过阻尼状态（$\zeta>1$）

当阻尼比 $\zeta>1$ 时，二阶系统的闭环特征方程有两个不相等的负实根，如图 3–17 所示。可写成

$$s^2+2\zeta\omega_n s+\omega_n^2=\left(s+\frac{1}{T_1}\right)\left(s+\frac{1}{T_2}\right)=0 \qquad (3\text{–}34)$$

式中，$T_1=\dfrac{1}{\omega_n\left(\zeta-\sqrt{\zeta^2-1}\right)}$；$T_2=\dfrac{1}{\omega_n\left(\zeta+\sqrt{\zeta^2-1}\right)}$。

并且，$T_1>T_2$，$\omega_n^2=\dfrac{1}{T_1T_2}$，于是闭环传递函数为

$$\frac{Y(s)}{R(s)}=\frac{\dfrac{1}{T_1T_2}}{\left(s+\dfrac{1}{T_1}\right)\left(s+\dfrac{1}{T_2}\right)}=\frac{1}{(T_1s+1)(T_2s+1)}$$

因此，过阻尼二阶系统可以看成两个时间常数不同的惯性环节的串联。

当输入为单位阶跃信号时

$$R(s)=\frac{1}{s}$$

系统的输出为

$$Y(s)=\frac{\dfrac{1}{T_1T_2}}{\left(s+\dfrac{1}{T_1}\right)\left(s+\dfrac{1}{T_2}\right)}\cdot\frac{1}{s}$$

取 $Y(s)$的拉氏反变换，得到单位阶跃响应

$$y(t)=1+\frac{T_1}{T_2-T_1}\bullet \mathrm{e}^{-t/T_1}+\frac{T_2}{T_1-T_2}\bullet \mathrm{e}^{-t/T_2}，\ t\geqslant 0 \qquad (3\text{–}35)$$

上式还可以写成

$$y(t)=1+\frac{\omega_n}{2\sqrt{\zeta^2-1}}\left(\frac{\mathrm{e}^{-s_1t}}{s_1}-\frac{\mathrm{e}^{-s_2t}}{s_2}\right)，\ t\geqslant 0$$

式中，稳态分量为 1，瞬态分量为后两项指数项。可见，瞬态分量随时间 t 的增长而衰减到零。所以，系统不存在稳态误差，其响应曲线如图 3–18 所示。

由图 3–18 看出，响应是非振荡的。过阻尼二阶系统的单位阶跃响应，起始速度很小，然后逐渐加大到某一值后又减小，直到趋于零，当阻尼系数 ζ 远大于 1 时，$-s_1\gg -s_2$，两个衰减指数项中，后者衰减的速度远远大于前者，也就是说离虚轴近的极点所决定的分量对响应产生的影响大，离虚轴远的极点所决定的分量对响应产生的影响小，有时可以忽略不计。由此可见，二阶系统的瞬态响应主要由前者来决定。或者说主要由极点 $-s_1$ 决定，这样过阻尼系

统可由具有极点 $-s_1$ 的一阶系统近似表示。图 3–19 为一阶系统与过阻尼二阶系统单位阶跃响应的对比。

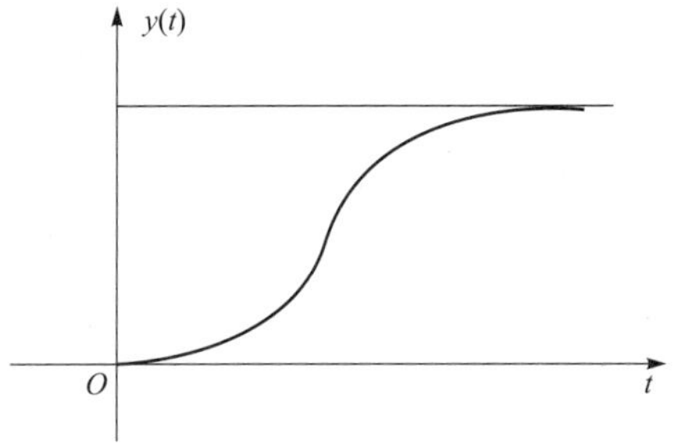

图 3–18　过阻尼二阶系统的单位阶跃响应

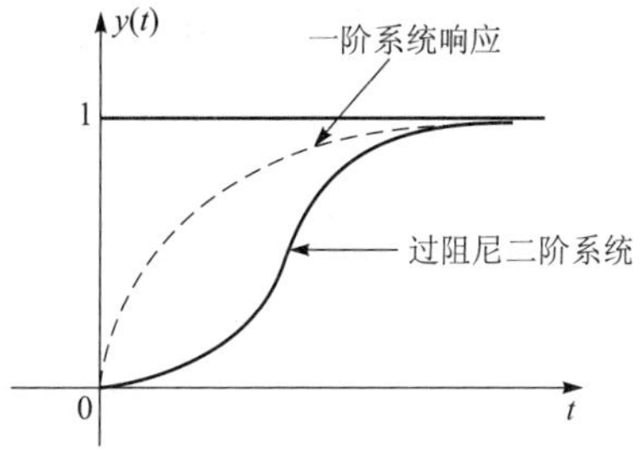

图 3–19　过阻尼二阶系统与一阶系统单位阶跃响应的比较

2. 临界阻尼状态（$\zeta=1$）

由式（3–34）知，当阻尼比 $\zeta=1$ 时，二阶系统有两个相等的负实根，如图 3–20 所示。

$$s^2+2\zeta\omega_n s+\omega_n^2=(s+\omega_n)^2=0$$

所以

$$Y(s)=\frac{\omega_n^2}{(s+\omega_n)^2}\cdot\frac{1}{s}$$

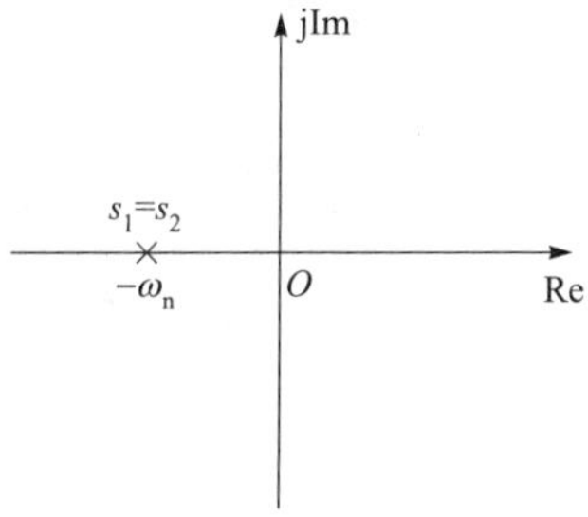

图 3–20　$\zeta=1$ 时的特征根

取 $Y(s)$的拉氏反变换，得到临界阻尼状态下二阶系统的单位阶跃响应为

$$y(t)=1-(1+\omega_n\cdot t)e^{-\omega_n t}\qquad (t\geqslant 0)\tag{3–36}$$

此时，二阶系统的单位阶跃响应是一条无超调的单调上升曲线。

3. 欠阻尼状态（$0<\zeta<1$）

当 $0<\zeta<1$ 时，二阶系统具有一对负实部的共轭复根：

$$s_{1,2}=-\zeta\omega_n\pm j\omega_n\sqrt{1-\zeta^2}=-\sigma\pm j\omega_d$$

$$s^2+2\zeta\omega_n s+\omega_n^2=(s+\zeta\omega_n+j\omega_n\sqrt{1-\zeta^2})(s+\zeta\omega_n-j\omega_n\sqrt{1-\zeta^2})$$

式中，$\sigma=\zeta\omega_n$ 为特征根实部之模值，具有角频率量纲。$\omega_d=\omega_n\sqrt{1-\zeta^2}$ 为阻尼振荡角频率，且当输入信号为单位阶跃信号时有

$$Y(s)=\frac{\omega_n^2}{s^2+2\zeta\omega_n s+\omega_n^2}\cdot\frac{1}{s}=\frac{\omega_n^2}{(s+\zeta\omega_n+j\omega_n\sqrt{1-\zeta^2})(s+\zeta\omega_n-j\omega_n\sqrt{1-\zeta^2})}\cdot\frac{1}{s}$$

$$=\frac{1}{s}-\frac{s+\zeta\omega_n}{(s+\zeta\omega_n)^2+\omega_d^2}-\frac{\zeta\omega_n}{(s+\zeta\omega_n)^2+\omega_d^2}$$

取 $Y(s)$的拉氏反变换，得欠阻尼二阶系统的单位阶跃响应为

$$y(t)=1-e^{-\zeta\omega_n t}\left[\cos\omega_d t+\frac{\zeta}{\sqrt{1-\zeta^2}}\sin\omega_d t\right]\qquad (t\geqslant 0)\tag{3–37}$$

或写成

$$y(t)=1-\frac{e^{-\zeta\omega_n t}}{\sqrt{1-\zeta^2}}\sin(\omega_d t+\theta)\qquad (t\geqslant 0)\tag{3-38}$$

式中，$\theta=\arctan\sqrt{\frac{1-\zeta^2}{\zeta}}$ 或 $\theta=\arccos\zeta$。图 3–21 所示为欠阻尼二阶系统各特征参数的关系。

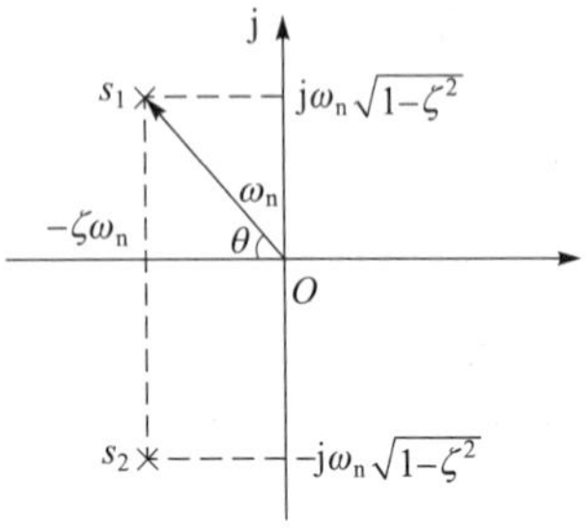

图 3–21　欠阻尼二阶系统各特征参数的关系

由式（3–38）可见，系统响应的稳态分量为 1，瞬态分量是一个随时间 t 的增长而衰减的振荡过程，振荡角频率为 ω_d，其值取决于阻尼比 ζ 及无阻尼自然频率 ω_n。

下面讨论结构参数 ζ 和 ω_n 对阶跃响应性能的影响，参见图 3–22。

平稳性：阻尼比 ζ 越大，超调量越小，响应的振荡倾向越弱，平稳性越好。反之阻尼比 ζ 越小，振荡越强，平稳性越差。当 $\zeta=0$ 时，无阻尼响应为

$$y(t)=1-\sin(\omega_n t+90^\circ)=1-\cos\omega_n t\qquad (t\geqslant 0)\tag{3-39}$$

这时，响应为具有频率 ω_n 的不衰减（等幅）振荡。所以，在一定的阻尼比 ζ 下，ω_n 越大，振荡频率 ω_d 也越高，系统响应的平稳性越差。

总之，要使系统单位阶跃响应的平稳性好，则要求阻尼比 ζ 大，自然频率 ω_n 小。

快速性：由图 3–22 可见，ζ 越大，例如 ζ 接近于 1 时，系统响应迟钝，调节时间 t_s 长，快速性差；ζ 过小时，虽然响应的起始速度快，但因为振荡强烈，衰减缓慢，所以调节时间 t_s 亦长，快速性差。根据分析，对于 5%误差带，当 $\zeta=0.707$ 时，调节时间 t_s 最短，即快速性最好。根据阻尼比 ζ 和超调量 $\sigma\%$ 的关系曲线，如图 3–23所示，可找到当 $\zeta=0.707$ 时，超调量 $\sigma\%<5\%$，平稳性也令人满意，故称 $\zeta=0.707$ 为最佳阻尼比。

对于一定的阻尼比 ζ，ω_n 越大，调节时间 t_s 也就越短。因此当 ζ 一定时，ω_n 越大，快速性就越好。

稳态精度：由式（3–38）可见，瞬态分量随时间 t 的增长而衰减到零，而稳态分量等于 1。因此，欠阻尼二阶系统的单位阶跃响应不存在稳态误差。

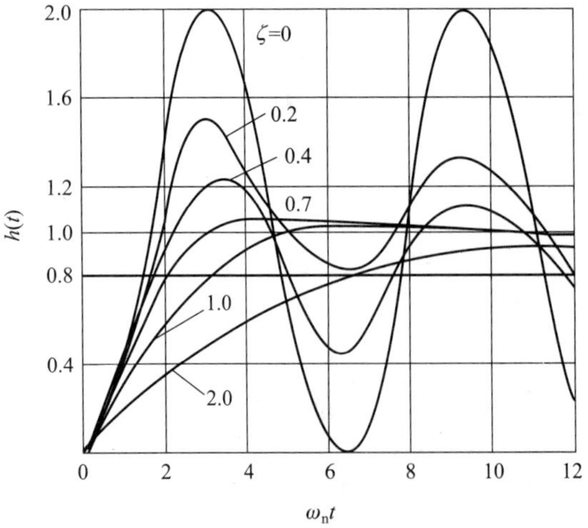

图 3–22　二阶系统的单位阶跃响应曲线

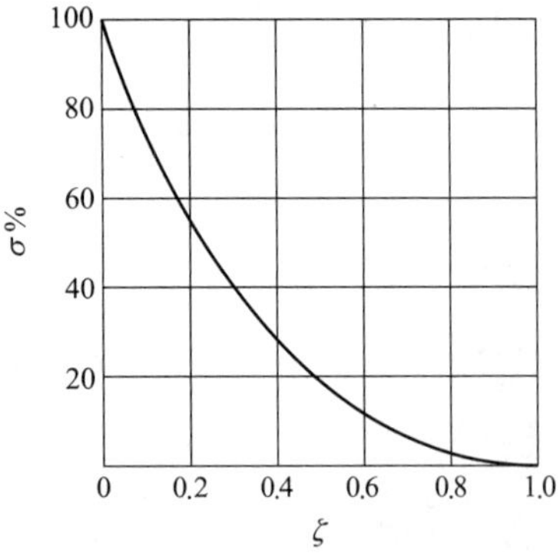

图 3–23　$\sigma\%$和 ζ 的关系曲线

4. 无阻尼状态（$\zeta = 0$）

当阻尼比 $\zeta = 0$ 时，二阶系统有一对共轭纯虚根，如图 3–24 所示。

$$s_{1,2} = \pm \mathrm{j}\omega_n$$

$$s^2 + 2\zeta\omega_n s + \omega_n^2 = (s + \mathrm{j}\omega_n)(s - \mathrm{j}\omega_n)$$

$$Y(s) = \frac{\omega_n^2}{(s + \mathrm{j}\omega_n)(s - \mathrm{j}\omega_n)} \cdot \frac{1}{s}$$

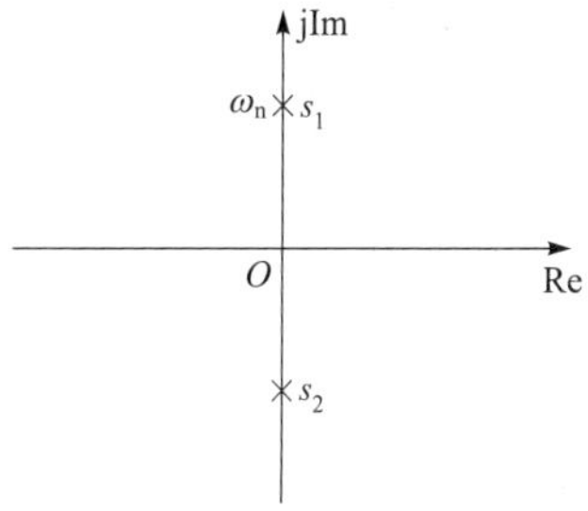

图 3–24　$\zeta = 0$ 时的特征根

取 $Y(s)$ 的拉氏反变换，得到无阻尼状态下的单位阶跃响应为

$$y(t) = 1 - \cos\omega_n t \qquad (t \geqslant 0) \tag{3–40}$$

无阻尼时二阶系统的单位阶跃响应是等幅正（余）弦振荡曲线，振荡角频率是 ω_n。

综上所述可以看到，阻尼比 ζ 对系统的影响非常大，在 ω_n 相同的情况下，阻尼比越小，超调量越大，振荡越剧烈，平稳性越差；阻尼比越大，平稳性增强，但过渡过程变慢，快速性变差。工程实践中要兼顾快速性和平稳性，当 $\zeta = 0.4$～0.8 时，响应曲线同时兼具调节时间短、平稳性好的优点。因此设计系统时，通常会选择 ζ 在这个区间。当然也会有特殊的情况存在，例如，在包含低增益、大惯性的温度控制系统中采用过阻尼系统，在指示仪表和记录仪表系统中，不允许出现超调，又希望过渡过程较快完成，这时会选用临界阻尼系统。

3.3.4　欠阻尼二阶系统单位阶跃响应的性能指标

当 $\zeta = 0.4$～0.8 时，系统兼具良好的快速性和平稳性，而此区间正是属于欠阻尼状态，因此，我们以欠阻尼二阶系统为例计算各项动态性能指标。

（1）上升时间 t_r。根据定义，当 $t = t_r$ 时有，

$$y(t_r) = 1$$

由式（3–38）得

$$y(t_r) = 1 - \frac{1}{\sqrt{1-\zeta^2}} \mathrm{e}^{-\zeta\omega_n t_r} \sin(\omega_d t_r + \theta) = 1$$

$$\frac{1}{\sqrt{1-\zeta^2}} \mathrm{e}^{-\zeta\omega_n t_r} \sin(\omega_d t_r + \theta) = 0$$

因为 $\frac{\mathrm{e}^{-\zeta\omega_n t_r}}{\sqrt{1-\zeta^2}} \neq 0$，所以 $\sin(\omega_d t_r + \theta) = 0$，由此得出

$$\omega_d t_r + \theta = \pi$$

$$t_r = \frac{\pi - \theta}{\omega_d} \tag{3–41}$$

（2）峰值时间 t_p。根据定义，$y(t)$ 对时间求导并令其为零，可得峰值时间，即

$$\dot{y}(t_p) = 0$$

$$\zeta\omega_n \mathrm{e}^{-\zeta\omega_n t_p} \sin(\omega_d t_p + \beta) - \omega_d \mathrm{e}^{-\zeta\omega_n t_p} \cos(\omega_d t_p + \beta) = 0$$

进一步简化得

$$\zeta\sin(\omega_{\rm d}t_{\rm p}+\beta)-\sqrt{1-\zeta^2}\cos(\omega_{\rm d}t_{\rm p}+\beta)=0$$

因为

$$\tan\beta=\frac{\sqrt{1-\zeta^2}}{\zeta}$$

所以

$$\tan(\omega_{\rm d}t_{\rm p}+\beta)=\tan\beta$$

$$\omega_{\rm d}t_{\rm p}=k\pi,k=0,1,2,\cdots$$

取 $k=1$，得峰值时间为

$$t_{\rm p}=\frac{\pi}{\omega_{\rm d}} \tag{3–42}$$

（3）超调量 $\sigma\%$。根据定义有：

$$\sigma\%=\frac{y(t_{\rm p})-y(\infty)}{y(\infty)}\times100\% \tag{3–43}$$

超调量发生在峰值时间上，因此将式（3–42）代入式（3–43），得

$$\sigma\%=y(t_{\rm p})-1=1-\frac{1}{\sqrt{1-\zeta^2}}{\rm e}^{\frac{-\zeta\pi}{\sqrt{1-\zeta^2}}}\sin(\omega_{\rm d}t_{\rm p}+\beta)-1$$

$$=\frac{1}{\sqrt{1-\zeta^2}}{\rm e}^{\frac{-\zeta\pi}{\sqrt{1-\zeta^2}}}\sin\beta\times100\%$$

因为

$$\sin\beta=\sqrt{1-\zeta^2}$$

所以

$$\sigma\%={\rm e}^{\frac{-\zeta\pi}{\sqrt{1-\zeta^2}}}\times100\% \tag{3–44}$$

（4）调节时间 $t_{\rm s}$。

正确表达调节时间 $t_{\rm s}$ 的关系式比较困难。若 $\omega_{\rm n}$ 一定，调节时间 $t_{\rm s}$ 先随阻尼比 ζ 的增大而减小，当 $\zeta=0.707$ 时，对于 5%的误差带，$t_{\rm s}$ 达到最小值，之后 $t_{\rm s}$ 随 ζ 的增大而增大。

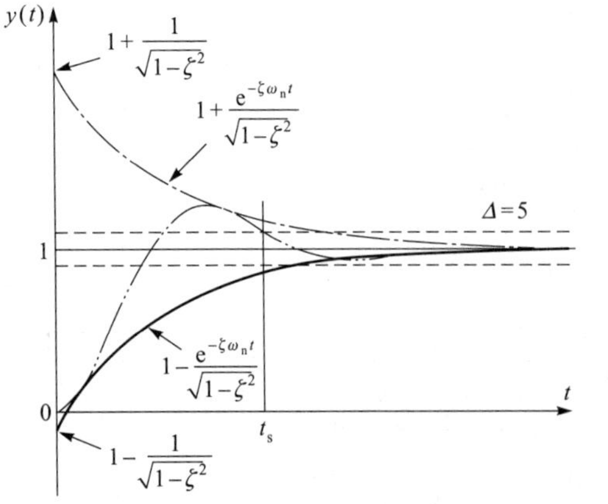

图 3–25　欠阻尼二阶系统单位阶跃响应的包络曲线

欠阻尼二阶系统单位阶跃响应曲线位于一对包络曲线（见图 3–25）内。响应曲线的包络线为

$$y(t)=1\pm\frac{{\rm e}^{-\zeta\omega_{\rm n}t}}{\sqrt{1-\zeta^2}}$$

根据定义，当 $t\geqslant t_{\rm s}$ 时

$$|y(t)-y(\infty)| \leqslant y(\infty)\times\Delta\%$$

可以认为是包络线衰减到允许误差带Δ区域内，所需的时间为

$$\frac{e^{-\zeta\omega_n t_s}}{\sqrt{1-\zeta^2}}=\Delta$$

$$t_s=\frac{1}{\zeta\omega_n}\left(\ln\frac{1}{\Delta}+\ln\frac{1}{\sqrt{1-\zeta^2}}\right)$$

当ζ较小时，$\sqrt{1-\zeta^2}\approx 1$，得到$t_s$的近似计算公式为

$$t_s\approx\begin{cases}\dfrac{4}{\zeta\omega_n}, & \Delta=2\% \\ \dfrac{3}{\zeta\omega_n}, & \Delta=5\%\end{cases} \tag{3–45}$$

（5）振荡次数 N。

根据振荡次数的定义，$N=\dfrac{t_s}{\omega_d}$，阻尼振荡周期$T_d=\dfrac{2\pi}{\omega_d}$。

当$\Delta=2\%$时，$t_s=\dfrac{4}{\zeta\omega_n}$，$N=\dfrac{2\sqrt{1-\zeta\alpha}}{\pi\zeta}$　$(\Delta=2\%)$

当$\Delta=5\%$时，$t_s=\dfrac{3}{\zeta\omega_n}$，$N=\dfrac{1.5\sqrt{1-\zeta\alpha}}{\pi\zeta}$　$(\Delta=5\%)$

如果上式计算得到的 N 为非整数时，直接取整数即可。振荡次数 N 只与ξ有关，N 与ξ的关系曲线如图 3–26 所示。

若已知$\sigma_p\%$，也可以求得振荡次数 N 与超调量$\sigma_p\%$的关系

$$\sigma_p\%=e^{\frac{-\zeta\pi}{\sqrt{1-\zeta^2}}}\times 100\%$$

$$\ln\sigma_p=-\frac{\zeta\pi}{\sqrt{1-\zeta^2}}$$

可得

$$N=\frac{-1.5}{\ln\sigma_p}(\Delta=5\%)$$

$$N=\frac{-2}{\ln\sigma_p}(\Delta=2\%)$$

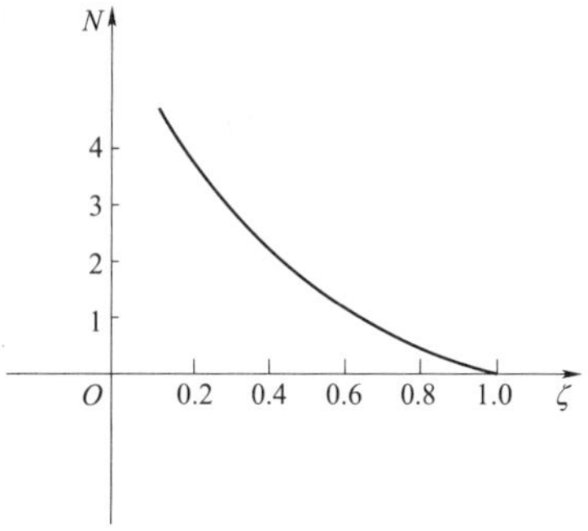

图 3–26　振荡次数 N 与阻尼比的关系曲线

例 3.2　设位置随动系统的原理图如图 3–13 所示。其开环传递函数为

$$G(s)=\frac{5k_a}{s^2+(s+34.5)}$$

当给定位置为单位阶跃时，试计算放大器增益$k_a=200$时，输出位置响应特性的通用性指标：峰值时间t_p、调节时间t_s和超调量σ。如果将放大器增益增大到$k_a=1\,500$或减小到

$k_a=13.5$，那么对响应的动态性能有何影响？

解： 由于系统属于负反馈，所以闭环传递函数为

$$G(s)=\frac{5k_a}{s^2+34.5s+5k_a} \tag{3–46}$$

将 $k_a=200$ 代入式（3–46），得

$$\Phi(s)=\frac{1\,000}{s^2+34.5\,s+1\,000}$$

与标准式

$$\Phi(s)=\frac{\omega_n^2}{s^2+2\zeta\omega_n s+\omega_n^2}$$

对照得到

$$\omega_n^2=1\,000,\omega_n=31.6\text{（rad/s）}$$

$$\zeta=\frac{34.5}{2\omega_n}=0.545$$

故峰值时间为

$$t_p=\frac{\pi}{\omega_d}=\frac{\pi}{\omega_n\sqrt{1-\zeta^2}}=0.12\text{（s）}$$

调节时间 t_s 为

$$t_s=\frac{3}{\zeta\omega_n}=0.2$$

超调量 σ 为

$$\sigma=\frac{y(t_p)-y(\infty)}{y(\infty)}=e^{\frac{-\zeta\pi}{\sqrt{1-\zeta^2}}}=0.13=13\%$$

如果 k_a 增大到 1 500，同样可以算出

$$\omega_n=86.2\text{（rad/s）}$$

$$\zeta=0.2$$

则

$$t_p=0.037\text{（s）}$$

$$t_s=0.2\text{（s）}$$

$$\sigma=52.7\%$$

可见，k_a 增大，会使阻尼比 ζ 减小而 ω_n 增大，峰值时间提前，超调量加大，调节时间无多大变化。

当 k_a 减小到 13.5 时

$$\zeta=2.1,\qquad \omega_n=8.22\text{（rad/s）}$$

系统成为过阻尼二阶系统，峰值和超调量不存在，而调节时间 t_s 可以用前面叙述的等效为时间常数 T_1 的一阶系统来计算，可算得

$$t_s=3T_1=1.46\text{（s）}$$

很明显，调节时间比上面两种情况大得多，虽然响应无超调，但过渡过程过于缓慢，这也是不希望的。

3.3.5　二阶系统的单位斜坡响应

1. 欠阻尼 ($0<\zeta<1$) 时的单位斜坡响应

当输入信号为单位斜坡信号时

$$R(s)=\frac{1}{s^2}$$

于是

$$Y(s)=\frac{\omega_n^2}{s^2+2\zeta\omega_n s+\omega_n^2}\cdot\frac{1}{s^2}$$

将上式展开成部分分式，然后进行拉氏反变换，得

$$Y(s)=\frac{1}{s^2}-\frac{\dfrac{2\zeta}{\omega_n}}{s}+\frac{\dfrac{2\zeta}{\omega_n}(s+\zeta\omega_n)+(2\zeta^2-1)}{s^2+2\zeta\omega_n s+\omega_n^2}$$

$$\begin{aligned}y(t)&=t-\frac{2\zeta}{\omega_n}+e^{-\zeta\omega_n t}\left(\frac{2\zeta}{\omega_n}\cos\omega_d t+\frac{2\zeta^2-1}{\omega_n\sqrt{1-\zeta^2}}\sin\omega_d t\right)\\&=t-\frac{2\zeta}{\omega_n}+\frac{e^{-\zeta\omega_n t}}{\omega_d}\sin(\omega_d t+\phi)\end{aligned}$$

式中，$\phi=2\arctan\dfrac{\sqrt{1-\zeta^2}}{\zeta}=2\beta$。

由上式可以看出，系统的单位斜坡响应由两部分组成，一部分是稳态分量，即

$$y_{ss}=t-\frac{2\zeta}{\omega_n}$$

另一部分为瞬态分量，即

$$y_t(t)=\frac{e^{-\zeta\omega_n t}}{\omega_n\sqrt{1-\zeta^2}}\sin(\omega_d t+\phi)$$

由于系统的误差为

$$e(t)=r(t)-y(t)$$

而

$$r(t)=t$$

所以

$$e(t)=t-y(t)=\frac{2\zeta}{\omega_n}-\frac{e^{-\zeta\omega_n t}}{\omega_n\sqrt{1-\zeta^2}}\sin(\omega_d t+\phi)$$

当 $t\to\infty$ 时，瞬态分量衰减到零，则稳态误差为

$$e_{ss}=\lim_{t\to\infty}e(t)=\frac{2\zeta}{\omega_n}$$

2. 临界阻尼 ($\zeta = 1$) 时的单位斜坡响应

$$Y(s)=\frac{1}{s^2}-\frac{\frac{2}{\omega_n}}{s}+\frac{1}{(s+\omega_n)^2}+\frac{\frac{2}{\omega_n}}{s+\omega_n}$$

$$y(t)=t-\frac{2}{\omega_n}+\frac{2}{\omega_n}\left(1+\frac{\omega_n}{2}t\right)e^{-\omega_n t}\quad (t\geqslant 0)$$

3. 过阻尼 ($\zeta > 1$) 时的单位斜坡响应

$$y(t)=t-\frac{2\zeta}{\omega_n}-\frac{2\zeta^2-1-2\zeta\sqrt{\zeta^2-1}}{2\omega_n\sqrt{\zeta^2-1}}e^{-\left(\zeta+\sqrt{\zeta^2-1}\right)\omega_n t}+\frac{2\zeta^2-1+2\zeta\sqrt{\zeta^2-1}}{2\omega_n\sqrt{\zeta^2-1}}e^{-\left(\zeta-\sqrt{\zeta^2-1}\right)\omega_n t}\quad (t\geqslant 0)$$

由图 3–27 曲线可见，稳态输出是一个与输入相同斜率的斜坡函数，但在位置上有一个常值误差，其值为 $\frac{2\zeta}{\omega_n}$。此误差只能通过改变系统参数来减小，但不能消除。

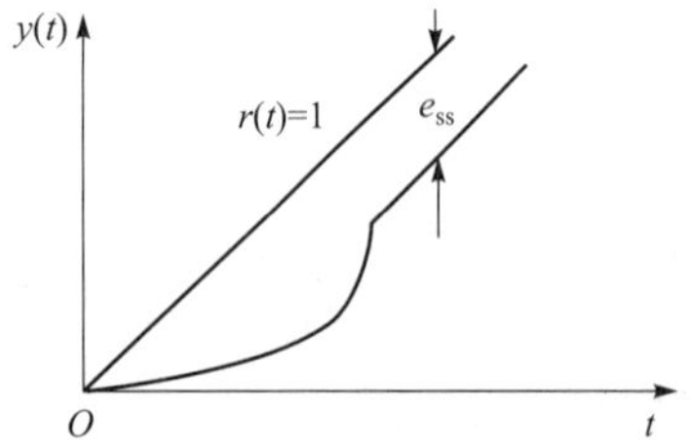

图 3–27　二阶系统单位斜坡响应曲线

减小二阶系统中单位斜坡响应下的稳态误差，可以增大自然频率 ω_n 和减小阻尼比 ζ。显然，这对系统响应的平稳性不利。因此，单靠改变参数无法解决上述矛盾。在系统设计时，一般可先根据稳态精度要求确定系统参数，然后再引入一些附加控制信号，来改善系统的等效阻尼，以满足动态特性的要求。

3.3.6　改善二阶系统响应特性的措施

通过对二阶系统欠阻尼性能指标的分析可知，系统的平稳性与快速性对系统结构和参数的要求通常是矛盾的，若要求系统平稳性好，即要求 $\sigma_p\%$ 小，则阻尼比 ζ 需要增加，开环增益 K 必须减小；同时若要求系统快速性好，则要求增加 ω_n，此时开环增益 K 又必须增加。因此，在进行系统设计时就要进行性能指标之间的折中，但若仅靠改变系统原有参数难于满足系统性能要求时，在系统结构上采取一些措施，或引入附加装置，能够改善系统的动态性能。下面介绍两种常用的改善二阶系统动态响应的方法。

在介绍这两种方法之前，首先分析一下二阶系统单位阶跃响应的波形图，如图 3–28 所示。图 3–28（a）为阶跃响应曲线 $y(t)$，图 3–28（b）为误差响应曲线 $e(t)$，图 3–28（c）为误差响应的导数 $\dot{e}(t)$，图 3–28（d）为阶跃响应的导数 $\dot{y}(t)$。由曲线图 3–28（a）可知，单位阶跃响应有较大的超调量，动态过程有强烈振荡，平稳性差。这主要是由于在 $[0,\ t_1]$ 的时间内的正向修正力矩过大，在 $[t_1,\ t_2]$ 时间内的反向制动力矩过小造成的。为此，可以在 $[0,\ t_1]$ 时间内，附加一个与原控制信号 $e(t)$ 相反的信号；而在 $[t_1,\ t_2]$ 时间内，附加一个与 $e(t)$ 相同的信号。在 $[t_2,\ t_3]$ 时间内，应减小电机的反向制动力矩，附加一个正的信号。在 $[t_3,\ t_4]$ 时间内，应加大电机的正向修正力矩。因此，在 $[t_3,\ t_4]$ 范围内附加一个正的信号。采用 $\dot{e}(t)$ 和 $\dot{y}(t)$ 的极性，正好能起到这种附加信号的作用。这就是所谓误差信号的比例–微分控制和输出量的速度反馈控制。

1. 误差信号的比例–微分控制

图 3–29为一个具有比例–微分控制的结构图。由图可知，该系统输出量同时受误差信号和误差信号微分的双重控制。T_{d} 表示微分时间常数，此时系统的开环传递函数为

$$G(s)=\frac{Y(s)}{E(s)}=\frac{\omega_{\mathrm{n}}^2(1+T_{\mathrm{d}}s)}{s(s+2\zeta\omega_{\mathrm{n}})}$$

闭环传递函数为

$$\Phi(s)=\frac{Y(s)}{R(s)}=\frac{\omega_{\mathrm{n}}^2(1+T_{\mathrm{d}}s)}{s^2+(2\zeta\omega_{\mathrm{n}}+T_{\mathrm{d}}\omega_{\mathrm{n}}^2)s+\omega_{\mathrm{n}}^2}$$

特征方程的s一次方项的系数为$(2\zeta\omega_{\mathrm{n}}+T_{\mathrm{d}}\omega_{\mathrm{n}}^2)$，等效阻尼比为

$$\zeta_{\mathrm{d}}=\zeta+\frac{1}{2}T_{\mathrm{d}}\omega_{\mathrm{n}}$$

由于引入了比例–微分控制，使系统的等效阻尼比加大了($\zeta_{\mathrm{d}}>\zeta$)，从而抑制了振荡，使超调减弱，改善了系统的平稳性。ζ 和 ω_{n} 决定了开环增益，适当选择开环增益和微分时间常数 T_{d}，使系统既具有较高的稳态精度，又有良好的平稳性，解决了稳态精度和动态性能之间的矛盾。

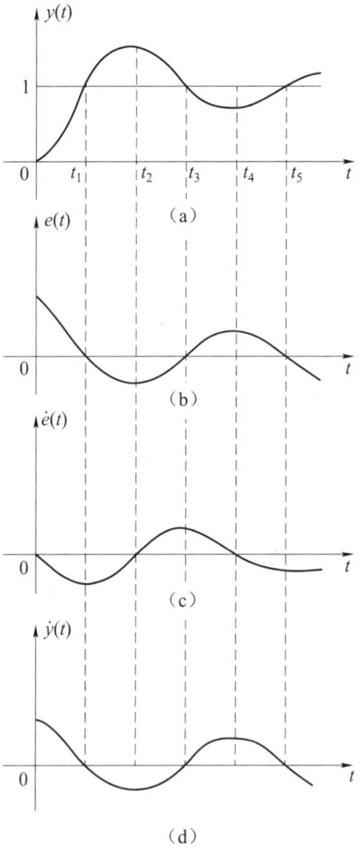

图 3–28　二阶系统动态曲线图

(a) 阶跃响应曲线 $y(t)$；(b) 误差响应曲线 $e(t)$；(c) 误差响应的导数 $\dot{e}(t)$；(d) 阶跃响应的导数 $\dot{y}(t)$

微分控制的引入，不会使系统斜坡响应的稳态误差加大。另外，由闭环传递函数式可见，引入误差信号的微分控制，系统闭环传递函数会出现零点。闭环零点的存在，将会使系统的响应速度加快，使阻尼作用减弱。因此，适当选择微分时间常数 T_{d} 是很重要的。T_{d} 大一些，使系统具有过阻尼，则零点的作用将在响应不出现超调的情况下，大大提高系统的快速性。

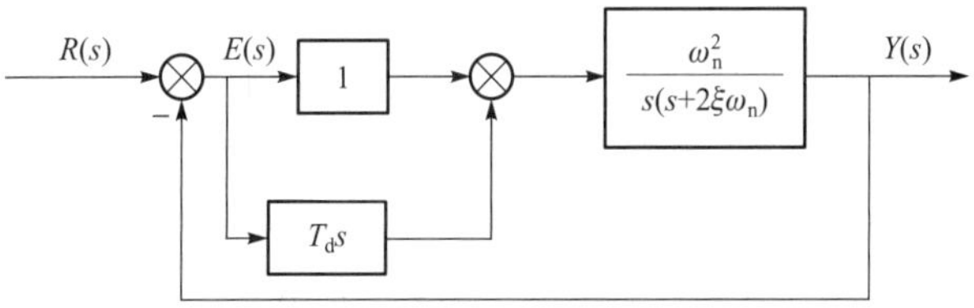

图 3–29　比例–微分控制的二阶系统

比例–微分控制可近似用 RC 网络实现。图 3–30 所示的 RC 网络，其传递函数为

$$\frac{U_{\mathrm{c}}(s)}{U_{\mathrm{r}}(s)}=\frac{a(T_{\mathrm{d}}s+1)}{aT_{\mathrm{d}}s+1} \tag{3–47}$$

式中，$a=\dfrac{R_2}{R_1+R_2}<1$；$T_{\mathrm{d}}=R_1C$。

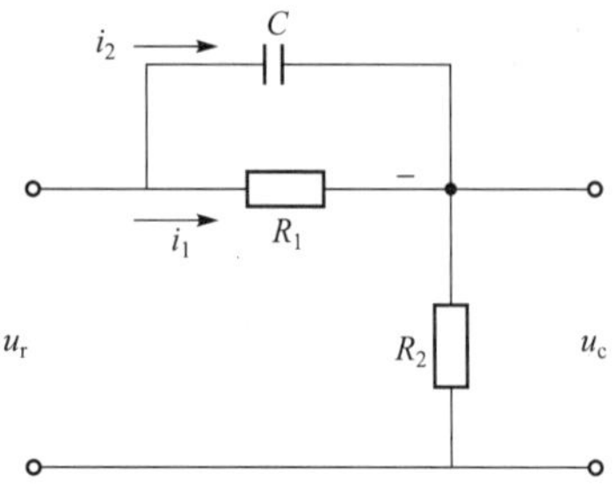

图 3–30　*RC* 网络

由于 $a \ll 1$，所以 $aT_d \ll T_d$，因此

$$\frac{U_c(s)}{U_r(s)} \approx a(T_d s + 1)$$

比例–微分控制亦可由模拟运算线路来实现。

2. 输出量的速度反馈控制

将输出量的速度信号 $\dot{y}(t)$ 采用负反馈形式，反馈到输入端并与误差信号 $e(t)$相叠加，构成一个内回路，称为速度反馈控制，其结构如图 3–31 所示。速度反馈同样可以加大阻尼，改善动态性能。如果输出量是机械角位移，则可采用测速发电机将机械量转换成正比于输出速度的电信号，从而获得速度反馈。图 3–31 是采用测速发电机反馈的二阶系统。测速发电机的传递函数用 $k_{cf}s$ 表示。k_{cf} 为测速发电机的输出斜率。由图 3–31 写出系统闭环传递函数为

$$\frac{Y(s)}{R(s)} = \frac{\omega_n^2}{s^2 + (2\zeta\omega_n + k_{cf}\omega_n^2)s + \omega_n^2} \tag{3–48}$$

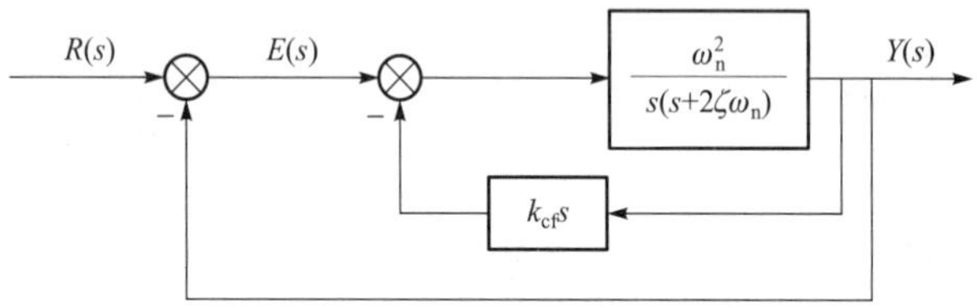

图 3–31　速度反馈控制的二阶系统

特征方程的 s 一次项系数为

$$2\zeta\omega_n + k_{cf}\omega_n^2$$

等效阻尼比为

$$\zeta_d = \zeta + \frac{1}{2}k_{cf}\omega_n$$

由于$(\zeta_d > \zeta)$，故使系统的等效阻尼加大，振荡和超调量减小，改善了系统的平稳性。

速度反馈和比例–微分控制的区别在于：速度反馈控制的闭环传递函数没有零点。因此，其输出的响应的平稳性优于比例–微分控制。但是系统在跟踪斜坡输入时的稳态误差会加大。由于速度反馈是使原来的误差信号 $e(t)$减去反馈量之后，再加到系统的执行机构，为了保持执行机构的跟踪速度（其所接收的控制信号大小应不变），原来的误差信号就必须加大，所以速度反馈控制会降低系统斜坡输入下的稳态精度。因此，同样要求合理选择 k_{cf}。速度反馈控制可采用测速发电机、速度传感器、*RC* 运算网络与位置传感器的组合等部件来实现。

3. 比例–微分控制和速度反馈控制的比较

从实现的角度来看，比例–微分控制的线路结构比较简单、成本低，而速度反馈控制部件较昂贵。从抗干扰能力来说，比例–微分控制抗干扰能力差，系统输入端噪声容易造成信号的

严重失真，甚至堵塞有用信号；而速度反馈信号引自经过具有较大惯量的电动机滤波后的输出，噪声成分很弱，所以抗干扰能力强。从控制性能比较，两者均能改善系统的平稳性，但是在相同的阻尼比 ζ 和自然频率 ω_n 下，采用速度反馈会使系统在斜坡作用下的稳态误差加大，这是不足之处。然而它却能使回路中被包围部件的非线性特性、参数漂移等不利影响大大削弱。因此，速度反馈控制在系统中得到了广泛的应用。

3.4　高阶系统的时间响应概述

高于二阶的系统统称为高阶系统。数字仿真是分析高阶系统时间响应最有效的方法。高阶系统的时间响应分为稳态分量和瞬态分量两部分。下面对高阶系统时间响应进行简单的分析。设系统的闭环传递函数为：

$$\Phi(s)=\frac{B(s)}{A(s)}=\frac{k\prod_{j=1}^{m}(s-z_j)}{\prod_{i=1}^{n}(s-p_i)}$$

系统的单位阶跃响应为

$$Y(s)=\Phi(s)\cdot R(s)=\Phi(s)\cdot\frac{1}{s}$$

设 $Y(s)=\Phi(s)\frac{1}{s}$ 无重极点，则有

$$Y(s)=\frac{A_0}{s}+\sum_{i=1}^{n}\frac{A_i}{s-p_i}$$

式中，$A_0=s\cdot Y(s)\big|_{s=0}$；$A_i=(s-p_i)\cdot Y(s)\big|_{s=p_i}$。

设 p_1 和 p_2 是距离虚轴最近且附近无闭环零点的一对共轭复数极点，则有

$$y(t)=A_0+A_1\mathrm{e}^{p_1t}+A_2\mathrm{e}^{p_2t}+\sum_{i=3}^{n}A_i\mathrm{e}^{p_it}$$

这表明稳态分量的形式由输入信号拉氏变换式的极点决定，它与输入信号的形式相同或相似。瞬态分量是系统的自由运动模态，其形式由传递函数极点决定。也就是模态 A_0 对应输入信号的极点 $p_0=0$；模态 $A_i\mathrm{e}^{p_it}$ 对应系统的极点 $p_i=\sigma_i+\mathrm{j}\omega_i$。各模态对系统的输出都有贡献，各自对应的时间函数为

$$y_0(t)=A_0 1(t),\quad y_i(t)=A_i\mathrm{e}^{p_it}=A_i\mathrm{e}^{\sigma_it}\mathrm{e}^{\mathrm{j}\omega_it},\quad i=1,2,\cdots,n$$

根据系统极点与系统特性间的关系，闭环极点 p_i 对 $y(t)$ 的作用分别如下。

（1）$\sigma_i>0$ 时，$y_i(t)$ 的幅值 $|A_i|\mathrm{e}^{\sigma_it}$ 随时间增加而增大，必然使系统输出 $y(t)$ 在时间足够大后，幅值随时间增加而增大，系统不稳定。

（2）$\sigma_i<0$ 时，$y_i(t)$ 的幅值 $|A_i|\mathrm{e}^{\sigma_it}$ 随时间增加而减小，趋于零；若所有的 $\sigma_i<0$，$i=1,2,\cdots,n$，则 $y(t)$ 的暂态部分趋于零。

（3）$\sigma_i<0$ 且 $\omega_i\neq0$，即 p_i 是系统的一个复数极点时，它的共轭复数也是系统的极点，

且模态的系数也是共轭复数。一对共轭模态是衰减的三角函数。只要有共轭模态，则 $y(t)$ 就会有衰减振荡。若所有的 $\omega_i=0$，$i=1,2,\cdots,n$，则 $y(t)$ 就不会出现振荡，不可能有超调。

一般来说，$|\sigma_i|$ 越大(离虚轴越远)，$|A_i|$ 越小，$y_i(t)$ 对 $y(t)$ 的贡献较小且衰减较快。对系统阶跃响应起主要作用的是离虚轴较近的一些极点。忽略作用较小的模态，高阶系统就可以用较低阶次的系统近似。

3.5 稳定性和代数判据

一个控制系统，受到外界或内部扰动（如负载、能源的波动、系统参数的变化、环境条件的改变等），就会偏离原来的平衡状态。当扰动消失后，系统能否恢复到原来状态，恢复程度如何？这就是系统的稳定性问题。

稳定性是系统的重要性能，是系统正常工作的首要条件。如果系统不稳定，就会在任何微小的扰动作用下偏离原来的平衡状态，并随时间的推移而发散。因此，分析系统的稳定性，提出保证系统稳定的条件，是设计控制系统的基本任务之一。

3.5.1 稳定性的概念

对于一个控制系统，当所有的输入信号为零，而系统输出信号保持不变的位置称为平衡位置。该位置的稳定性取决于输入信号为零时，系统在非零初始条件作用下是否能自行返回到该位置。

如果控制系统受到外部或内部扰动，偏离了原来平衡状态，当扰动消失后，又能恢复到平衡状态，则称此系统为稳定的。反之，系统是不稳定的。

3.5.2 系统稳定的必要条件和充分条件

设线性定常系统的数学模型为

$$\begin{aligned}&a_n\frac{\mathrm{d}^n}{\mathrm{d}t^n}y(t)+a_{n-1}\frac{\mathrm{d}^{n-1}}{\mathrm{d}t^{n-1}}y(t)+\cdots+a_1\frac{\mathrm{d}}{\mathrm{d}t}y(t)+a_0y(t)\\&=b_m\frac{\mathrm{d}^m}{\mathrm{d}t^m}y(t)+b_{m-1}\frac{\mathrm{d}^{m-1}}{\mathrm{d}t^{m-1}}y(t)+\cdots+b_1\frac{\mathrm{d}}{\mathrm{d}t}y(t)+b_0y(t)\end{aligned}\tag{3–49}$$

对式（3–49）进行拉氏变换得

$$\begin{aligned}&(a_ns^n+a_{n-1}s^{n-1}+\cdots+a_1s+a_0)Y(s)\\&=(b_ms^m+b_{m-1}s^{m-1}+\cdots+b_1s+b_0)X(s)+M_0(s)\end{aligned}$$

简写成

$$D(s)Y(s)=M(s)X(s)+M_0(s)\tag{3–50}$$

式中，$D(s)=a_ns^n+a_{n-1}s^{n-1}+\cdots+a_1s+a_0$，是系统闭环特征式，也称为输出端算子式；

$M(s)=b_ms^m+b_{m-1}s^{m-1}+\cdots+b_1s+b_0$，称为输入端算子式。$X(s)$为输入，$Y(s)$为输出。$M_0(s)$ 是与系统的初始状态有关的多项式。则输出 $Y(s)$可写成

$$Y(s)=\frac{M(s)}{D(s)}\cdot X(s)+\frac{M_0(s)}{D(s)}\tag{3–51}$$

假定特征方程 $D(s)=0$，具有 n 个互异特征根 $s_i(i=1,2,3,\cdots,n)$，则

$$D(s)=a_n\prod_{i=1}^{n}(s-s_i)$$

输入 $X(s)$具有 2 个互异极点 $s_i(i=1,2,3,\cdots,n)$。那么式（3–51）可以展成如下部分分式

$$Y(s)=\sum_{i=1}^{n}\frac{A_{i0}}{s-s_i}+\sum_{j=1}^{2}\frac{B_j}{s-s_j}+\sum_{i=1}^{n}\frac{C_i}{s-s_i} \tag{3–52}$$

式中，A_{i0},B_j,C_i 均为待定常数。

将式（3–52）进行拉氏反变换，得

$$y(t)=\sum_{i=1}^{n}A_{i0}\mathrm{e}^{s_it}+\sum_{j=1}^{2}B_j\mathrm{e}^{s_jt}+\sum_{i=1}^{n}C_i\mathrm{e}^{s_it} \tag{3–53}$$

式（3–53）中，第二项为稳态分量，即微分方程的特解，其运动规律取决于输入信号的作用。第一、三项为瞬态分量，即微分方程的通解，这部分运动规律取决于 s_i，即由系统的结构参数确定。系统去掉扰动后的恢复能力应由瞬态分量决定。因此，系统要稳定，只需式（3–53）中的瞬态分量随时间 t 的推移趋近于零即可。

因此稳定性的数学定义为

$$\lim_{t\to\infty}\sum_{i=1}^{n}(A_{i0}+C_i)\mathrm{e}^{s_it}=0$$

或

$$\lim_{t\to\infty}\sum_{i=1}^{n}A_i\mathrm{e}^{s_it}=0 \tag{3–54}$$

式中，$A_i=A_{i0}+C_i$。式（3–54）中必须各子项都趋近于零，才能成立。式中 A_i 为常量，系统的稳定性仅取决于特征根 s_i 的性质。并可得出，稳定的充分必要条件为系统特征方程的所有根都具有负实部。或者说，根都位于 s 平面的左半平面。

下面具体分析特征根 s_i 的性质对系统稳定性的影响。

当 s_i 为实根，即 $s_i=\sigma_i$ 时，则有

$$\left.\begin{aligned}&\sigma_i<0,\ \lim_{t\to\infty}A_i\mathrm{e}^{s_it}=0\\&\sigma_i=0,\ \lim_{t\to\infty}A_i\mathrm{e}^{s_it}=A_i\\&\sigma_i>0,\ \lim_{t\to\infty}A_i\mathrm{e}^{s_it}=\infty\end{aligned}\right\} \tag{3–55}$$

相应的曲线如图 3–32 所示。

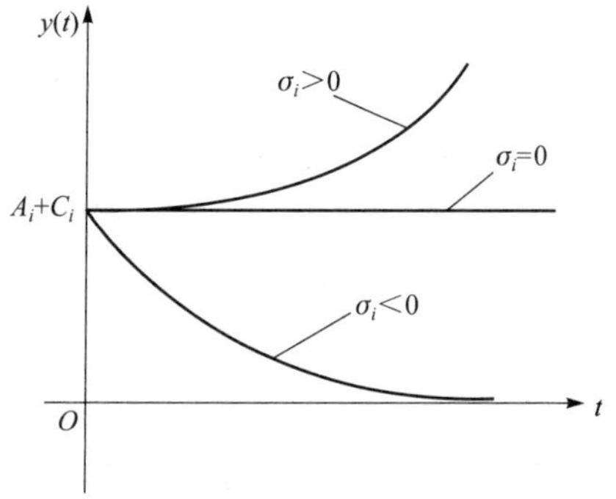

图 3–32　σ_i 对系统输出影响的曲线

可以看出，只有系统的所有实根都为负值，系统才稳定。只要有一个特征根为正实根，瞬态分量就发散，系统就不稳定。当系统有零根时，系统处于随遇平衡状态，瞬态分量平衡到 A_i 值而不能趋于零，这属于临界稳定状态。

当 s_i 为共轭复根，即 $s_i=\sigma_i\pm\mathrm{j}\omega_i$ 时，式（3–54）中相应的分量可写成

$$A_i\mathrm{e}^{(\sigma_i+\mathrm{j}\omega_i)t}+A_{i+1}\mathrm{e}^{(\sigma_i-\mathrm{j}\omega_i)t}$$

或写成

$$A\bullet\mathrm{e}^{\sigma_it}\sin(\omega_it+\Phi_i) \tag{3–56}$$

若复根实部 $\sigma_i < 0$，则

$$\lim A \bullet e^{\sigma_i t} \sin(\omega_i t + \Phi_i) = 0$$

当复根实部为零，即特征方程具有纯虚根时，瞬态分量为等幅振荡，称此系统为临界稳定。由于系统存在参数的变化和扰动，实际上等幅振荡不能维持，系统总会由于某些因素导致不稳定。从工程实际看，临界稳定属于不稳定系统。

当 $\sigma_i = 0$ 时，则

$$A \bullet e^{\sigma_i t} \sin(\omega_i t + \Phi_i) = A \bullet \sin(\omega_i t + \Phi_i)$$

当 $\sigma_i > 0$ 时，$A_i \bullet e^{\sigma_i t} \sin(\omega_i t + \Phi_i)$ 呈发散振荡状态，系统不稳定。

所以，系统特征方程有共轭复根时，必须所有复根的实部均为负值，系统才是稳定的。相应的曲线如图 3–33 所示。

总之，判别系统是否稳定，可归结为判别系统特征根实部的符号：

（1）$\mathrm{Re}\{s_i\} < 0$，稳定。

（2）$\mathrm{Re}\{s_i\} > 0$，不稳定。

（3）$\mathrm{Re}\{s_i\} = 0$，临界稳定，工程上属于不稳定。

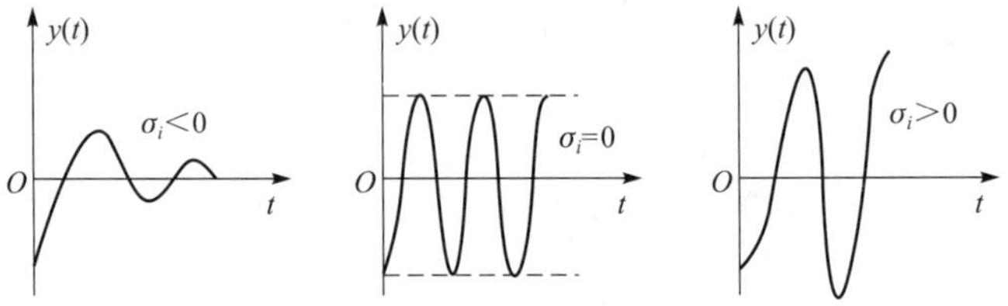

图 3–33　复根时系统输出响应曲线

3.5.3 劳斯（Routh）判据

根据系统稳定的充分必要条件来判别系统的稳定性，首先要知道系统特征根实部的符号。如能解出全部特征根，则立即可以判断系统是否稳定。但对于高阶系统，求根的工作量相当大。

对于高阶系统，可以采用劳斯判据判别系统的稳定性。这时可将特征方程的系数排列成劳斯表，然后进行逐行计算。

若系统的特征方程为

$$a_n s^n + a_{n-1} s^{n-1} + \cdots + a_1 s + a_0 = 0$$

式中，$a_i > 0$。则劳斯表中各项系数见表 3–1 所列。

系统稳定的充分必要条件是：劳斯表中第一列所有元素均大于零。如果第一列中出现小于零的元素，系统就不稳定。并且该列中数值符号改变的次数等于系统特征方程中正实部根的数目。

关于劳斯判据有以下几点说明：

（1）如果第一列中出现一个小于零的值，系统就不稳定；

（2）如果第一列中有等于零的值，说明系统处于临界稳定状态；

（3）第一列中数据符号改变的次数等于系统特征方程正实部根的数目，即系统中不稳定

根的个数。

表 3–1　劳　斯　表

s^n	a_n	a_{n-2}	a_{n-4}	a_{n-6} ⋯
s^{n-1}	a_{n-1}	a_{n-3}	a_{n-5}	a_{n-7} ⋯
s^{n-2}	$c_{13}=\dfrac{a_{n-1}a_{n-2}-a_n a_{n-3}}{a_{n-1}}$	$c_{23}=\dfrac{a_{n-1}a_{n-4}-a_n a_{n-5}}{a_{n-1}}$	$c_{33}=\dfrac{a_{n-1}a_{n-6}-a_n a_{n-7}}{a_{n-1}}$	
s^{n-3}	$c_{14}=\dfrac{c_{13}a_{n-3}-a_{n-1}c_{23}}{c_{13}}$	$c_{24}=\dfrac{c_{13}a_{n-5}-c_{33}a_{n-1}}{c_{13}}$	⋯	
⋮	⋮	⋮	⋮	
s^2	$c_{1,n-1}$	$c_{2,n-1}$		
s	$c_{1,n}$			
s^0	$c_{1,n+1}=a_0$			

例 3.3　设某系统特征方程如下

$$s^3+41.5s^2+517s+2.3\times10^4=0$$

试用劳斯判据判别该系统的稳定性，并确定正实部根的数目。

解：将特征方程系数列成劳斯表：

s^3	1	517	0
s^2	41.5	2.3×10^4	0
s^1	–38.5		
s^0	2.3×10^4		

由于第一列计算值不满足全部为正，所以系统不稳定。由于第一列中计算值符号改变两次，所以特征方程有两个具有正实部的根。

劳斯判据有以下两种特殊情况：

（1）劳斯表某一行中的第一项等于零，而该行的其余各项不等于零或没有其余项。此时系统在 s 平面内存在两个大小相等、符号相反的实根或存在两个共轭纯虚根，系统处于不稳定或临界稳定状态。

解决的办法为：用很小的正数ε 代替零的那一项，然后据此计算出劳斯表中的其他项。若第一项零（即ε）与其上项或下项的符号相反，计作一次符号变化。

例 3.4　已知某系统特征方程为$s^4+2s^3+s^2+2s+1=0$，试用劳斯判据判别系统的稳定性。

解：将特征方程系数列成劳斯表：

s^4	1	1	1
s^3	2	2	0
s^2	$0(\varepsilon)$	1	0
s^1	$\dfrac{2\varepsilon-2}{\varepsilon}$	0	0
s^0	1	0	0

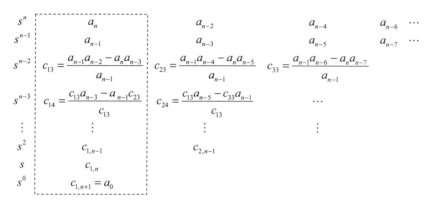

令$\varepsilon \to 0^+$，则$\dfrac{2\varepsilon-2}{\varepsilon} \to -\infty$，故第一列元素不全为正，系统不稳定，且第一列元素的符号变化两次，所以 s 右半平面有两个极点。

（2）劳斯表某行所有元素全为零的情况。表明特征方程中存在一对大小相等、符号相反的实根，或一对纯虚根，或对称于 s 平面原点的共轭复根。系统处于不稳定或临界稳定状态。

解决的办法：可将不为零的最后一行的系数组成辅助方程，对此辅助方程式对 s 求一次导，所得方程的系数代替全零的行。大小相等、位置径向相反的根可以通过求解辅助方程得到。辅助方程应为偶次阶数。

例 3.5 已知$D(s)=s^3+2s^2+s+2=0$，试用劳斯判据判别系统的稳定性。

解：将特征方程系数列成劳斯表：

s^3	1	1	
s^2	2	2	⇨ 辅助方程：$2s^2+2=0$
s^1	0(4)	0(0)	⇦ 辅助方程求导后的系数
s^0	2		

第一列元素都大于零，所以系统是稳定的。注意此时还要计算大小相等、位置径向相反的根再来判断稳定性。由辅助方程求得

$$2s^2+2=0$$

$$s_{1,2}=\pm \mathrm{j}$$

此时系统是临界稳定的，工程上认为是不稳定的。

例 3.6 已知$s^6+2s^5+8s^4+12s^3+20s^2+16s+16=0$，试用劳斯判据判别系统的稳定性。

解：将特征方程系数列成劳斯表：

s^6	1	8	20	16	
s^5	2	12	16	0	辅助方程：
s^4	2	12	16		⇨ $2s^4+12s^2+16=0$
s^3	0	0	0		

对辅助方程求导得

$$8s^3+24s=0$$

劳斯表可以写成

s^6	1	8	20	16
s^5	2	12	16	0
s^4	2	12	16	0
s^3	0(8)	0(24)	0	
s^2	6	16	0	
s^1	$\dfrac{8}{3}$	0		
s^0	16			

从第一列元素都大于零看，好像系统是稳定的。注意此时还要计算大小相等、位置径向相反的根再来判断稳定性。由辅助方程求得

$$(s^2+2)(s^2+4)=0$$

$$s_{1,2}=\pm j\sqrt{2}, \quad s_{3,4}=\pm j2$$

此时系统是临界稳定的，工程上认为是不稳定的。

注意：劳斯判据实际上只能判断代数方程的根是在 s 平面左平面还是在右平面。对于虚轴上的根要用辅助方程求出。

劳斯判据主要用于判断系统是否稳定和确定系统参数的允许范围。但不能给出系统稳定的程度，即不能表明特征根距离虚轴的远近。如果一个系统负实部的特征根紧靠虚轴，虽满足稳定条件，动态过程将具有过大的超调量和过于缓慢的响应，甚至会由于系统内部参数的变化，使特征根转移到 s 平面的右半部，致使系统不稳定。

为了保证系统稳定，又具有良好的动态特性，希望特征根在 s 左半平面，且与虚轴有一定的距离，通常称为稳定度。用新变量 $s_1=s+a$ 代入原系统的特征方程，即将 s 平面的虚轴左移一个常值 a，此 a 值就是要求的特征根与虚轴的距离（即稳定度）。因此，判别以 s_1 为变量的系统的稳定性，相当于判别原系统的稳定度。如果这时满足稳定条件，就说明原系统不但稳定，而且所有特征根均位于 $s=-a$ 的左侧。

例 3.7　单位负反馈系统的开环传递函数为

$$G(s)=\frac{K}{s(0.1s+1)(0.25s+1)}$$

要求系统的特征根全部位于虚轴 $s=-1$ 之左侧，即稳定度 $a=1$，试求 K 值的允许调整范围。

解：由于要求特征根全部位于轴 $s=-1$ 之左侧，所以取 $s=s_1-1$ 代入原特征方程

$$0.025s^3+0.35s^2+s+K=0$$

得

$$0.025(s_1-1)^3+0.35(s_1-1)^2+(s_1-1)+K=0$$

整理后得

$$s_1^{\,3}+11s_1^{\,2}+15s_1+(40K-27)=0$$

根据系统稳定的充分必要条件分析：

（1）$a_i>0$，则 $40K-27>0, K>0.675$。

（2）$D_i=a_1a_2-a_0a_3>0$，则 $11\times15-(40K-27)>0$

得

$$K<4.8$$

所以 K 的可调范围为

$$0.675<K<4.8$$

显然，比原系统的稳定域 $0<K<14$ 要小。

3.5.4 结构不稳定及其改进措施

如果某一系统通过调整参数无法使其稳定，该系统称为结构不稳定系统。

如图 3–34 所示为液位控制系统结构图。图中 $\frac{K_0}{s}$ 为控制对象水箱的传递函数，K_{L1} 为进水阀门的传递系数，K_p 为杠杆比，$\frac{K_m}{s(T_m s+1)}$ 为执行电动机的传递函数，H_0 为希望的液面高度，H 为实际的液面高度。由结构图可写出系统的闭环特征方程为

$$s^2(T_m s+1)+K_p K_m K_{L1} K_0=0$$

令

$$K_p K_m K_{L1} K_0=K$$

则

$$s^2(T_m s+1)+K=0$$

$$T_m s^3+s^2+K=0$$

方程系数为

$$a_3=T_m, a_2=1, a_1=0, a_0=K$$

由于 $a_1=0$，不满足系统稳定的必要条件，所以系统不稳定。调整参数 K 和 T_m 都不能使系统稳定，所以这是一个结构不稳定系统。要使系统稳定，必须改变原系统的结构。

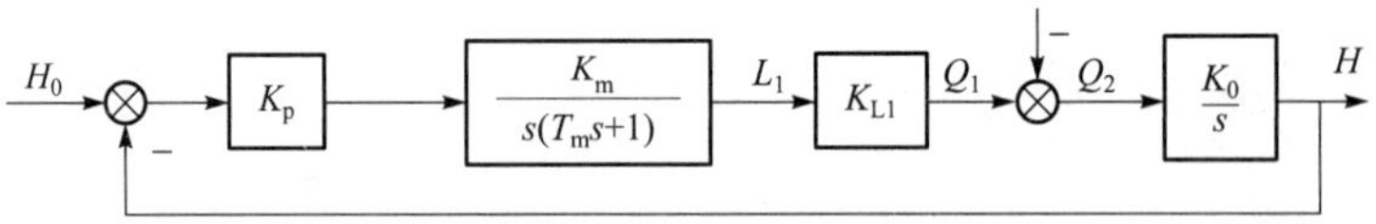

图 3–34 液位控制系统结构图

由图 3–34 看出，造成系统不稳定的原因是前向通路中有两个积分环节串联，而传递函数的分子只有增益 K，造成闭环特征方程缺项。

因此，消除结构不稳定的措施有两种：一种是改变积分性质，另一种是引入比例–微分控制，补上特征方程中的缺项。

（1）改变积分性质。

用反馈 K_H 包围积分环节，破坏其积分性质，如图 3–35 所示。积分环节被 K_H 包围后的传递函数为

$$\frac{X_2(s)}{X_1(s)}=\frac{K_0}{s+K_0 K_H}$$

成为惯性环节。除包围受控对象外，还可用反馈包围电动机的传递函数，如图 3–36 所示，此时电动机被包围后的传递函数为

$$\frac{X_2(s)}{X_1(s)}=\frac{K_m}{(T_m s+1)s+K_m K_H}$$

很显然，电动机中的积分性质也被破坏了。

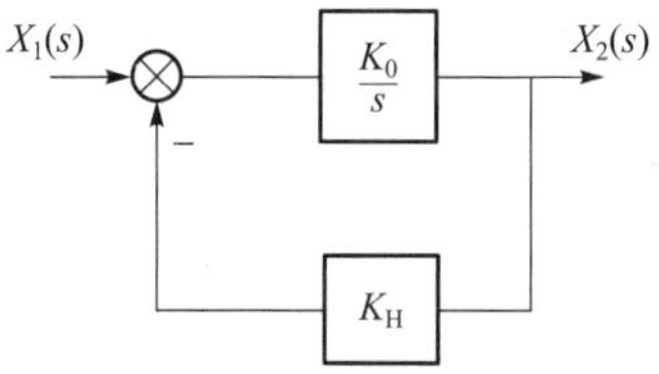

图 3–35　用反馈包围积分环节

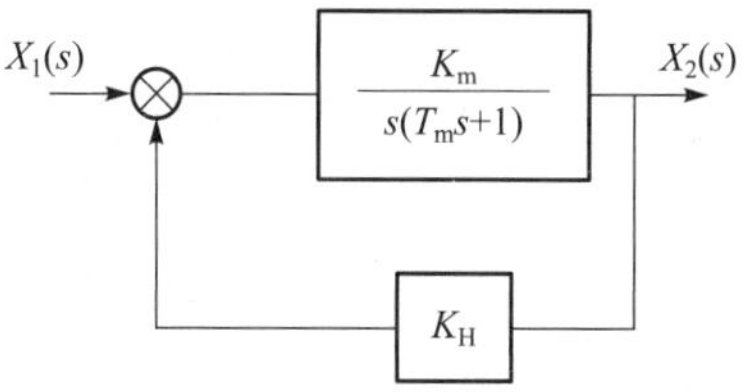

图 3–36　用反馈包围电动机的传递函数

积分性质的被破坏改善了系统的稳定性，但会使系统的稳态精度下降，因此常采用第二种方法。

（2）引入比例–微分控制。

在原系统的前向通路中引入比例–微分控制，如图 3–37 所示，其闭环传递函数为

$$\Phi(s)=\frac{H(s)}{H_0(s)}=\frac{K(\tau s+1)}{s^2(T_m s+1)+K(\tau s+1)}$$

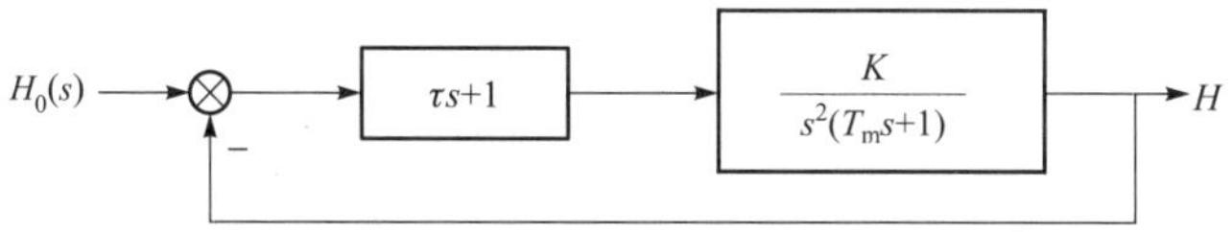

图 3–37　引入比例–微分环节的系统

闭环特征方程为

$$T_m s^3+s^2+K\tau s+K=0$$

其各项系数为

$$a_3=T_m, a_2=1, a_1=K\tau, a_0=K$$

使系统稳定的充分必要条件：

（1）$a_i>0$，则 T_m, K, τ 均大于零；

（2）$D_i=a_1a_2-a_0a_3=K\tau-KT_m>0$，得 $\tau>T_m$。

可见，引入比例–微分环节后，只要参数合适，满足上述条件，系统就稳定。

3.6　稳态误差及误差系数

控制系统中的稳态误差是系统控制精度的一种度量。系统的稳态误差与系统本身的结构参数以及外作用的形式密切相关。以下主要寻求计算误差的方法和探讨误差的规律性。

3.6.1　稳态误差的定义

控制系统中的希望值与实际值之差定义为系统的误差，用 $e(t)$表示，即

$$e(t) = 希望值–实际值 \tag{3–57}$$

对于图 3–38 所示的典型结构，其误差的定义有以下两种。

（1）
$$e(t)=r(t)-y(t) \tag{3–58}$$

式中，$r(t)$为希望值（即输入信号）；$y(t)$为实际值（即输出量）。

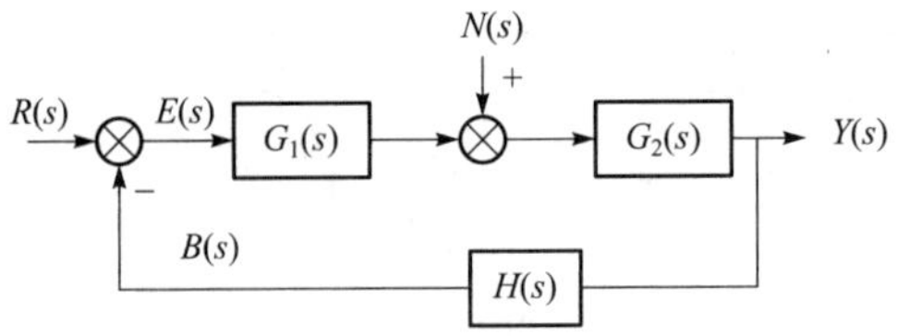

图 3–38　控制系统典型结构

（2）
$$e(t) = r(t) - b(t) \tag{3–59}$$

图 3–38 中，$H(s)$为测量装置的传递函数。当 $H(s) = 1$ 时，即为单位反馈，则上述两种误差定义一致，均为

$$e(t) = r(t) - y(t)$$

$e(t)$通常称为系统的误差响应。求解误差响应 $e(t)$与求解系统输出一样，对于高阶系统是相当困难的。而实际需要的是系统平稳下来后的稳态误差。稳态误差是衡量系统最终控制精度的重要性能指标。

稳态误差定义：稳定系统误差的最终值称为稳态误差。当$t \to \infty$时，$e(t)$的极限存在，则稳态误差为

$$e_{ss} = \lim_{t \to \infty} e(t) \tag{3–60}$$

用拉普拉斯变换的终值定理计算稳态误差e_{ss}，比求解系统的误差响应 $e(t)$要简单得多。

对于随动系统，主要考虑其跟随性能，即要求系统输出能准确跟踪输入，所以更关注给定信号作用下的误差变化，而扰动作用产生的误差放在次要位置。对于恒值系统，主要考虑其抗干扰能力，因此更关注扰动信号误差。

3.6.2　稳态误差计算

根据拉普拉斯终值定理，稳态误差的计算式为

$$e_{ss} = \lim_{t \to \infty} e(t) = \lim_{e \to 0} sE(s) \tag{3–61}$$

其应用条件为 $e(t)$的拉氏变换 $E(s)$在 s 平面的右半平面及虚轴上（原点除外）解析，即没有极点，亦即系统是稳定的。

由式（3–61）求稳态误差e_{ss}，实质上就是求误差 $e(t)$的拉氏变换 $E(s)$。由图 3–38 所示系统，求在输入信号和干扰同时作用下误差的拉氏变换式 $E(s)$，根据定义得

$$E(s) = R(s) - B(s) \tag{3–62}$$

式中，反馈量 $B(s)$的表达式为

$$B(s) = \varPhi_{BR}(s) \cdot R(s) + \varPhi_{BN}(s) \cdot N(s) \tag{3–63}$$

式中，$\varPhi_{BR}(s)$为反馈量 $B(s)$对输入量 $R(s)$的闭环传递函数；$\varPhi_{BN}(s)$为反馈量 $B(s)$对干扰量 $N(s)$的闭环传递函数。

将式（3–63）代入式（3–62）中，得

$$\begin{aligned} E(s) &= R(s) - \varPhi_{BR}(s) \cdot R(s) - \varPhi_{BN}(s) \cdot N(s) \\ &= [1 - \varPhi_{BR}(s)]R(s) - \varPhi_{BN}(s) \cdot N(s) \end{aligned} \tag{6–64}$$

由图 3–38 可分别求出

$$1-\Phi_{BR}(s)=1-\frac{G_1(s)G_2(s)H(s)}{1+G_1(s)G_2(s)H(s)}=\frac{1}{1+G_1(s)G_2(s)H(s)}=\Phi_{ER}(s) \tag{3–65}$$

式中，$\Phi_{ER}(s)$ 为系统对输入信号的误差传递函数。

$$\Phi_{BN}(s)=\frac{G_2(s)H(s)}{1+G_1(s)G_2(s)H(s)}=-\Phi_{EN}(s) \tag{3–66}$$

式中，$\Phi_{EN}(s)$ 为系统对干扰的误差传递函数，它与反馈量 $B(s)$ 对干扰的闭环传递函数 $\Phi_{BN}(s)$ 仅是符号相反。由式（3–63）～式（3–65），可将 $E(s)$ 写成

$$\begin{aligned}E(s)&=\Phi_{ER}(s)\cdot R(s)+\Phi_{EN}(s)\cdot N(s)\\&=E_R(s)+E_N(s)\end{aligned} \tag{3–67}$$

式中，$E_R(s)$ 为输入信号引起的误差的拉氏变换式；$E_N(s)$ 为干扰引起的误差的拉氏变换式。

例 3.8　系统结构图如图 3–39 所示。当输入信号为 $r(t)=1(t)$，干扰 $n(t)=1(t)$ 时，求系统总的稳态误差 e_{ss}。

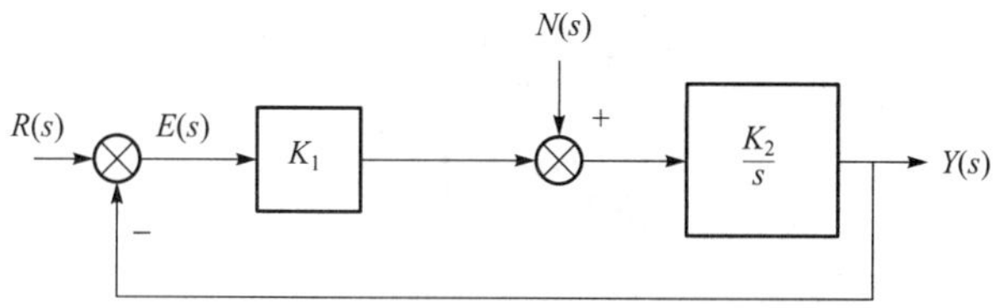

图 3–39　例 3.8 的结构图

解：（1）判别稳定性。由于是一阶系统，所以只要参数 K_1、K_2 大于零，系统就稳定。

（2）求 $E(s)$。

$$E(s)=\Phi_{ER}(s)\cdot R(s)+\Phi_{EN}(s)\cdot N(s)$$

由结构图 3–39 以及式（3–65）、式（3–66），有

$$\Phi_{ER}(s)=\frac{1}{1+G(s)}=\frac{s}{s+K_1K_2}$$

$$\Phi_{EN}(s)=-\Phi_{BN}(s)=\frac{-K_2}{s+K_1K_2}$$

已知输入信号 $r(t)=1(t)$，干扰 $n(t)=1(t)$，所以

$$R(s)=\frac{1}{s},\quad N(s)=\frac{1}{s}$$

则

$$E(s)=\frac{s}{s+K_1K_2}\cdot\frac{1}{s}+\frac{-K_2}{s+K_1K_2}\cdot\frac{1}{s}$$

（3）应用终值定理计算稳态误差 e_{ss}。

$$e_{ss}=\lim_{s\to 0}s\cdot E(s)=\lim_{s\to 0}s\left[\frac{s}{s+K_1K_2}\cdot\frac{1}{s}+\frac{-K_2}{s+K_1K_2}\cdot\frac{1}{s}\right]=-\frac{1}{K_1}$$

由前述分析和例题可见，稳态误差不仅与系统本身的结构、参数有关，而且与外作用有

关。下面寻找稳态误差与系统结构之间的关系，根据这些关系，将使我们能用简单的方法求解稳态误差，判断系统的稳态精度。

3.6.3 输入信号 $r(t)$作用下的稳态误差与系统结构的关系

当只有输入 $r(t)$作用时，系统的结构如图 3–40 所示。系统的开环传递函数为

$$\frac{B(s)}{E(s)}=G(s)H(s) \tag{3–68}$$

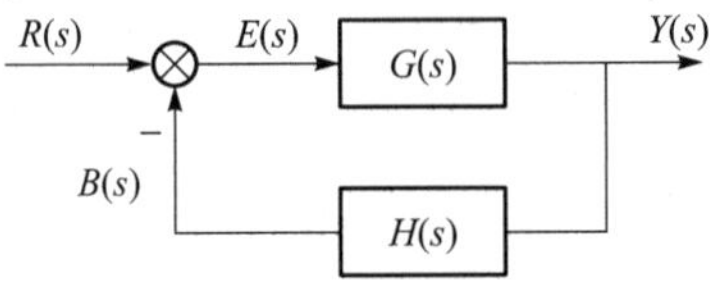

图 3–40 输入 $r(t)$作用下系统的典型结构图

将 $G(s)H(s)$写成典型环节串联形式为

$$G(s)H(s)=\frac{K\prod_{i=1}^{v}(\tau_i s+1)\prod_{j=1}^{n-v}(\tau_i^2 s^2+2\zeta\tau_j+1)}{s^v\prod_{i=1}^{m}(\tau_i s+1)\prod_{j=1}^{n-m-v}(\tau_j s^2+2\zeta\tau_j s+1)} \tag{3–69}$$

式中，K 为开环增益；v 为积分环节数目。

由式（3–65）和式（3–67），有

$$E(s)=\varPhi_{\mathrm{ER}}(s)\bullet R(s)=\frac{1}{1+G(s)H(s)}\bullet R(s)$$

则稳态误差 e_{ss} 为

$$e_{ss}=\lim_{s\to 0}s\bullet\frac{1}{1+G(s)H(s)}\bullet R(s)$$

$$e_{ss}=\lim_{s\to 0}s\bullet\frac{1}{1+\dfrac{K}{s^v}}\bullet R(s) \tag{3–70}$$

或

$$e_{ss}=\lim_{s\to 0}\frac{s^{v+1}}{s^v+K}\bullet R(s) \tag{3–71}$$

式（3–71）表明，系统的稳态误差 e_{ss} 除了与外作用 $R(s)$有关外，还与系统的开环增益 K 和积分环节数目 v 有关。下面分别讨论不同输入信号作用下，稳态误差与系统结构和参数的关系。

（1）当输入信号为阶跃作用 $r(t)=r_0\times 1(t)$ 时（r_0 为表示阶跃量大小的常数），则

$$R(s)=\frac{r_0}{s}$$

由式（3–71）得

$$e_{ss}=\lim_{s\to 0}\frac{s^{v+1}}{s^v+K}\bullet\frac{r_0}{s}=\lim_{s\to 0}r_0\bullet\frac{s^v}{s^v+K} \tag{3–72}$$

根据式（3–72），讨论积分环节数目 v 对阶跃输入作用下系统稳态误差的影响。

$$\left.\begin{aligned} v=0,\ e_{ss}&=\frac{r_0}{1+K} \\ v\geqslant 1,\ e_{ss}&=0 \end{aligned}\right\} \tag{3–73}$$

由式（3–73）表明，在阶跃输入作用下，系统消除稳态误差的条件是 $v\geqslant 1$，即在开环传递函数 $G(s)H(s)$ 中至少要有一个积分环节。

（2）当输入信号为斜坡作用 $r(t)=v_0(t)\times 1(t)$ 时（v_0 表示输入信号的速度常量），则

$$R(s)=\frac{v_0}{s^2}$$

由式（3–71）得

$$e_{ss}=\lim_{s\to 0}\frac{s^{v+1}}{s^v+K}\bullet\frac{v_0}{s^2}=\lim_{s\to 0}\frac{v_0\bullet s^{v-1}}{s^v+K} \tag{3–74}$$

根据式（3–74），讨论积分环节数目 v 对斜坡输入下系统稳态误差的影响。

$$\left.\begin{aligned} v=0,\ e_{ss}&=\infty \\ v=1,\ e_{ss}&=\frac{v_0}{K} \\ v\geqslant 2,\ e_{ss}&=0 \end{aligned}\right\} \tag{3–75}$$

式（3–75）表明，在斜坡输入下，系统消除稳态误差的条件是 $v\geqslant 2$，即在开环传递函数 $G(s)H(s)$ 中，至少要有两个积分环节。

（3）当输入信号为等加速作用时，即 $r(t)=\left(\frac{a_0t^2}{2}\right)\times 1(t)$（其中 a_0 为加速度），则

$$R(s)=\frac{a_0}{s^3}$$

由式（3–71）得

$$e_{ss}=\lim_{s\to 0}\frac{s^{v+1}}{s^v+K}\bullet\frac{a_0}{s^3}=\lim_{s\to 0}\frac{a_0\bullet s^{v-2}}{s^v+K} \tag{3–76}$$

根据式（3–76），讨论积分环节数目 v 对等加速输入下系统稳态误差的影响。

$$\left.\begin{aligned} v=0\text{ 或 }v=1,\ e_{ss}&=\infty \\ v=2,\ e_{ss}&=\frac{a_0}{K} \\ v\geqslant 3,\ e_{ss}&=0 \end{aligned}\right\} \tag{3–77}$$

式（3–77）表明，在等加速输入信号下，系统消除稳态误差的条件是 $v\geqslant 3$，即在开环传递函数 $G(s)H(s)$ 中，至少要有三个积分环节。

综上所述，要消除或减小系统的稳态误差，则要求增加积分环节数目和提高开环增益。这与系统稳定性的要求是完全矛盾的，设计时必须合理选择。

3.6.4 系统的类型和稳态误差系数

1. 系统的型号

系统的型号是按系统中积分环节数目ν 来命名的。当$\nu=0$时，称为 0 型系统；$\nu=1$的系统为Ⅰ型系统；$\nu=2$的系统为Ⅱ型系统，依此类推。

2. 稳态误差系数

（1）稳态位置误差系数k_p。

k_p表示系统在阶跃输入下的稳态精度。

定义为

$$k_p=\lim_{s\to 0}G(s)H(s)=\lim_{s\to 0}\frac{K}{s^{\nu}} \tag{3-78}$$

对于 0 型系统，$\nu=0$，则

$$k_p=K$$

在阶跃输入条件下，由式（3–73）得

$$e_{ss}=\frac{r_0}{1+K}=\frac{r_0}{1+k_p} \tag{3-79}$$

对于Ⅰ型以上系统，$\nu\geqslant 1$，则$k_p=\infty$，而

$$e_{ss}=0$$

（2）稳态速度误差系数k_v。

k_v表示系统在斜坡输入下的稳态精度。定义为

$$k_v=\lim_{s\to 0}sG(s)H(s)=\lim_{s\to 0}\frac{K}{s^{\nu-1}} \tag{3-80}$$

对于 0 型系统，$\nu=0$，则$k_v=0$，此时

$$e_{ss}=\infty$$

对于Ⅰ型系统，$\nu=1$，由式（3–80）得

$$k_v=K$$

而

$$e_{ss}=\frac{v_0}{K}=\frac{v_0}{k_v}$$

对于Ⅱ型以上系统，$\nu\geqslant 2$，由式（3–80）得

$$k_v=\infty$$

而

$$e_{ss}=0$$

（3）稳态加速度误差系数k_a。

k_a表示系统在等加速输入下的稳态精度。定义为

$$k_a=\lim_{s\to 0}s^2G(s)H(s)=\lim_{s\to 0}\frac{K}{s^{\nu-2}} \tag{3-81}$$

对于 0 型和Ⅰ型系统，$\nu\leqslant 1$，由式（3–81）得

$$k_a = 0$$

而

$$e_{ss} = \infty$$

对于Ⅱ型系统，$\nu = 2$，由式（3–81）得

$$k_a = K$$

而

$$e_{ss} = \frac{a_0}{K} = \frac{a_0}{k_a}$$

对于Ⅲ型以上系统，$\nu \geqslant 3$，由式（3–81）得

$$k_a = \infty$$

这时

$$e_{ss} = 0$$

因此，k_a 的大小反映了系统跟踪等加速输入信号的能力。k_a 越大，稳态误差越小，精度越高。同样，这里的稳态误差仍指位置上的误差，而不是加速度的误差。

在表 3–2 中列出了系统的类型及稳态误差与输入信号之间的关系。

表 3–2　输入信号作用下的稳态误差

e_{ss} 输入 / 类型	$r(t) = r_0$	$r(t) = v_0 t$	$r(t) = \frac{1}{2} a_0 t^2$
0 型	$\frac{r_0}{1+K}$	∞	∞
Ⅰ型	0	$\frac{v_0}{K}$	∞
Ⅱ型	0	0	$\frac{a_0}{K}$

例 3.9　系统结构如图 3–41 所示。已知输入信号 $r(t) = 1(t) + t + \frac{t^2}{2}$，求系统的稳态误差 e_{ss}［误差定义为 $E(s) = R(s) - Y(s)$］。

解：对于非单位反馈系统，定义不同，求出的稳态误差值是不同的。由于本题误差定义为 $E(s) = R(s) - Y(s)$，所以要利用前述结论，需将系统结构等效变换成图 3–42 所示的单位反馈系统，然后再求稳态误差。

（1）判别稳定性。由图 3–42 写出系统的开环传递函数为

$$G(s) = \frac{5}{s(5s+1) + 5 \times 0.8s} = \frac{5}{s(5s+5)} = \frac{1}{s(s+1)}$$

由于是二阶系统，只需要参数大于零就稳定。该系统是稳定的。

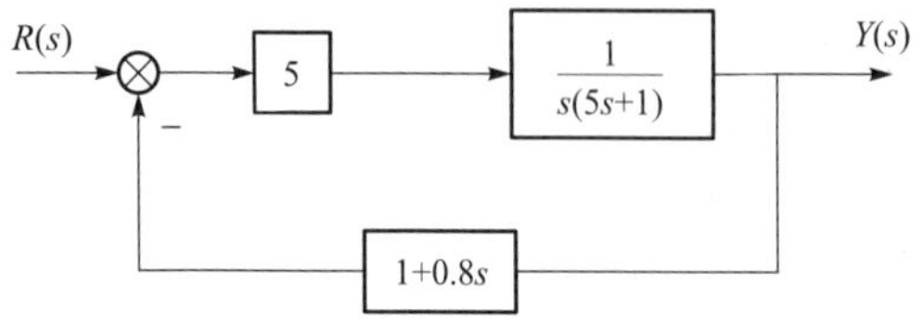

图 3–41　例 3.9 的结构图

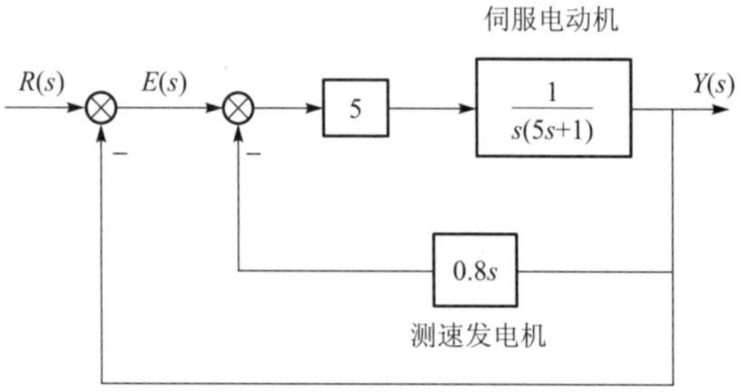

图 3–42　例 3.9 的等效结构图

（2）求稳态误差。开环传递函数中有一个积分环节，所以系统为 I 型，且开环增益为 1，则：

① 当 $r(t)=1(t)$ 时，$e_{ss1}=0$；

② 当 $r(t)=t$ 时，$e_{ss2}=0$；

③ 当 $r(t)=\dfrac{t^2}{2}$ 时，$e_{ss3}=\infty$。

则系统总的稳态误差为

$$e_{ss}=e_{ss1}+e_{ss2}+e_{ss3}=\infty$$

3.6.5　干扰 *n*(*t*)作用下的稳态误差与系统结构之间的关系

由图 3–39 所示的例 3.8 的结构图，该系统对输入信号来说属于 I 型，所以在 $r(t)$为 $1(t)$作用下的稳态误差 $e_{ssr}=0$，但是该系统在干扰 $n(t)=1(t)$作用下的稳态误差 e_{ssn} 并不等于零。干扰作用下的误差可写成

$$e_{ssn}=\lim_{s\to 0}sE_n(s)=\lim_{s\to 0}[\Phi_{EN}(s)N(s)] \tag{3–82}$$

由图 3–39 求出 $\Phi_{EN}(s)$，且 $N(s)=\dfrac{1}{s}$，代入式（3–82）得

$$e_{ss}=\lim_{s\to 0}s\left[\frac{-K_2}{s+K_1K_2}\frac{1}{s}\right]=-\frac{1}{K_1}$$

结果表明，系统在干扰作用下稳态误差与干扰作用点以前的 K_1 有关，K_1 越大，稳态误差 e_{ss} 越小。

若用待定的传递函数 $G_1(s)$ 代替 K_1，然后找出消除系统在 $n(t)$作用下的误差时 $G_1(s)$ 应具备的条件。

用 $G_1(s)$ 代替 K_1 后，干扰作用下的稳态误差可写成

$$e_{ss}=\lim_{s\to 0}s\left[\frac{-K_2}{s+G_1(s)K_2}N(s)\right]$$

则变为

$$e_{ssn}=\lim_{s\to 0}s\cdot\left[-\frac{1}{G_1(s)}\cdot\frac{1}{s}\right] \tag{3–83}$$

当干扰 $n(t)$为单位阶跃作用时，有

$$N(s)=\frac{1}{s}$$

由式（3–83）得

$$e_{\mathrm{ssn}} = \lim_{s\to 0} s \cdot \left[-\frac{1}{G_1(s)} \cdot \frac{1}{s} \right]$$

为使阶跃干扰作用下系统的稳态误差 $e_{\mathrm{ssn}} = 0$，$G_1(s)$ 中至少要有一个积分环节。

现假定 $G_1(s) = \dfrac{K_1}{s}$，则由图 3–39 看出，系统的稳定性将遭到破坏，成为结构不稳定系统。因此还必须引入比例–微分控制 $\tau s + 1$，故取

$$G_1(s) = \frac{K_1(\tau s + 1)}{s}$$

在满足稳定性的前提下，就可使系统在阶跃干扰作用下的稳态误差 e_{ssn} 为零。

同理，当干扰 $n(t)$ 为斜坡作用时

$$N(s) = \frac{1}{s^2}$$

由式（3–83）得出，当使斜坡干扰下系统的稳态误差为零时，则 $G_1(s)$ 中至少要有两个积分环节。因此必须有

$$G_1(s) = \frac{(\tau_1 s + 1)(\tau_2 s + 1)}{s^2}$$

式中，分子上的两个比例–微分环节是为使系统稳定而引入的。

由上面分析表明，$G_1(s)$ 是误差信号到干扰作用点之间的传递函数。因此，系统在典型干扰作用下的稳态误差 e_{ssn} 与干扰作用点到误差信号之间的积分环节数目和增益大小有关，而与干扰作用点后面的积分环节数目及增益大小无关。

3.6.6　改善系统稳态精度的方法

有的系统控制要求较高，既要求有高稳态精度，又要求有良好的动态性能。这时，单靠加大开环增益或串入积分环节往往不能同时满足上述要求，于是可采用复合控制的办法，或称顺馈的办法来对误差进行补偿。补偿的方式可分为两种，即按干扰补偿和按输入补偿。

1. 按干扰补偿

当干扰直接可测量时，系统的结构如图 3–43 所示。图中 $G_n(s)$ 为补偿器的传递函数。现要确定 $G_n(s)$，使干扰 $n(t)$ 对输出 $Y(t)$ 没有影响，或称 $Y(t)$ 对 $n(t)$ 具有不变性。

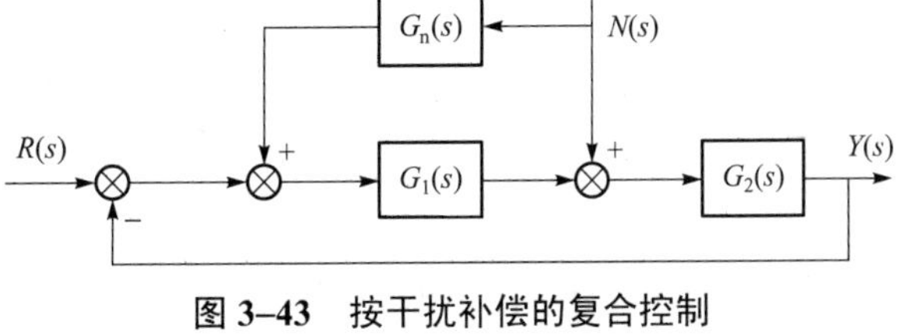

图 3–43　按干扰补偿的复合控制

由图 3–43 求出输出 $y(t)$ 对干扰 $n(t)$ 的闭环传递函数

$$\boldsymbol{\Phi}_{\mathrm{YN}}(s) = \frac{G_2(s) + G_n(s)G_1(s)G_2(s)}{1 + G_1(s)G_2(s)} \tag{3–84}$$

若能使$\Phi_{YN}(s)$为零，则干扰对输出的影响可消除。故使式（3–84）的分子为零，即

$$G_2(s)+G_n(s)G_1(s)G_2(s)=0$$

得出对干扰全补偿的条件为

$$G_n(s)=-\frac{1}{G_1(s)} \tag{3–85}$$

从结构上看，就是利用双通道原理：一条由干扰信号经过$G_n(s)$、$G_1(s)$到达结构图上第三个相加点；另一条是由干扰信号直接到达此加减点，满足式（3–85），也就是两条通道的信号在此相加点处正好大小相等、方向相反，从而实现了干扰的全补偿。

一般情况下，由于$G_1(s)$是s的有理真分式，所以只能近似地实现其倒数$\dfrac{1}{G_1(s)}$。经常应用的是稳态补偿，即系统响应平稳下来以后，保证干扰对输出没有影响，这是切实可行的。

2. 按输入补偿

系统的结构如图 3–44 所示。由图可看出，补偿器的传递函数$G_r(s)$设在系统的回路之外。因此可以先设计系统的回路，保证其有较好的动态性能，然后再设置补偿器$G_r(s)$以提高系统对典型输入信号的稳态精度。现在确定$G_r(s)$，使系统满足在输入作用下，误差得到全补偿。

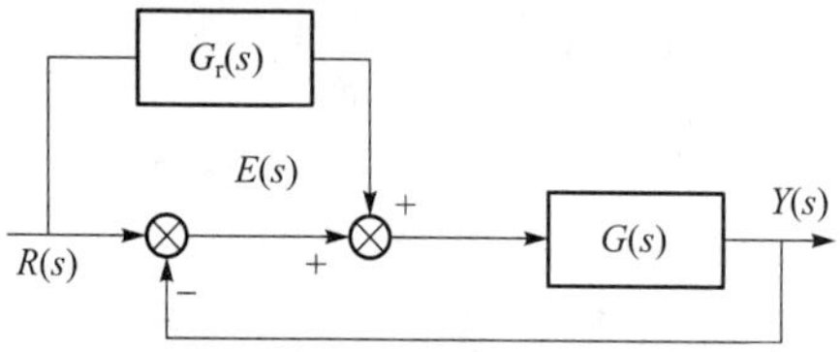

图 3–44　按输入补偿的复合控制

误差定义为

$$E(s)=R(s)-Y(s) \tag{3–86}$$

由图 3–44 得

$$Y(s)=[1+G_r(s)]\cdot\frac{G(s)}{1+G(s)}\cdot R(s) \tag{3–87}$$

将式（3–87）代入式（3–86），得

$$\begin{aligned}E(s)&=R(s)-\frac{[1+G_r(s)]G(s)}{1+G(s)}\cdot R(s)\\&=\left[1-\frac{G(s)+G_r(s)G(s)}{1+G(s)}\right]\cdot R(s)\\&=\frac{1+G(s)-G(s)-G_r(s)G(s)}{1+G(s)}\cdot R(s)\end{aligned}$$

为使$E(s)=0$，应保证

$$1-G_r(s)G(s)=0$$

则得

$$G_r(s)=\frac{1}{G(s)} \tag{3–88}$$

由以上分析可见，按输入补偿的办法，实际上相当于将输入信号先经过一个环节，进行

一个“整形”，然后再加到系统的回路，使系统既能满足动态特性，又能保证稳态精度。

习　题

3.1　惯性环节的动态方程为

$$T\frac{\mathrm{d}y(t)}{\mathrm{d}t}+y(t)=r(t)$$

$r(t)=1(t)$，$y(0)=0$，试以 t/T 为自变量，计算并描绘出 $y(t)$ 曲线。

3.2　单位负反馈系统开环传递函数为 $G(s)=\dfrac{1}{Ts}$，试求其单位阶跃响应。

3.3　单位负反馈系统的开环传递函数为

$$G(s)=\frac{K}{s\left(1+\dfrac{s}{3}\right)\left(1+\dfrac{s}{6}\right)}$$

若要求闭环特征方程的根的实部均小于–1，问 k 值应取在什么范围？

3.4　已知系统的开环传递函数为 $G(s)=\dfrac{K}{s^3}+4s^2+11s$，若采用单位反馈形式，试确定闭环系统 K 的稳定域。

3.5　设闭环系统的传递函数为 $G_{\mathrm{B}}(s)=\dfrac{\omega_{\mathrm{n}}^2}{s^2+2\zeta\omega_{\mathrm{n}}s+s^2}$，试求 $\zeta=0.5$，$\omega_{\mathrm{n}}=5\ \mathrm{s}^{-1}$ 时单位阶跃响应的超调量和过渡过程时间。

3.6　某单位反馈随动系统的开环传递函数为 $G(s)=\dfrac{4}{s(s+5)}$，求闭环系统的单位脉冲响应和单位阶跃响应。

3.7　已知单位负反馈系统开环传递函数如下，试分别求出当 $r(t)=1(t)$、t、t^2 时系统的稳态误差终值。

（1）$G(s)=\dfrac{100}{s\left(1+\dfrac{s}{3}\right)\left(1+\dfrac{s}{6}\right)}$

（2）$G(s)=\dfrac{3(s+2)}{s(s+3)(s^2+s+6)}$

（3）$G(s)=\dfrac{10(s+2)}{s^2(s+10)}$

3.8　已知单位负反馈系统开环传递函数为 $G(s)=\dfrac{10}{s(s+4)}$，试求出当 $r(t)=1+t+t^2$ 时系统的稳态误差 $e_{\mathrm{ss}}(\infty)$ 和 $e_{\mathrm{ss}}(t)$。

3.9　已知负反馈系统开环传递函数为 $G(s)H(s)=\dfrac{K(T_1s+1)}{s^2(T_2s+1)}$，$T_1>0$，$T_2>0$，试求出当 $r(t)=1+t+t^2$ 时系统的稳态误差 $e_{\mathrm{ss}}(\infty)$ 和 $e_{\mathrm{ss}}(t)$。

第 4 章
根 轨 迹 法

4.1　引言

线性系统的动态特性与系统特征根在 s 平面上的分布是直接关联的。对于闭环控制系统，其相对稳定性与瞬态性能对应于闭环特征根的分布。但往往已知开环系统的传递函数，或者说系统中各个环节的传递函数都能够比较容易获得和确定。而闭环传递函数则常常由于系统某个参数的变化而变得无法确定，从另一个角度说也需要通过参数的调整来确定一个相对较好的闭环传递函数。这就要求了解参数变化引起闭环特征根变化的规律，即闭环特征根在 s 平面上运动的轨迹——这就是所谓的根轨迹。

但是，手工进行系统参数调整时，要逐步求解系统闭环特征根往往是非常困难的，尤其对于高阶系统而言。1948 年，Evans 首先提出根轨迹法，它是一种利用图解获得闭环根轨迹的简单方法，在控制工程实践中得到了迅速的发展和广泛的应用。根轨迹法的内容是，当系统某一个参数变化时，利用已知的开环零极点位置，绘制闭环特征根在 s 平面上位置变化轨迹的图解方法。

4.2　根轨迹的概念

在介绍根轨迹法之前先通过举例说明什么是根轨迹。

如图 4–1 所示为单位负反馈闭环控制系统。

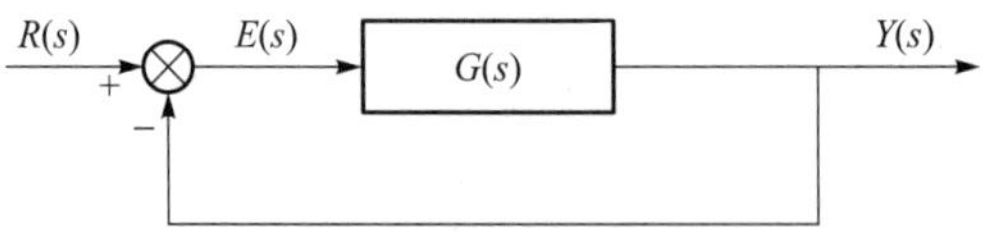

图 4–1　控制系统框图

系统的开环传递函数为

$$G(s)=\frac{k}{s(s+2)} \tag{4–1}$$

由式（4–1）解得两个开环极点：$p_1=0, p_2=-2$，用符号“×”标注画于图 4–2 中。由式（4–1）求得系统的闭环传递函数为

$$\Phi(s)=\frac{Y(s)}{R(s)}=\frac{G(s)}{1+G(s)}=\frac{k}{s(s+2)+k} \tag{4–2}$$

于是得到闭环系统的特征方程

$$D(s)=s^2+2s+k=0 \tag{4-3}$$

解得闭环特征根分别为：

$$s_1=-1+\sqrt{1-k}\ ,\quad s_2=-1-\sqrt{1-k} \tag{4-4}$$

由式(4–4)可知，s_1、s_2 是参数 k 的函数，随着 k 的变化而变化。下面将说明当 k 从 $0\to\infty$ 变化时，闭环极点 s_1、s_2 在 s 平面上的分布变化情况。

（1）当 $k=0$ 时，$s_1=0,\ s_2=-2$，此时闭环极点就是开环极点。

（2）当 $0<k<1$ 时，s_1、s_2 均为负实数，分布在负实轴 $(-2,0)$ 上。

（3）当 $k=1$ 时，$s_1=s_2=-1$，两个闭环极点重合在点 $(-1,\mathrm{j}0)$。

（4）当 $1<k<\infty$ 时，$s_{1,2}=-1\pm\mathrm{j}\sqrt{k-1}$，两个闭环极点是一对共轭复根，并且 s_1、s_2 的实部不随 k 变化，两个极点分布在过 $(-1,\mathrm{j}0)$ 点且垂直于实轴的直线上。

（5）当 $k\to\infty$ 时，s_1、s_2 将沿垂直于实轴的直线从正负两个方向趋于无限远处。

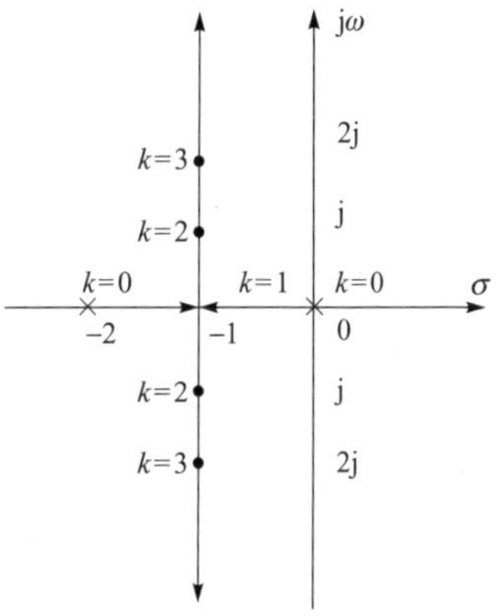

图 4–2　二阶系统根轨迹

图 4–2 画出了图 4–1 闭环系统在参数 k 从 0 变化到 ∞ 时的闭环特征根在 s 平面上的分布图，由此可对根轨迹作出定义。

根轨迹的定义：当闭环控制系统的某一参数由零变化到无穷大时，闭环极点在 s 平面上形成的轨迹。

上述二阶系统的闭环特征根是通过方程求解直接获得的，但对高阶系统而言直接求取闭环特征根是十分困难的，因此希望能够存在简便实用的绘制根轨迹图的方法。

下面来讨论一般情况下绘制根轨迹所依据的条件。

如图 4–3 所示，负反馈闭环控制系统的开环传递函数为 $G(s)H(s)$，则闭环系统的特征方程为

$$1+G(s)H(s)=0 \tag{4-5}$$

将式（4–5）改写为

$$G(s)H(s)=-1 \tag{4-6}$$

可获得幅值条件为

$$|G(s)H(s)|=1 \tag{4-7}$$

和相角条件为

$$\angle G(s)H(s)=180^\circ\pm i\times360^\circ \qquad (i=0,1,2,\cdots) \tag{4-8}$$

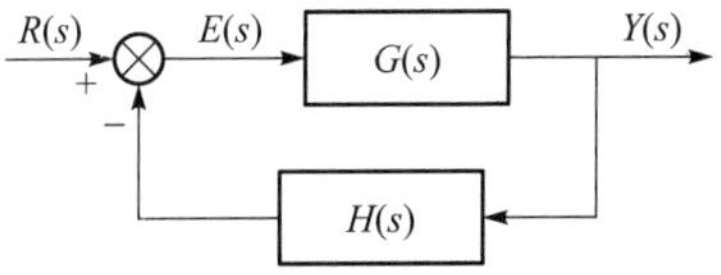

图 4–3　控制系统框图

根轨迹上的点为闭环系统的极点，即为满足式（4–5）闭环特征方程的根，也即满足以上幅值条件和相角条件的闭环特征根。根轨迹也就是满足以上条件的闭环极点在某参数变化时运行的轨迹。可以通过这两个条件确定根轨迹的位置以及根轨迹上对应的 k 值。一般情况下是先利用相角条件找出根轨迹，然后用幅值条件确定根轨迹上对应的参数值。下一节将利用这两个条件推出绘制根轨迹的一组基本规则，利用这些规则可以很容易地画出根轨迹图，在工程上也就可以十分容易地应用根轨迹法来分析系统。

4.3 绘制根轨迹的基本规则

这一节讨论绘制常规根轨迹的法则。这些法则非常简单，熟练地掌握它们对分析和设计控制系统是非常有用的。

首先将系统开环传递函数表示为用极点和零点表示的标准形式，即

$$G(s)H(s)=\frac{k(s-z_1)(s-z_2)\cdots(s-z_m)}{(s-p_1)(s-p_2)\cdots(s-p_n)}, \quad n \geqslant m \tag{4-9}$$

式中，$s=z_i(i=1,2,\cdots,m)$为系统的开环零点；$s=p_j(j=1,2,\cdots,n)$为系统的开环极点；k为根轨迹增益或根轨迹放大系数。如果将式（4–9）表示为用时间常数表示的标准形式

$$\begin{aligned}G(s)H(s)&=\frac{k\prod_{i=1}^{m}(-z_i)\left(-\frac{1}{z_1}s+1\right)\left(-\frac{1}{z_2}s+1\right)\cdots\left(-\frac{1}{z_m}s+1\right)}{\prod_{j=1}^{n}(-p_j)\left(-\frac{1}{p_1}s+1\right)\left(-\frac{1}{p_2}s+1\right)\cdots\left(-\frac{1}{p_n}s+1\right)}\\&=\frac{K\left(-\frac{1}{z_1}s+1\right)\left(-\frac{1}{z_2}s+1\right)\cdots\left(-\frac{1}{z_m}s+1\right)}{\left(-\frac{1}{p_1}s+1\right)\left(-\frac{1}{p_2}s+1\right)\cdots\left(-\frac{1}{p_n}s+1\right)}\end{aligned} \tag{4-10}$$

则称$K=k\bullet\frac{\prod_{i=1}^{m}-z_i}{\prod_{j=1}^{n}-p_j}$为系统的开环增益或开环放大系数。

接下来讨论在根轨迹增益k，也即开环增益K变化的情况下根轨迹的绘制方法。当系统中其他参数变化时，可以通过一定的转换后进行同样讨论，这将在本章的后面进行讨论。

以下是快速绘制根轨迹草图的步骤。

规则1 根轨迹的起点和终点。根轨迹起于开环极点，终于开环零点。

写出闭环系统特征方程

$$1+G(s)H(s)=0 \tag{4-11}$$

将式（4–11）化为用零点、极点表示的标准形式，要求把可变参数k提取出来，作为一个乘积因子，即

$$1+k\frac{\prod_{i=1}^{m}(s-z_i)}{\prod_{j=1}^{n}(s-p_j)}=0 \tag{4-12}$$

根据式（4–12）在s平面上标出系统开环传递函数的极点和零点，一般用“×”表示极点，“○”表示零点。

要获得k在$0\sim+\infty$之间变化时的根轨迹，首先考查根轨迹在$k=0$时的起始点和$k\to+\infty$时的终了点。将闭环特征方程式（4–12）改写为以下形式

$$\prod_{j=1}^{n}(s-p_j)+k\prod_{i=1}^{m}(s-z_i)=0 \tag{4–13}$$

$$\frac{\prod_{j=1}^{n}(s-p_j)}{k}+\prod_{i=1}^{m}(s-z_i)=0\ (k\neq 0) \tag{4–14}$$

由式（4–13）可以看到，当 $k=0$ 时，闭环特征方程变为开环传递函数的特征方程，其根也就是开环极点。由式（4–14）可以看出，当 $k\to\infty$ 时，闭环特征方程的根是开环零点。因此可以得到以下结论：

当 k 从 0～+∞ 时，闭环特征根在 s 平面上的根轨迹从开环极点开始，到开环零点结束。

一般物理系统的传递函数极点个数多于零点个数，可以认为其在 s 平面的无限远处存在多个零点，即开环传递函数可以增加这样的环节 $\left(\frac{s}{\infty}+1\right)=1$，其零点位于无穷远。

当系统 n 条根轨迹从 n 个开环极点出发时，其中 m 条到达开环有限零点，其余 $n-m$ 条根轨迹则趋向于在无穷远处的开环零点。

规则 2　根轨迹的分支数、对称性和连续性。

因果系统根轨迹的分支数与开环极点的个数相等，并且根轨迹是连续的，对称于实轴的。

根据定义可知，根轨迹是开环系统某一参数从零变到无穷时，闭环特征根在 s 平面上的变化轨迹，因此根轨迹的分支数必然与闭环特征根的个数一致，而闭环特征根的个数又与开环极点的个数，即系统的阶次相同。

随着系统中某一参数从零到无穷的连续变化，闭环系统特征方程的系数在不断变化，因此闭环特征根也在连续变化，因此根轨迹是连续的。由于线性定常系统的闭环特征方程的根只有实根和复根两种，实根位于实轴上，复根必然是共轭出现。因此，根轨迹对称于实轴。

规则 3　确定实轴上的根轨迹段。

若实轴上某一段右侧的开环零点和极点个数之和为奇数，则该实轴段为根轨迹段。

应用相角条件可以证明该规则。

如果点 s_i 是根轨迹上的点，则一定满足相角条件式（4–8）。而 $\angle G(s)H(s)$ 为点 s_i 到各个开环零点和开环极点所形成的向量角度之和。由于开环零点和开环极点位于实轴上，或者共轭对称于实轴，对于实轴上的点 s_i，如图 4–4 所示，它到共轭的复极点或共轭的复零点所形成的向量角度正好一正一负抵消。而它相对于其左侧实轴上的开环零点和极点的向量角度都为 0°，相对于其右侧实轴上的开环零点和极点的向量角度都为 180°。根据相角条件式（4–8），只有点 s_i 右侧实轴上开环零点和极点个数为奇数时，才能满足相位条件。

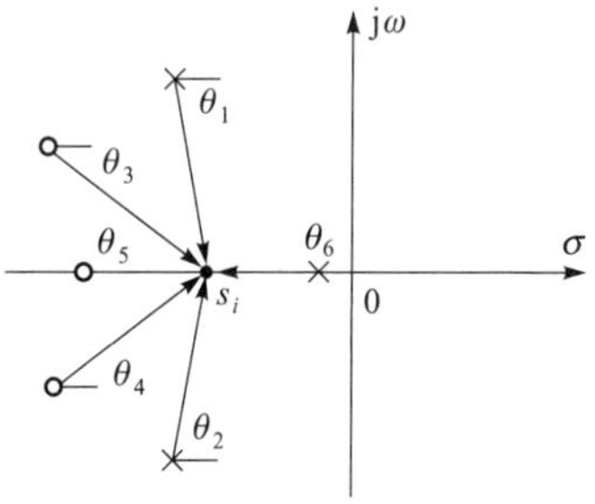

图 4–4　实轴上的根轨迹

例 4.1　设单位反馈控制系统的闭环特征方程为

$$1+G(s)H(s)=1+\frac{K\left(\frac{1}{2}s+1\right)}{s\left(\frac{1}{4}s+1\right)}=0 \tag{4–15}$$

将开环传递函数 $G(s)H(s)$ 改写为以零点、极点表示的标准形式，可得

$$\frac{2K(s+2)}{s(s+4)}=\frac{k(s+2)}{s(s+4)}=0,\quad k=2K \tag{4-16}$$

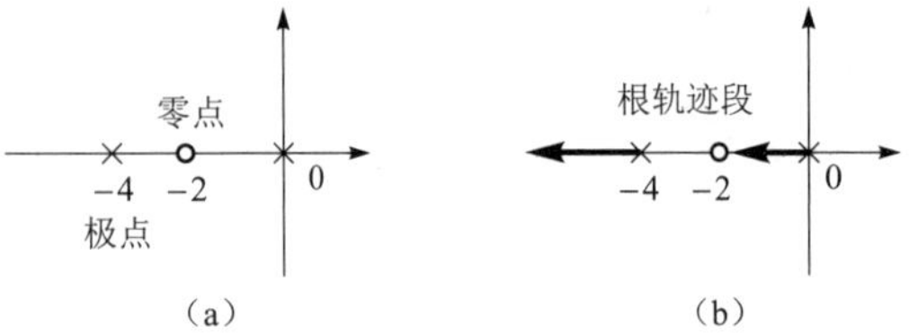

图 4–5　例 4.1 根轨迹

（a）二阶系统的零点和极点；（b）根轨迹段

其中乘积因子，即根轨迹增益为 k。如图 4–5（a）所示，为绘制增益 $0\leqslant k<\infty$ 的根轨迹，首先在 s 平面上标出开环零点和极点的位置。根轨迹起始于极点，终止于零点和负无穷远处。根轨迹条数为 2。

然后描制实轴上的根轨迹，实轴上区间 $(-2,0)$，$(-\infty,-4)$为根轨迹，箭头表示 k 增加的方向。

规则 4　当$k\to\infty$时，$n-m$条根轨迹将沿着$n-m$条渐近线趋向于无穷远处，这些渐近线在实轴上有公共点$\left(\dfrac{\sum_{j=1}^{n}p_j-\sum_{i=1}^{m}z_i}{n-m},\mathrm{j}0\right)$，而渐近线与实轴的夹角为$\dfrac{(2k+1)\pi}{n-m}$，$k=0,1,2,\cdots,n-m-1$。

根据前面的结论，如果$n>m$，当$k\to\infty$时，有$n-m$条根轨迹将趋向于无穷远处。对于闭环特征方程

$$k\frac{\prod_{i=1}^{m}(s-z_i)}{\prod_{j=1}^{n}(s-p_j)}=-1 \tag{4-17}$$

在$s\to\infty$时，可以认为

$$(s-z_i)=(s-p_j)=(s-\sigma_\mathrm{a}),i=1,2,\cdots,m;\ j=1,2,\cdots,n \tag{4-18}$$

代入式（4–17）可得

$$(s-\sigma_\mathrm{a})^{n-m}=-k \tag{4-19}$$

即当$k\to\infty$时，$n-m$条根轨迹将沿着式（4–19）趋向于无穷远处，称其为趋向于无穷远处根轨迹的渐近线。由此可知，渐近线为经过公共点$(\sigma_\mathrm{a},\mathrm{j}0)$的$n-m$条直线，直线的方向为

$$(n-m)\angle(s-\sigma_\mathrm{a})=\pi+2k\pi\qquad(k=0,\pm1,\pm2,\cdots) \tag{4-20}$$

在 0～2π 间取值，可得

$$\angle(s-\sigma_\mathrm{a})=\frac{(2k+1)\pi}{n-m}\qquad(k=0,1,2,\cdots,n-m-1) \tag{4-21}$$

根据多项式乘除法，由式（4–17）可得

$$-k=\frac{s^n-\left(\sum_{j=1}^{n}p_j\right)s^{n-1}+\cdots}{s^m-\left(\sum_{i=1}^{m}z_i\right)s^{m-1}+\cdots}=s^{n-m}+\left(\sum_{i=1}^{m}z_i-\sum_{j=1}^{n}p_j\right)s^{n-m-1}+\cdots \tag{4-22}$$

而由式（4–19）得

$$-k=(s-\sigma_{\mathrm{a}})^{n-m}=s^{n-m}-(n-m)\sigma_{\mathrm{a}}s^{n-m-1}+\cdots \tag{4–23}$$

式（4–22）和式（4–23）中 s^{n-m-1} 项的系数应相等，于是有

$$\sigma_{\mathrm{a}}=\frac{\sum_{j=1}^{n}p_j-\sum_{i=1}^{m}z_i}{n-m} \tag{4–24}$$

例 4.2　给定负反馈系统的开环传递函数为

$$G(s)H(s)=\frac{k(s+1)}{s(s+2)(s+4)^2} \tag{4–25}$$

绘制根轨迹图（见图 4–6），以便确定根轨迹增益 k 的变化对闭环特征根的影响。

给定负反馈系统为四阶系统，根轨迹分支数为 4 条。

以 4 个开环极点为起点：$(0,\mathrm{j}0)$、$(-2,\mathrm{j}0)$、$(-4,\mathrm{j}0)$、$(-4,\mathrm{j}0)$。

终点为 $(-1,\mathrm{j}0)$，有 3 条根轨迹趋于无穷远处。

因此有 3 条渐近线，渐近线的公共点为

$$\sigma_{\mathrm{a}}=\frac{(-2)+2(-4)-(-1)}{4-1}=-3$$

渐近线与实轴的交角为：$\dfrac{(2k+1)\pi}{3}$，　$k=0,1,2$，即为 $60°,180°,300°$。

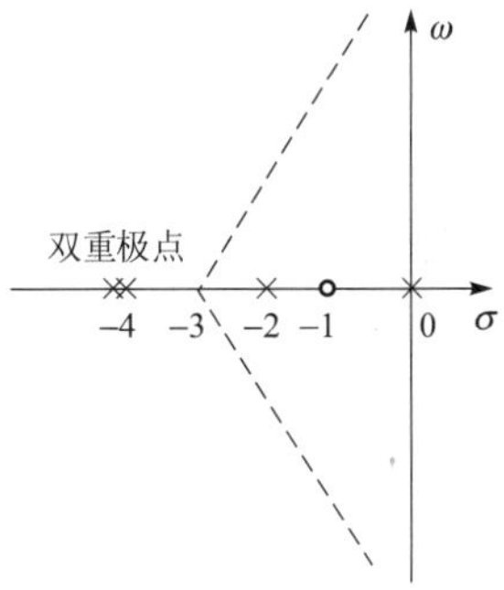

（a）

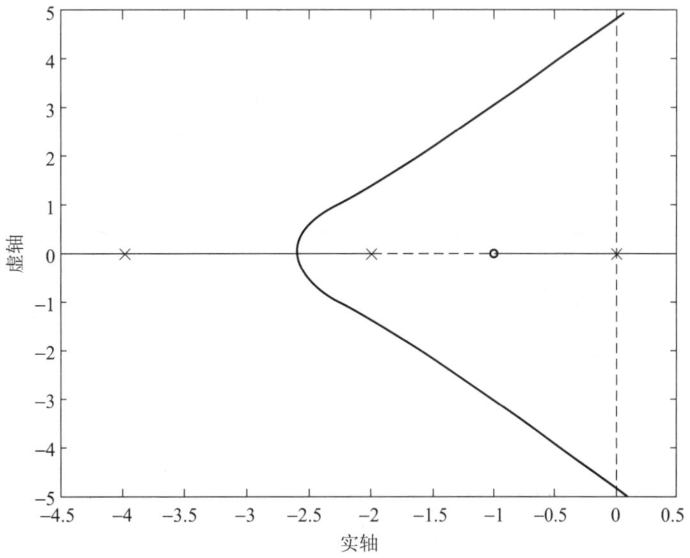

（b）

图 4–6　例 4.2 根轨迹

（a）渐近线；（b）根轨迹（由 Matlab 绘制）

规则 5　实轴上的分离点和会合点。

若干条根轨迹在 s 平面上相交，然后分开，该交点称为根轨迹的分离点或会合点。通常，分离点和会合点多出现在实轴上。

一般来说，实轴上两相邻开环极点之间若有根轨迹，则必有分离点；实轴上两相邻开环

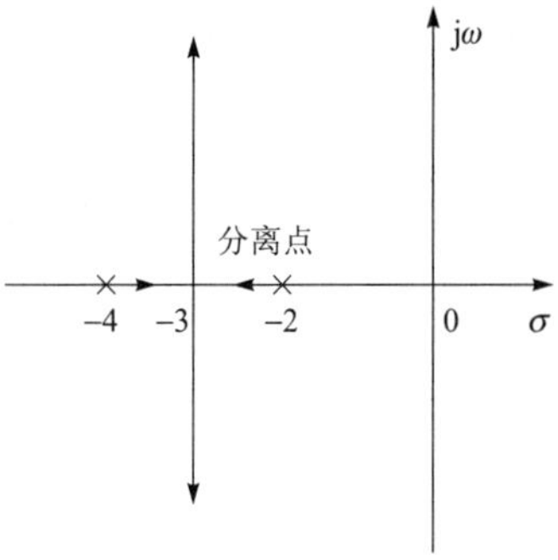

图 4–7　分离点

零点（包括无穷远处零点）之间若有根轨迹，则必有会合点；而实轴上开环极点和开环零点之间，或者分离点和会合点同时存在，或者都不存在。

实轴上的分离点和会合点显然是闭环系统特征方程的实数重根。

图 4–7 是一个简单的分离点的例子。

设负反馈系统开环传递函数为

$$G(s)H(s)=k\frac{\prod_{i=1}^{m}(s-z_i)}{\prod_{j=1}^{n}(s-p_j)}=\frac{kN(s)}{D(s)} \tag{4–26}$$

闭环特征方程$1+G(s)H(s)=0$也可表示为

$$f(s)=D(s)+kN(s)=0 \tag{4–27}$$

方程的重根不仅满足原方程，并且满足方程的 n–1 次导数。

假如方程有二重实根，则有

$$\frac{\mathrm{d}f(s)}{\mathrm{d}s}=0 \tag{4–28}$$

$$\frac{\mathrm{d}f(s)}{\mathrm{d}s}=\frac{\mathrm{d}D(s)}{\mathrm{d}s}+k\frac{\mathrm{d}N(s)}{\mathrm{d}s}=0 \tag{4–29}$$

联合式（4–27），消去 k 求得分离点和会合点的方程为

$$N(s)\frac{\mathrm{d}D(s)}{\mathrm{d}s}-D(s)\frac{\mathrm{d}N(s)}{\mathrm{d}s}=\frac{\mathrm{d}}{\mathrm{d}s}\left(\frac{D(s)}{N(s)}\right)=0 \tag{4–30}$$

由式（4–30）求取的根必须进行检验，确认其确实位于实轴的根轨迹上，才是分离点或会合点。

分离点和会合点上，根轨迹的切线与实轴的夹角 θ 与该点上相遇的根轨迹条数 γ 有关，满足下列条件

$$\theta=\frac{\pm180^\circ}{\gamma} \tag{4–31}$$

例 4.3　给定负反馈系统的开环传递函数为

$$G(s)H(s)=\frac{k(s+4)}{s(s+2)} \tag{4–32}$$

绘制根轨迹图，如图 4–8 所示。

根轨迹的分支数为 2：一条终止于零点（−4，j0），一条终止于无穷远处，可知，渐近线为负实轴。

实轴上的根轨迹为：$(-\infty,-4]$和$[-2,0]$，根据规则判断，在两个实轴上的根轨迹段上应该分别有会合点和分离点。

系统闭环特征方程为：$f(s)=s(s+2)+k(s+4)=0$

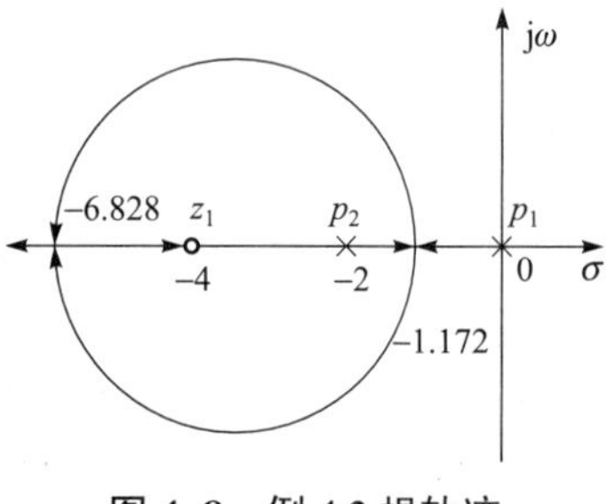

图 4–8　例 4.3 根轨迹

联合$\dfrac{df(s)}{ds}=2s+2+k=0$，可求得：$s_1=-1.172$，$s_2=-6.828$，都在实轴上的根轨迹上，因此$s_1=-1.172$为分离点，$s_2=-6.828$为会合点。

规则 6　根轨迹与虚轴交点。

当根轨迹增益 k 增大到一定值时，根轨迹有可能穿过虚轴进入 s 右半平面，当进入右半平面后，意味着闭环系统出现了正实部根，会造成系统的不稳定。因此非常需要明确知道此时 k 的具体变化数值以及根轨迹在虚轴上的交点坐标。

确定该交点的方法有以下两种。

（1）根轨迹与虚轴相交，闭环特征根为虚数，设 $s=\mathrm{j}\omega$，应满足系统特征方程，即

$$1+G(\mathrm{j}\omega)H(\mathrm{j}\omega)=0 \tag{4–33}$$

表示为实部和虚部的形式为

$$\mathrm{Re}\left[1+G(\mathrm{j}\omega)H(\mathrm{j}\omega)\right]+\mathrm{j}\,\mathrm{Im}\left[1+G(\mathrm{j}\omega)H(\mathrm{j}\omega)\right]=0 \tag{4–34}$$

可得方程组

$$\begin{cases}\mathrm{Re}[1+G(\mathrm{j}\omega)H(\mathrm{j}\omega)]=0\\ \mathrm{Im}[1+G(\mathrm{j}\omega)H(\mathrm{j}\omega)]=0\end{cases} \tag{4–35}$$

由方程组（4–35）可以计算得到根轨迹与虚轴交点的坐标 ω 和 k 的值。

（2）根轨迹相交于虚轴时，可以令劳斯表第一列中包含 k 的项为零，即可确定根轨迹与虚轴交点的 k 值。此外，采用劳斯表中 s 偶次方行构造辅助方程得到纯虚根。

例 4.4　已知负反馈系统的开环传递函数为

$$G(s)H(s)=\frac{k}{s(s+1)(s+2)} \tag{4–36}$$

方法一　由$1+G(\mathrm{j}\omega)H(\mathrm{j}\omega)=1+\dfrac{k}{\mathrm{j}\omega(\mathrm{j}\omega+1)(\mathrm{j}\omega+2)}=0$得

$$-\mathrm{j}\omega^3-3\omega^2+2\mathrm{j}\omega+k=0$$

因此由$-\mathrm{j}\omega^3+2\mathrm{j}\omega=0\Rightarrow\omega=\pm\sqrt{2}$，与虚轴交点为$(0,\pm\mathrm{j}\sqrt{2})$。

由$-3\omega^2+k=0\Rightarrow k=6$。

方法二　系统闭环特征方程为

$$s(s+1)(s+2)+k=s^3+3s^2+2s+k=0$$

写出其劳斯表

$$\begin{array}{c|cc} s^3 & 1 & 2\\ s^2 & 3 & k\\ s^1 & \dfrac{6-k}{3} & 0\\ s^0 & k & \end{array}$$

当劳斯表中某一行元素全部为零时，特征方程会出现共轭虚根，因此当$k=6$时，劳斯表有s^1行元素全部为 0，由s^2行构建辅助方程为

$$3s^2+k=3s^2+6=0$$

得出结论：$s=\pm j\sqrt{2}$ 为根轨迹与虚轴的交点，在交点的 k 值为 6。

规则 7 根轨迹的出射角 θ_p 与入射角 θ_z。

当系统具有复数的开环极点和复数的开环零点时，需要确定根轨迹进出这些点的方向。

出射角 θ_p：根轨迹离开开环复数极点处的切线方向与实轴正方向的夹角。

入射角 θ_z：根轨迹进入开环复数零点处的切线方向与实轴正方向的夹角。

由相角条件可得：根轨迹出射角等于 180° 减去所有从其他开环极点到该极点所引向量的幅角之和再加上从所有开环零点到该极点所引向量的幅角之和；根轨迹的入射角等于 180° 减去所有从其他开环零点到该零点所引向量的幅角之和再加上从所有开环极点到该零点所引向量的幅角之和。即

$$\theta_{p_1}=180°+\sum_{j=1}^{m}\angle(p_1-z_j)-\sum_{i=2}^{n}\angle(p_1-p_i) \tag{4-37}$$

$$\theta_{z_1}=180°+\sum_{i=1}^{n}\angle(z_1-p_i)-\sum_{j=2}^{m}\angle(z_1-z_j) \tag{4-38}$$

设系统的开环零极点分布如图 4-9 所示，在根轨迹上靠近开环复极点 p_1 处选择一点 s_1，距离 p_1 的距离为 ξ，且 $\xi\to 0$。令 $\angle(s_1-p_1)=\theta_{p_1}$，该角即为 p_1 点的出射角，且由于 $\xi\to 0$，因此

$$\angle(p_1-p_i)=\angle(s_1-p_i),\quad i=2,3,4$$

$$\angle(p_1-z_j)=\angle(s_1-z_j),\quad j=1$$

由相角条件：

$$\angle(s_1-z_1)-\angle(s_1-p_1)-\angle(s_1-p_2)-\angle(s_1-p_3)-\angle(s_1-p_4)=180°\pm i\cdot 360°$$

$$\angle(s_1-p_1)=\angle(s_1-z_1)-\angle(s_1-p_2)-\angle(s_1-p_3)-\angle(s_1-p_4)-180°\mp i\cdot 360°$$

$$\theta_{p_1}=\angle(p_1-z_1)-\angle(p_1-p_2)-\angle(p_1-p_3)-\angle(p_1-p_4)-180°\mp i\cdot 360° \tag{4-39}$$

通常取相位的主值区间，有

$$\theta_{p_1}=\angle(p_1-z_1)-\angle(p_1-p_2)-\angle(p_1-p_3)-\angle(p_1-p_4)-180°$$

将式(4–39)推广到系统具有 n 个开环极点 p_i，$i=1,2,\cdots,n$，m 个开环零点 z_j，$j=1,2,\cdots,m$ 时，就可以得到式（4–38）。同理可求得式（4–39）。

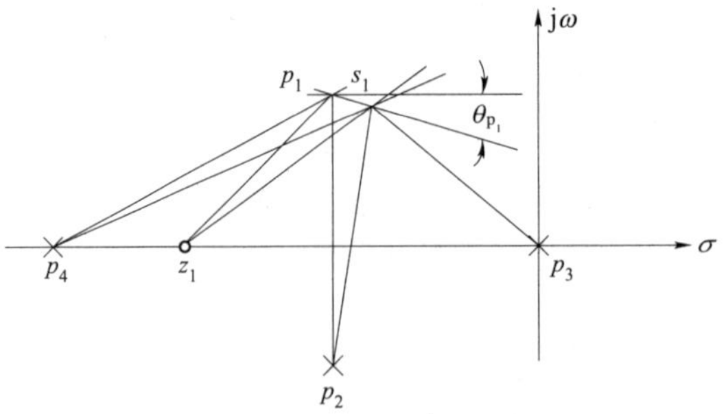

图 4-9 出射角的求取

例 4.5 已知负反馈系统的开环传递函数为

$$G(s)H(s)=\frac{k(s+1)}{s^2+2s+2} \tag{4-40}$$

其开环零极点分别为 $p_{1,2}=-1\pm \mathrm{j},\quad z_1=-1$。

（1）根轨迹分支数为 2；

（2）根轨迹起始于开环极点 $p_{1,2}$，终止于开环零点 z_1 和无穷远处；

（3）实轴上的根轨迹是$(-\infty,-1)$；

（4）会合点由 $\dfrac{\mathrm{d}}{\mathrm{d}s}\left(\dfrac{D(s)}{N(s)}\right)=s^2+2s=0\Rightarrow s_1=-2,s_2=0$，其中 $s_1=-2$ 位于实轴根轨迹上，是会合点；

（5）出射角

$$\theta_{\mathrm{p_1}}=180°+\angle(p_1-z_1)-\angle(p_1-p_2)=180°+90°-90°=180°$$

$$\theta_{\mathrm{p_2}}=180°+\angle(p_2-z_1)-\angle(p_2-p_1)=180°-90°+90°=180°$$

最后绘制出的根轨迹如图 4–10 所示。

规则 8　闭环特征根的和与积。

系统的闭环特征方程可以表示为：

$$\prod_{i=1}^{n}(s-p_i)+k\prod_{j=1}^{m}(s-z_j)=s^n+a_{n-1}s^{n-1}+\cdots+a_1s+a_0$$

$$=s^n+\left(-\sum_{i=1}^{n}s_i\right)s^{n-1}+\cdots+\prod_{i=1}^{n}(-s_i)$$

$$=\prod_{i=1}^{n}(s-s_i)$$

式中，s_i 为系统闭环特征根。

$$\sum_{i=1}^{n}s_i=-a_{n-1}\text{，}\quad \prod_{i=1}^{n}(-s_i)=a_0$$

规则 9　确定闭环特征根对应的根轨迹增益 k。可以应用幅值条件，确定与闭环特征根 p_x 对应的根轨迹增益 k。由闭环特征方程可得

$$k\Big|_{p_x}=\frac{\prod_{i=1}^{n}|(p_x-p_i)|}{\prod_{j=1}^{m}|(p_x-z_j)|} \tag{4-41}$$

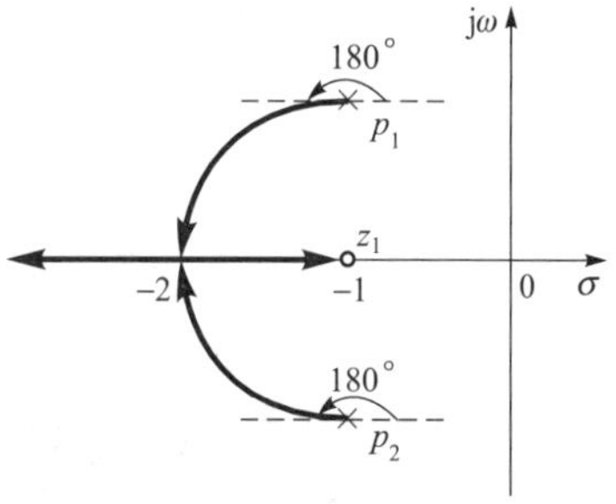

图 4–10　例 4.5 根轨迹

例 4.6　已知例 4.4 系统根轨迹与虚轴相交的两个闭环极点为 $s_{1,2}=\pm\mathrm{j}\sqrt{2}$，试确定第 3 个极点位置和相应的 k 值。

系统特征方程为

$$s^3+3s^2+2s+k=0$$

则由式 $\sum_{i=1}^{n}s_i=-a_{n-1}$ 得

$$s_1+s_2+s_3=-3$$

因此

$$s_3=-3-s_1-s_2=-3-\mathrm{j}\sqrt{2}-(-\mathrm{j}\sqrt{2})=-3$$

由式 $\prod_{i=1}^{n}(-s_i)=a_0$ 得

$$k=a_3=(-s_1)(-s_2)(-s_3)=6$$

结果与例 4.4 相同。

综上所述，根据以上步骤可画出根轨迹。下面用一个完整的例子来予以说明。

例 4.7 给定如下所示的系统特征方程，绘制 k 从 0～∞ 变化时的根轨迹。

$$1+\frac{k}{s^4+12s^3+64s^2+128s}=0$$

（1）确定开环零、极点，有

$$1+\frac{k}{s(s+4)(s+4+\mathrm{j}4)(s+4-\mathrm{j}4)}=0$$

可见这个系统没有有限的开环零点。

（2）极点在 s 平面的位置如图 4–11（a）所示，根轨迹条数为 4。

（3）实轴上的根轨迹段为[–4，0]。

（4）渐近线：公共点为

$$\sigma_\mathrm{a}=\frac{-4+(-4+\mathrm{j}4)+(-4-\mathrm{j}4)}{4}=-3$$

渐近线与实轴的交角为

$$\frac{(2k+1)\pi}{4},\quad k=0,1,2,3$$

即为 $45^\circ,135^\circ,225^\circ,315^\circ$。

（5）与虚轴的交点：将特征根方程改写为

$$s(s+4)(s+4+\mathrm{j}4)(s+4-\mathrm{j}4)+k=s^4+12s^3+64s^2+128s+k=0$$

可得劳斯表为

$$\begin{array}{c|ccc}
s^4 & 1 & 64 & k \\
s^3 & 12 & 128 & \\
s^2 & 53.33 & k & \\
s^1 & c_1 & & \\
s^0 & k & &
\end{array}$$

其中，$c_1=\dfrac{53.33\times128-12k}{53.33}$。

当 $c_1=0$ 时，即 $\dfrac{53.33\times128-12k}{53.33}=0\Rightarrow k=568.89$ 时，系统临界稳定，构建辅助方程：

$53.33s^2+568.89=0$，得与虚轴的交点为$(0,\pm \mathrm{j}3.266)$。

（6）分离点和会合点：由$\dfrac{\mathrm{d}}{\mathrm{d}s}\left(\dfrac{D(s)}{N(s)}\right)=4s^3+36s^2+128s+128=0$，可以解得其一个实根位于$s_1=-1.576$，在实轴根轨迹上，是分离点；其余两个根是复数，舍去。

注意：也可通过试凑的方法近似获得分离点的位置：可以估计在-4和 0 之间有分离点，并进一步估计出分离点位于-3和-1之间，因此可以在此区间搜索。一般情况下也不必求得更精确的分离点。

（7）出射角：复极点p_1和p_2处的出射角可以用相位角条件估计，即

$$\begin{aligned}\theta_{p_1}&=180^\circ-\angle(p_1-p_2)-\angle(p_1-p_3)-\angle(p_1-p_4)\\&=180^\circ-90^\circ-90^\circ-135^\circ=-135^\circ\end{aligned}$$

$$\begin{aligned}\theta_{p_2}&=180^\circ-\angle(p_2-p_1)-\angle(p_2-p_3)-\angle(p_2-p_4)\\&=180^\circ-(-90^\circ)-(-90^\circ)-(-135^\circ)=360^\circ+135^\circ\end{aligned}$$

（8）根据以上结果，绘制根轨迹如图 4–11（b）所示。

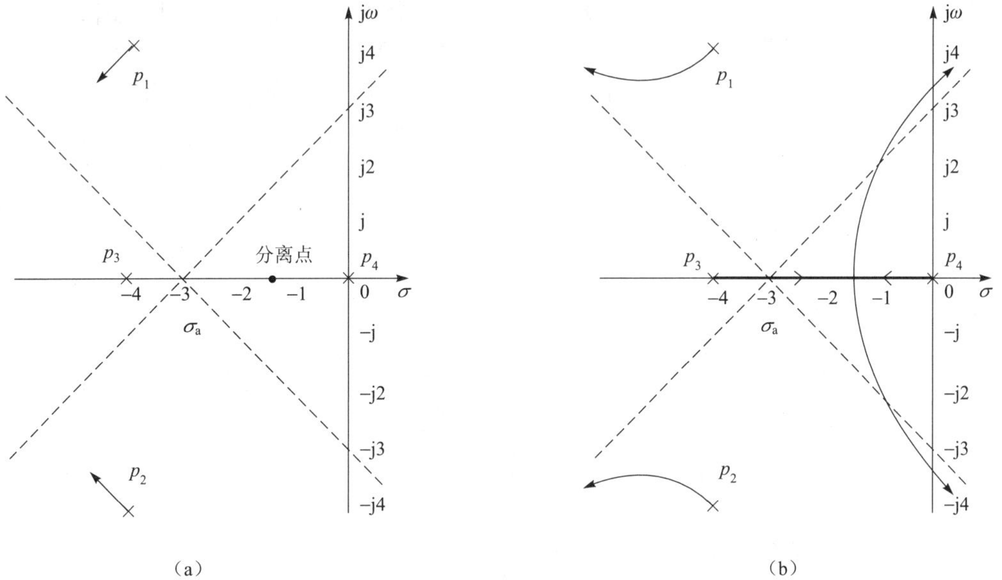

图 4–11　例 4.7 的根轨迹

（a）极点位置；（b）根轨迹

4.4　应用根轨迹进行参数设计

通过根轨迹，能够确定闭环极点的位置。

（1）绘制完根轨迹后，就能够确定闭环极点的走向；

（2）参数k确定后，就决定了闭环极点的位置，从而能够计算出闭环系统的性能指标。

例 4.8　已知单位负反馈系统开环传递函数为

$$G(s)=\frac{k}{s(s+2)}$$

图 4–2 已经给出了其根轨迹图，从其根轨迹可以分析：

首先看稳定性，当开环增益从零变到无穷时，根轨迹仍始终保持在 s 平面的左半平面，没有进入右半平面，根据根轨迹上的点的特性，说明系统对所有的 K 值都是稳定的。

再看系统的动态性能，这是一个典型的二阶系统，可以从根轨迹上清楚地得到它的动态特点。

当 $0 < K < 0.5$ 时，所有闭环极点都位于实轴上，此时系统是过阻尼状态，系统响应呈单调上升形式。当 $K = 0.5$ 时，实轴上左右两段根轨迹相交，意味着两个实数极点重合，即系统出现了重根，此时的系统是临界阻尼状态，系统响应仍然呈单调上升形式，但响应速度比 $0 < K < 0.5$ 时要快。当 $K > 0.5$ 时，根轨迹离开实轴，出现在复平面上，表明系统存在一对共轭复根，此时的系统是欠阻尼状态，系统响应呈阻尼振荡过程，且超调量将随 K 值的增大而增大，但调节时间没有明显变化。

最后看稳定性能，从图 4–2 可见，开环系统在坐标原点有一个极点，所以系统是 I 型系统。因此根轨迹上的 k 值与稳态速度误差常数直接相关。如果给定了系统的稳态误差要求，则由根轨迹图可以确定闭环极点位置的容许范围，一般情况下，根轨迹图上标注的是根轨迹增益，而开环增益 K 与根轨迹增益 k 之间只相差一个比例系数。

（1）当 $0 < k \leqslant 1$ 时，闭环系统的特征根是实数，系统动态响应是非振荡的；

（2）当 $k > 1$ 时，闭环系统的特征根是一对共轭复数，系统动态响应应该是振荡的。

例如，当 $k = 5$ 时，由图可以得系统闭环极点为 $s_{1,2} = -1 \pm \mathrm{j}2$，对应二阶系统标准传递函数得各项系数，有

$$\zeta\omega_{\mathrm{n}} = 1$$

$$\omega_{\mathrm{n}}\sqrt{1-\zeta^2} = 2$$

由此可以计算出：$\zeta = \frac{1}{\sqrt{5}}$，$\omega_{\mathrm{n}} = \sqrt{5}$。

并进一步计算各项动态性能指标。同时，还可知 $K = \frac{k}{2} = \frac{5}{2}$，因此 $K_{\mathrm{v}} = \frac{5}{2}$，稳态误差 $e_{\mathrm{ss}}(\infty) = \frac{2}{5}$。

4.5 参数根轨迹法

以上主要针对根轨迹增益 k 从 0～∞ 变化时进行讨论和参数设计，但如果要讨论或设计的参数不是或不仅仅是根轨迹增益，是否仍然可以用根轨迹的方法呢，答案是肯定的，只需要把方程作一定的转化，把要求讨论的系数放到根轨迹增益的位置，就能够同样运用根轨迹方法展开讨论了。

这种除了以开环根轨迹增益 k 为变化参数的根轨迹外，以其他可变参数绘制的根轨迹称为参数根轨迹。例如，若负反馈系统的开环传递函数为

$$G(s)=\frac{6}{s^3+3s^2+\alpha s^2+3s}$$

则闭环特征方程为

$$s^3+3s^2+\alpha s^2+3s+6=0 \text{（参数}\alpha\text{从}0\sim\infty\text{变化）}$$

分离参数 α，则可改写为如下的根轨迹方程

$$1+\frac{\alpha s^2}{s^3+3s^2+3s+6}=0,\ 1+G_k(s)=0$$

α 就到了根轨迹增益的位置，对应地参数 α 的根轨迹就是相对应开环传递函数为 $G^*(s)=\dfrac{\alpha s^2}{s^3+3s^2+3s+6}$ 的根轨迹。

如果需要讨论的参数不止一个，由于根轨迹作图只针对一个参数，对于多个参数，就需要多次作图来讨论和确定参数的取值。

例如，考虑含有 α、β 两个参数的三阶闭环特征方程

$$s^3+s^2+\beta s+\alpha=0 \tag{4–42}$$

先研究 α 的影响，再研究 β 的影响。首先取 $\beta=0$，则式（4–42）变为

$$1+\frac{\alpha}{s^2(s+1)}=0$$

绘制根轨迹如图 4–12（a）所示。取 $\alpha=\alpha_1$，闭环特征方程可转化为

$$1+\frac{\beta s}{s^3+s^2+\alpha_1}=0$$

其开环极点位于 $\beta=0$ 时的位置，即前面讨论 α 时 $\alpha=\alpha_1$ 时根轨迹的位置。开环还在原点多了一个零点。因此绘制根轨迹如图 4–12（b）所示。

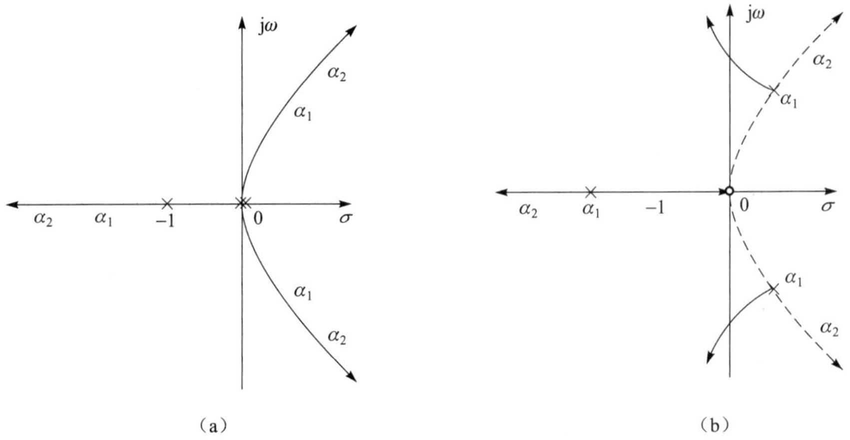

图 4–12　以 α、β 为可变参数的根轨迹

（a）α 变化时的根轨迹；（b）β 变化时（$\alpha=\alpha_1$）的根轨迹

其实还可以作进一步的讨论，即可以在选取不同 α 值的情况下继续讨论 β 的根轨迹，因此也可以绘制如图 4–13 所示的根轨迹，从图中可以基本看出参数 α 和 β 对闭环特征根的影响情况。

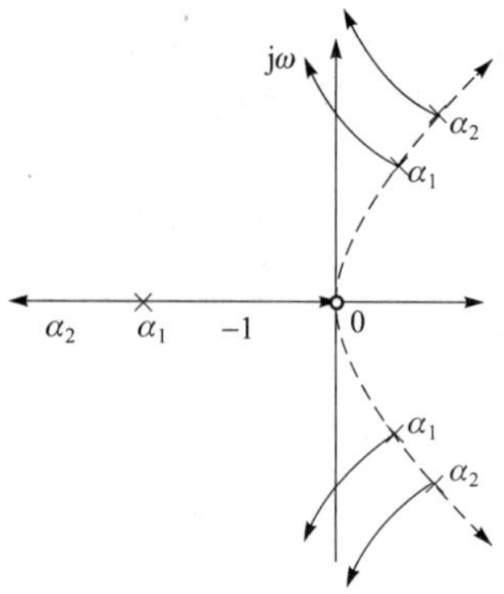

图 4–13　多个参数变化的根轨迹

典型传递函数的根轨迹见表 4–1。

表 4–1　典型传递函数的根轨迹

$G(s)$	根　轨　迹
1. $\dfrac{k}{s\tau_1+1}$	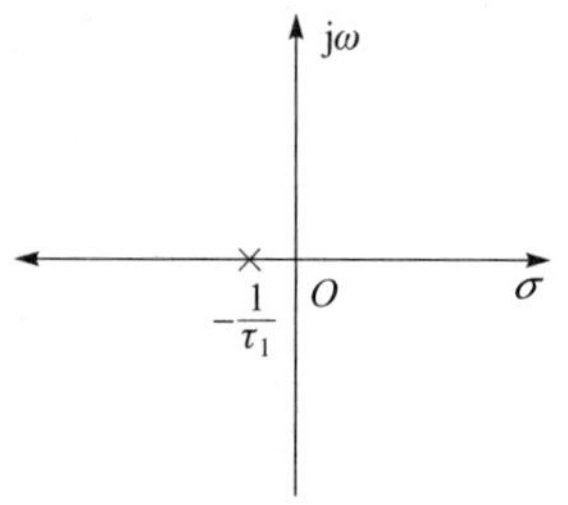
2. $\dfrac{k}{(s\tau_1+1)(s\tau_2+1)}$	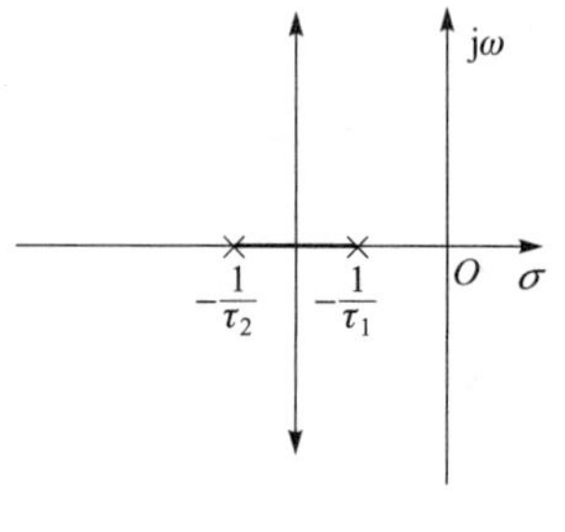
3. $\dfrac{k}{(s\tau_1+1)(s\tau_2+1)(s\tau_3+1)}$	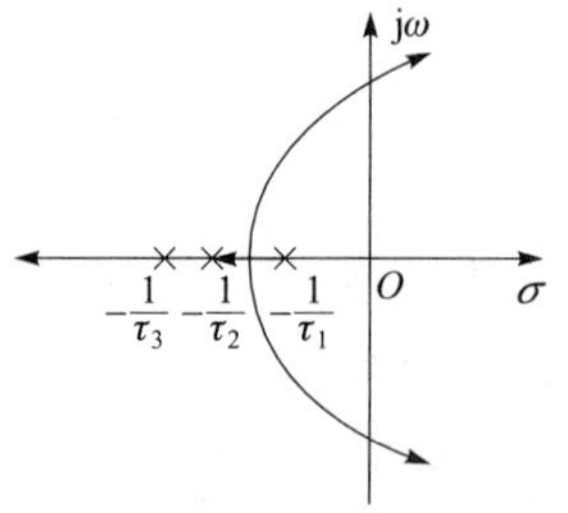

续表

$G(s)$	根　轨　迹
4. $\dfrac{k}{s}$	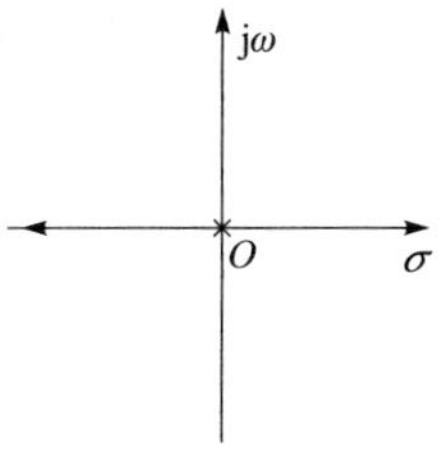
5. $\dfrac{k}{s(s\tau_1+1)}$	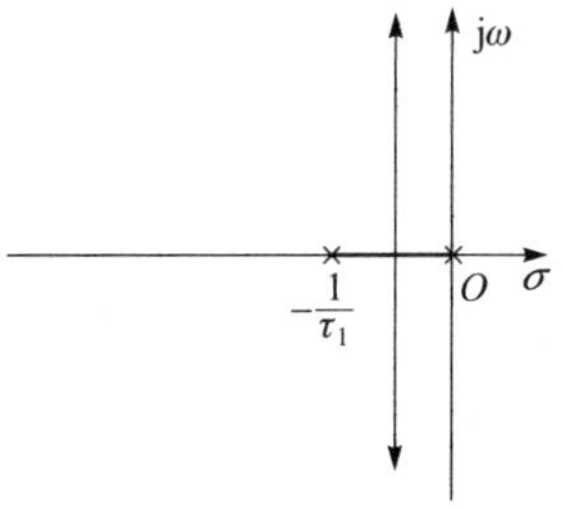
6. $\dfrac{k}{s(s\tau_1+1)(s\tau_2+1)}$	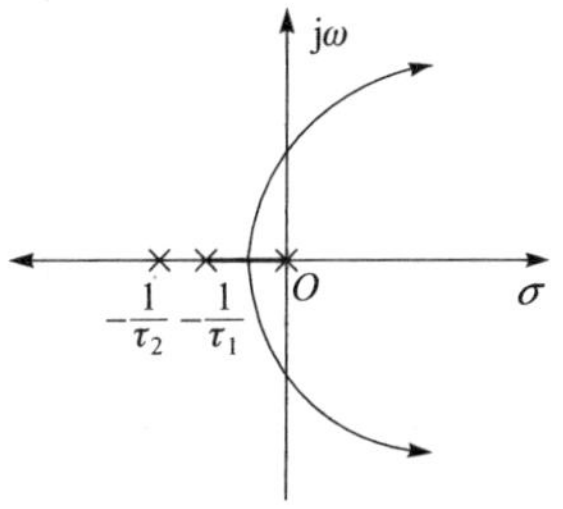
7. $\dfrac{k(s\tau_a+1)}{s(s\tau_1+1)(s\tau_2+1)}$	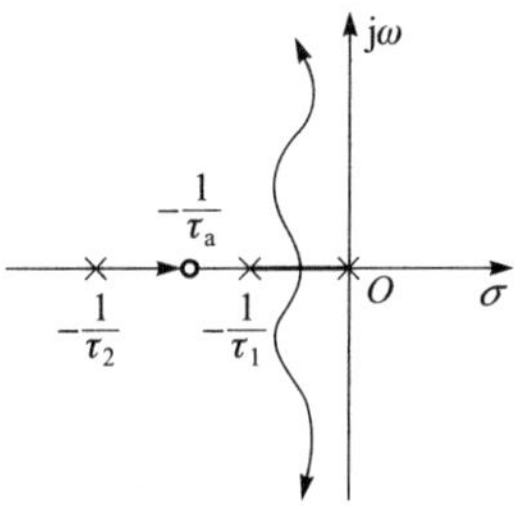
8. $\dfrac{k}{s^2}$	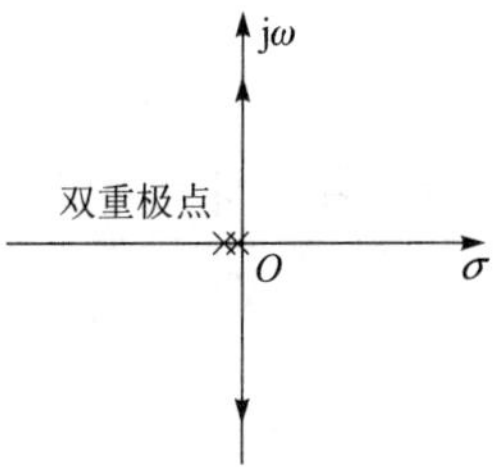

续表

<table>
<tr><th>$G(s)$</th><th>根　轨　迹</th></tr>
<tr><td>9. $\dfrac{k}{s^2(s\tau_1+1)}$</td><td>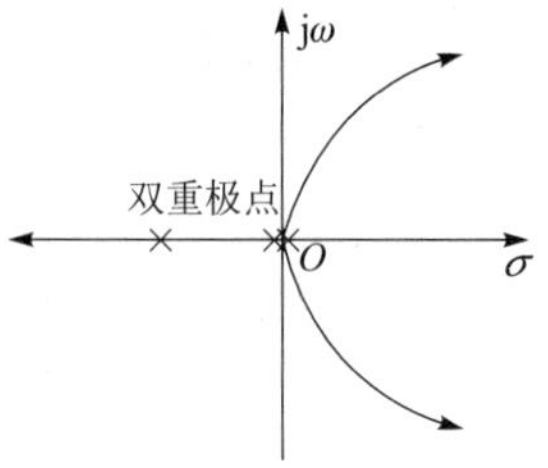
</td></tr>
<tr><td>10. $\dfrac{k(s\tau_a+1)}{s^2(s\tau_1+1)}$</td><td>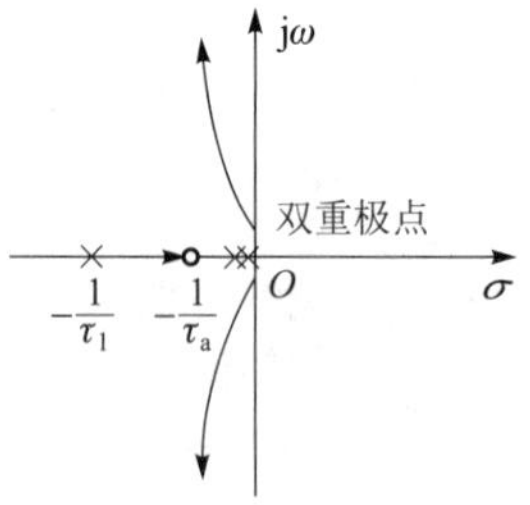
</td></tr>
<tr><td>11. $\dfrac{k}{s^3}$</td><td>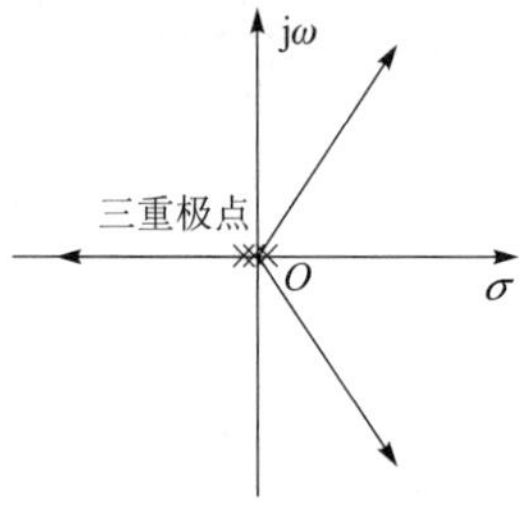
</td></tr>
<tr><td>12. $\dfrac{k(s\tau_a+1)}{s^3}$</td><td>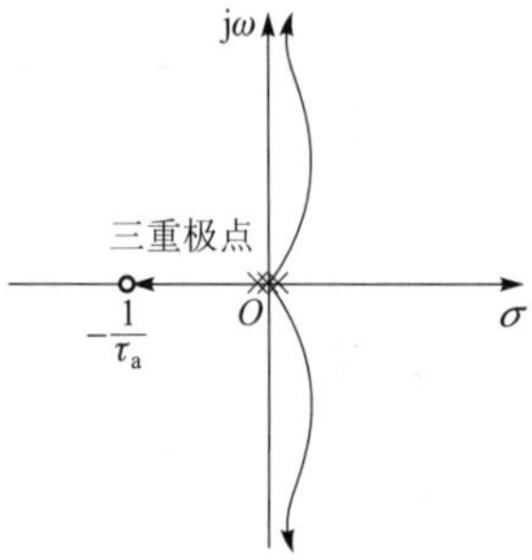
</td></tr>
</table>

习　　题

4.1　负反馈系统开环传递函数为

$$G(s)H(s)=\frac{k}{s(s^2+3s+2)}$$

试绘制系统的根轨迹图。

4.2　设单位负反馈闭环控制系统开环传递函数为

$$G(s)=\frac{k}{s(s+1)(s+5)}$$

试画出系统的根轨迹图，并求出使系统稳定的 k 值范围。

4.3　非最小相位负反馈系统的开环传递函数为

$$G(s)H(s)=\frac{k(s+2)}{s(s-5)}$$

试绘制系统的根轨迹图。

4.4　设两个负反馈系统的开环传递函数分别为

$$G(s)H(s)=\frac{k}{s^2}\quad 和\quad G(s)H(s)=\frac{k(s+1)}{s^2(s+10)}$$

分别确定它们的渐近线，并绘制出根轨迹图，试对比两个系统根轨迹图有何区别。

4.5　已知单位负反馈系统的开环传递函数为

$$G(s)=\frac{k}{(s+1)(s-1)}$$

试画出系统的根轨迹简图，并讨论系统的稳定情况。

4.6　某单位负反馈系统开环传递函数为

$$G(s)=\frac{k(s+10)}{s(s+5)}$$

（1）确定根轨迹在实轴上的分离点和会合点，绘出根轨迹图；

（2）当两个特征根的阻尼系数为 $\zeta=1/\sqrt{2}$ 时，确定增益 k 的取值；

（3）计算闭环特征根。

4.7　某单位负反馈系统开环传递函数为

$$G(s)=\frac{k(s+2)}{s(s+1)}$$

（1）确定根轨迹在实轴上的分离点和会合点，并绘出根轨迹图；

（2）当两个特征根的实部为－2 时，确定增益 k 的取值，并求出闭环特征根。

4.8　某单位负反馈系统开环传递函数为

$$G(s)=\frac{k(s+1)}{s^2(s+9)}$$

（1）试确定所有根都在实轴上同一点时的 k 值，并求根的位置。

（2）确定渐近线的位置，并绘出根轨迹图。

4.9　如习题图 4–1 所示单位负反馈系统，已知 $G(s)=\dfrac{1}{s(s-1)}$，若 $G_c(s)=k$，请利用根轨迹证明系统始终不稳定。

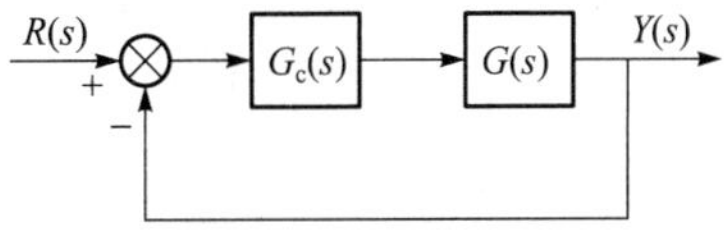

习题图 4–1

第 5 章
控制系统的频率特性

5.1 引言

在前面各章中，采用了基于复频变量 s 的传递函数来描述控制系统，并用系统在 s 平面上的零、极点来分析和解释系统响应。本章将要介绍另一种系统分析和设计方法，即频率特性法。它是一种重要而且实用的系统分析方法。

系统的频率特性定义为系统对正弦输入信号的稳态响应。在这种情况下，系统的输入信号是正弦信号，线性系统的内部信号及其输出信号也是稳态的正弦信号，这些信号频率相同，幅值和相角则各有不同。

评判一个控制系统时，首先应该看它是否稳定；如果系统是稳定的，还应进一步考查它的相对稳定性。本章要在频率域中来研究系统的稳定性，所采用的方法是频率特性法。

频率特性法具有下述优点：频率特性具有明确的物理意义；计算量小，一般采用简单近似的作图方法，简单、直观，易于在工程技术界使用；另外，可以采用实验的方法获得系统或元件的频率特性，这对于机理复杂或机理不明而难以列出微分方程的系统或元件而言有重要的实用意义。正因为这些优点，频率特性法在工程技术领域得到非常广泛的应用。

5.2 频率特性

设线性定常系统的传递函数为 $G(s)$，输入正弦波信号为

$$r(t) = R\sin(\omega t) \tag{5–1}$$

式中，R 为正弦信号的幅值；ω 为角频率。其拉氏变换式为

$$R(s) = \frac{R\omega}{s^2+\omega^2} = \frac{R\omega}{(s+\mathrm{j}\omega)(s-\mathrm{j}\omega)} \tag{5–2}$$

则系统输出为

$$Y(s) = G(s)R(s) = G(s)\frac{R\omega}{(s+\mathrm{j}\omega)(s-\mathrm{j}\omega)} \tag{5–3}$$

输出信号中的稳态分量是与输入信号极点对应的分量

$$Y_s(s) = \frac{A_1}{s+\mathrm{j}\omega} + \frac{A_2}{s-\mathrm{j}\omega} \tag{5–4}$$

式中，

$$A_1 = G(s)\frac{R\omega}{(s+\mathrm{j}\omega)(s-\mathrm{j}\omega)}(s+\mathrm{j}\omega)\bigg|_{s=-\mathrm{j}\omega} = -\frac{R}{2\mathrm{j}}G(-\mathrm{j}\omega) \tag{5-5}$$

$$A_2 = G(s)\frac{R\omega}{(s+\mathrm{j}\omega)(s-\mathrm{j}\omega)}(s-\mathrm{j}\omega)\bigg|_{s=\mathrm{j}\omega} = \frac{R}{2\mathrm{j}}G(\mathrm{j}\omega) \tag{5-6}$$

式（5–4）经拉氏反变换得

$$y_{\mathrm{s}}(t) = A_1\mathrm{e}^{-\mathrm{j}\omega t} + A_2\mathrm{e}^{\mathrm{j}\omega t} \tag{5-7}$$

将式（5–5）、式（5–6）代入式（5–7）得

$$\begin{aligned} y_{\mathrm{s}}(t) &= -\frac{R}{2\mathrm{j}}G(-\mathrm{j}\omega)\mathrm{e}^{-\mathrm{j}\omega t} + \frac{R}{2\mathrm{j}}G(\mathrm{j}\omega)\mathrm{e}^{\mathrm{j}\omega t} \\ &= R\left|G(\mathrm{j}\omega)\right|\sin(\omega t+\theta) \end{aligned} \tag{5-8}$$

式中，$\theta = \angle G(\mathrm{j}\omega)$。

由此可以看出，对于一稳定的线性定常系统 $G(s)$，当输入 $r(t)$ 为正弦波信号时，其稳态响应 $y_{\mathrm{s}}(t)$ 为同一频率的正弦波信号，且 $y_{\mathrm{s}}(t)$ 相对 $r(t)$ 的幅值之比为 $\left|G(\mathrm{j}\omega)\right|$，是系统的幅频特性；$y_{\mathrm{s}}(t)$ 与 $r(t)$ 的相位差是 $\theta = \angle G(\mathrm{j}\omega)$，是系统的相频特性。因此，系统（或对象）的传递函数 $G(s)$ 中令 $s = \mathrm{j}\omega$ 而得的 $G(\mathrm{j}\omega)$ 就代表了系统（或对象）的频率特性。

系统频率特性也是系统数学模型的一种表示方式。对于稳定的系统，其频率特性也可以通过实验的方法测得，即在系统输入端施加不同频率的信号，测量其输出的稳态响应，根据输出信号与输入信号的幅值比和相位差就能够获得系统的频率特性曲线。但对于不稳定系统，由于其稳态响应中包含不稳定极点产生的发散或振荡的分量，因此就不能够通过实验测取。

$G(\mathrm{j}\omega)$ 为一复数，可以表示为极坐标和直角坐标下的形式为

$$\begin{aligned} G(\mathrm{j}\omega) &= \left|G(\mathrm{j}\omega)\right|\mathrm{e}^{\mathrm{j}\angle G(\mathrm{j}\omega)} = \left|G(\mathrm{j}\omega)\right|(\cos\theta + \mathrm{j}\sin\theta) \\ &= U(\omega) + \mathrm{j}V(\omega) \end{aligned} \tag{5-9}$$

式中，相位角为

$$\theta = \angle G(\mathrm{j}\omega) = \begin{cases} \arctan\dfrac{V(\omega)}{U(\omega)}, & U(\omega) > 0 \\ \pi + \arctan\dfrac{V(\omega)}{U(\omega)}, & U(\omega) < 0 \end{cases} \tag{5-10}$$

为方便计算，一般取 $-180^\circ < \theta \leqslant 180^\circ$。$U(\omega)$ 和 $V(\omega)$ 也分别称为 $G(\mathrm{j}\omega)$ 的实频特性和虚频特性。

某环节若有负的相位角，则称为相位滞后，为滞后环节；若有正的相位角，则称为相位超前，为超前环节。

对于任何实际的物理系统，当输入正弦波信号的频率很高时，输出响应信号的幅值一定很小，这说明实际物理系统的传递函数分母的阶次一定比分子的阶次要高。（注意：请思考为什么？）

5.3　频率特性图

系统的频率特性可以用频率特性曲线表示，也可以在不同的坐标系中，用不同的图形

和曲线表示，称为系统的频率特性图。本节将介绍两种常用的频率特性图，即极坐标图和波特（Bode）图。

5.3.1 极坐标图

根据式（5–9），复数 $G(\mathrm{j}\omega)$ 在复平面上是一个点或一个向量。以直角坐标或极坐标表示复平面，画出当 ω 由 0 变到 ∞ 时 $G(\mathrm{j}\omega)$ 的轨迹，所得的图形称为该系统的极坐标图，也称奈奎斯特（Nyquist）图。

下面具体介绍典型环节的极坐标图。

控制系统通常由若干典型环节组成，在第 2 章我们已经提到常用的典型环节有比例环节，积分环节、微分环节、惯性环节、一阶微分环节、二阶微分环节、二阶振荡环节以及延迟环节等。

下面分别讨论典型环节的频率特性。

1. 比例环节

比例环节的传递函数为

$$G(s)=K$$

频率特性为

$$G(\mathrm{j}\omega)=K$$

$$|G(\mathrm{j}\omega)|=K,\quad \angle G(\mathrm{j}\omega)=0^\circ$$

其极坐标图是实轴上的一个固定点 $(K,\mathrm{j}0)$，如图 5–1 所示。

2. 积分环节

积分环节的传递函数为

$$G(s)=\frac{1}{s}$$

频率特性为

$$G(\mathrm{j}\omega)=\frac{1}{\mathrm{j}\omega}=\frac{1}{\omega}\mathrm{e}^{-\mathrm{j}90^\circ}$$

其幅相频率特性是沿负虚轴从无穷远处指向原点，如图 5–2 所示。

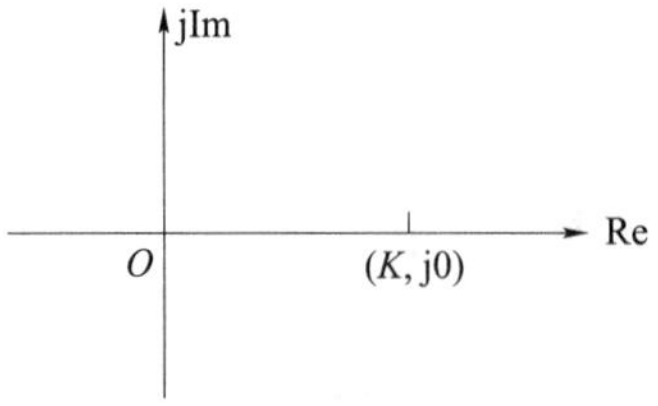

图 5–1 比例环节的极坐标图

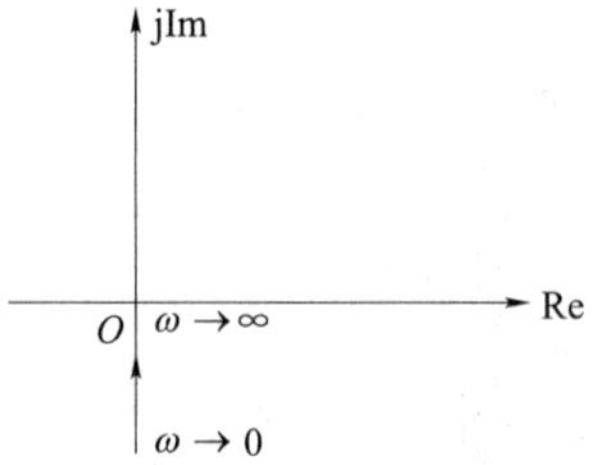

图 5–2 积分环节的极坐标图

3. 微分环节

微分环节的传递函数为

$$G(s)=s$$

频率特性为

$$G(\mathrm{j}\omega)=\mathrm{j}\omega=\omega\mathrm{e}^{\mathrm{j}90^\circ}$$

其幅相频率特性是沿正虚轴从原点指向无穷远处，如图 5–3 所示。

4. 惯性环节

惯性环节的传递函数为

$$G(s)=\frac{1}{Ts+1}$$

频率特性为

$$G(\mathrm{j}\omega)=\frac{1}{\mathrm{j}\omega T+1}=\frac{1}{\sqrt{1+\omega^2T^2}}\mathrm{e}^{-\mathrm{j}\arctan\omega T}$$

其频率特性是一个第四象限的半圆，如图 5–4 所示。

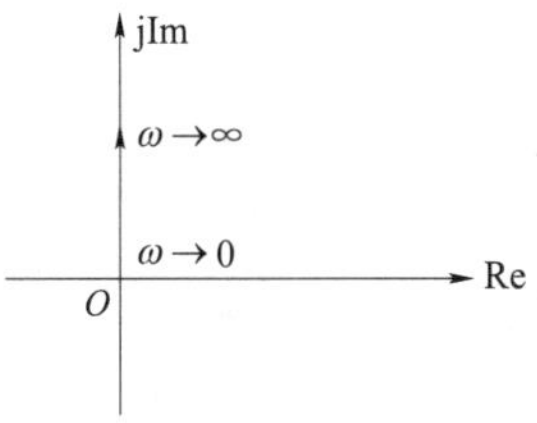

图 5–3　微分环节的极坐标图

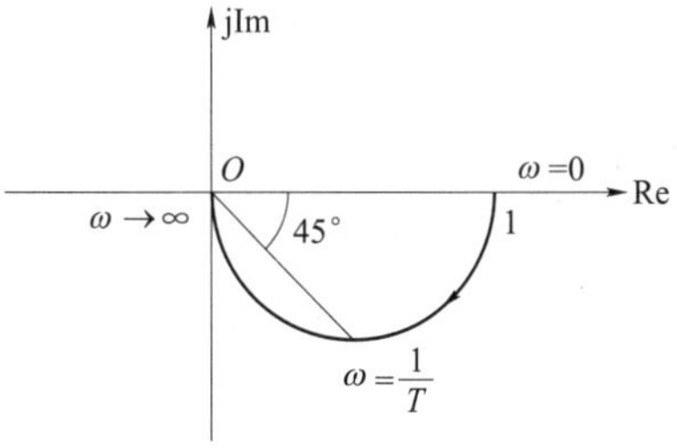

图 5–4　惯性环节的极坐标图

5. 一阶微分环节

一阶微分环节的传递函数为

$$G(s)=\tau s+1$$

频率特性为

$$G(\mathrm{j}\omega)=\mathrm{j}\omega\tau+1=\sqrt{1+\omega^2\tau^2}\mathrm{e}^{\mathrm{j}\arctan\omega\tau}$$

其幅相频率特性是一条由 (1, j0) 点出发，平行于虚轴的直线，如图 5–5 所示。

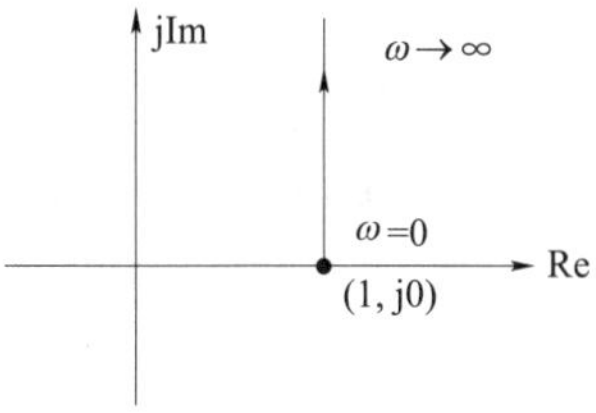

图 5–5　一阶微分环节的极坐标图

6. 二阶振荡环节

二阶振荡环节的传递函数为

$$G(s)=\frac{1}{T^2s^2+2\xi Ts+1}=\frac{\omega_\mathrm{n}^2}{s^2+2\xi\omega_\mathrm{n}s+\omega_\mathrm{n}^2}$$

频率特性为

$$G(\mathrm{j}\omega)=\frac{1}{(\mathrm{j}\omega)^2T^2+\mathrm{j}2\xi T\omega+1}=\frac{\omega_\mathrm{n}^2}{(\mathrm{j}\omega)^2+\mathrm{j}2\xi\omega_\mathrm{n}\omega+\omega_\mathrm{n}^2}$$

$$=\frac{1}{1-\left(\dfrac{\omega}{\omega_\mathrm{n}}\right)^2+\mathrm{j}2\xi\dfrac{\omega}{\omega_n}}$$

$$|G(\mathrm{j}\omega)|=\frac{1}{\sqrt{\left[1-\left(\frac{\omega}{\omega_{\mathrm{n}}}\right)^{2}\right]^{2}+\left(2\xi\frac{\omega}{\omega_{\mathrm{n}}}\right)^{2}}}$$

$$\angle G(\mathrm{j}\omega)=-\arctan\frac{2\xi\frac{\omega}{\omega_{\mathrm{n}}}}{1-\left(\frac{\omega}{\omega_{\mathrm{n}}}\right)^{2}}$$

当 $\omega=0$ 时，$|G(\mathrm{j}\omega)|=1$，相位 $\angle G(\mathrm{j}\omega)=0^{\circ}$，特性曲线起始于 $(1,\mathrm{j}0)$ 点，当 $\omega=\omega_{\mathrm{n}}$ 时，$|G(\mathrm{j}\omega)|=\frac{1}{2\xi}$，$\angle G(\mathrm{j}\omega)=-90^{\circ}$。特性曲线与负实轴相交，交点为 $\frac{1}{2\zeta}$，阻尼比较小，虚轴上的交点离原点较远。当 $\omega\to\infty$ 时，$|G(\mathrm{j}\omega)|\to 0, \angle|G(\mathrm{j}\omega)|\to -180^{\circ}$，特性曲线在第三象限沿负实轴趋向坐标原点。

其幅相频率特性如图 5–6 所示。

7. 二阶微分环节

二阶微分环节的传递函数为

$$G(s)=T^{2}s^{2}+2\xi Ts+1$$

频率特性为

$$G(\mathrm{j}\omega)=(1-T^{2}\omega^{2})+\mathrm{j}2\xi\omega T$$

$$|G(\mathrm{j}\omega)|=\sqrt{(1-\omega^{2}T^{2})^{2}+(2\xi T\omega)^{2}}$$

$$\angle G(\mathrm{j}\omega)=\arctan\frac{2\xi T\omega}{1-\omega^{2}T^{2}}$$

其幅相频率特性如图 5–7 所示。当 $\omega=0$ 时，$|G(\mathrm{j}\omega)|=1$，相位 $\angle G(\mathrm{j}\omega)=0^{\circ}$。所有特性曲线起始于 $(1,\mathrm{j}0)$ 点；当 $\omega=\frac{1}{T}$ 时，$|G(\mathrm{j}\omega)|=2\xi$，$\angle G(\mathrm{j}\omega)=90^{\circ}$，特性曲线与正虚轴相交，交点为 2ζ，阻尼比较大，虚轴上的交点离原点较远；当 $\omega\to\infty$，$\angle G(\mathrm{j}\omega)\to 180^{\circ}$，特性曲线在第二象限沿负实轴方向趋向于无穷远处。

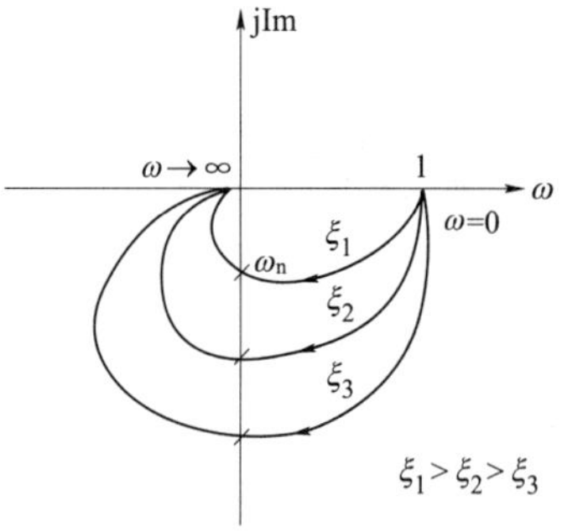

图 5–6　振荡环节的极坐标图

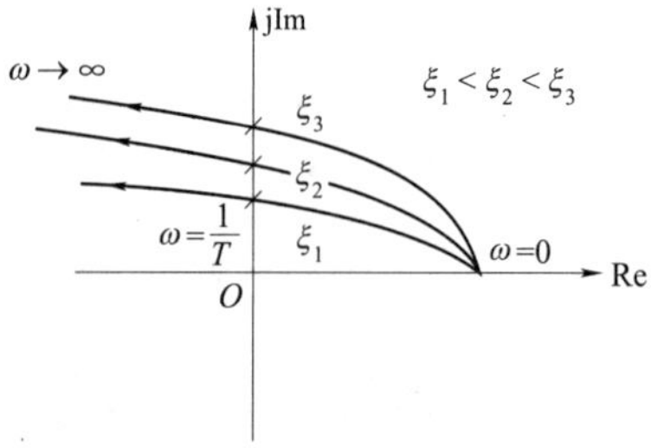

图 5–7　二阶微分环节的极坐标图

8. 延迟环节

延迟环节的传递函数为

$$G(s)=\mathrm{e}^{-\tau s}$$

频率特性为

$$G(\mathrm{j}\omega)=\mathrm{e}^{-\mathrm{j}\omega\tau}$$

其幅相频率特性为以原点为中心，半径为 1 的单位圆，如图 5–8 所示。

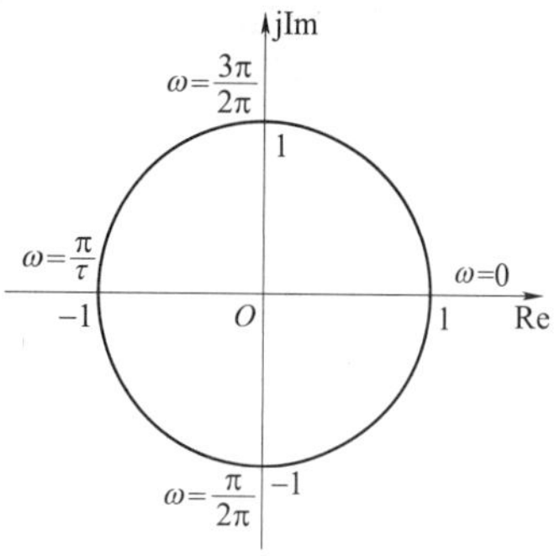

图 5–8　延迟环节的极坐标图

绘制极坐标图主要根据式（5–9），在绘图过程中一般取几个关键的点确定坐标，然后勾出简图即可，如先找出 $\omega=0$ 和 $\omega\to\infty$ 时 $G(\mathrm{j}\omega)$ 的位置，然后再找 1～2 个中间点。画简图时也可以根据 $G(\mathrm{j}\omega)$ 的相频特性 $\theta=\angle G(\mathrm{j}\omega)$ 确定曲线的走向，再根据幅频特性 $|G(\mathrm{j}\omega)|$ 定位。下面用例子来进一步说明。

例 5.1　求 *RC* 滤波器的频率特性。滤波器如图 5–9 所示。

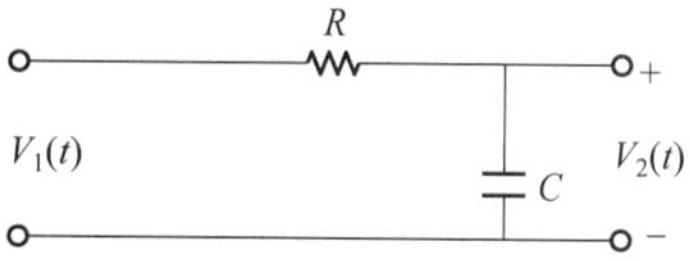

图 5–9　*RC* 滤波器

其传递函数为

$$G(s)=\frac{V_2(s)}{V_1(s)}=\frac{1}{RCs+1} \tag{5–11}$$

于是有

$$G(\mathrm{j}\omega)=\frac{1}{\mathrm{j}RC\omega+1}=\frac{1}{\mathrm{j}T\omega+1}=U(\omega)+\mathrm{j}V(\omega) \tag{5–12}$$

式中，$T=\frac{1}{RC}$。

则相频特性为

$$\angle G(\mathrm{j}\omega)=-\arctan T\omega \tag{5–13}$$

幅频特性为

$$|G(\mathrm{j}\omega)|=\frac{1}{\sqrt{T^2\omega^2+1}} \tag{5–14}$$

实频特性为

$$U(\omega)=\frac{1}{T^2\omega^2+1} \tag{5–15}$$

虚频特性为

$$V(\omega)=-\frac{T\omega}{T^2\omega^2+1} \tag{5–16}$$

取 $\omega=0$，$\omega=\frac{1}{T}$ 和 $\omega=\infty$ 三个点求以上个频率特性，得表 5–1。

表 5–1　三点的频率特性

ω	$\angle G(\mathrm{j}\omega)$	$\lvert G(\mathrm{j}\omega)\rvert$	$U(\omega)$	$V(\omega)$
0	0°	1	1	0
$1/T$	–45°	$\frac{1}{\sqrt{2}}$	$\frac{1}{2}$	$-\frac{1}{2}$
∞	–90°	0	0	0

由此作极坐标图如图 5–10 所示。

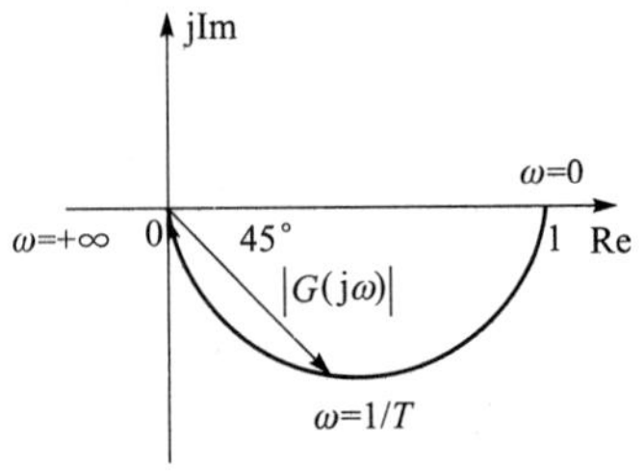

图 5–10　*RC* 滤波器的极坐标图

其实可以进一步推得：$\left(U-\frac{1}{2}\right)^2+V^2=\frac{1}{4}$ 是一个圆的方程，可以看到图 5–10 中出现的就是一个半圆。

表 5–2 是典型环节的极坐标图。

表 5–2　典型环节的极坐标图

$G(s)$	极坐标图
$\frac{1}{Ts+1}$	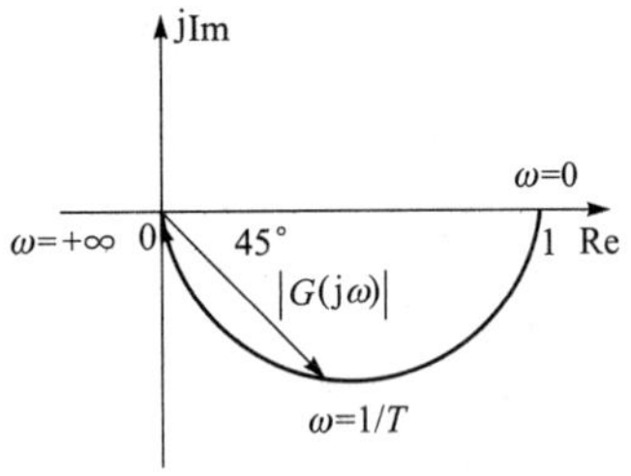
$\frac{1}{s}$	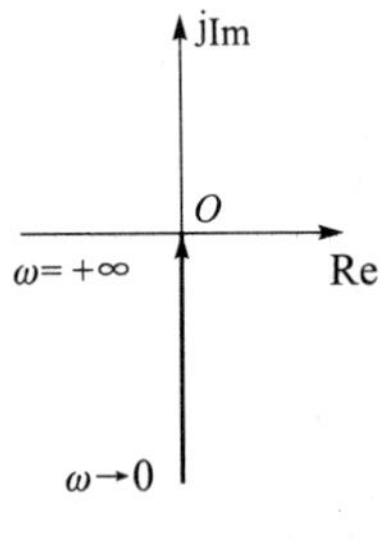
s	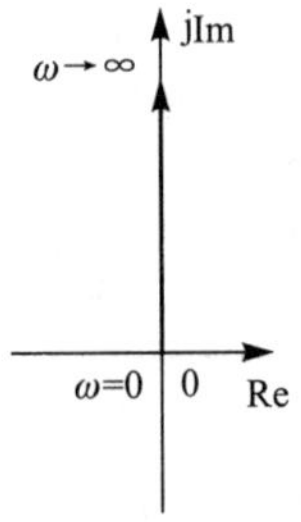

续表

$G(s)$	极坐标图
$Ts+1$	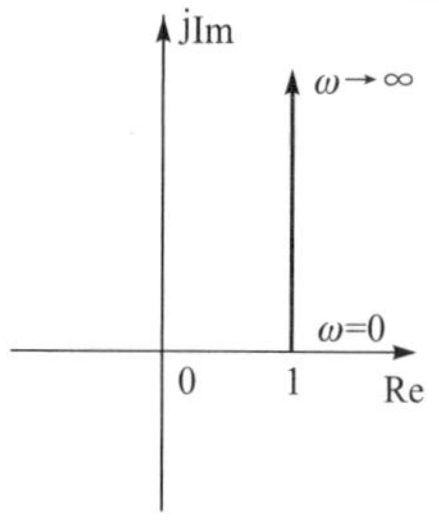
$\dfrac{\omega_n^2}{s^2+2\zeta\omega_n s+\omega_n^2}$	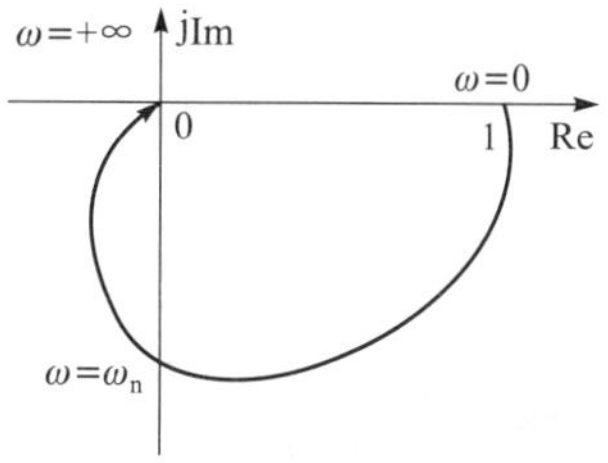
$e^{-\tau s}$	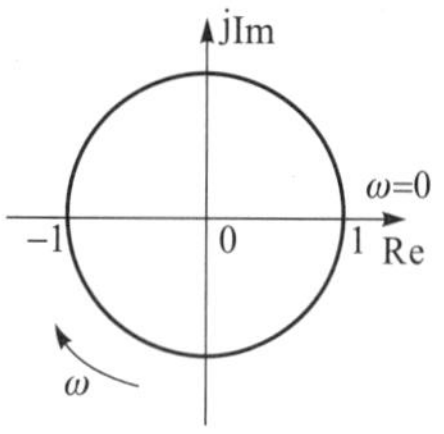

下面具体介绍系统开环幅相频率特性的绘制。

开环幅相频率特性的绘制可以有几种方法，最直接的方法就是根据系统开环频率特性的表达式，通过取点、计算、作图、绘制开环幅相频率特性曲线；另一种方法是根据前面介绍的典型环节的幅相频率特性，将系统开环频率特性分解成典型环节的串联组合，然后按照幅频与相频对应的关系，选取几个关键频率点，勾画出特性简图，还有一种方法是结合工程需要，绘制开环幅相频率特性曲线简图，下面介绍这种方法。

设系统的开环频率特性为

$$G_k(\mathrm{j}\omega)=\frac{k(\mathrm{j}\omega\tau_1+1)(\mathrm{j}\omega\tau_2+1)\cdots(\mathrm{j}\omega\tau_m+1)}{(\mathrm{j}\omega)^r(\mathrm{j}\omega T_1+1)(\mathrm{j}\omega T_2+1)\cdots(\mathrm{j}\omega T_{n-\gamma}+1)}$$

$$=\frac{b_m(\mathrm{j}\omega)^m+\cdots+b_1(\mathrm{j}\omega)+b_0}{a_n(\mathrm{j}\omega)^n+\cdots+a_1(\mathrm{j}\omega)+a_0}(n\geqslant m)$$

（1）当$\omega\to 0$时：

$$\lim_{\omega\to 0}G_k(\mathrm{j}\omega)=\lim_{\omega\to 0}\frac{k}{(\mathrm{j}\omega)^\gamma}=\lim_{\omega\to 0}\frac{k}{\omega^\gamma}\angle\left(-\gamma\cdot\frac{\pi}{2}\right)$$

由此可见，在低频段，幅值和相位与积分环节个数，即系统型别有关：

0 型系统，$\gamma=0$，$|G_k(\mathrm{j}\omega)|=K$，$\angle G_k(\mathrm{j}\omega)=0^\circ$；

Ⅰ型系统，$\gamma=1$，$|G_k(\mathrm{j}\omega)|\to\infty$，$\angle G_k(\mathrm{j}\omega)=-90^\circ$；

Ⅱ型系统，$\gamma=2$，$|G_k(\mathrm{j}\omega)|\to\infty$，$\angle G_k(\mathrm{j}\omega)=-180^\circ$。

因此图 5–11（a）给出了开环幅相频率特性的起始段的一般形状。

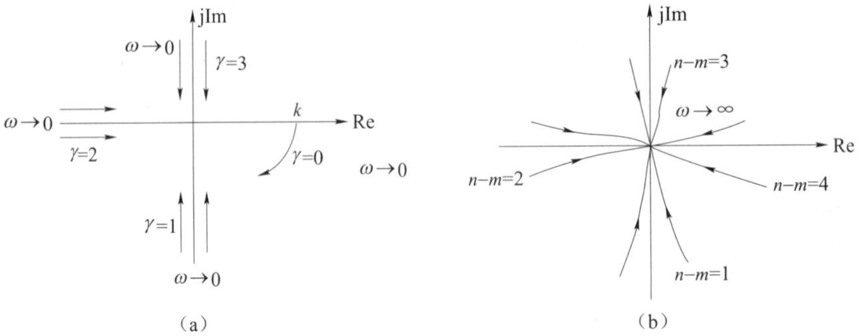

图 5–11　开环幅相频率特性曲线简图

（a）低频段一般形状；（b）高频段一般形状

（2）当 $\omega\to\infty$ 时：

$$\lim_{\omega\to\infty}G_k(\mathrm{j}\omega)=\lim_{\omega\to\infty}\frac{b_m(\mathrm{j}\omega)^m}{a_n(\mathrm{j}\omega)^n}=\lim_{\omega\to\infty}\frac{b_m}{a_n}\bullet\frac{1}{(\mathrm{j}\omega)^{n-m}}$$

$$=\lim_{\omega\to\infty}\frac{b_m}{a_n}\bullet\frac{1}{\omega^{n-m}}\angle\left[-(n-m)\bullet\frac{\pi}{2}\right]=0\angle\left[-(n-m)\frac{\pi}{2}\right]$$

因此高频段以相应的角度收敛于原点，如图 5–11（b）所示。

（3）幅相特性与实轴的交点：

令 $\mathrm{Im}[G_k(\mathrm{j}\omega)]=0$，求出 ω，代入 $\mathrm{Re}[G_k(\mathrm{j}\omega)]$ 中，得到幅相频率特性曲线与实轴交点。

（4）幅相频率特性曲线与虚轴的交点：

令 $\mathrm{Re}[G_k(\mathrm{j}\omega)]=0$，求出 ω，代入 $\mathrm{Im}[G_k(\mathrm{j}\omega)]$ 中，得到幅相频率特性曲线与虚轴的交点。

当系统开环传递函数存在零点时，系统开环幅相频率特性曲线有凹凸现象，但由于此方法绘制的幅相频率特性概略曲线，所以该现象无须特别强调。

例 5.2　已知 $G(s)=\dfrac{\omega_\mathrm{n}^2}{s(s^2+2\zeta\omega_\mathrm{n}s+\omega_\mathrm{n}^2)}$，绘制其频率特性的极坐标简图。

可以将该传递函数进行分解得

$$G(s)=\frac{1}{s}\bullet\frac{\omega_\mathrm{n}^2}{(s^2+2\zeta\omega_\mathrm{n}s+\omega_\mathrm{n}^2)}=G_1(s)G_2(s)$$

式中，$G_1(s)=\dfrac{1}{s}$；$G_2(s)=\dfrac{\omega_\mathrm{n}^2}{s^2+2\zeta\omega_\mathrm{n}s+\omega_\mathrm{n}^2}$，因此由表 5–1 可容易获得表 5–3 中的数据。

表 5–3　例 5.2 的数据

ω	$\angle G_1(\mathrm{j}\omega)$ /（°）	$\angle G_2(\mathrm{j}\omega)$ /（°）	$\angle G(\mathrm{j}\omega)$ /（°）	$\lvert G(\mathrm{j}\omega)\rvert$
0	−90	0	−90	∞
ω_n	−90	−90	−180	$\dfrac{1}{2\zeta}$
∞	−90	−180	−270	0

绘制极坐标图如图 5–12 所示。

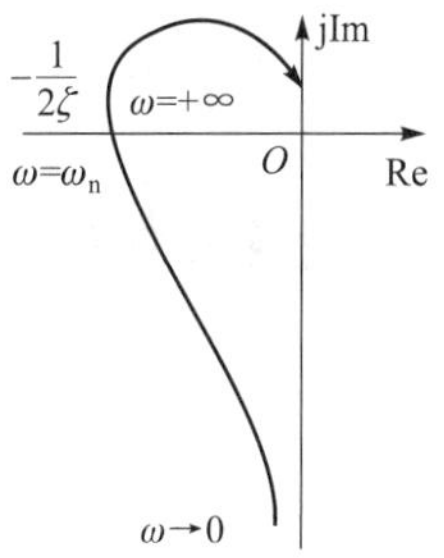

图 5–12　例 5.2 极坐标图

5.3.2　波特（Bode）图

波特（Bode）图又称为对数坐标图，或对数频率特性图。波特图由两个图组成：幅频特性图和相频特性图，分别表示频率特性的幅值和相位角与角频率之间的关系。相对极坐标图而言，由于幅值和相位的分开，使系统的频率特性更加直观和清晰。

波特图的横坐标是角频率按以 10 为底的对数分度，即按 $\lg\omega$ 分度，单位为弧度/秒（rad/s）；幅频特性图的纵坐标取 $20\lg|G(\mathrm{j}\omega)|$，单位是分贝（dB）；相频特性图的纵坐标取相位角 $\angle G(\mathrm{j}\omega)$ 的线性分度，单位是度 $(^\circ)$。

横坐标取对数分度后能够显示非常宽的频率范围，从而能同时显示低频、中频和高频的频率特性。由于取对数分度，频率按 10 倍增加时在坐标上等间隔，如频率由 ω 变为 10ω 称为 10 倍频，记为 dec，如图 5–13 所示。

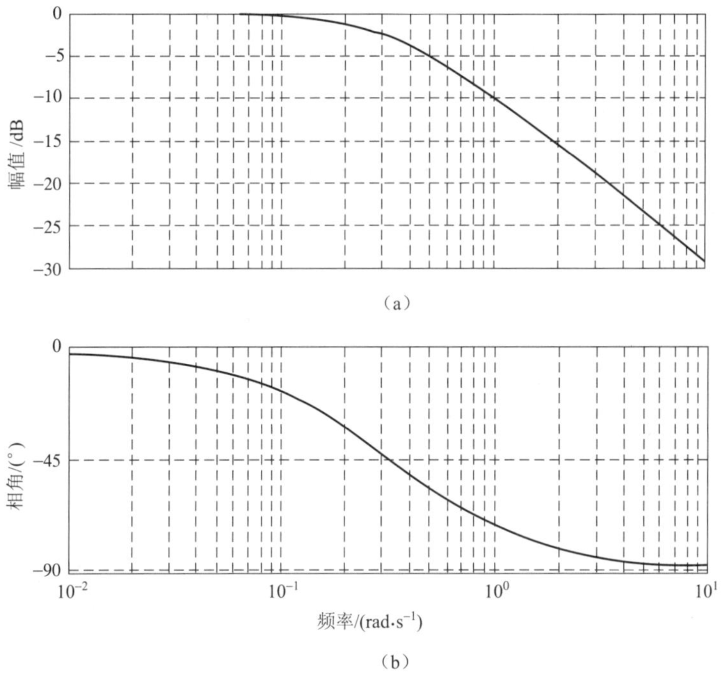

图 5–13　$G(\mathrm{j}\omega)=1/(\mathrm{j}\omega T+1)$ 的波特图

（a）幅频特性图；（b）相频特性图

由于横坐标采用对数坐标，幅频特性和相频特性的坐标都是线性坐标，因此波特图可以在半对数坐标上绘制，幅频特性图和相频特性图上下按频率对齐，如图 5–13 所示。

幅频特性图的纵坐标按幅值的对数（分贝数）取值，从而可以使相乘环节的传递函数的幅频特性在波特图上直接通过代数相加得到，这在分析由基本环节组成的控制系统时非常有用。

下面介绍各基本环节的频率特性。

（一）典型环节的对数频率特性

1. 比例环节

$$G(\mathrm{j}\omega)=K$$

其对数幅相频率特性分别为

$$20\lg|G(\mathrm{j}\omega)|=20\lg K$$
$$\angle G(\mathrm{j}\omega)=0^\circ$$

其对数幅频特性是一条高度为$20\lg K$分贝的水平线，如图 5–14 所示。对数相频特性为一条与横坐标相重合的直线，如图 5–15 所示。

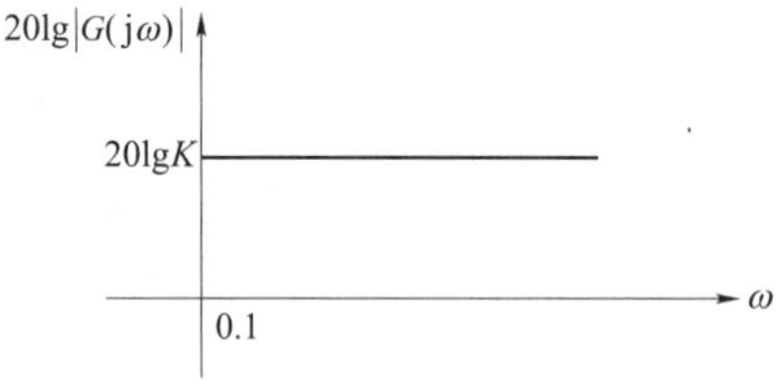

图 5–14　幅频特性

图 5–15　相频特性

2. 积分环节

$$G(\mathrm{j}\omega)=\frac{1}{\mathrm{j}\omega}=\frac{1}{\omega}\mathrm{e}^{-\mathrm{j}90^\circ}$$
$$20\lg|G(\mathrm{j}\omega)|=-20\lg\omega$$
$$\angle G(\mathrm{j}\omega)=-90^\circ$$

积分环节的对数幅频特性是一条通过横轴$\omega=1\text{ rad/s}$，且斜率为–20 dB/dec 的斜线，对数相频特性是一条纵坐标为-90°的水平线，如图 5–16 所示。

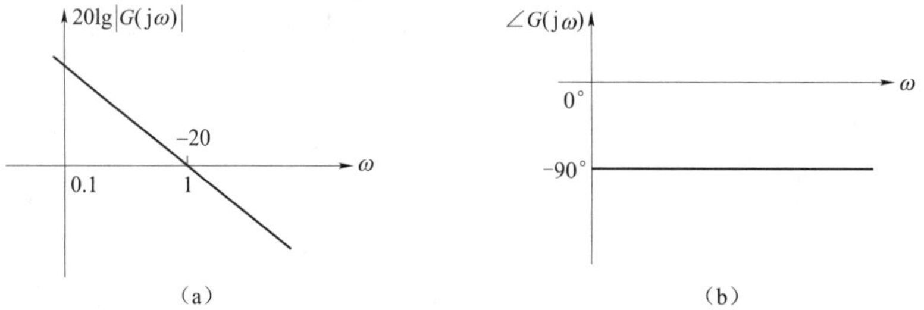

图 5–16　积分环节的对数坐标图

（a）幅频特性；（b）相频特性

3. 微分环节

$$G(\mathrm{j}\omega)=\mathrm{j}\omega=\omega\mathrm{e}^{\mathrm{j}90^\circ}$$
$$20\lg|G(\mathrm{j}\omega)|=20\lg\omega$$
$$\angle G(\mathrm{j}\omega)=90^\circ$$

微分环节的对数幅频特性是一条通过横轴$\omega=1\text{ rad/s}$点，斜率为+20 dB/dec 的斜线，对数相频特性是一条纵坐标为90°的水平线，如图 5–17 所示。

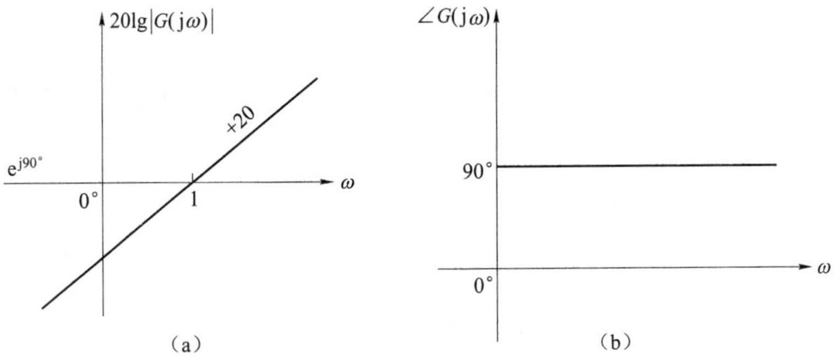

图 5–17　微分环节的对数坐标图

(a) 幅频特性；(b) 相频特性

4. 惯性环节

对数幅频特性

$$20\lg|G(j\omega)| = -20\lg\sqrt{1+\omega^2T^2}$$

在低频段，ω很小，当$\omega \ll \frac{1}{T}$，即$\omega T \ll 1$时，$20\lg|G(j\omega)| \approx 0\text{ dB}$，这是一条与横轴重合的水平线，称为低频渐近线。

在高频段，ω很大，当$\omega \gg \frac{1}{T}$，即$\omega T \gg 1$时，$20\lg|G(j\omega)| \approx -20\lg\omega T$，这是一条斜率为$-20$ dB/dec 的斜线，称为高频渐近线。$\omega = \frac{1}{T}$，是低频渐近线与高频渐近线的交点频率，称为转折频率。转折频率点处渐近线与实际$20\lg|G(j\omega)|$曲线之间的最大误差约为-3 dB。

对数相频特性

$$\angle G(j\omega) = -\arctan\omega T$$

当$\omega = 0$时，$\angle G(j\omega) = 0°$，当$\omega = \frac{1}{T}$时，$\angle G(j\omega) = -45°$，当$\omega \to \infty$时，$\angle G(j\omega) = -90°$，如图 5–18 所示。

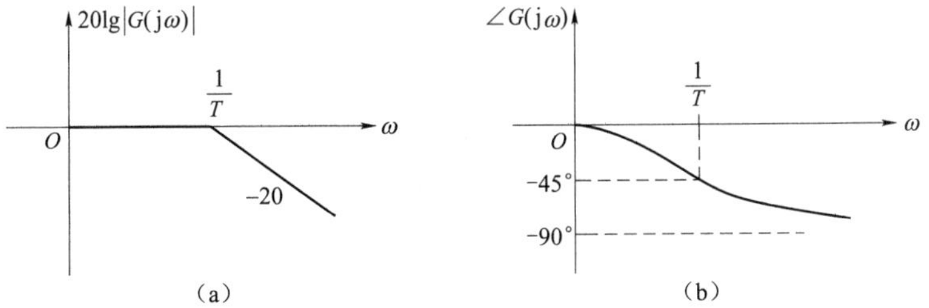

图 5–18　惯性环节的对数坐标图

(a) 幅频特性；(b) 相频特性

5. 一阶微分环节

对数幅频特性

$$20\lg|G(j\omega)| = 20\lg\sqrt{1+\omega^2\tau^2}$$

对数相频特性

$$\angle G(\mathrm{j}\omega)=\arctan\omega\tau$$

一阶微分环节的对数幅频特性的分析类似于惯性环节，在低频段，ω 很小，当 $\omega\ll\dfrac{1}{\tau}$，即 $\omega\tau\ll1$ 时，$20\lg|G(\mathrm{j}\omega)|\approx0\ \mathrm{dB}$，是一条与横轴重合的水平线，是低频渐近线。

在高频段，ω 很大，当 $\omega\gg\dfrac{1}{\tau}$，即 $\omega\tau\gg1$ 时，$20\lg|G(\mathrm{j}\omega)|\approx20\lg\omega\tau$，是一条斜率为 +20 dB/dec 的斜线，即为高频渐近线。$\omega=\dfrac{1}{\tau}$，是低频渐近线与高频渐近线的交点频率，称为转折频率。转折频率点处渐近线与实际 $20\lg|G(\mathrm{j}\omega)|$ 曲线之间的最大误差为 +3 dB。

对数相频特性，当 $\omega=0$ 时，$\angle G(\mathrm{j}\omega)=0^\circ$；当 $\omega=\dfrac{1}{\tau}$ 时，$\angle G(\mathrm{j}\omega)=45^\circ$；当 $\omega\to\infty$ 时，$\angle G(\mathrm{j}\omega)=90^\circ$，如图 5–19 所示。

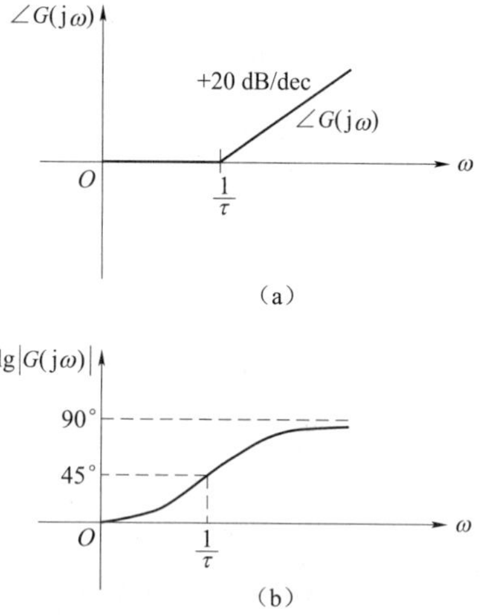

图 5–19　一阶微分环节的对数坐标图

（a）幅频特性；（b）相频特性

6. 二阶振荡环节

对于二阶振荡环节 $G(s)=\dfrac{\omega_{\mathrm{n}}^{2}}{s^{2}+2\zeta\omega_{\mathrm{n}}s+\omega_{\mathrm{n}}^{2}}$，可以计算其幅频特性和相频特性为

$$20\lg|G(\mathrm{j}\omega)|=-20\lg\sqrt{(1-T^{2}\omega^{2})^{2}+(2\zeta T\omega)^{2}}\tag{5–17}$$

$$\angle G(\mathrm{j}\omega)=\begin{cases}\arctan\dfrac{2\zeta T\omega}{1-T^{2}\omega^{2}} & (\omega\leqslant1/T)\\ 180^\circ+\arctan\dfrac{2\zeta T\omega}{1-T^{2}\omega^{2}} & (\omega>1/T)\end{cases}\tag{5–18}$$

式中，$T=\dfrac{1}{\omega_{\mathrm{n}}}$。其频率特性的渐近线如图 5–20 所示，转折频率为 $\omega=1/T=\omega_{\mathrm{n}}$。

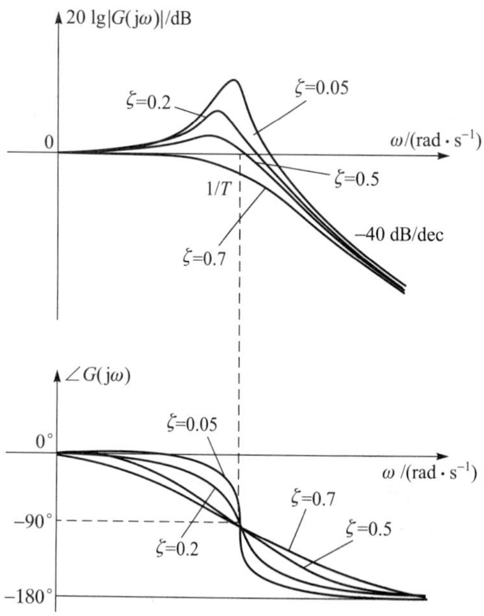

图 5–20　二阶振荡环节的波特图

（a）幅频特性；（b）相频特性

但二阶振荡环节的精确幅频特性曲线与 ζ 值有关，如图 5–20 所示。可见在一定条件下幅频特性曲线随频率增加并非单调下降，因此来分析一下其极值

$$\frac{\mathrm{d}|G(\mathrm{j}\omega)|}{\mathrm{d}\omega}=-\frac{-2T^{2}\omega(1-T^{2}\omega^{2})+(2\zeta T)^{2}\omega}{\left[(1-T^{2}\omega^{2})^{2}+(2\zeta T\omega)^{2}\right]^{3/2}}=0\tag{5–19}$$

可得当 $0<\zeta\leqslant\sqrt{2}/2$ 时，式（5–19）有解为

$$\omega=\omega_r=\frac{\sqrt{1-\zeta^2}}{T}=\omega_n\sqrt{1-\zeta^2} \tag{5-20}$$

即幅频特性在 ω_r 处取得最大值，称 ω_r 为谐振频率，可见当 $\zeta\to 0$ 时 $\omega_r\to\omega_n$。可得谐振峰值为

$$M_r=\left|G(j\omega_r)\right|=\frac{1}{2\zeta\sqrt{1-\zeta^2}},\quad 0<\zeta\leqslant\frac{\sqrt{2}}{2} \tag{5-21}$$

可以证明 M_r 随 $\zeta\left(0<\zeta\leqslant\frac{\sqrt{2}}{2}\right)$ 的减小而单调递增。

7. 二阶微分环节

对数幅频特性

$$20\lg\left|G(j\omega)\right|=20\lg\sqrt{(1-\omega^2T^2)^2+(2\zeta\omega T)^2}$$

对数相频特性

$$\angle G(j\omega)=\arctan\frac{2\zeta\omega T}{1-\omega^2T^2}$$

二阶微分环节的对数幅频特性与二阶振荡环节对数幅频特性分析方法类似，转折频率为 $\omega=\frac{1}{T}$。其渐近线同样由两段组成，当 $\omega\ll\frac{1}{T}$ 时，$20\lg\left|G(j\omega)\right|=0\text{ dB}$，当 $\omega\gg\frac{1}{T}$ 时，$20\lg\left|G(j\omega)\right|=40\lg\omega T$，是一条斜率为+40 dB/dec 的斜线。

对数相频特性：当 $\omega=0$ 时，$\angle G(j\omega)=0^\circ$，当 $\omega=\frac{1}{T}$ 时，$\angle G(j\omega)=90^\circ$，当 $\omega\to\infty$ 时，$\angle G(j\omega)=180^\circ$，如图 5-21 所示。

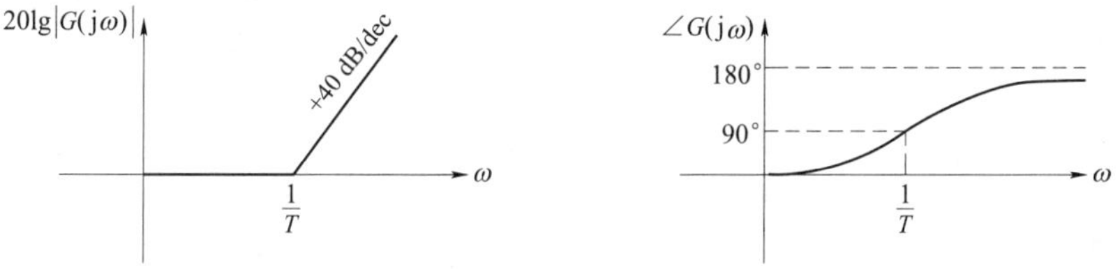

图 5-21　二阶微分环节的对数坐标图

8. 延迟环节

对数幅频特性

$$20\lg\left|G(j\omega)\right|=0\text{ dB}$$

对数相频特性

$$\angle G(j\omega)=-\tau\omega\,(\text{rad})=-57.3\tau\omega\,(^\circ)$$

延迟环节的对数幅频特性是一条与 0 dB 线重合的直线，其对数相频特性曲线随 ω 增大而减小（$0^\circ\to\infty$），如图 5-22 所示。

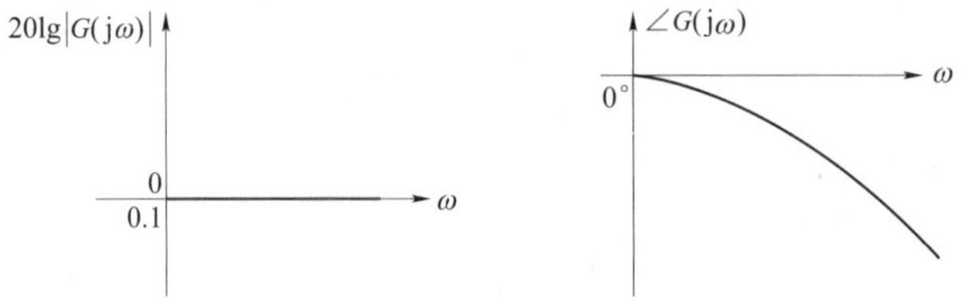

图 5–22　延迟环节的对数坐标图

（a）幅频特性；（b）相频特性

例 5.3　*RC* 滤波器的波特图。

重新考查例 5.1 给出的 *RC* 滤波器为一阶惯性环节，其频率特性传递函数为

$$G(\mathrm{j}\omega)=\frac{1}{\mathrm{j}RC\omega+1}=\frac{1}{\mathrm{j}T\omega+1}$$

得幅频特性为

$$20\lg|G(\mathrm{j}\omega)|=20\lg\left|\frac{1}{\mathrm{j}T\omega+1}\right|=-20\lg\sqrt{T^2\omega^2+1} \tag{5–22}$$

相频特性为

$$\angle G(\mathrm{j}\omega)=-\arctan T\omega$$

通过计算机可以绘制出精确的波特图。但工程应用时每次画精确的波特图并不方便，因此可以通过简化，用直线来近似，从而获得近似的波特简图。

在低频段，即 $\omega\ll\frac{1}{T}$ 时，$T\omega\ll1$，则式（5–22）可以近似为

$$20\lg|G(\mathrm{j}\omega)|=-20\lg\sqrt{T^2\omega^2+1}\approx-20\lg1=0\ \mathrm{dB} \tag{5–23}$$

为 0 dB 线上的直线。

在高频段，即 $\omega\gg\frac{1}{T}$ 时，$T\omega\gg1$，则式（5–22）又可近似为

$$20\lg|G(\mathrm{j}\omega)|=-20\lg\sqrt{T^2\omega^2+1}\approx-20\lg T\omega=-20\lg T-20\lg\omega \tag{5–24}$$

这是一条斜率为 $-20\ \mathrm{dB/dec}$，在 $\omega=\frac{1}{T}$ 处穿越 0 dB 线的直线。两条直线在（0 dB，$\frac{1}{T}$）处相交，如图 5–23 所示。我们称 $\omega=\frac{1}{T}$ 为转折频率，称两条直线为渐近线，并称两条渐近线形成的折线为一阶惯性环节的渐近幅频特性。

相频特性也类似，找 3 个点，其频率特性见表 5–4。

表 5–4　例 5.3 中 3 点的频率特性

$\omega\to0$	$\omega=\frac{1}{T}$	$\omega\to\infty$
$\angle G(\mathrm{j}\omega)\to0°$	$\angle G(\mathrm{j}\omega)=-45°$	$\angle G(\mathrm{j}\omega)\to-90°$

因此，可作出 *RC* 滤波器（一阶惯性环节）的波特图简图如图 5–23 所示。

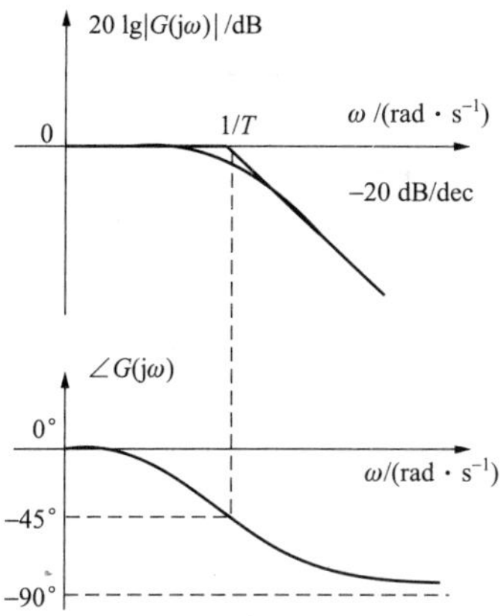

图 5–23　例 5.3 的波特图

表 5–5 汇总了典型环节的波特图。

表 5–5　典型环节的波特图

$G(s)$	极　坐　标　图
$\dfrac{1}{Ts+1}$	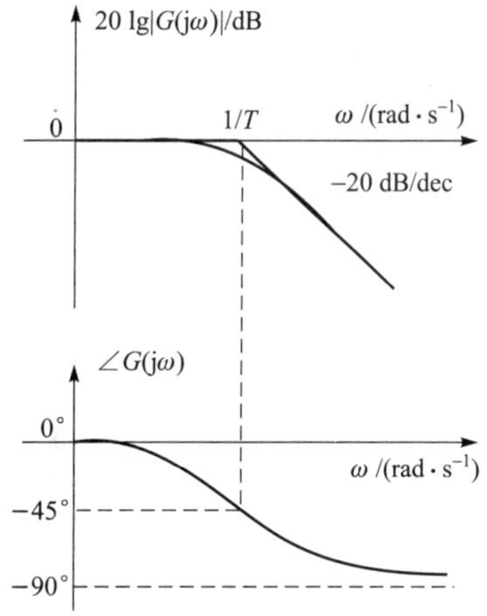
$\dfrac{1}{s}$	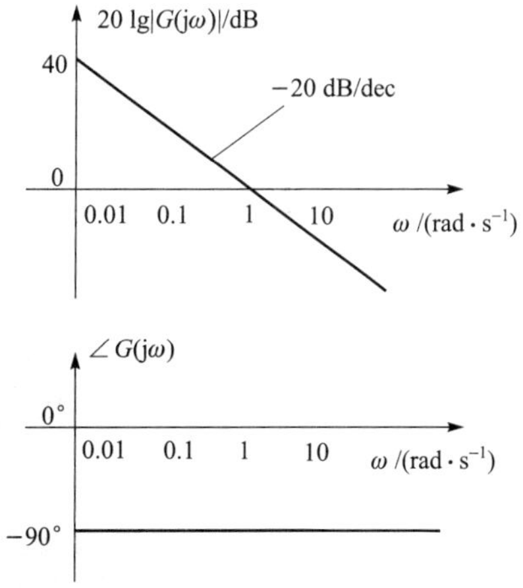

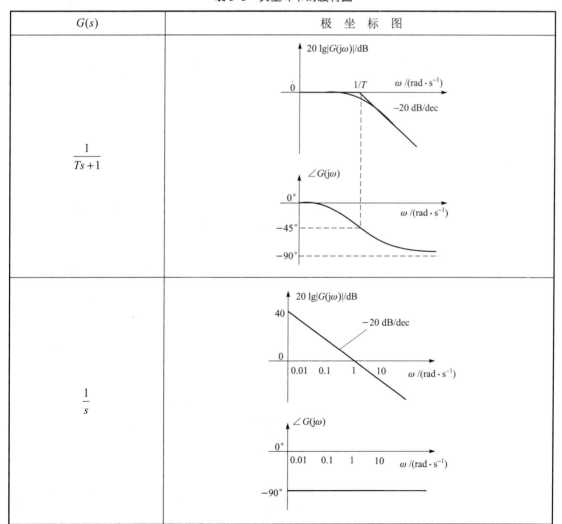

续表

$G(s)$	极坐标图
s	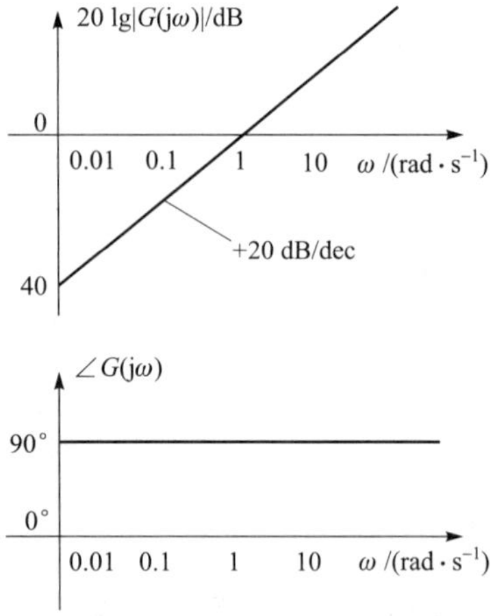
$Ts+1$	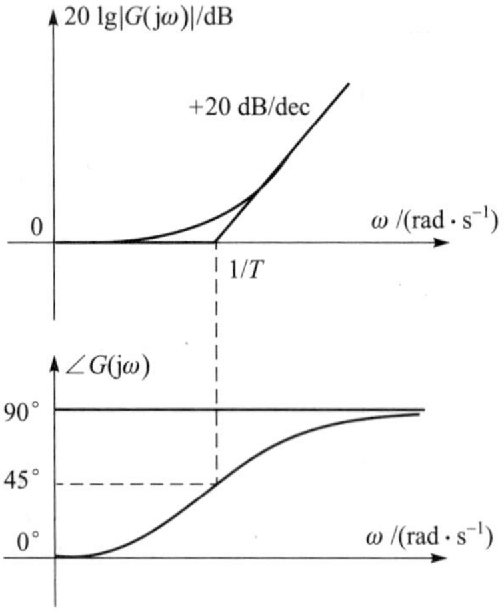
$\frac{\omega_n^2}{s^2+2\zeta\omega_n s+\omega_n^2}$	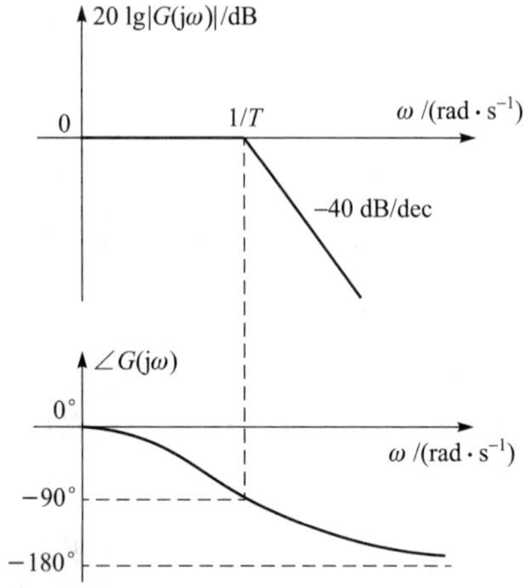

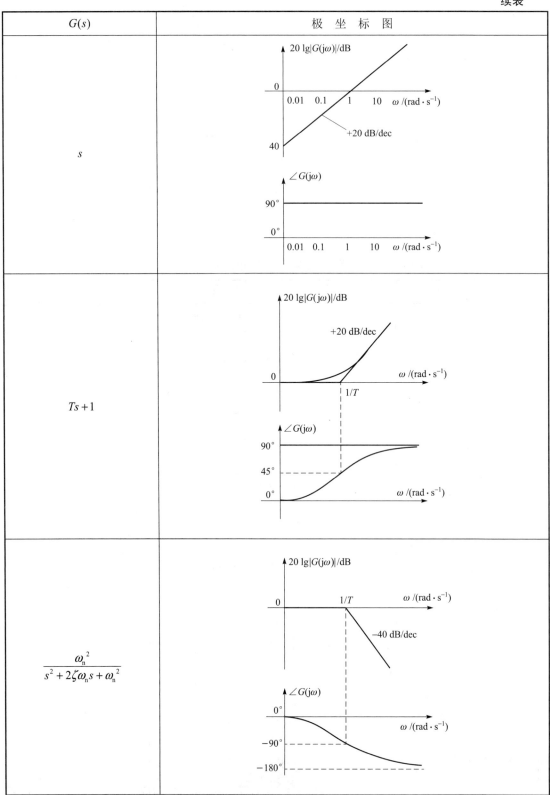

续表

$G(s)$	极　坐　标　图
$\tau^2 s^2 + 2\zeta\tau s + 1$	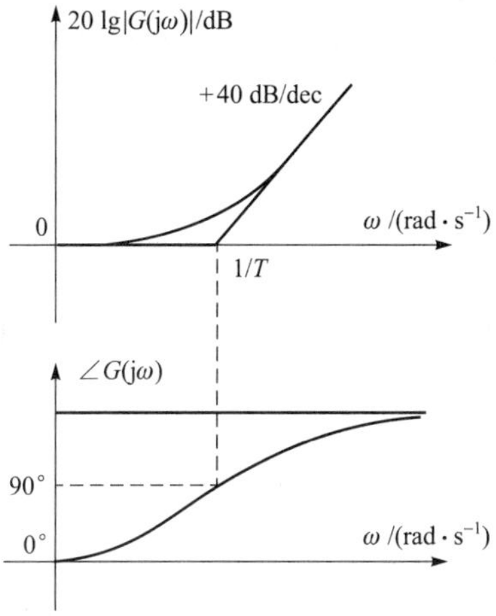
$e^{-\tau s}$	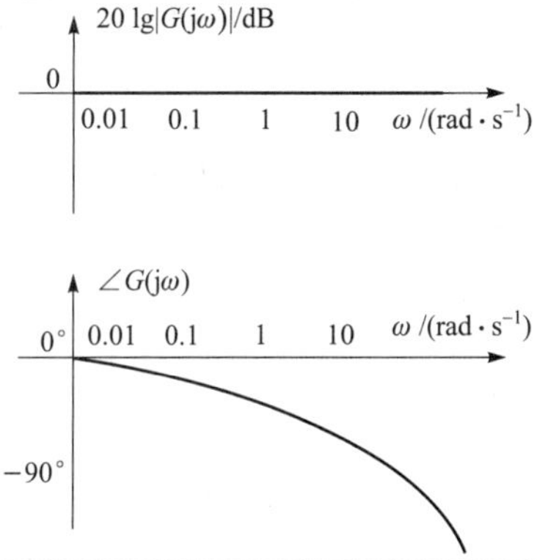

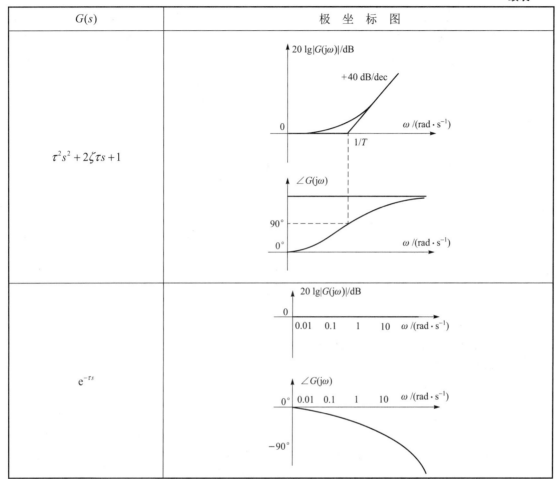

（二）波特图的绘制

一般情况下绘制传递函数 $G(s)$ 的波特图时，设其由各基本环节构成

$$G(s) = G_1(s)G_2(s)\cdots G_n(s) \tag{5-25}$$

则对数幅频特性和相频特性分别为

$$\begin{aligned} 20\lg|G(j\omega)| &= 20\lg|G_1(j\omega)G_2(j\omega)\cdots G_n(j\omega)| \\ &= 20\lg|G_1(j\omega)| + 20\lg|G_2(j\omega)| + \cdots + 20\lg|G_n(j\omega)| \end{aligned} \tag{5-26}$$

$$\angle G(j\omega) = \angle G_1(j\omega) + \angle G_2(j\omega) + \cdots + \angle G_n(j\omega) \tag{5-27}$$

可见利用组成传递函数的各个基本环节的对数频率特性，进行代数求和获得整个传递函数的对数频率特性，再利用各个基本环节的频率特性渐近线，就能够很容易地绘制出传递函数的频率特性渐近线。而在一些关键点上，则可以通过计算来精确求出幅值或相角。

因此绘制一般传递函数的波特图的具体步骤如下：

（1）把传递函数分解成各基本环节之积。

（2）标出各基本环节的转折频率及其斜率。

（3）从最低频率段开始确定斜率，然后按开环增益计算 $20\lg K$，过 $\omega=1\ \text{rad/s}$，$20\lg(G(\mathrm{j}\omega))=20\lg K$ 这一点绘出斜率为 -20γ 的直线，此为低频渐近线（或其延长线）。最低频段由积分环节和放大环节起作用。

（4）频率由低到高，每经过一个转折频率，斜率改变，加上对应基本环节的斜率。

（5）在每一段折线上标明斜率。

（6）对相频特性，首先找出 $\omega\to 0$ 和 $\omega\to\infty$ 时的相位角，对于各转折频率点，进行适当估计近似绘制即可。

例 5.4 已知系统开环传递函数为

$$G(s)=\frac{8(s+5)}{s(s+2)(s^2+s+2)}$$

绘制其波特图。

将传递函数进行整理得

$$G(s)=\frac{10\left(\dfrac{s}{5}+1\right)}{s\left(\dfrac{s}{2}+1\right)\left(\dfrac{s^2}{2}+\dfrac{s}{2}+1\right)}$$

各基本环节按频率由低向高的顺序排列如下。

（1）低频段：放大环节，0 dB/dec；积分环节，−20 dB/dec；

（2）第一个转折频率点：$\omega_1=\sqrt{2}$ rad/s，二阶振荡环节，−40 dB/dec；

（3）第二个转折频率点：$\omega_2=2$ rad/s，一阶惯性环节，−20 dB/dec；

（4）第三个转折频率点：$\omega_3=5$ rad/s，一阶微分环节，+20 dB/dec。

将各个转折频率依次标于频率轴上，如图 5–24 所示。

低频段 $\omega<\omega_1$ 应该就是 $\dfrac{10}{s}$ 的频率特性，可以确定幅频特性渐近线斜率为 −20 dB/dec，并且，在 $\omega=10$ rad/s 时，$20\lg\left|\dfrac{10}{\mathrm{j}10}\right|=0\ \text{dB}$，即该直线在 $\omega=10$ rad/s 处穿越 0 dB 线；或者，取 $\omega=\omega_1=\sqrt{2}$ rad/s，计算 $20\lg\left|\dfrac{10}{\mathrm{j}\sqrt{2}}\right|=17.0\ \text{dB}$。

到第一个转折频率点 $\omega_1=\sqrt{2}$ rad/s，直线斜率变为 $-20-40=-60$ dB/dec；到第二个转折频率点 $\omega_2=2$ rad/s，直线斜率变为 $-60-20=-80$ dB/dec；到第三个转折频率点 $\omega_3=5$ rad/s，直线斜率变为 $-80+20=-60$ dB/dec。由此可以画出幅频特性图，如图 5–24 所示。

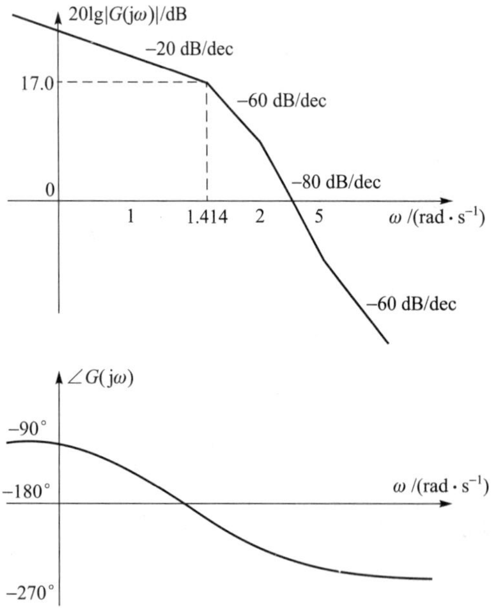

图 5–24　例 5.4 的波特图

对于相频特性，可计算出当 $\omega \to 0$ 时 $\angle G(\mathrm{j}\omega) \to -90^\circ$；当 $\omega \to \infty$ 时，$\angle G(\mathrm{j}\omega) \to -270^\circ$，对于转折频率点可以进行适当的估计。

5.3.3　最小相位系统

如果一个环节传递函数的极点和零点的实部全部小于或等于零，则称这个环节为最小相位环节。如果传递函数中具有正实部的零点或极点，或有延迟环节 $\mathrm{e}^{-\tau s}$（若把 $\mathrm{e}^{-\tau s}$ 用极点和零点的形式近似表达时，会发现它也具有正实部零点），这个环节就是非最小相位环节。对于闭环系统，如果它的开环传递函数有正实部的极点或零点，或有延迟环节 $\mathrm{e}^{-\tau s}$，则称该系统为非最小相位系统。

在一些幅频特性相同的环节之间存在着不同的相频特性，其中最小相位环节的相位移（相位角的绝对值）最小，也最容易控制。设系统（或环节）传递函数分母阶次（s 的最高幂次数）是 n，分子的阶次是 m，串联积分环节的个数是 υ，对于最小相位系统，当 $\omega \to \infty$ 时，对数幅频特性的斜率为 $-20(n-m)$ dB/dec，相位等于 $-(n-m)\times 90^\circ$；当 $\omega \to 0$ 时，相位等于 $-\upsilon \times 90^\circ$。符合上述特征的系统一定是最小相位系统。

数学上可以证明，对于最小相位系统，对数幅频特性和相频特性不是相互独立的，两者之间存在严格的关系。如果已知对数幅频特性，通过公式可以把相频特性计算出来。同样，通过公式也可以由相频特性计算出幅频特性。所以两者包含的信息内容是相同的。从建立数学模型和分析、设计系统的角度看，只要详细地画出两者中的一个就足够了。由于对数幅频特性容易画，所以对于最小相位系统，通常只绘制详细的对数幅频特性，而对于相频特性只画简图，或者不绘制相频特性图。

5.4　奈奎斯特稳定性判据

对线性定常系统稳定性的判断在第 3 章里已经介绍了一种非常有效的方法，即劳斯判据，但劳斯稳定判据分析闭环系统的稳定性存在两个缺点：① 必须知道闭环系统的特征方程；② 不能指出系统的稳定程度。第 4 章介绍的根轨迹方法也能够十分直观地分析出闭环系统极点随某一参数变化时的位置，从而获知其稳定性以及稳定程度，但根轨迹必须清晰地知道开环零极点的分布。1932 年，奈奎斯特（Nyquist）提出了一种利用开环频率特性判定闭环系统稳定性的方法，称为奈奎斯特稳定性判据。由于开环频率特性容易获得，甚至可以在不知道开环传递函数的时候，通过实验测得，因此该方法相对劳斯判据更加有效；另外奈奎斯特稳定性判据还能够在一定程度上指出闭环系统的稳定程度，因此，其在频率域控制理论中一直占有重要的地位。

5.4.1　s 平面上的围线映射

在讨论奈奎斯特稳定性判据以前，首先介绍一下围线映射的概念。

围线映射是指通过函数 $F(s)$ 将 s 平面上的闭合曲线映射到另一个平面上。设 $s=\sigma+\mathrm{j}\omega$ 是复变量，函数 $F(s)$ 本身也是复变量，记 $F(s)=u+\mathrm{j}v$，可以在 $F(s)$ 复平面上用坐标 (u,v) 来表示围线映射的结果。

主要考察围线和围线映射对零极点包围的情况，先看一个例子。

设

$$F(s)=\frac{s}{s+2} \tag{5-28}$$

在 s 平面上构造围线，如图 5–25（a）所示为一顺时针围绕原点的正方形 $(A \to B \to C \to D \to A)$，边长是 2。根据式（5–28），可以计算得映射到 $F(s)$ 平面上的曲线，图 5–25（b）则给出了 $F(s)$ 平面上的映射曲线 $(A \to B \to C \to D \to A)$，从中可以看出，映射曲线顺时针包围 $F(s)$ 平面的原点一周。

从图 5–25（a）可知，围线顺时针包围了 $F(s)$ 的零点（0，j0）一周，而没有包围 $F(s)$ 的极点（–2，j0）。对于围线上的点 s_1，到 $F(s)$ 的零点和极点分别形成两个向量 $\boldsymbol{a}$ 和 $\boldsymbol{b}$，如图 5–25（a）所示，当点 s_1 沿围线顺时针行走一周时，可以看到向量 $\boldsymbol{a}$ 顺时针旋转一周，而向量 $\boldsymbol{b}$ 没有。这也是为什么图 5–25（b）中映射的围线顺时针包围原点一周的原因。

由此可以得到柯西（Cauchy）定理。

柯西（Cauchy）定理： 设 $F(s)$是 s 的有理函数，如果闭合曲线 Γ_s 顺时针方向在 s 平面包围了 $F(s)$的 z 个零点和 p 个极点，那么映射曲线 Γ_F 也以顺时针方向在 $F(s)$平面包围原点 $n=z-p$ 周。

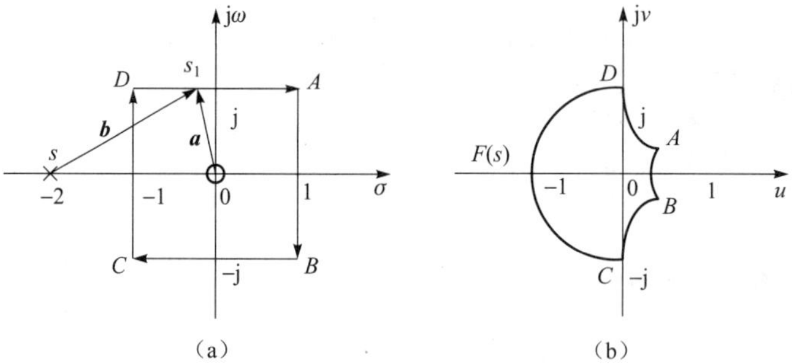

图 5–25　基于 $F(s)=s/(s+2)$ 的映射

（a）s平面；（b）$F(s)$平面

5.4.2　奈奎斯特稳定性判据

从柯西定理进一步推导，就能够获得奈奎斯特稳定性判据。

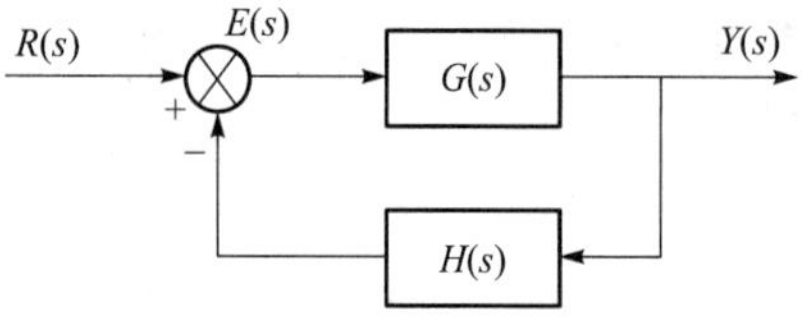

图 5–26　单回路反馈控制系统

如图 5–26 所示为线性定常负反馈闭环系统。设其开环传递函数为

$$G(s)H(s)=\frac{kN(s)}{D(s)} \tag{5-29}$$

并设其闭环特征式为

$$F(s)=1+G(s)H(s)=\frac{D(s)+kN(s)}{D(s)}=\frac{K\prod_{i=1}^{n}(s-z_i)}{\prod_{j=1}^{m}(s-p_j)} \tag{5-30}$$

可见 $F(s)$ 的零点 $z_i(i=1,\cdots,n)$ 就是闭环系统的极点，而 $F(s)$ 的极点 $p_j(j=1,\cdots,m)$ 则是开环传递函数的极点。我们希望闭环系统是稳定的，也就是希望 $F(s)$ 的零点 $z_i(i=1,\cdots,n)$ 都不能位于 s 平面的右半平面。假设 $F(s)$ 在 s 平面的右半平面有 p 个极点，如果能够构造出包围 s 平面的右半平面的围线，那么该围线映射到 $F(s)$ 平面的闭合曲线应该逆时针围绕原点 p 周，才表明 $F(s)$ 没有位于 s 平面的右半平面零点，即闭环稳定。奈奎斯特稳定性判据就是基于这个思想建立的。

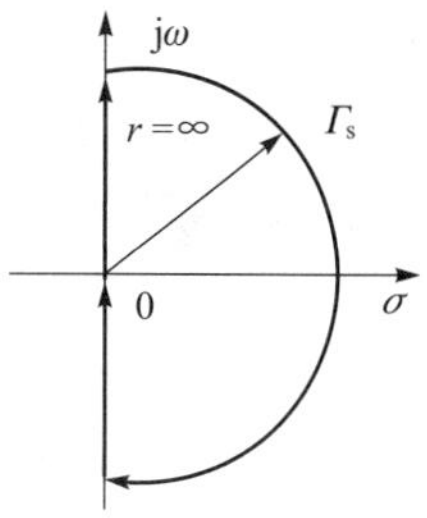

图 5–27　奈奎斯特围线

如图 5–27 所示，在 s 平面上，沿顺时针 $0\to \mathrm{j}\omega\to +\mathrm{j}\infty\to +\infty\to -\mathrm{j}\infty\to -\mathrm{j}\omega\to 0$ 构造围线，该围线包围 s 平面的右半平面，称为奈奎斯特围线。

由以上可以发现以下几点：

（1）从奈奎斯特围线映射到 $F(s)=1+G(s)H(s)$ 平面的闭合曲线围绕原点等同于映射到 $L(s)=G(s)H(s)$ 平面的闭合曲线围绕（–1，j0）点。

（2）观察 $L(s)=G(s)H(s)$ 的围线映射知，当 s 沿虚轴的正半轴 $0\to \mathrm{j}\omega\to +\mathrm{j}\infty$ 运行时，映射到 $L(s)=G(s)H(s)$ 的曲线就是第 5.3.1 节介绍的 $L(\mathrm{j}\omega)=G(\mathrm{j}\omega)H(\mathrm{j}\omega)$ 的极坐标图。

（3）由于 $\omega\to\infty$ 时，$|L(\mathrm{j}\omega)|=|G(\mathrm{j}\omega)H(\mathrm{j}\omega)|=0$，因此奈奎斯特围线无穷远处的半周映射到 $L(s)$ 平面为一个点，即原点。

（4）由于 $L(s)=G(s)H(s)$ 为有理分式，$L(\mathrm{j}\omega)$ 与 $L(-\mathrm{j}\omega)$ 共轭，因此从虚轴的负半轴映射到 $L(s)$ 平面的曲线与正半轴的映射相对实轴对称。

因此，作 $L(\mathrm{j}\omega)=G(\mathrm{j}\omega)H(\mathrm{j}\omega)$ 的极坐标图及其关于实轴对称的图形，就能够得到奈奎斯特围线映射到 $L(s)=G(s)H(s)$ 平面的闭合曲线，称之为 $L(s)=G(s)H(s)$ 的（完整的）奈奎斯特图。由此获得奈奎斯特稳定性判据。

奈奎斯特稳定性判据：若闭环系统的开环传递函数 $L(s)=G(s)H(s)$ 有 p 个正实部极点，则闭环系统稳定的充要条件是：当 s 顺时针方向沿包围 s 平面右半平面的围线变化一周时，$L(s)=G(s)H(s)$ 的映射曲线，即奈奎斯特图，按逆时针方向包围点（–1，j0）p 周。

例 5.5　考虑如图 5–28 所示的单回路控制系统，其中

$$G(s)H(s)=\frac{K}{(T_1s+1)(T_2s+1)},\quad T_1>0,T_2>0$$

作其极坐标图，并按实轴对称补充得到完整的奈奎斯特图，如图 5–29 所示。可见曲线没有包围（–1，j0）点。由于开环传递函数稳定，因此闭环系统稳定。

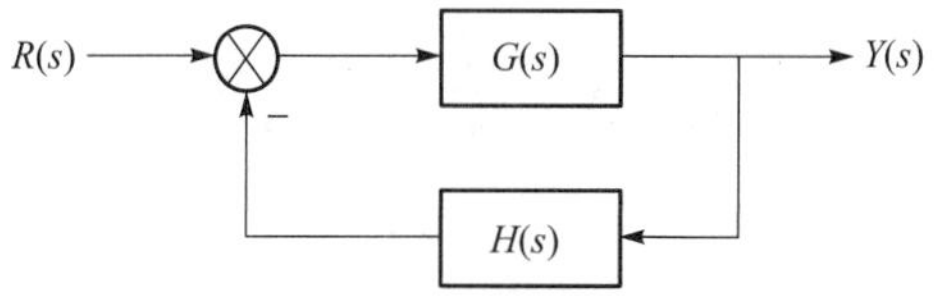

图 5–28　例 5.5 图

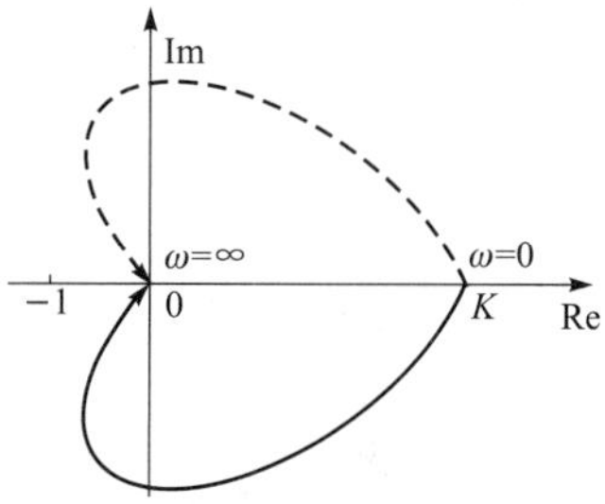

图 5–29　$G(s)H(s)$ 的奈奎斯特图

其实，如果闭环系统不稳定，根据柯西定理，$G(s)H(s)$ 的奈奎斯特图必将顺时针包围$(-1, \mathrm{j}0)$ 点。

前面讨论的开环传递函数中不包含积分项，即没有位于原点的开环极点。如果开环传递函数中包含位于原点的极点时，即

$$G(s)H(s)=\frac{KN(s)}{s^{\upsilon}D(s)} \tag{5-31}$$

其中 υ 为串联积分环节个数。这时需要对奈奎斯特围线进行适当的处理：如图 5–30 所示，在原点附近，为了让奈奎斯特围线不经过原点，构造一个无穷小的半圆 $(-\mathrm{j}\varepsilon \to \varepsilon \to \mathrm{j}\varepsilon), \varepsilon \to 0$，这时，因为 $|s| \to 0$，有 $N(s)=D(s)=1$，因此

$$G(s)H(s)=\frac{K}{s^{\upsilon}} \tag{5-32}$$

因此可得表 5–6 的数据。

表 5–6　例 5.5 的数据

s	$\lvert G(s)H(s)\rvert$	$\angle G(s)H(s)$
$-\mathrm{j}\varepsilon$	∞	$\upsilon\pi/2$
ε	∞	0
$\mathrm{j}\varepsilon$	∞	$-\upsilon\pi/2$

可见当 s 沿无穷小的半圆 $(-\mathrm{j}\varepsilon \to \varepsilon \to \mathrm{j}\varepsilon), \varepsilon \to 0$ 运动时，映射曲线将在无穷远处顺时针转 $\upsilon\pi$ rad。

无穷远处的映射曲线与开环传递函数的极坐标图及其实轴对称曲线将构成一条闭合的曲线，形成完整的奈奎斯特图。

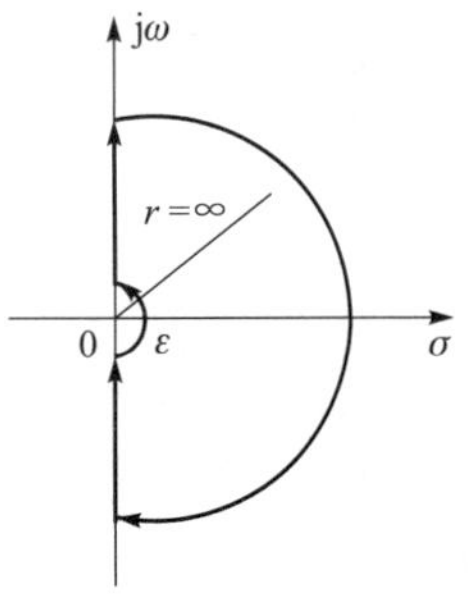

图 5–30　奈奎斯特围线

例 5.6　继续考虑图 5–28 所示的单回路控制系统，此时取

$$G(s)H(s)=\frac{K}{s(T_1 s+1)(T_2 s+1)} \qquad (T_1>0, T_2>0)$$

作其极坐标图，并补充成完整的奈奎斯特图，如图 5–31 所示。

开环系统稳定，可见当 K 值较小时（见图 5–31（a）），奈奎斯特图不包围（–1，j0）点，闭环系统稳定；当 K 值较大时（见图 5–31（b）），奈奎斯特图顺时针包围（–1，j0）点两周，闭环系统不稳定。

临界的 K 值有很多求法，这里介绍求极坐标图与实轴交点的方法。

由于

$$G(\mathrm{j}\omega)H(\mathrm{j}\omega)=\frac{K}{\mathrm{j}\omega(\mathrm{j}\omega T_1+1)(\mathrm{j}\omega T_2+1)}=\frac{K}{-\mathrm{j}T_1T_2\omega^3+\mathrm{j}\omega-\omega T_1-\omega T_2}$$

在实轴上：$-\mathrm{j}T_1T_2\omega^3+\mathrm{j}\omega=0 \Rightarrow \omega=1/\sqrt{T_1T_2}$，从而得

$$G(\mathrm{j}\omega)H(\mathrm{j}\omega)\Big|_{\omega=1/\sqrt{T_1T_2}}=-\frac{T_1T_2K}{T_1+T_2}=-1 \Rightarrow K=\frac{T_1+T_2}{T_1T_2}$$

因此，当 $K<\dfrac{T_1+T_2}{T_1T_2}$ 时，闭环稳定；当 $K>\dfrac{T_1+T_2}{T_1T_2}$ 时，闭环不稳定。

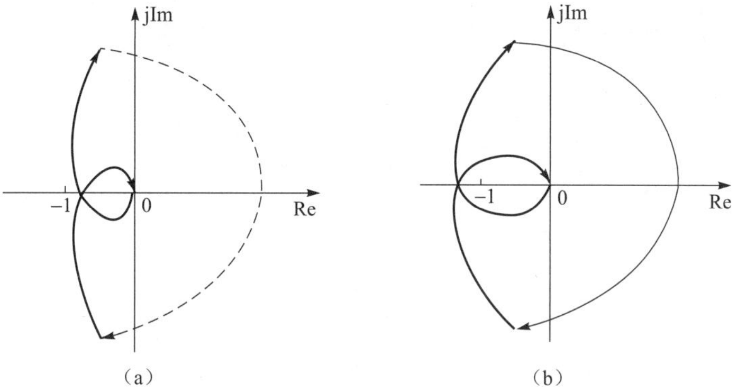

图 5–31　例 5.6 奈奎斯特图

（a）K 值较小；（b）K 值较大

例 5.7　负反馈系统开环传递函数为

$$G(s)H(s)=\frac{K(T_1s+1)}{s^2(T_2s+1)}\qquad (T_1>0, T_2>0)$$

作其极坐标图，并补充成完整的奈奎斯特图，如图 5–32 所示。可得，当 $T_1>T_2$ 时，得图 5–32（a）；当 $T_1<T_2$ 时，得图 5–32（b）。

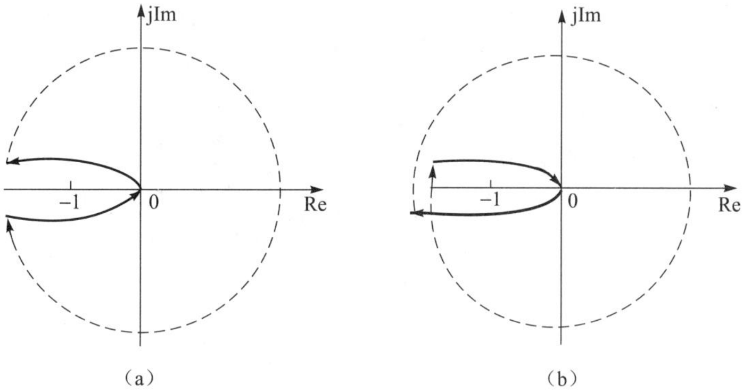

图 5–32　例 5.7 奈奎斯特图

（a）$T_1>T_2$；（b）$T_1<T_2$

开环系统稳定，因此，当 $T_1>T_2$ 时，闭环系统稳定；当 $T_1<T_2$ 时，闭环系统不稳定。

对于复杂的奈奎斯特图，如果都采用判断包围（−1，j0）点的周数的方法很容易出错，这里介绍一种判断穿越次数的方法，非常简便。

开环极坐标图按逆时针方向（从上往下）穿过（−1，j0）点左边负实轴，称为正穿越（相角增加）；按顺时针方向（从下往上）穿过（−1，j0）点左边负实轴，称为负穿越（相角减少），如图 5–33 所示。可知，开环极坐标图逆时针包围（−1，j0）点的周数等于其正穿越和负穿越次数之差，因此，奈奎斯特稳定性判据还可以表述为：若闭环系统的开环传递函数

$L(s)=G(s)H(s)$ 有 p 个正实部极点，则闭环系统稳定的充要条件是：当 ω 由 $0\to\infty$ 时，$L(\mathrm{j}\omega)$ 的极坐标图在（–1，j0）点左边负实轴上的正负穿越次数之差等于 $\dfrac{p}{2}$。

当开环传递函数含积分项时需注意负实轴的无穷远处是否有穿越；另外，如果极坐标图从（–1，j0）点左边负实轴上出发，穿越数算 $\dfrac{1}{2}$ 次。

例 5.8 负反馈系统开环极坐标图及开环不稳定极点数分别如图 5–33 所示。

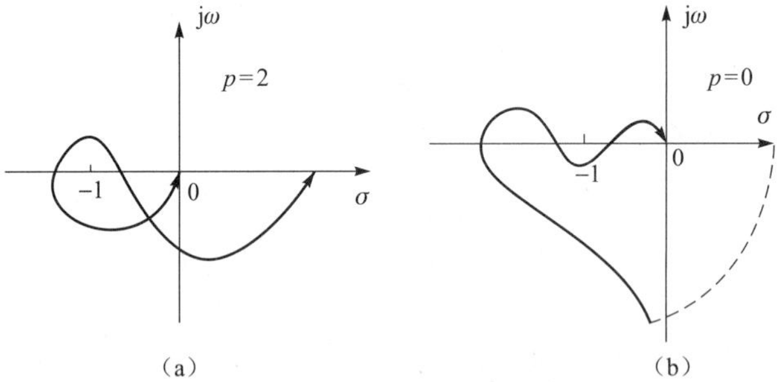

图 5–33 例 5.8 极坐标图

图 5–33（a）有一次正穿越，而 $\dfrac{p}{2}=1$，因此闭环系统稳定；

图 5–33（b）有一次正穿越和一次负穿越，$p=0$，因此闭环系统稳定。

5.5 控制系统的相对稳定性

从例 5.6 中可以看到，随着 K 的增加，闭环系统有可能从稳定变为不稳定，这在前几章的例子中也有所见（如根轨迹一章中）。实际系统运行过程中经常会发生参数变化或是扰动，影响系统的稳定性。这就要求系统不但要稳定，而且要有足够的稳定程度，或称为稳定裕度，这就是相对稳定性的概念。

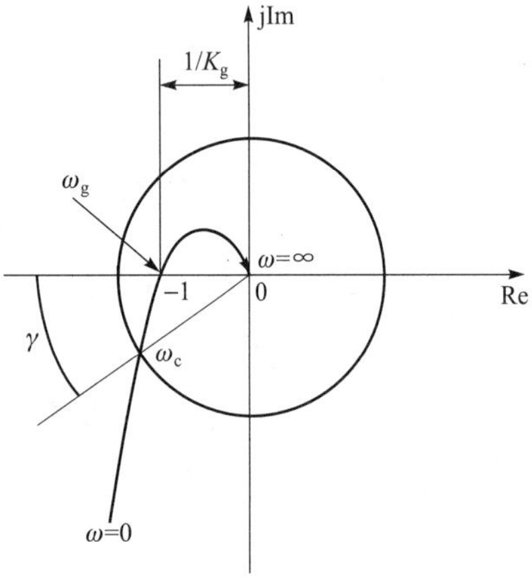

图 5–34 稳定裕度

在后面章节的分析中，还可以获知稳定裕度与系统动态性能指标也存在密切的关系。

稳定裕度有不同的参数化描述，先看例 5.6 中的闭环系统：当 $K=\dfrac{T_1+T_2}{T_1T_2}$ 时极坐标图经过（–1，j0）点，闭环系统临界稳定。

当 $K<\dfrac{T_1+T_2}{T_1T_2}$ 时闭环系统稳定，如图 5–34 所示，那么曲线离（–1，j0）点越远，系统稳定裕度越大。有两种比较直观的方式可以参数化系统的稳定裕度：

（1）极坐标图与负实轴的交点离（–1，j0）点的距离，或者是（–1，j0）点的模长与交点的模长之比，也即图 5–34 中$1:\dfrac{1}{K_g}=K_g$。

（2）极坐标图与单位圆的交点形成的向量到负实轴的角度，即沿极坐标图运行到离原点距离为 1 时与负实轴的相位角之差，也即图中的γ。

由此可以推出幅值裕度和相位裕度两个稳定裕度的概念。

5.5.1　相位裕度

幅值穿越频率：开环频率特性幅值为 1 时的角频率，即极坐标图与单位圆的交点的角频率，如图 5–34 所示，记为ω_c。图 5–35 的波特图中，幅值穿越频率为幅频特性曲线穿越 0 dB 线的频率点。

相位裕度：开环频率特性在ω_c处的相位角与–180° 之差，记为γ，有

$$\gamma=\angle G(\mathrm{j}\omega_c)H(\mathrm{j}\omega_c)-(-180^\circ)=180^\circ+\angle G(\mathrm{j}\omega_c)H(\mathrm{j}\omega_c) \tag{5–33}$$

相位裕度在波特图上的表示如图 5–35 所示。对于开环稳定的系统，相位裕度为正时闭环系统稳定，图 5–34 和图 5–35 中画的都是相位裕度为正时的情况。一般要求相位裕度在$\gamma=40^\circ\sim60^\circ$范围内系统的动态性能较好。

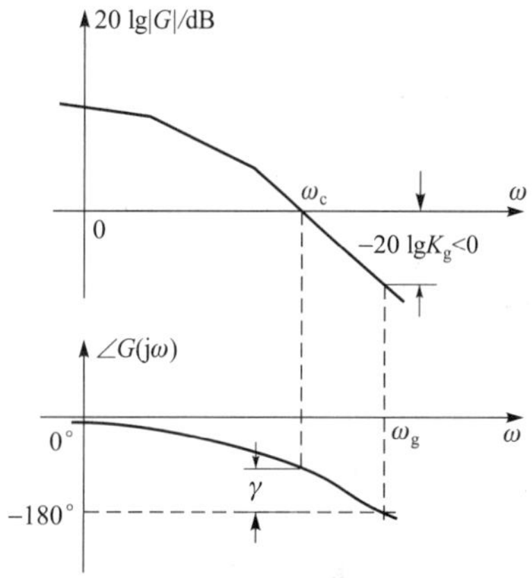

图 5–35　稳定裕度

5.5.2　幅值裕度

相位穿越频率：开环频率特性的相位为 –180° 时的角频率，即极坐标图与负实轴的交点的角频率，如图 5–34 所示，记为ω_g。图 5–35 的波特图中，相位穿越频率为相频特性曲线穿越 –180° 线的频率点。

幅值裕度：开环频率特性在ω_g处的幅值的倒数，记为K_g，有

$$K_g=\frac{1}{\left|G(\mathrm{j}\omega_g)H(\mathrm{j}\omega_g)\right|} \tag{5–34}$$

在图 5–35 波特图中，幅值裕度表示为

$$20\lg K_g=-20\lg\left|G(\mathrm{j}\omega_g)H(\mathrm{j}\omega_g)\right|\ \mathrm{dB} \tag{5–35}$$

幅值裕度的物理意义：稳定系统变为临界稳定之前系统增益所能放大的倍数。

该值在以参数k的根轨迹上也可以测量得到。找到两个k值：

（1）根轨迹穿过 jω轴时的值；（2）标称的闭环极点对应的k值。这两个的比值即是幅值裕度。

对于开环稳定的系统，要求幅值裕度$K_g>1$，或者$20\lg K_g>0$ dB，称幅值裕度为正，在波特图上与相位穿越频率ω_g对应的幅频特性应在 0 dB 线以下，如图 5–35 所示。一般要求幅值裕度在$K_g=2\sim3$，或者$20\lg K_g=6\sim10$ dB 的范围内时系统的动态性能较好。

5.6 频率特性与控制系统性能指标

5.6.1 闭环频率特性图

一般情况下闭环频率特性不能够直接获得，而且在分析系统性能时也往往不需要知道闭环频率特性，一般只需知道开环频率特性就可以了，这在后面介绍开环频率特性与系统动态特性的关系时会加以说明。

闭环频率特性图一般来自于开环频率特性，闭环传递函数为

$$\Phi(s)=\frac{G(s)}{1+G(s)H(s)} \tag{5-36}$$

先设 $H(s)=1$，即闭合系统为单位负反馈，则

$$\Phi(s)=\frac{G(s)}{1+G(s)} \tag{5-37}$$

设开环频率特性为 $G(\mathrm{j}\omega)=U+\mathrm{j}V$，则

$$\Phi(\mathrm{j}\omega)=\frac{U+\mathrm{j}V}{1+U+\mathrm{j}V} \tag{5-38}$$

因此闭环系统幅值特性为

$$M^2=|\Phi(\mathrm{j}\omega)|=\left|\frac{U+\mathrm{j}V}{1+U+\mathrm{j}V}\right|=\frac{U^2+V^2}{(1+U)^2+V^2} \tag{5-39}$$

设 M 为固定常数，当 $M\neq1$ 时，则式（5–39）可化为

$$\left(U+\frac{M^2}{M^2-1}\right)^2+V^2=\frac{M^2}{(M^2-1)^2} \tag{5-40}$$

当 $M=1$ 时，式（5–39）可化为

$$2U+1=0 \tag{5-41}$$

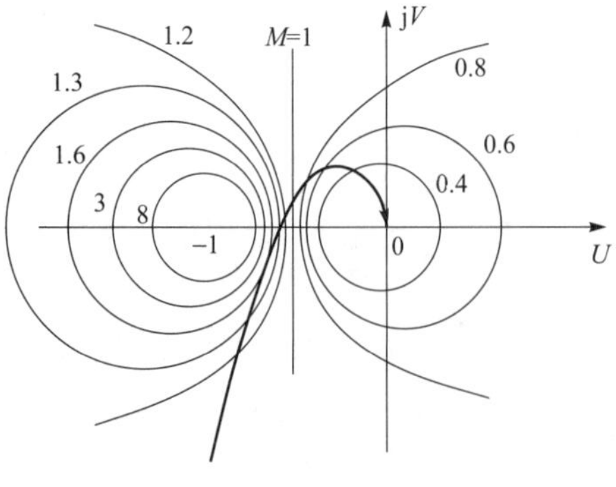

图 5–36　等 M 圆

可见当 $M=1$ 时，U 和 V 满足直线式（5–41）的方程，当 $M\neq1$ 时，U 和 V 满足一组圆式（5–40）的方程。类似等高线原理，针对一组预先设定的 M 值，在 $G(\mathrm{j}\omega)$ 平面上作满足式（5–40）的圆或式（5–41）的直线，如图 5–36 所示，称为等 M 圆。

若已知单位负反馈系统开环频率特性，在等 M 圆图上作极坐标图，如图 5–36 所示，曲线与各等 M 圆形成一组交点，取各交点所对应的 M 值和频率 ω，就获得了闭环频率特性。

由式（5–40）知，当 $M\to\infty$ 时，等 M 圆的圆心趋于（–1，j0）点。因此当开环极坐标图靠近（–1，j0）点时，闭环幅值也趋于无穷大，系统趋于临界稳定，这样的分析结果与前面讨论稳定裕

度时的结果是一致的。

当闭环系统并非单位负反馈时，式（5–36）可改写为

$$\Phi(s)=\frac{1}{H(s)}\frac{G(s)H(s)}{1+G(s)H(s)} \tag{5–42}$$

由 $G(s)H(s)$ 的频率特性从等 M 圆获得 $\dfrac{G(s)H(s)}{1+G(s)H(s)}$ 的频率特性，再结合 $1/H(s)$ 的频率特性，就可获得式（5–42）的闭环频率特性。

由式（5–36），可以有这样的结果

$$\Phi(\mathrm{j}\omega)=\begin{cases}\dfrac{1}{H(\mathrm{j}\omega)} & |G(\mathrm{j}\omega)H(\mathrm{j}\omega)|\gg 1\\ G(\mathrm{j}\omega) & |G(\mathrm{j}\omega)H(\mathrm{j}\omega)|\ll 1\end{cases} \tag{5–43}$$

可见，当 $|G(\mathrm{j}\omega)H(\mathrm{j}\omega)|\gg 1$ 时，系统频率特性取决于反馈通道的特性。开环幅值特性一般情况下在低频和中低频区域有 $|G(\mathrm{j}\omega)H(\mathrm{j}\omega)|\gg 1$ 的特性，而系统动态特性也往往体现在低频和中低频区域，因此，一个系统动态性能的好坏在很大程度上取决于反馈通道（这在系统灵敏度分析时也有类似的结论）。一个闭环系统的反馈通道一般是指测量通道，这个结论说明，在设计一个控制系统时，首先把测量通道的性能做到最好是获得一个良好系统的前提。一般情况下测量通道都能够做到快速、精确的性能，因此，相对前向通道而言，反馈通道可以忽略其动态特性而变为 1 或常数。但是当反馈通道特性不好时，往往需要采取一些特殊的补偿方法。

当 $|G(\mathrm{j}\omega)H(\mathrm{j}\omega)|\ll 1$ 时往往在高频区，由于 $H(s)$ 一般有比 $G(s)$ 更宽的频率响应特性，因此在 $|G(\mathrm{j}\omega)H(\mathrm{j}\omega)|\ll 1$ 时也有 $|G(\mathrm{j}\omega)|\ll 1$，闭环系统也已经大大衰减了。

闭环系统的频率特性一般有图 5–37 中的两种形状，图中曲线 1 表示闭环幅频特性随频率增加单调下降；曲线 2 先上升，过频率点 ω_r 后再下降。5.3 节中二阶振荡系统的频率特性（见图 5–20）就具有曲线 2 的特点。称 ω_r 为谐振频率，对应的幅值 M_r 称为谐振峰值。

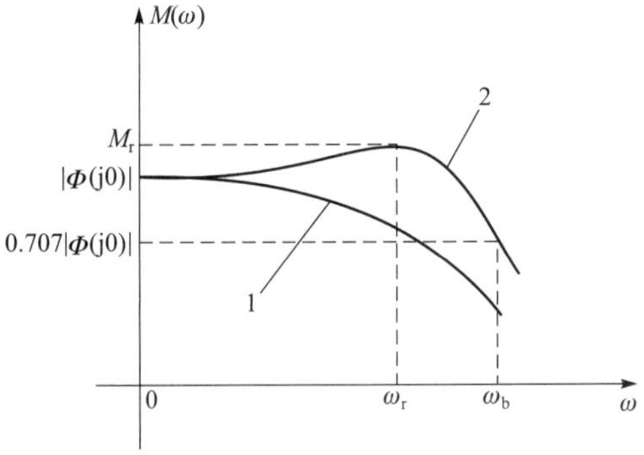

图 5–37　闭环频率特性

频率为 0 对应的幅值 $|\Phi(\mathrm{j}0)|$ 称为零频值。当幅频特性曲线衰减到 $\dfrac{|\Phi(\mathrm{j}0)|}{\sqrt{2}}$ 时，对应的频率 ω_b 称为截止频率，频率范围 $(0,\omega_b)$ 也称为闭环系统的带宽。由图 5–37 可以看到，在频率大于 ω_b 后系统衰减得较快，因此，对于高于截止频率的信号，系统输出呈较大衰减。

对一个闭环系统，往往要求输出能够最大程度地复现输入信号，反映在频率特性上就是要求在 0～∞ 范围内幅频特性都是 1 或常数，相频特性都为 $0°$。当然，实际的物理系统是不可能做到的。而系统的带宽反映了输出复现输入信号的能力，从这个角度讲，系统的带宽是越大越好；但是在有高频干扰的情况下需要系统对干扰能够进行有效的抑制，这时带宽就不一定越大越好了，可能需要一定的折中。

5.6.2 频率特性与控制系统性能指标之间的关系

前面时域分析中系统的稳态性能指标是稳态误差 e_{ss} 和开环放大系数 K；动态性能指标有最大超调量 σ_p、过渡过程时间 t_s、上升时间 t_r、峰值时间 t_p 和振荡次数 N 等。

系统频域的性能指标主要包括两类：开环指标和闭环指标。开环指标有幅值穿越频率 ω_c、相位裕度 γ、相位穿越频率 ω_g 和幅值裕度 K_g，其中 ω_c 和 γ 较常用。闭环指标有谐振频率 ω_r、谐振峰值 M_r 和截止频率（带宽）ω_b。

对于一个标准的二阶单位负反馈系统，如图 5–38 所示，可以导出频域性能指标与系统参数之间的关系式为

$$\omega_c = \omega_n\sqrt{\sqrt{4\zeta^2+1}-2\zeta^2} \tag{5–44}$$

$$\gamma = \arctan\frac{2\zeta}{\sqrt{\sqrt{4\zeta^2+1}-2\zeta^2}} \tag{5–45}$$

$$M_r = \frac{1}{2\zeta\sqrt{1-\zeta^2}} \quad \left(\zeta < \frac{1}{\sqrt{2}}\right) \tag{5–46}$$

$$\omega_r = \omega_n\sqrt{1-2\zeta^2} \tag{5–47}$$

$$\omega_b = \omega_n\sqrt{\sqrt{4\zeta^4-4\zeta^2+2}-2\zeta^2+1} \tag{5–48}$$

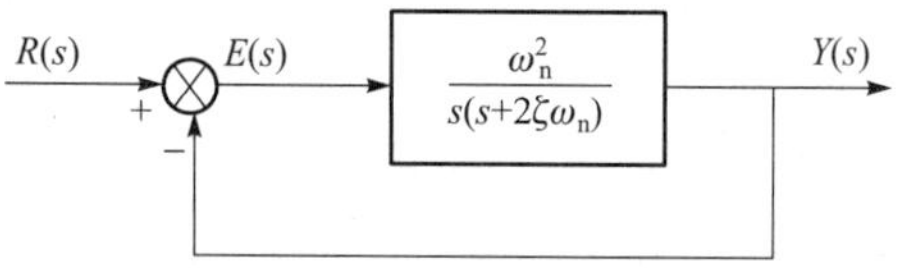

图 5–38　二阶闭环系统

结合之前的 $\sigma_p = e^{\frac{-\pi\zeta}{\sqrt{1-\zeta^2}}}$，对比二阶振荡系统的时域性能指标，可以发现与频域性能指标间有以下关系：

（1）σ_p、γ 和 M_r 都仅由 ζ 唯一确定，因此它们之间也存在一一对应关系。

（2）ω_c、ω_r 和 ω_b 在系统阻尼比 ζ 一定的情况下都仅与 ω_n 有关，因此它们的大小也是相互对应的，如当 $\zeta = 0.4$ 时，$\omega_b = 1.6\omega_c$；同时，它们还和过渡过程时间 t_s 相对应，如

$$\omega_c t_s \approx \frac{6}{\tan\gamma} \tag{5–49}$$

可见幅值穿越频率越大，过渡过程时间越短；同样，系统带宽越大，过渡过程时间越短。由此可以进一步总结出以下结论。

（1）表示系统阻尼大小的指标有：ζ、σ_p、γ 和 M_r。

（2）表示系统响应快慢的指标有：t_s、ω_c、ω_r 和 ω_b。

（3）在 ζ 一定时，ω_c、ω_r 和 ω_b 越大，系统响应越快。

对于一般的高阶系统，可以采用以下经验公式进行性能指标之间的换算

$$M_r = \frac{1}{\sin\gamma} \tag{5–50}$$

$$\sigma_p = 0.16 + 0.4(M_r - 1) \qquad (1 \leqslant M_r \leqslant 1.8) \tag{5–51}$$

$$t_s = \frac{\pi}{\omega_c}[2+1.5(M_r-1)+2.5(M_r-1)^2] \qquad (1 \leqslant M_r \leqslant 1.8) \tag{5-52}$$

例 5.9　考察雕刻机控制系统，图 5–39 给出了雕刻机控制系统的框图模型。

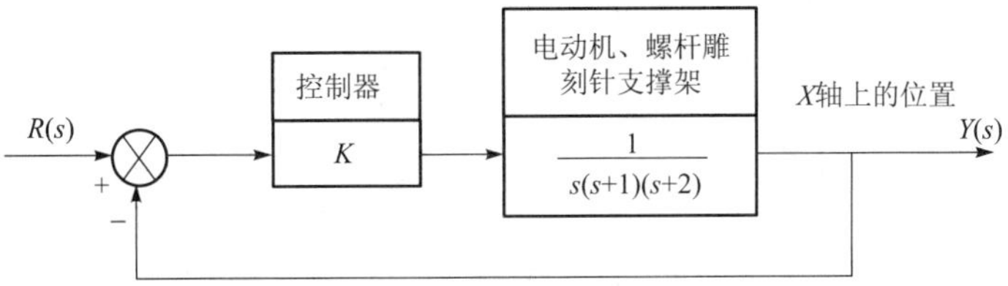

图 5–39　雕刻机控制系统的框图模型

本例的设计目标是：用频率响应法选择增益 K 的值，使系统阶跃响应的各项指标保持在允许的范围内。设计的基本思路是：首先选择增益 K 的初始值，绘制系统的开环和闭环 Bode 图，然后用闭环 Bode 图来估算系统时间响应的各项指标；若得到的系统不能满足设计要求，则调整 K 的取值，再重复前面的设计过程；最后，再利用实际计算来检验设计结果。

为此，我们先取 K 的初始值为 $K=2$。表 5–7 列出了开环频率特性函数 $G(\mathrm{j}\omega)$ 的部分计算结果，由此得到的开环 Bode 图，如图 5–40 所示。

表 5–7　$G(\mathrm{j}\omega)$ 的频率响应

ω	0.2	0.4	0.8	1.0	1.4	1.8
$20\lg\|G\|$/dB	14	7	−1	−4	−9	−13
$\Phi(\omega)/(^\circ)$	−107	−123	−150.5	−162	−179.5	−193

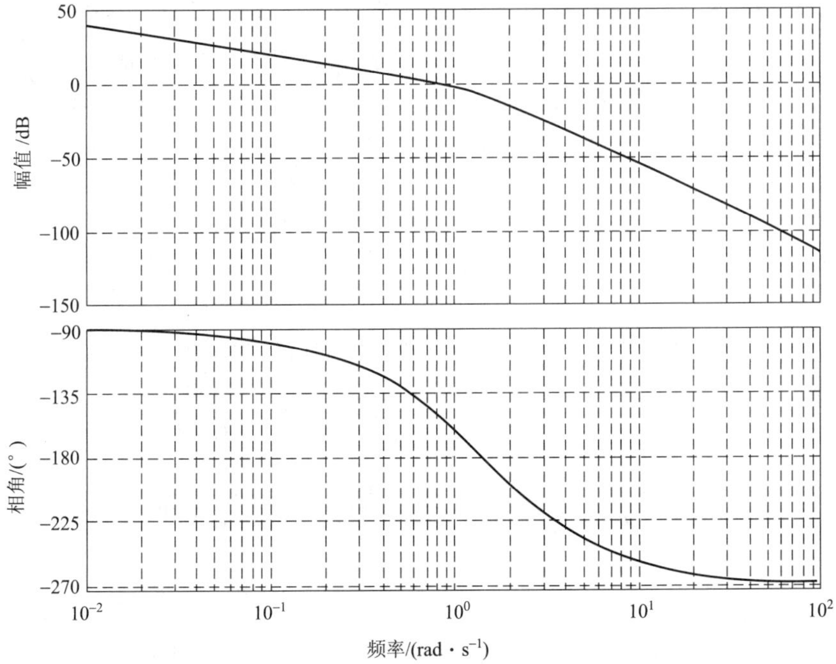

图 5–40　$G(\mathrm{j}\omega)$ 的 Bode 图

为了进一步得到闭环传递函数

$$\Phi(s)=\frac{2}{s^3+3s^2+2s+2} \tag{5-53}$$

的 Bode 图，令 $s=\mathrm{j}\omega$，可得到闭环特性传递函数为

$$\Phi(\mathrm{j}\omega)=\frac{2}{(2-3\omega^2)+\mathrm{j}\omega(2-\omega^2)} \tag{5-54}$$

据此便可画出闭环 Bode 图如图 5–41 所示。从中可以看出，当 $\omega_{\mathrm{r}}=0.8$ 时，对数幅值增益达到最大，因此有

$$20\lg M_{\mathrm{r}}=5 \text{ 或 } M_{\mathrm{r}}=1.78$$

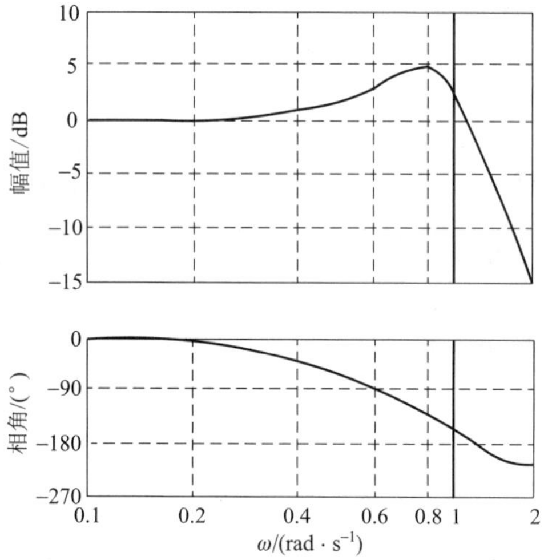

图 5–41　闭环系统的波特图

再假定系统的二阶极点为主导极点，由 M_{r} 可以估计出对应的阻尼系数为 $\zeta=0.29$，据此，可进一步估计出对应的标准化谐振频率为 $\omega_{\mathrm{r}}/\omega_{\mathrm{n}}=0.91$。若取定 $\omega_{\mathrm{r}}=0.8$，则有

$$\omega_{\mathrm{n}}=0.8/0.91=0.88$$

于是，雕刻机控制系统的二阶近似模型应为

$$\Phi(s)\approx\frac{\omega_{\mathrm{n}}^2}{s^2+2\zeta\omega_{\mathrm{n}}+\omega_{\mathrm{n}}^2}=\frac{0.774}{s^2+0.51s+0.774} \tag{5-55}$$

根据该近似模型，估计得到的系统超调量为 37%，调节时间（按 2%准则）为

$$T_{\mathrm{s}}=\frac{4}{\zeta\omega_{\mathrm{n}}}=\frac{4}{0.29\times(0.88)}=15.7\,(\mathrm{s})$$

再按实际系统进行计算，得到的超调量为 34%，调节时间为 17 s。这些结果表明，式（5–55）是一个合理的二阶近似模型，在控制系统的分析和设计工作中，可以用它来调节系统的参数。在本例中，如果要求更小的超调量，可以将 K 的取值调整为 $K=1$，然后重复上面的设计过程。

习　　题

5.1　已知开环传递函数如下，绘制开环频率特性的极坐标图和 Bode 图：

（1）$G(s)=\dfrac{1}{s(s+1)}$　　（2）$G(s)=\dfrac{200}{s(s+30)}$

（3）$G(s)=\dfrac{1}{(s+2)(2s+1)}$　　（4）$G(s)=\dfrac{200}{s^2(s+30)}$

（5）$G(s)=\dfrac{T_1s+1}{T_2s+1}\quad(T_1>T_2>0)$　　（6）$G(s)=\dfrac{T_1s+1}{T_2s+1}\quad(T_2>T_1>0)$

（7）$G(s)=\dfrac{1}{s(s+2)(2s+1)}$　　（8）$G(s)=\dfrac{1}{s(s-2)(2s+1)}$

（9）$G(s)=\dfrac{10(s+3)}{s(s^2+2s+5)}$　　（10）$G(s)=\dfrac{10(s-3)}{s(s^2+2s+5)}$

5.2　已知系统开环传递函数为

$$G(s)=\frac{10(s+2)}{s(s+1)(s^2+2s+3)}$$

试分别计算 $\omega=1$、$\omega=2$ 和 $\omega=5$ 时，开环频率特性 $|G(\mathrm{j}\omega)|$ 和 $\angle G(\mathrm{j}\omega)$。

5.3　已知最小相位系统开环对数幅频特性如习题图 5–1 所示，试确定系统的开环传递函数。

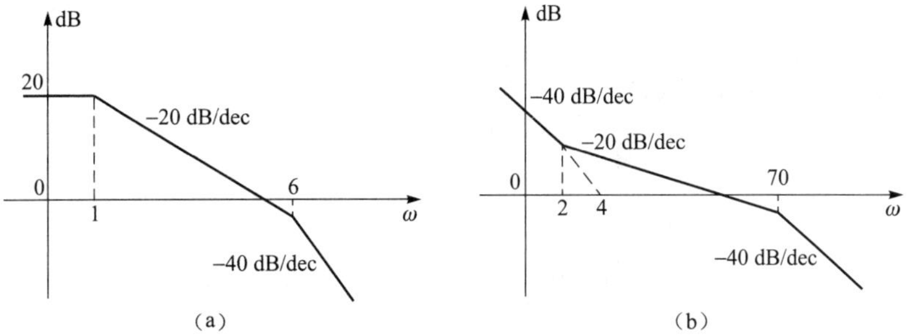

习题图 5–1

5.4　如习题图 5–2 所示为负反馈系统开环传递函数 $G(s)$ 的极坐标图，已知 $G(s)$ 不含正实部的极点，试根据奈奎斯特稳定性判据判断闭环系统的稳定性。

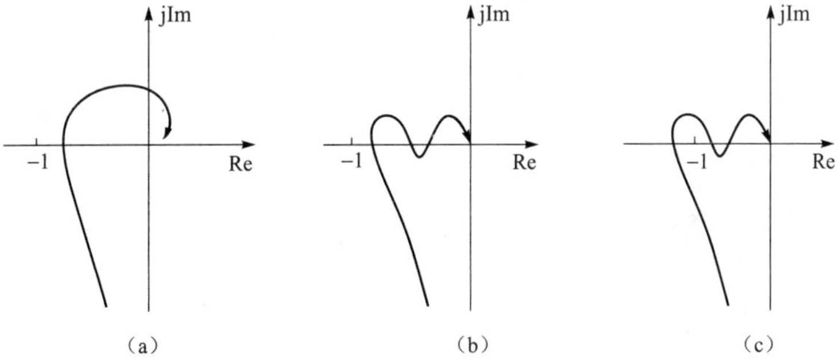

习题图 5–2

5.5　如习题图 5–3 所示为负反馈系统开环传递函数 $G(s)$ 的极坐标图，图中 p 为开环不稳定的极点个数，试根据奈奎斯特稳定性判据判断闭环系统的稳定性。

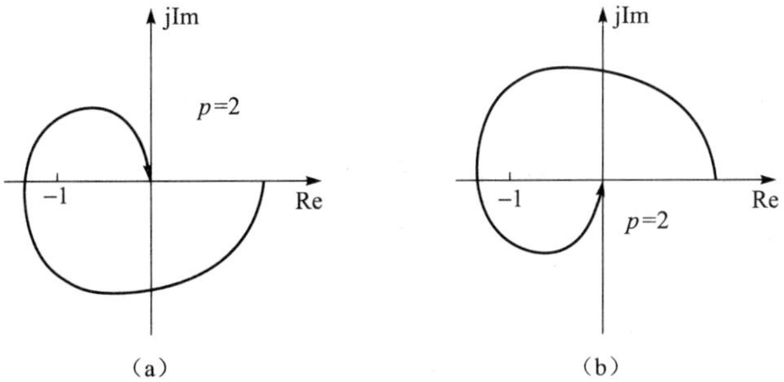

习题图 5–3

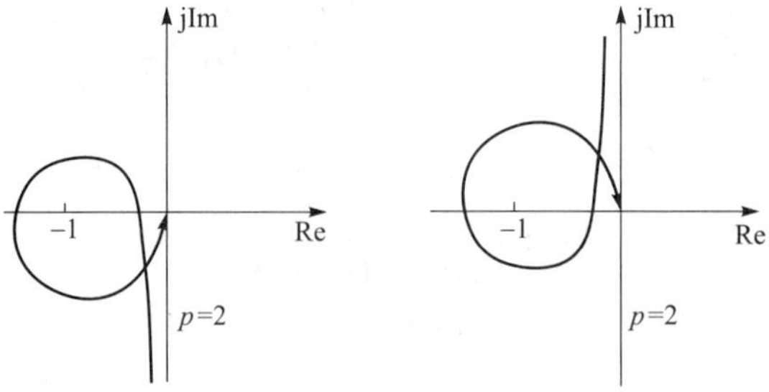

（c）　　（d）

习题图 5–3（续）

5.6 如习题图 5–4 所示为系统开环极坐标图，开环传递函数为

$$G(s)H(s)=-\frac{K(T_1s+1)}{s(-T_2s+1)}\qquad (T_1>0,T_2>0)$$

试判断闭环系统的稳定性。

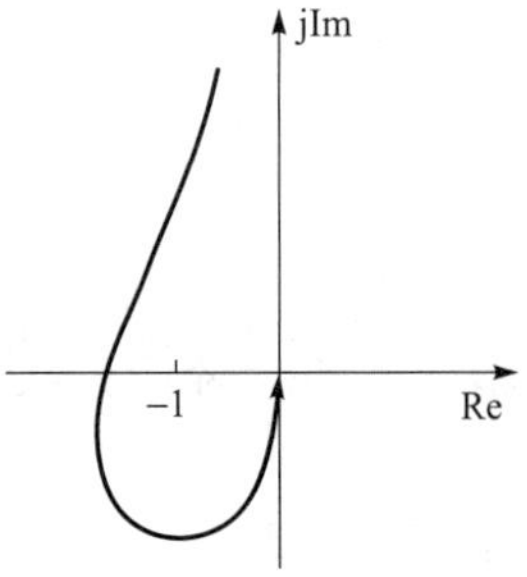

习题图 5–4

5.7 已知系统开环传递函数为

$$G(s)H(s)=\frac{K(2s+1)}{s(3s+1)(0.5s+1)(0.03s+1)}$$

其幅值穿越频率为 $\omega_c=0.5$ rad/s，求相位裕度。

5.8 已知单位负反馈系统开环传递函数为

$$G(s)=\frac{K}{s(s+2)(s+50)}$$

（1）若要求系统速度误差系数 $k_v=13$，请确定 K 值；

（2）绘制极坐标图，判定闭环系统稳定性；

（3）绘制 Bode 图，求穿越频率 ω_c 和相位裕度 γ（注：求 ω_c 时可忽略 $\dfrac{1}{\frac{1}{50}s+1}$ 环节）。

5.9 若单位负反馈系统开环传递函数为

$$G(s)=\frac{Ke^{-2s}}{s+1}$$

试确定使系统稳定的 K 的范围。

5.10 对于典型的二阶系统，已知 $\omega_n=2$，$\zeta=0.6$，请确定系统的穿越频率 ω_c 和相位裕度 γ。

5.11 对于典型的二阶系统，若最大超调量 $\sigma_p=20\%$，过渡过程时间 $t_s=5\,\mathrm{s}(\varDelta=2\%)$，试计算系统的相位裕度 γ。

5.12 某控制系统，若要求最大超调量 $\sigma_p=20\%$，过渡过程时间 $t_s=3\,\mathrm{s}(\varDelta=2\%)$，请用近似格式确定系统的频率指标：穿越频率 ω_c 和相位裕度 γ。

第 6 章
控制系统的综合和校正

6.1 引言

系统分析的最终目标是为了构造出具有良好性能的控制系统。一个好的控制系统应该具有如下特性：稳定性好；良好的过渡过程，或对各类输入有良好的跟踪效果；能有效抑制外界干扰的影响；对系统参数的扰动不敏感；没有或有较小的稳态跟踪误差等。一般在实际工程中，由于各个性能指标之间存在冲突，同时满足各方面较高的要求是不太可能的，只有在经过适当校正之后，对各个性能进行合理的综合，对冲突的指标进行折中，才能使设计出来的控制系统既满足实际需要，又有技术可行性。

在构造闭环系统时，一般需要通过系统参数的调整，使闭环控制系统达到预期的性能。但往往发现，仅通过调节系统参数还远远达不到预期的要求，因此还需要对控制系统的结构做出必要的修改，才能综合出一个满足实际需要的系统，也就是引入校正/补偿装置。为实现预期性能而对控制系统结构进行的修改或调整称为校正或补偿。校正/补偿装置是为了弥补控制系统性能不足而引入的附加部件、电路或控制算法。本章讨论反馈控制系统的设计问题，即介绍如何引入校正/补偿装置，并对校正/补偿装置进行参数设置，以达到预期的控制性能指标的方法。

值得注意的是，在工程实践中，应该首先通过改进被控对象的品质特性来提高控制系统的性能，如果被控对象性能无法改进，或者改进仍无法达到满意的要求，就有必要引入附加的校正网络。如选择作为执行机构的电动机或阀门的时候，尽可能选择性能优良的，表现在性能指标上则包括可靠性高、动态响应快、线性度好等特点。选择控制点时，尽量避开特性差的环节，如大滞后、大非线性等环节，以尽可能在特性好的环节解决控制问题，这是设计控制回路的主导原则。

6.2 系统校正的基本概念

6.2.1 控制系统的性能指标

控制系统常用的性能指标有时域性能指标和频域性能指标。时域性能指标包括稳态性能指标和暂态性能指标，频域性能指标包括开环频域性能指标和闭环频域性能指标。

1. 时域性能指标

（1）稳态指标：稳态位置误差系数 k_{p} ，稳态速度误差系数 k_{v} ，稳态加速度误差系数 k_{a} ，

稳态误差 $e_{ss}(\infty)$。

（2）暂态指标：上升时间 t_r，峰值时间 t_p，调节时间 t_s，最大超调量 σ_p。

2. 频域性能指标

（1）开环频域指标：截止频率 ω_c，相位裕度 γ，幅值裕度 K_g。

（2）闭环频域指标：谐振频率 ω_r，谐振峰值 M_r，有效频带宽度 ω_b。

3. 两类性能指标之间的关系

（1）二阶系统时域性能指标与频域性能指标的关系。

二阶系统的时域指标：

$$t_r = \frac{\pi - \arctan\dfrac{\sqrt{1-\xi^2}}{\xi}}{\omega_n\sqrt{1-\xi^2}} = \frac{\pi-\varphi}{\omega_d}$$

$$t_p = \frac{\pi}{\omega_d} = \frac{\pi}{\omega_n\sqrt{1-\xi^2}}$$

$$\sigma_p = e^{\frac{-\xi\pi}{\sqrt{1-\xi^2}}} \times 100\%$$

$$t_s = \frac{3}{\xi\omega_n}(\varDelta = \pm 5\%), \frac{4}{\xi\omega_n}(\varDelta = \pm 2\%)$$

二阶系统的频域指标如下：

$$\omega_c = \omega_n\sqrt{\sqrt{1+4\xi^2} - 2\xi^2}$$

$$\gamma = \arctan\frac{2\xi}{\sqrt{\sqrt{1+4\xi^2} - 2\xi^2}}$$

$$M_r = \frac{1}{2\xi\sqrt{1-\xi^2}}(0 < \xi \leqslant 0.707)$$

$$\omega_r = \omega_n\sqrt{1-\xi^2}(0 < \xi \leqslant 0.707)$$

$$\omega_b = \omega_n\sqrt{\sqrt{2-4\xi^2+4\xi^2} + 1 - 2\xi^2}$$

$$\omega_c t_s = \frac{r}{\tan r}(\varDelta = \pm 2\%)$$

（2）高阶系统时域性能指标与频域性能指标的关系。高阶系统的指标之间通常采用的是以下的近似关系：

$$M_r = \frac{1}{\sin r}$$

$$\sigma_p = [0.16 + 0.4(M_r - 1)] \times 100\% \ (1 \leqslant M_r \leqslant 1.8)$$

$$t_s = \frac{\pi[2 + 1.5(M_r - 1) + 2.5(M_r - 1)^2]}{\omega_c}(1 \leqslant M_r \leqslant 1.8)$$

6.3　系统设计方法

6.3.1　校正方法

控制系统的设计工作首先从分析控制对象开始，通过前面几章的学习知道，通过数学建模，可以获得控制对象的性能特性，并以此获得闭环系统的开环特性，从而能够分析出闭环系统的性能。与预期要求的性能指标对比，如果仅通过参数调整，闭环系统就能够满足要求，则不需要进一步的工作了。但这种理想状况是很少的，一般情况下简单的闭环系统离要求的指标往往会有一定距离，而且即使满足了预先设定的指标，但如果通过引入校正装置能够进一步改善系统性能，就应该选用它。因此，控制系统引入校正/补偿装置的设计是一项十分有意义的工作。

校正方法包括两个方面的内容，一是校正方式的选择，二是校正装置的选择。常用的校正方式如图 6–1 所示，包括串联校正、反馈校正、输出校正和输入校正。

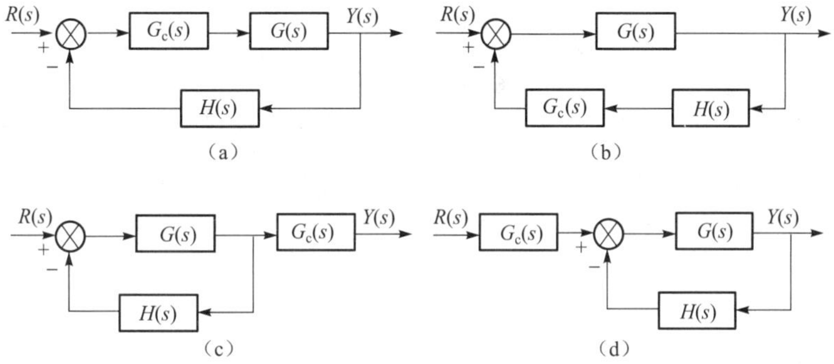

图 6–1　常用的校正方法

（a）串联校正；（b）反馈校正；（c）输出校正；（d）输入校正

1. 串联校正

串联校正装置位于闭环系统的前向通道中，与执行元件、控制对象相串联，如图 6–1（a）所示，$G_c(s)$ 为串联校正装置，$G(s)$ 表示被控对象。

2. 反馈校正

对于图 6–1（b）中的反馈校正回路，可以看到，校正装置 $G_c(s)$ 位于反馈通道。

3. 输入校正与输出校正

输入校正又称前馈校正或顺馈校正，是在系统主反馈回路之外采用的校正方式。前馈校正有两种接入方式，一种是校正装置接在系统参考输入信号之后，主反馈作用点之前的前向通道上，如图 6–2（a）所示。

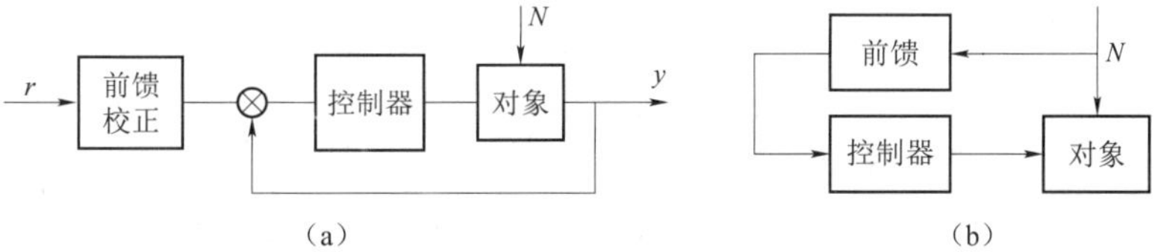

图 6–2　前馈校正方法

（a）前馈校正方式（1）；（b）前馈校正方式（2）

这种接入方式下，校正装置的作用相当于对给定信号进行整形或滤波，因此又称为前置滤波器。另一种是校正装置接在系统扰动作用点与误差测量点之间，形成一条附加的对扰动影响进行补偿的通道，如图 6–2（b）所示。

而对于输出校正回路，对应校正装置位于闭环外的输出通道。

最常用的校正方法是串联校正，也是本章论述的重点。串联校正的方法根据校正装置的相位特性主要分为超前校正、滞后校正和滞后–超前校正。

反馈校正往往和串联校正结合使用，如图 6–3（a）所示，在电动机控制中广泛使用。而图 6–3（a）的这种校正方法其实和图 6–3（b）的串级控制方法有十分近似的特征，串级控制方法在过程控制中被广泛地应用。

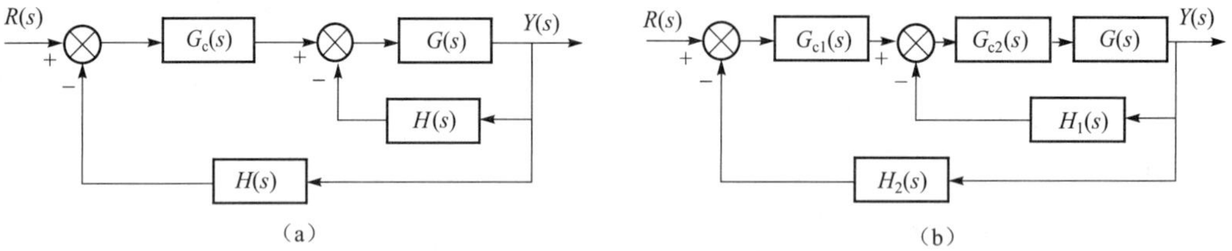

图 6–3　校正方法

（a）与串联校正结合的反馈校正；（b）串级控制

包括输出校正和输入校正等的各种校正方法在不同的工程中都有不同的应用，在相关领域控制方法的有关论著中都有所介绍，本书不作论述。

经典控制理论的设计方法包括根轨迹法和频率特性法，本章重点介绍这两种设计方法在设计串联校正中的运用。

6.3.2　基本控制规律

为了达到控制目的，要选择合适的控制方式和校正装置，因此应首先了解校正装置所能提供的控制规律，常用的控制规律有比例、微分、积分以及相应的组合，如比例–微分、比例–积分、比例–积分–微分等控制规律。

1. 比例（P）控制规律

具有比例控制规律的控制器称为 P 控制器或比例控制器，如图 6–4 所示。

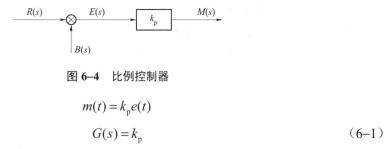

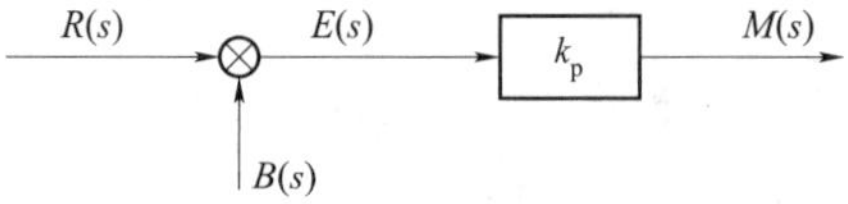

图 6–4　比例控制器

$$m(t) = k_p e(t)$$

$$G(s) = k_p \qquad (6\text{–}1)$$

其中 k_p 为比例增益，可调参数。

比例控制器是一个增益可调的放大器，只改变信号增益，对信号相位没有影响，进行串联校正时，加大比例增益 k_p，可以提高系统开环增益，减小系统稳定误差，提高系统的控制精度，但会降低系统的稳定性，甚至造成系统不稳定。

2. 比例–微分（PD）控制规律

具有比例和微分控制规律的控制器称为比例–微分控制器或 PD 控制器，如图 6–5 所示。

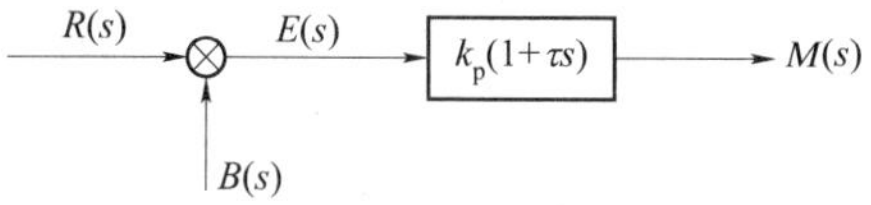

图 6–5 比例–微分控制器

$$m(t)=k_p e(t)+k_p\tau\frac{\mathrm{d}e(t)}{\mathrm{d}t}$$

$$G(s)=k_p(1+\tau s) \tag{6–2}$$

其中 k_p 为比例增益，τ 为微分时间常数，均为可调参数。PD 控制器使系统增加一个零点，提高了系统稳定裕度，不仅改善系统的稳定性，而且有助于动态性能的改善。

3. 积分（I）控制规律

具有积分控制规律的控制器称为积分控制器，又称工控器，如图 6–6 所示。

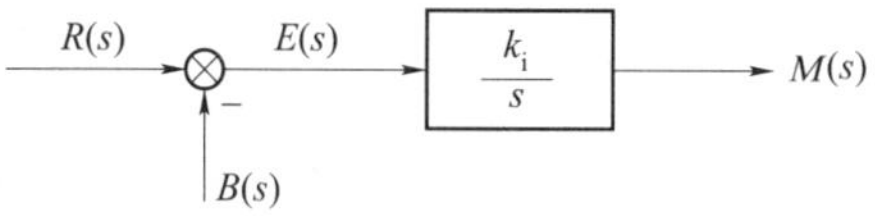

图 6–6 积分控制器

$$m(t)=k_i\int_0^t e(t)\,\mathrm{d}t$$

$$G(s)=\frac{k_i}{s} \tag{6–3}$$

其中 k_i 为积分系数，为可调参数。积分控制器提高系统型别，有助于改善系统稳定性能。但由于增加了一个开环极点，减小了系统相位裕度，因此不利于系统的稳定性。

4. 比例–积分（PI）控制规律

具有比例、积分控制规律的控制器称为比例–积分控制器，又称为 PI 控制器，如图 6–7 所示。

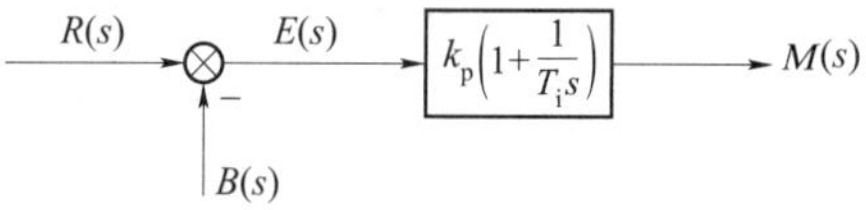

图 6–7 比例–积分控制器

$$m(t)=k_p e(t)+\frac{k_p}{T_i}\int_0^t e(t)\,\mathrm{d}t$$

$$G(s)=k_p\left(1+\frac{1}{T_i s}\right) \tag{6–4}$$

其中 k_p 为比例系数，T_i 为积分时间常数，均为可调参数。比例–积分控制器为系统增加了一个极点和一个负实部的零点，可以提高系统型别，减小稳定误差，改善系统的稳定性能。零点可以提供正相角，增加相位裕度，缓和因极点的引入而对系统稳定性与动态性能的不利影响。

5. 比例–积分–微分（PID）控制规律

具有比例、积分、微分控制规律的控制器称为比例–积分–微分控制器，又称 PID 控制器，如图 6–8 所示。

$$m(t)=k_{\mathrm{p}}e(t)+k_{\mathrm{p}}\tau\frac{\mathrm{d}e(t)}{\mathrm{d}t}+\frac{k_{\mathrm{p}}}{T_{\mathrm{i}}}\int_{0}^{t}e(t)\,\mathrm{d}t$$

$$G(s)=k_{\mathrm{p}}\left(1+\tau s+\frac{1}{T_{\mathrm{i}}s}\right) \tag{6–5}$$

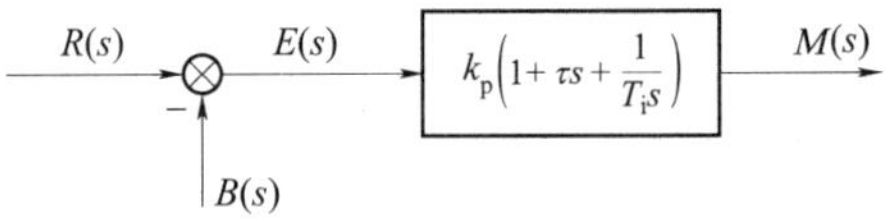

图 6–8　比例–积分–微分控制器

其中 k_{p} 为比例系数，τ 为微分时间常数，T_{i} 为积分时间常数。PID 控制器提供了一个极点，提高了系统型别，改善了系统的稳定性，同时又提高了两个负实部的零点，从而在提高系统动态性能方面具有更大的优越性。

比例、积分和微分也往往组合在一起使用，组成比例–积分–微分控制器，简称 PID 控制器。由于其控制特性直接由其中的 3 个参数 k_{p}、T_{i} 和 T_{d} 确定，而且这 3 个参数也很直观地描述了控制特性的物理特征，因此在工程应用时非常易于调节，从而能够很好地完成对一般控制对象的控制。而对一些复杂对象，也能够通过一些改造，如“微分先行”算法、“积分分离”算法等，或结合一些先进的控制算法，如模糊控制、神经元算法等，使 PID 控制器的性能得到很好的提高，也使它能够在十分广泛的场合得以应用。

PID 控制器应用广泛的另外一个原因也在于其有较好的鲁棒性。有关其参数调整、可知特性、改造和鲁棒性等的讨论超出了本书的要求，可以参考相关书籍和文献。

6.4　用根轨迹方法设计校正网络

由第 4 章介绍的根轨迹分析方法可知，根轨迹作图可以从开环的零极点分布获得闭环极点的运动轨迹。对一个闭环系统而言，其特性由其闭环零极点位置决定，而主导作用为闭环极点的分布。因此，通过根轨迹分析方法就能够进行闭环系统的设计。

一个实际系统通常是一个高阶系统，在第 3 章已经讨论，它往往可以被近似降阶处理。即把离虚轴距离较远的零极点忽略不计，保留离虚轴近的并且离零点较远的极点，一般称之为主导极点。

在设计闭环系统的时候，也往往以设计主导极点为方法，把其他零极点尽量放到离虚轴较远的地方，照此设计出来的系统就会具有所要求的特性。

一般设计的主导极点为一对对称于实轴的共轭复极点。根据二阶系统的时域特性，可以知道具有一对共轭复极点作为主导极点的系统具有以下特性。

设闭环系统近似到二阶系统

$$G(s)=\frac{Y(s)}{R(s)}=\frac{\omega_n^2}{s^2+2\zeta\omega_n s+\omega_n^2}$$

当$0<\zeta<1$时，有一对共轭复极点为

$$s_{1,2}=-\zeta\omega_n \pm j\omega_n\sqrt{1-\zeta^2} \tag{6-6}$$

如图 6–9 所示，当ζ一定时，极点$s_{1,2}$位于 s 平面的左半平面、斜率为$\pm\sqrt{1-\zeta^2}/\zeta$的两条斜线上，称这两条斜线为等$\zeta$线。

根据第 3 章介绍，二阶系统性能指标中最大超调量σ_p和振荡次数 N 仅与ζ有关，因此，如果系统主导极点在等ζ线上，那么其性能指标中最大超调量σ_p和振荡次数 N 是一定的。

从图 6–9 中继续分析可知，两条等ζ线之间的空间的ζ值比等ζ线大，当$\zeta\geqslant 1$时，极点$s_{1,2}$落到实轴上，这说明如果主导极点位于两条等ζ线之间空间，系统性能指标σ_p和 N 要优于等ζ线。

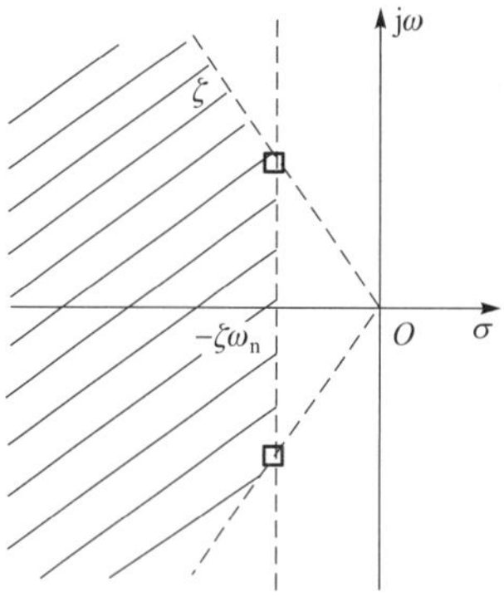

图 6–9　主导极点

二阶系统性能指标中过渡过程时间t_s是与$\zeta\omega_n$相对应的，而$-\zeta\omega_n$正好是主导极点$s_{1,2}$的实部。另外，主导极点实部向左移动时，$\zeta\omega_n$增大，这时过渡过程时间t_s减小，说明系统性能变好。

因此，如果已知或要求闭环系统的动态性能指标最大超调量σ_p和过渡过程时间t_s，就能够如图 6–9 所示的那样确定系统主导极点的位置。而图 6–9 中阴影部分是性能指标更加优良的区域，说明闭环系统主导极点如果能够达到阴影区域，性能指标也一定能满足要求。

根轨迹设计闭环系统的目标就是希望闭环根轨迹能够通过图 6–9 中的主导极点，或者进入阴影区域。

6.4.1　用根轨迹方法设计超前校正网络

一阶超前校正网络的传递函数为

$$G_c(s)=\frac{s+\frac{1}{\alpha\tau}}{s+\frac{1}{\tau}}=\frac{(s+z)}{(s+p)} \tag{6-7}$$

其中，$\alpha>1$，即$p>z>0$。

超前校正网络的作用在于使得根轨迹的渐近线在实轴上的公共点往左边移动，从而使整个根轨迹往左移动，以此来改善闭环动态特性。

如图 6–10（a）所示是一个三阶系统的根轨迹图，当加入一个超前校正网络后，如图 6–10（b）所示，根轨迹往左移动，从而能够经过期望的主导极点。

利用根轨迹方法设计超前校正网络的基本思想是，合理配置超前校正网络的零、极点，从而改变根轨迹的形状，使校正后的闭环系统具有满意的根轨迹，即使根轨迹能够经过要求的主导极点或阴影区域。

根据 s 平面根轨迹方法，设计超前校正网络的主要步骤可以归纳为以下几个：

（1）根据要求确定系统主导极点位置。

（2）在系统被补偿前，确定系统根轨迹是否经过期望的主导极点。

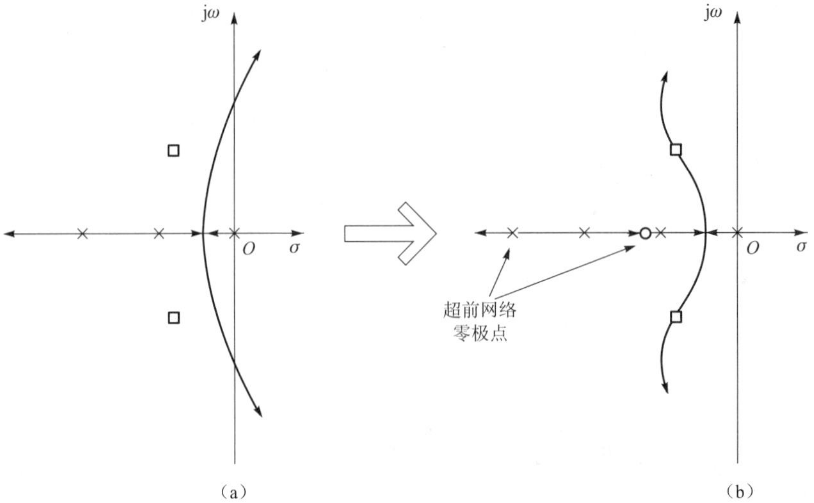

图 6–10　超前校正网络的作用

（a）补偿前；（b）补偿后

（3）如果需要补偿，则将超前补偿器的零点置于期望主导极点下方，或最右侧两个实极点的左边。

（4）确定超前补偿器的极点位置，以满足在期望极点上的相位条件，即在预期主导极点处，从开环零、极点出发各个向量的相角和应为$180°+K\times360°$，从而使根轨迹经过期望极点。

（5）计算在期望极点上系统的增益，以此确定系统稳态误差。

在设计超前校正网络时，应尽量注意保证预期主导极点的主导特性，使其他闭环零极点尽可能远离虚轴。在实际设计工作中，还需要留出足够的设计余量，并在完成设计以后，用计算机仿真来验证校正后的反馈控制系统。

在确定了超前校正网络的零点之后，再确定超前校正网络的极点。由于校正后的根轨迹将通过预期主导极点，因此，在预期主导极点处，考虑从开环零、极点出发的各个向量，它们的相角代数和应为$180°$。据此，可以先求出由超前校正网络的极点导致的相角θ_p，再从主导极点出发，画出与实轴夹角为θ_p的直线，该直线与实轴的交点即为超前校正网络的极点。

利用根轨迹方法设计超前校正网络的优点在于，设计人员可以直接从系统瞬态响应的主要特性确定闭环控制系统主导极点的位置。和 Bode 图方法相比较，根轨迹方法的不足之处在于，它无法让设计人员直接得到系统的稳态误差系数，如速度误差系数。由于闭环系统的总增益与超前校正网络的零点和极点有关，所以只有在完成了超前校正网络的设计之后，才能确定闭环系统最后的增益，并进一步确定系统的误差系数。如果校正后的误差系数不能满足设计要求，就不得不调整主导极点的预期位置重复上面的设计过程，或者采用如增加滞后校正网络的方法进行进一步设计。

例 6.1　某单环负反馈控制系统，未校正的开环传递函数为

$$G(s)H(s)=\frac{K}{s^2} \tag{6–8}$$

所对应的特征方程为

$$1+G(s)H(s)=1+\frac{K}{s^2}=0 \tag{6–9}$$

由此可见，未校正的闭环控制系统的根轨迹就是平面的虚轴。为了改善控制系统的性能，需要为系统引入一阶超前校正网络。

设给定闭环控制系统的设计要求为：调节时间（按 2% 准则）$t_s \leqslant 4\ \text{s}$，超调量 $\sigma_p \leqslant 35\%$。

解：由性能指标可以推知，闭环控制系统的阻尼系数应满足 $\zeta \geqslant 0.32$。再由对调节时间的设计要求可得

$$t_s = \frac{4}{\zeta\omega_n} = 4 \tag{6–10}$$

于是应有 $\zeta\omega_n = 1$。在取定 $\zeta = 0.45$ 之后可以确定系统的预期主导极点应为

$$s_{1,2} = -1 \pm \mathrm{j}2 \tag{6–11}$$

如图 6–10 所示。首先，将超前校正网络的零点配置在预期主导极点的正下方，即将超前校正网络的零点取为 $s=-z=-1$。随后，在预期主导极点处，计算从开环零、极点出发的各个向量的相角代数和。已经确定的开环零、极点包括校正网络的零点和未校正系统在平面原点的双重极点，于是有

$$\phi = -2\times116^\circ + 90^\circ = -142^\circ \tag{6–12}$$

再考虑从超前校正网络的极点出发的向量，由相角条件可以得知，该向量的相角 θ_p 应满足等式

$$\phi - \theta_p = 180^\circ \pm i\times360^\circ \Rightarrow \theta_p = 38^\circ \tag{6–13}$$

过 (–1,2j) 点作与实轴交角为 $\theta_p = 38^\circ$ 的直线，如图 6–11 所示。计算该直线与实轴的交点，可以得到超前校正网络的极点为 $s=-p=-3.6$，因此，本例设计的超前校正网络为

$$G_c(s) = \frac{s+1}{s+3.6} \tag{6–14}$$

校正后的系统开环传递函数为

$$G(s)H(s)G_c(s) = \frac{K(s+1)}{s^2(s+3.6)} \tag{6–15}$$

根据根轨迹的幅值条件和有关向量的长度可得

$$K = \frac{(2.23)^2(3.25)}{2} = 8.1 \tag{6–16}$$

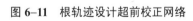

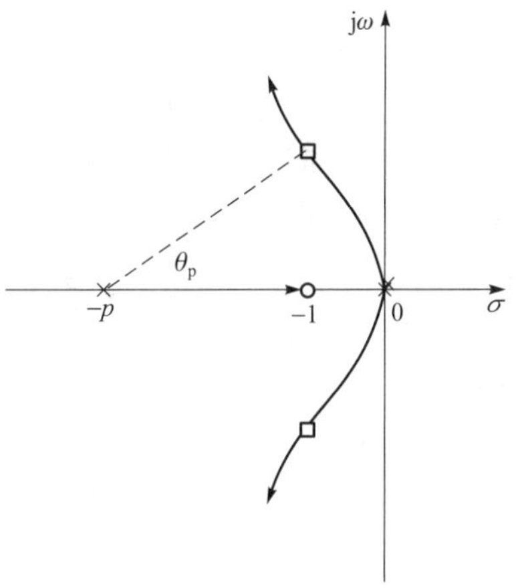

图 6–11　根轨迹设计超前校正网络

最后验证校正后系统的稳态误差系数。校正后的系统是Ⅱ型系统，对阶跃输入和斜坡输入的相应稳态误差为零，加速度误差系数为

$$k_a = \frac{8.1}{3.6} = 2.25 \tag{6–17}$$

由此可见，系统具有令人满意的稳态响应。

通过 Matlab 仿真如图 6–12 所示，可以验证闭环系统符合设计要求。

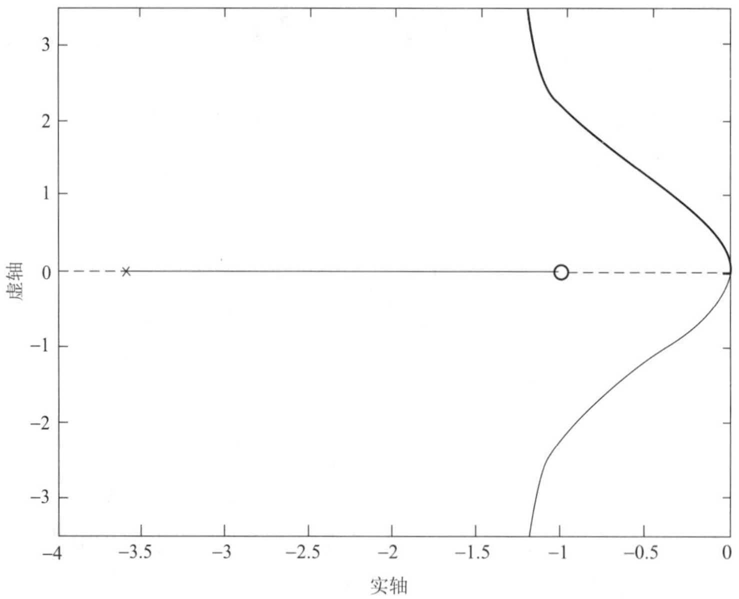

图 6–12　超前校正结果（Matlab 仿真）

例 6.1 给出的设计要求是时域内的超调量和过渡过程时间，在后续的设计过程中，首先用二阶系统来近似高阶系统。由于只有在二阶系统近似的前提下，才能将时域性能指标转变成对 ζ 和 ω_n 的设计要求，从而进一步确定预期主导极点，因此必须始终注意要确保主导极点的主导特性。在例 6.1 中，由于超前校正网络引入了新的零点和极点，校正后的系统变成了三阶系统，因此，本例的设计结果是否成立，完全取决于是否保证了预期主导极点的主导特性和校正后的系统是否能用二阶系统来近似。

通常情况下，设计完后应该用计算机仿真来计算系统的实际瞬态响应，以便验证最终的设计结果。对例 6.1 的最终设计进行仿真后可得，系统的超调量为 46%，调节时间为 3.85 s，基本满足了给定的设计要求，这说明了二阶系统近似的有效性。另一方面，由于新增闭环零点的影响，系统的超调量出现了一定程度的超标，这也说明采用二阶系统近似方法时采用一定设计裕度的必要性。此外，在使用超前校正网络的同时，还可以采用为系统引入合适的前置滤波器等方法，以降低引入新增闭环零点对系统响应的不利影响。

例 6.2　未校正负反馈控制系统的开环传递函数为

$$G(s)H(s)=\frac{K}{s(s+2)} \tag{6–18}$$

反馈控制系统的设计要求是：与闭环主导极点对应的阻尼系数为 $\zeta=0.45$，系统的速度误差系数为 $k_v=20$。

解： 由 $k_v=20$ 可知，未校正系统的初始增益应为 $K=40$，在此条件下，未校正系统的特征方程为

$$s^2+2s+40=(s+1+\mathrm{j}6.25)(s+1-\mathrm{j}6.25) \tag{6–19}$$

式（6–19）表明，未校正系统的阻尼系数仅为 0.16，因此，只有引入了合适的校正网络，才能满足 $\zeta=0.45$ 的设计要求。在设计超前校正网络时，首先应确定预期主导极点。为使系

统的调节时间较短，取预期主导极点的实部为$\zeta\omega_n=4$，对应有$T_s=1\text{s}$，校正后系统的固有频率为$\omega_n=9$。这样大的固有频率必将导致较大的速度误差系数。与上述选定的参数$\zeta\omega_n=4$、$\zeta=0.45$和$\omega_n=9$对应的预期主导极点的位置为$s_{1,2}=-4\pm8\text{j}$。

将超前校正网络的零点直接配置在主导极点的正下方。在预期主导极点处，考虑从已知确定的开环零点和极点出发的向量，可以求得它们的相角代数和为

$$\phi=-116^\circ-104^\circ+90^\circ=-130^\circ \tag{6–20}$$

由根轨迹的相角条件可知，从超前校正网络的待定极点出发的向量，其相角θ_p应满足

$$\phi-\theta_p=180^\circ\pm i\times360^\circ\Rightarrow\theta_p=50^\circ \tag{6–21}$$

从预期主导极点出发，绘制与实轴交角为50°的直线，确定该直线与实轴的交点，便可得到超前校正网络的极点为$s=-p=-10.6$。

最后，根据根轨迹的幅值条件，可以得到校正后的系统增益为

$$K=\frac{9\times10.4\times8.25}{8}=96.5 \tag{6–22}$$

而校正后的系统开环传递函数为

$$G(s)H(s)G_c(s)=\frac{96.5(s+4)}{s(s+2)(s+10.6)} \tag{6–23}$$

其根轨迹如图 6–13 所示。

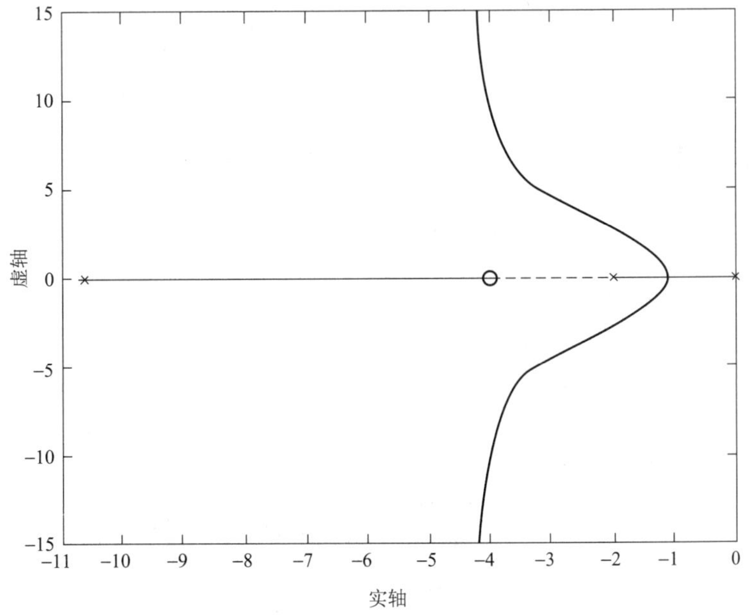

图 6–13　在 s 平面上设计超前校正网络

可以求得系统的速度误差系数为

$$k_v=\lim_{s\to0}s[G(s)H(s)G_c(s)]=\frac{96.5\times4}{2\times10.6}=18.2 \tag{6–24}$$

与 $k_v = 20$ 的设计要求相比，经过校正后的速度误差系数仍然偏小。如果要求严格满足 $k_v \geqslant 20$，可以更改前面选定的预期主导极点，重复上面的设计过程。另外，通过增加滞后校正网络也能够解决误差系数小的问题。

6.4.2 用根轨迹方法设计滞后校正网络

滞后校正网络的作用一般为改善系统的稳态特性，即增加系统的稳态误差系数。PID 控制器中的积分算法就是一种滞后网络，它增加了系统的类型。

一阶滞后校正网络的传递函数为

$$G_c(s) = \frac{s + \frac{1}{\tau}}{s + \frac{1}{\alpha\tau}} = \frac{s+z}{s+p} \tag{6–25}$$

其中，$\alpha > 1$，即 $0 < p < z$。

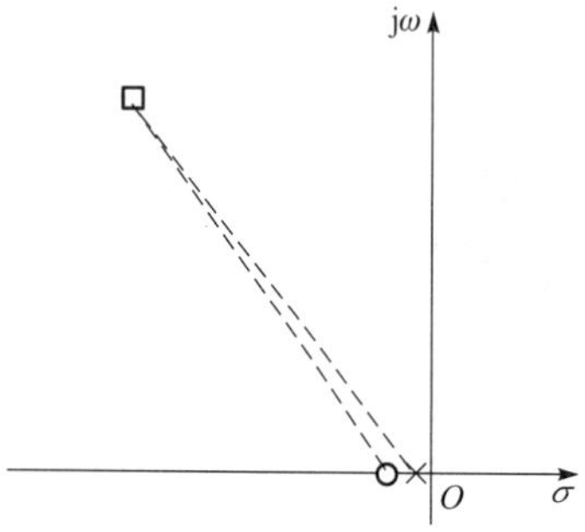

图 6–14　滞后校正网络

滞后校正网络的工作原理是：当 z 和 p 绝对值接近，而 z/p 较大时，如 $z = -0.1$，$p = -0.01$，则补偿器对根轨迹影响很小，却提供了一个较大的增益，从而能够减小稳态误差。如图 6–14 所示，当零点和极点相对主导极点位置十分靠近虚轴，则它们的绝对值十分接近，这样主导极点到该零点和极点的夹角很小，根据相位角条件，系统增加了该零点和极点后，对在主导极点处的根轨迹影响十分微弱，也即基本不会影响根轨迹通过主导极点。而同时，比值 $\frac{z}{p}$ 能够做得较大，这样，在原系统根轨迹增益不变的情况下，增加了滞后校正网络的静态增益

$$\lim_{s\to 0} G_c(s) = \lim_{s\to 0}\frac{s+z}{s+p} = \frac{z}{p} \tag{6–26}$$

从而大大增加了系统的稳态误差系数。

当未校正控制系统为 I 型系统时，系统的速度误差系数为

$$k_{v0} = \lim_{s\to 0}\{sG(s)H(s)\} \tag{6–27}$$

加入滞后校正网络后，系统的速度误差系数为

$$k_v = \lim_{s\to 0}\{sG_c(s)G(s)H(s)\} = k_{v0}\lim_{s\to 0} G_c(s) = \frac{z}{p}k_{v0} \tag{6–28}$$

可见校正后的 k_v 就会增加 $\frac{z}{p}$ 倍。例如，当 $z = 0.1$，$p = 0.01$ 时，速度误差系数就会增加 10 倍。

根轨迹方法在 s 平面上设计滞后校正网络的步骤归纳如下：

（1）绘制未校正系统的根轨迹；

（2）根据给定的系统设计要求，在未校正的根轨迹上，确定系统的预期主导极点；

（3）根据预期主导极点，确定未校正系统的增益取值，并计算此时的稳态误差系数；

（4）比较校正前后的稳态误差系数，计算所需的α值；

（5）根据α配置滞后校正网络的零点和极点。

在配置滞后校正网络的零点和极点时，应使它们相对于主导极点远远靠近虚轴，从而能够使它们在绝对值上彼此接近。通常要求从滞后校正网络的零点和极点到预期主导极点向量的夹角小于 2°，这样，相对主导极点而言，校正网络的零点和极点几乎重合在了一起，从而保证了它们不影响根轨迹经过主导极点。

下面介绍几个滞后校正网络的设计实例。

例 6.3　重新考察例 6.2 的未校正系统，其开环传递函数为

$$G(s)H(s)=\frac{K}{s(s+2)} \tag{6–29}$$

给定的设计要求为：主导极点对应的阻尼系数为$\zeta=0.45$，系统的速度误差系数为 20。

解：如图 6–15 所示，对未校正系统而言，与复根对应的根轨迹是直线$s=-1$。该直线与直线$\zeta=0.45$的交点就是校正后的预期主导极点，有$s_{1,2}=-1\pm 2\mathrm{j}$。在预期主导极点上，未校正系统的增益为$K=(2.24)^2=5$，可得速度误差系数为

$$k_{\mathrm{v}}=\frac{K}{2}=\frac{5}{2}=2.5 \tag{6–30}$$

根据给定的设计要求，滞后校正网络零点和极点的幅度之比应为

$$\left|\frac{z}{p}\right|=\frac{20}{2.5}=8 \tag{6–31}$$

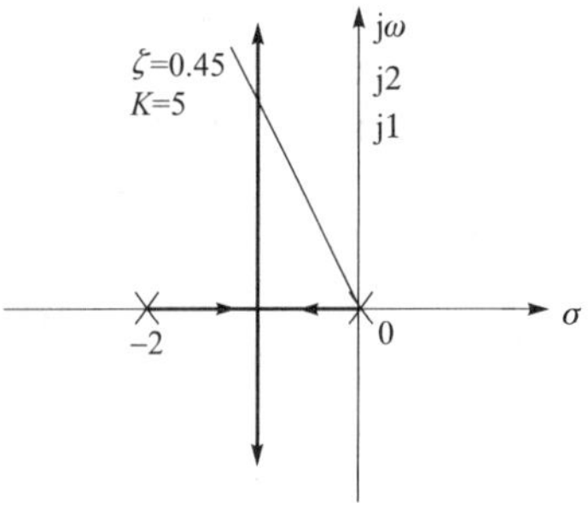

图 6–15　例 6.3 的未校正系统的根轨迹

为相对主导极点尽可能靠近虚轴，可以取$z=\frac{1}{10}=0.1$，则$p=\frac{z}{8}=0.0125$。校正网络不会显著影响根轨迹经过主导极点。因此，校正后的开环传递函数为

$$G_{\mathrm{c}}(s)G(s)H(s)=\frac{5(s+0.1)}{s(s+2)(s+0.0125)} \tag{6–32}$$

此时，$k_{\mathrm{v}}=20$。

例 6.4　设未校正系统的开环传递函数为

$$G(s)H(s)=\frac{K}{s(s+10)^2} \tag{6–33}$$

给定的设计要求为：主导极点对应的阻尼系数为$\zeta=0.707$，系统的速度误差系数为 20。

解：对未校正系统而言，为了满足对k_{v}的设计要求，应有$k_{\mathrm{v}}=20=\frac{K}{(10)^2}$，由此可知，未校正系统的增益将高达$K=2000$。而当$K=2000$时，由劳斯稳定性判据可知，未校正系统的复根等于$\pm\mathrm{j}10$，无法同时满足对$\zeta$的设计要求。这个结果表明，只有进行适当的校正之后，系统才会同时满足对k_{v}和ζ的设计要求。

未校正系统的根轨迹如图 6–16 所示，它与直线$\zeta=0.707$的交点代表了系统的预期主导极点，可求得主导极点$s_{1,2}=-2.9\pm\mathrm{j}2.9$。

根据根轨迹的幅值条件，可得在预期主导极点的系统增益为 K=236。比较校正前后的速

度误差系数，可以进一步确定 $\alpha=\dfrac{|z|}{|p|}=\dfrac{2\,000}{236}=8.5$。为留一定的设计余地，可以取 z=0.1，$p=\dfrac{0.1}{9}$，由此得滞后校正网络为

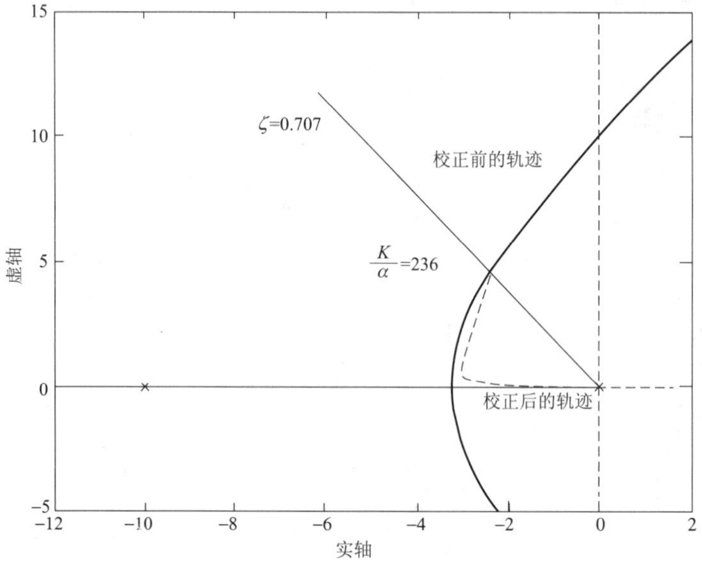

图 6–16　在 *s* 平面上设计滞后校正网络

$$G_c(s)=\frac{s+0.1}{s+0.011\,1} \tag{6–34}$$

校正后的系统开环传递函数为

$$G_c(s)G(s)H(s)=\frac{236(s+0.1)}{s(s+10)^2(s+0.011\,1)} \tag{6–35}$$

可以验证系统速度误差系数 $k_v=20$。

6.5　用频率特性方法设计超前校正网络

频率特性法校正是经典控制理论中的一种基本校正方法。

频率特性法校正系统时，是根据频域指标进行的，如果给出的是时域指标，则可以根据前面介绍的两类性能指标之间的近似关系进行对应转换，然后在 Bode 图上进行校正装置的设计。

用频率特性方法设计校正网络采用 Bode 图的方法，主要利用 Bode 图的直接叠加特性，即校正网络的频率特性能够在 Bode 图上直接叠加到原系统的频率特性图上，从而能够非常直观地进行分析和计算。

前面介绍了按控制规律分类的几种控制器，本节介绍根据所提供的相位特性分类的常用无源校正网络，包括超前网络、滞后网络、滞后–超前网络。

6.5.1　用频率特性方法设计超前校正网络

在用频率特性方法设计超前校正网络之前，首先观察一下超前校正网络的频率特性。设超前校正网络传递函数为

$$G_c(s)=\frac{\alpha Ts+1}{Ts+1}=\frac{\dfrac{s}{\omega_1}+1}{\dfrac{s}{\omega_2}+1}\qquad(\alpha>1,\omega_1<\omega_2)\tag{6–36}$$

电路图如图 6–17 所示。

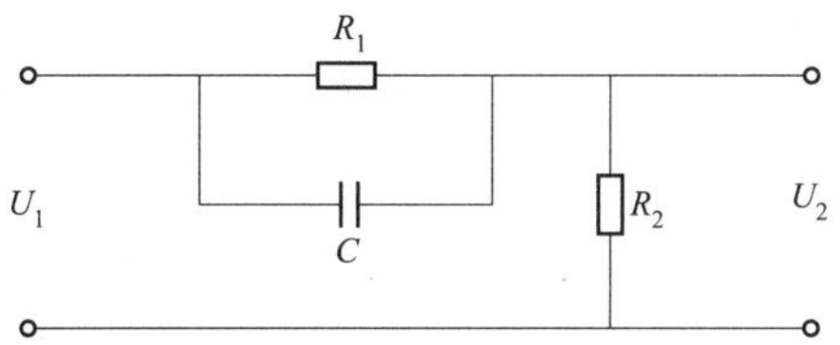

图 6–17　超前校正网络

式中：$\alpha=\dfrac{R_1+R_2}{R_2}>1$

$$T=\frac{R_1R_2}{R_1+R_2}C$$

其 Bode 图如图 6–18 所示。

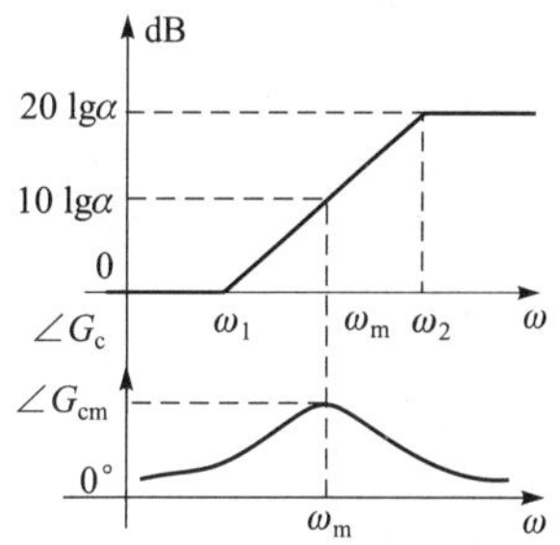

图 6–18　超前校正网络 Bode 图

从图中可以发现，超前校正网络的相角为正，即 $\angle G_c(\mathrm{j}\omega)>0^\circ$，并且在 ω_m 处达到最大。超前网络的相角为

$$\angle G=\arctan\alpha T\omega-\arctan T\omega=\arctan\frac{(\alpha-1)T\omega}{1+\alpha T^2\omega^2}\qquad(*)$$

对上式求导并令其为零，得最大超前角所在频率为

$$\omega_m=\frac{1}{T\sqrt{\alpha}}$$

而

$$\frac{1}{2}\left(\lg\frac{1}{\alpha T}+\lg\frac{1}{T}\right)=\lg\frac{1}{T\sqrt{\alpha}}$$

因此通过以上数学推导可以获得，ω_m 为超前校正网络的转折频率 ω_1 和 ω_2 的几何平均值，即

$$\omega_m=\sqrt{\omega_1\omega_2}\tag{6–37}$$

记在 ω_m 处的最大超前相角为 $\angle G_{cm}$，将 ω_m 代入式（*），有

$$\angle G_{cm}=\arctan\frac{\alpha-1}{2\sqrt{\alpha}}=\arcsin\frac{\alpha-1}{\alpha+1}\tag{6–38}$$

该函数在 $\alpha>0$ 时是 α 的单调递增函数，随 α 的变化有图 6–19 所示的对应关系。

从图中能够看到，一阶超前校正网络能够提供几十度的超前相角。但由于超前网络为具有微分特性的环节，当 α 取值过大时近似为一阶纯微分环节，实现比较困难，并且容易造成对杂波干扰信号的放大，因此，一般取 $\alpha<20$，此时

$$\angle G_{\mathrm{cm}}<65^{\circ} \tag{6–39}$$

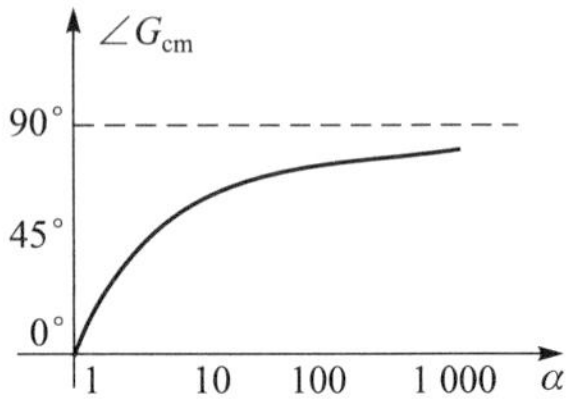

图 6–19　$\angle G_{\mathrm{cm}}$ 与 α 的关系

由以上分析可知，超前校正网络在频率特性上能够提供一个超前相角，这就可以对系统的相位裕度 γ 进行改善。相位裕度 γ 与系统的一些动态性能指标，如最大超调量 σ_{p}、谐振峰值 M_{r} 等是一一对应的，从第 5 章的分析中知道，一般要求系统具有一定大小的正相位裕度 γ。因此，频率特性方法设计超前校正网络主要通过改善相位裕度 γ 的方式来改变其系统动态特性。

从图 6–18 中可以看到，超前校正网络在提供正相角的同时，在幅值上也是增加的，这将造成原系统幅频特性曲线上移，从而使原穿越频率点右移，影响响应速度。因此，在进行超前校正网络设计时要考虑这个影响。

频率特性方法设计超前校正网络可以有几种不同的方式，本书选用一种确定性较强的方法。

数学上可以计算出超前校正网络在 ω_{m} 处增加的幅度为

$$20\lg\left|G_{\mathrm{cm}}\right|=10\lg\alpha \tag{6–40}$$

如图 6–20 所示，在系统原开环频率特性图上，设系统原穿越频率为 ω_{c0}，经超前校正后，右移到 ω_{c}。

如果将原系统右移后的新穿越频率点 ω_{c} 与超前校正网络的 ω_{m} 相对应，则一定有原系统在 ω_{c} 点上的幅频特性为 $-10\lg\alpha$。因此可以通过计算得到 ω_{c}，即校正网络的 ω_{m}，或通过作图获得，如图 6–20 所示。

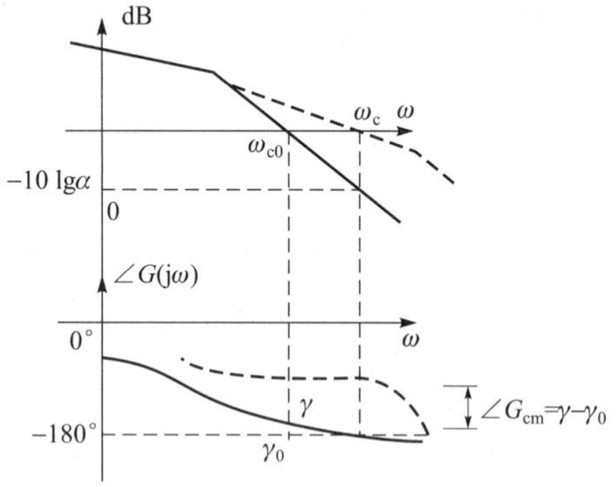

图 6–20　频率特性方法设计超前校正网络

现在只要确定 α，就可以得到超前校正网络的传递函数了。而 α 由原系统相位裕度 γ_0 和所需的相位裕度 γ 确定。由图 6–20 可知，由于穿越频率右移，对应的相位角减小，因此，实际需要增加的相角要大于 $\gamma-\gamma_0$，一般根据情况增加 $5^{\circ}\sim15^{\circ}$，因此有

$$\angle G_{\mathrm{cm}}=\gamma-\gamma_0+(5^{\circ}\sim15^{\circ}) \tag{6–41}$$

通过式（6–38）即可求得 α，再通过图 6–20 和式（6–37），可求得 ω_1 和 ω_2，即

$$\omega_1=\frac{\omega_{\mathrm{m}}}{\sqrt{\alpha}},\quad \omega_2=\sqrt{\alpha}\,\omega_{\mathrm{m}} \tag{6–42}$$

综上所述，用频率特性方法设计超前校正网络的设计步骤可以归纳如下：

（1）确定开环增益，使其满足稳态指标；

（2）绘制未校正系统开环 Bode 图，确定原系统频域穿越频率 ω_{c0} 和相位裕度 γ_0；

（3）确定要求的相位裕度 γ，并通过式（6–41）确定所需要的最大超前相角，判断是否满足 $\angle G_{\mathrm{cm}}<65^{\circ}$；

（4）由式（6–38）求α和 $10\lg\alpha$；

（5）由式（6–40）计算或作图获得 ω_m；

（6）由式（6–42）计算 ω_1 、ω_2 和 $G_c(s)$；

（7）验证校正后系统是否满足指标。如果未达到设计要求，则重新选择 $\angle G_{cm}$ 和 ω_m ，直至满足给定的指标要求。

例 6.5　假定有

$$G(s)=\frac{K_1}{s^2},\quad H(s)=1 \tag{6–43}$$

可知未校正的系统是一个Ⅱ型系统，对阶跃输入和斜坡输入都应有满意的稳态跟踪性能。但若注意到闭环传递函数

$$\Phi(s)=\frac{Y(s)}{R(s)}=\frac{K_1}{s^2+K_1} \tag{6–44}$$

具有虚极点，该系统的响应其实是无阻尼的持续振荡。因此，需要引入合适的超前校正网络。

给定系统的设计要求为：过渡过程时间 $t_s \leqslant 4\,\mathrm{s}\,(\varDelta=2\%)$，闭环系统阻尼系数 $\zeta \geqslant 0.45$ 。

解：为完成在频域内的设计，需要将时域设计要求转换成频域设计要求。由过渡过程时间有

$$t_s=\frac{4}{\zeta\omega_n}\leqslant 4 \tag{6–45}$$

因此

$$\omega_n \geqslant \frac{1}{\zeta}=\frac{1}{0.45}=2.22 \tag{6–46}$$

根据原系统可知，满足 $\omega_n=\sqrt{K}$ ，因此 $K=\omega_n^2\approx 5$ 就可以满足给定过渡过程时间的设计要求。但为了给设计增加一些裕量，可以将增益取为 $K_1=10$ 。这时，未校正系统 $G(\mathrm{j}\omega)H(\mathrm{j}\omega)=\dfrac{K}{(\mathrm{j}\omega)^2}$ 的 Bode 图如图 6–21 所示。

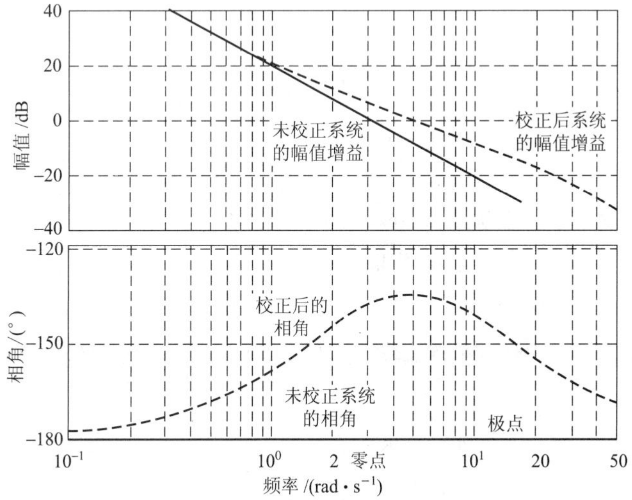

图 6–21　例 6.5 的 Bode 图

根据对闭环阻尼系数的要求，由第 5 章式（5–45）可得要求的闭环系统的相位裕度为

$$\gamma=\arctan\frac{2\zeta}{\sqrt{\sqrt{4\zeta^2+1}-2\zeta^2}}=\arctan\frac{2\times0.45}{\sqrt{\sqrt{4\times0.45^2+1}-2\times0.45^2}}=42.6^\circ \quad (6–47)$$

由于 $\gamma_0=0^\circ$，因此取 $\angle G_{\mathrm{cm}}=\gamma-\gamma_0+(5^\circ\sim15^\circ)=50^\circ$，则由式（6–38）得

$$\frac{\alpha-1}{\alpha+1}=\sin\angle G_{\mathrm{cm}}=\sin 50^\circ=0.766 \quad (6–48)$$

得 $\alpha=7.5$，于是 $10\lg\alpha=8.75\ \mathrm{dB}$。

由 $20\lg\dfrac{10}{\omega_{\mathrm{c}}^2}=-8.75\ \mathrm{dB}$ 得 $\omega_{\mathrm{m}}=\omega_{\mathrm{c}}=5.23$，可得

$$\omega_1=\frac{\omega_{\mathrm{m}}}{\sqrt{\alpha}}=1.91,\quad \omega_2=\sqrt{\alpha}\omega_{\mathrm{m}}=14.32 \quad (6–49)$$

超前校正网络 $G_{\mathrm{c}}(s)=\dfrac{\dfrac{s}{1.91}+1}{\dfrac{s}{14.32}+1}$，因此校正后的系统开环传递函数为

$$G_{\mathrm{c}}(s)G(s)H(s)=\frac{10\left(\dfrac{s}{1.91}+1\right)}{s^2\left(\dfrac{s}{14.32}+1\right)} \quad (6–50)$$

校正后系统的频率特性曲线如图 6–21 所示，可见满足系统设计要求。

例 6.6 二阶反馈控制系统，其开环传递函数为

$$G(s)H(s)=\frac{K}{s(s+2)}$$

给定的设计要求为：系统的相位裕度不小于 45°，系统斜坡响应的稳态误差为 5%。

解： 由稳态误差的设计要求可知，系统的速度误差系数应为

$$k_{\mathrm{v}}=\frac{1}{0.05}=20$$

可得 $K=40$，未校正系统的开环频率特性函数应为

$$G(\mathrm{j}\omega)H(\mathrm{j}\omega)=\frac{20}{\mathrm{j}\omega(0.5\mathrm{j}\omega+1)} \quad (6–51)$$

图 6–22 给出了未校正系统的 Bode 图。由 $|G(\mathrm{j}\omega)H(\mathrm{j}\omega)|=1$ 可计算得原穿越频率为 $\omega_{\mathrm{c0}}=6.2\ \mathrm{rad/s}$，再根据相角计算公式得原相位裕度为

$$\gamma_0=180^\circ+\angle G(\mathrm{j}\omega_{\mathrm{c0}})H(\mathrm{j}\omega_{\mathrm{c0}})=180^\circ-90^\circ-\arctan(0.5\omega_{\mathrm{c0}})=18^\circ \quad (6–52)$$

可见不能满足给定的设计要求。为了将系统的相位裕度提高到 45°，需要为系统引入超前校正网络。

取 $\angle G_{\mathrm{cm}}=\gamma-\gamma_0+(5^\circ\sim15^\circ)=45^\circ-18^\circ+(5^\circ\sim15^\circ)=33^\circ$，则由式（6–38）得

$$\frac{\alpha-1}{\alpha+1}=\sin\angle G_{\mathrm{cm}}=\sin 33^\circ=0.54 \quad (6–53)$$

得 $\alpha=3.3$，于是 $10\lg\alpha=5.24\ \text{dB}$。

由 $20\lg\dfrac{1\,600}{\omega_c\sqrt{\omega_c^{\,2}+4}}=-5.24\ \text{dB}$ 得 $\omega_m=\omega_c=8.42\ \text{rad/s}$，可得

$$\omega_1=\frac{\omega_m}{\sqrt{\alpha}}=4.64,\quad \omega_2=\sqrt{\alpha}\omega_m=15.3 \tag{6-54}$$

超前校正网络 $G_c(s)=\dfrac{\dfrac{s}{4.64}+1}{\dfrac{s}{15.3}+1}$，因此校正后的系统开环传递函数为

$$G_c(s)G(s)H(s)=\frac{40\left(\dfrac{s}{4.64}+1\right)}{s(s+2)\left(\dfrac{s}{15.3}+1\right)} \tag{6-55}$$

校正后系统的频率特性曲线如图 6–22 所示，可见满足系统设计要求。

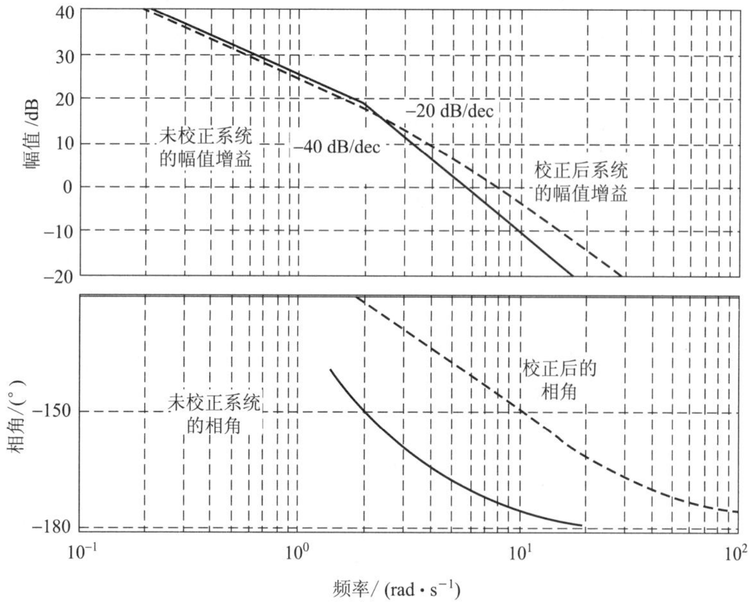

图 6–22　例 6.6 的 Bode 图

还可以通过计算来验证校正后的相位裕度是否满足设计要求，在 $\omega=\omega_c=8.42\ \text{rad/s}$ 时 $G_c(j\omega)G(j\omega)H(j\omega)$ 的相位裕度为

$$\begin{aligned}\gamma&=180°-90°-\arctan\frac{\omega_c}{2}-\arctan\frac{\omega_c}{15.3}+\arctan\frac{\omega_c}{4.64}\\&=45.7°\end{aligned}$$

满足设计要求。

经过验证可知，校正后的其他时域指标为：最大超调量 $\sigma_p=28\%$，过渡过程时间 $t_s=0.75\ \text{s}$。对系统进行超前校正，可以增大系统的相位裕度，减小系统的谐振峰值 M_r，增大系统的闭环带宽 ω_b。本例中，校正前后的 M_r 分别是 12 dB 和 32 dB，闭环带宽则由校正前

的 $\omega_b = 9.5\ \text{rad/s}$ 增加到了校正后的 $\omega_b = 12\ \text{rad/s}$ 。

从以上两个例子可以发现，当设计指标对系统稳态误差有要求时，采用频率特性方法设计更合适，因为根轨迹方法设计时无法确定开环增益，需要设计完后进行验证，而采用频率特性方法设计时可以事先确定开环增益，从而在首先满足稳态误差要求的前提下进行设计。当设计是对超调量和过渡过程时间提出要求时，则更适合采用根轨迹方法，因为在这种情况下，给定的设计要求可以方便地变换成对 ζ 和 ω_n 的设计要求，从而可以通过主导极点的方法进行根轨迹设计。

超前校正网络常常会增大闭环控制系统的带宽，同时也降低了系统的抗噪性能。此外，有时并不能直接通过增加开环增益就满足稳态精度要求，因为开环增益过大将导致穿越频率过高，原相位裕度过小，需要增加的相角太大而无法一次用超前网络实现校正。为此，有时需要为控制系统引入滞后校正装置。

6.5.2 用频率特性方法设计滞后校正网络

在用频率特性方法设计滞后校正网络之前，了解一下滞后校正网络的频率特性。

设滞后校正网络传递函数为

$$G_c(s) = \frac{\alpha Ts + 1}{Ts + 1} = \frac{\dfrac{s}{\omega_1} + 1}{\dfrac{s}{\omega_2} + 1} \qquad (\alpha < 1, \omega_1 < \omega_2) \tag{6-56}$$

电路如图 6–23 所示：

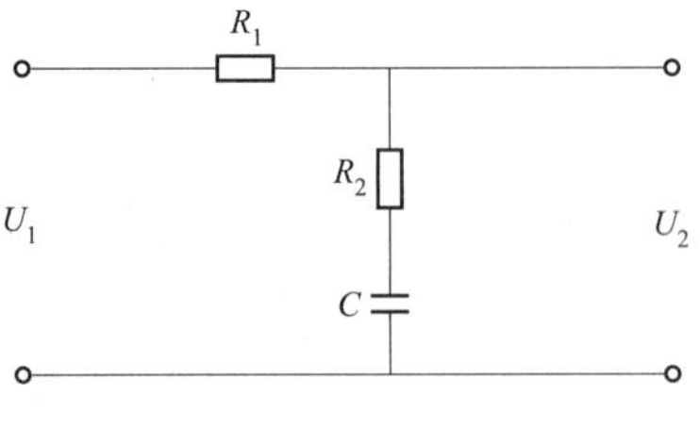

图 6–23　滞后校正网络

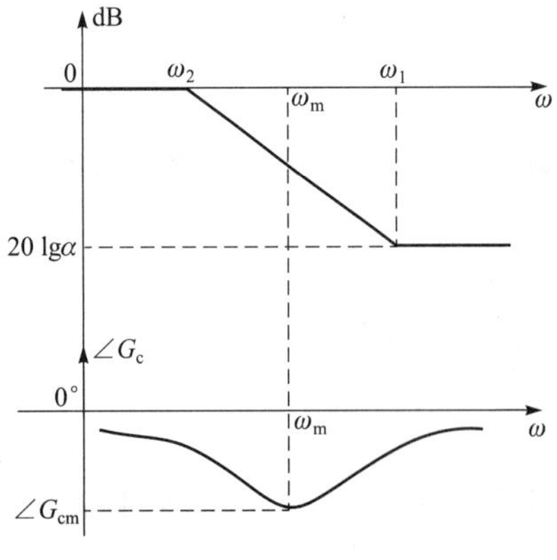

图 6–24　滞后网络 Bode 图

$$\alpha = \frac{R_2}{R_1 + R_2} < 1$$

$$T = (R_1 + R_2)C$$

其 Bode 图如图 6–24 所示。

与超前网络类似，最大的滞后角 $\angle G_{cm}$ 同样出现在 ω_m 处，而 ω_m 也同样是 $\omega_1 = \dfrac{1}{T}$ 和 $\omega_2 = \dfrac{1}{\alpha T}$ 的几何中心。

$$\omega_m = \sqrt{\omega_1 \omega_2} = \frac{1}{T\sqrt{\alpha}}$$

$$\angle G_{cm} = \arcsin \frac{1 - \alpha}{1 + \alpha}$$

从图 6–24 中可以看到，滞后网络具有负的相角。而式（6–56）的幅频特性在高频段具有衰减作用，在低频段则为 0，表示该网络在低频段对原系统的幅频特性没有影响；另外，在高频段，相角也趋向于0°，因此可以利用这一点对系统进行校正：利用高频段的衰减，使系统的穿越频率左移，从而使系统的相位裕度提高以达到设计要求。这样校正将使系统带宽降低，因此适用于对带宽要求不高的系统。

设原系统开环传递函数为$G(s)H(s)$，设计步骤可以归纳为如下几个：

（1）根据稳态误差的设计要求，确定未校正系统的增益 K。

（2）根据已确定的开环增益绘制出原系统的 Bode 图，并计算系统的相位裕度$\gamma_0(\omega)$。

（3）确定校正后系统的截止频率 ω_c' 的值。

根据相位裕度的要求，按下述经验公式求出一个新的相位裕度$\gamma(\omega_c')$，并依此求出ω_c'。

$$\gamma(\omega_c') = \gamma_0(\omega) + \varDelta$$

$\gamma(\omega_c')$ 为原系统在新的截止频率 ω_c' 处应有的相位裕度。$\varDelta$ 为补偿辅助相位，一般取 5°～15°。

（4）取 $-20\lg\alpha = 20\lg|G(j\omega_c)H(j\omega_c)|$，得滞后校正网络的$\alpha$ 值。

（5）确定 ω_1、ω_2，通常取 $\omega_2 = \dfrac{1}{T} = \left(\dfrac{1}{10} \sim \dfrac{1}{5}\right)\omega_c'$，$\omega_1 = \dfrac{1}{\alpha T}$。

（6）校验设计是否达到要求。

下面通过例子来说明上述的设计步骤。

例 6.7　重新考虑例 6.6 的未校正系统，其开环频率特性函数为

$$G(j\omega)H(j\omega) = \frac{K}{j\omega\,(j\omega+2)} = \frac{k_v}{j\omega\,(0.5j\omega+1)} \tag{6–57}$$

式中，$k_v = K/2$。给定的设计要求是：系统的相位裕度为45°，速度误差系数$k_v = 20$。

解：将$k_v = 20$代入式（6–57），就可以得到图 6–25 中实线所示的未校正系统的 Bode 图。从中可以看出，原系统穿越频率 $\omega_{c0} = 6.2\ \text{rad/s}$，相位裕度 $\gamma_0 = 18°$，不能满足给定的设计要求。

根据相位裕度的设计要求，并考虑到滞后校正网络将带来附加的滞后相角的影响，在取新的穿越频率时，原系统的相角应为$-130°$ 左右。由图可取 $\omega_c = 1.5\ \text{rad/s}$，可计算得

$$-20\lg\alpha = 20\lg|G(j\omega_c)H(j\omega_c)| = 20\lg\frac{40}{\omega_c\sqrt{\omega_c^2+4}} = 20.56 \Rightarrow \alpha = 0.094$$

取 $\omega_1 = \omega_c/10 = 0.15\ \text{rad/s}$，则

$$\omega_2 = \alpha\omega_1 = 0.094 \times 0.15 = 0.014\ (\text{rad/s})$$

得滞后校正网络传递函数为

$$G_c(s) = \frac{\dfrac{s}{0.15}+1}{\dfrac{s}{0.014}+1}$$

因此，校正后的系统频率特性函数为

$$G_c(j\omega)G(j\omega)H(j\omega)=\frac{20\left(\dfrac{j\omega}{0.15}+1\right)}{j\omega(0.5j\omega+1)\left(\dfrac{j\omega}{0.014}+1\right)} \tag{6-58}$$

校正后的系统 Bode 图如图 6–25 中虚线所示。从中可以看出，滞后校正网络导致了系统的增益衰减，从而降低了系统的穿越频率，增大了系统的相位裕度。可以验证，在新的穿越频率 ω_c 处，系统相位裕度 $\gamma=45°$，能够满足要求。

此外，利用计算可以得到，校正前后的闭环系统带宽分别为 $\omega_b=10\ \text{rad/s}$ 和 $\omega_b=2.5\ \text{rad/s}$，这表明，滞后校正网络减少了系统带宽，因而也会减缓系统的阶跃响应速度。

以上设计的滞后校正网络在动态特性上改善了系统性能，与超前校正网络比较，滞后网络使系统带宽减小，而超前网络使带宽增加，因此两种方法可适用到不同要求的系统设计中。

而利用滞后网络还有另一种设计思路，即滞后网络能够增加系统的开环增益，这与根轨迹方法设计滞后网络的概念是一致的。设滞后校正网络传递函数为

$$\frac{1}{\alpha}G_c(s)=\frac{1}{\alpha}\frac{\alpha Ts+1}{Ts}=\frac{1}{\alpha}\frac{\dfrac{s}{\omega_1}+1}{\dfrac{s}{\omega_2}+1} \quad (\alpha<1,\omega_1>\omega_2) \tag{6-59}$$

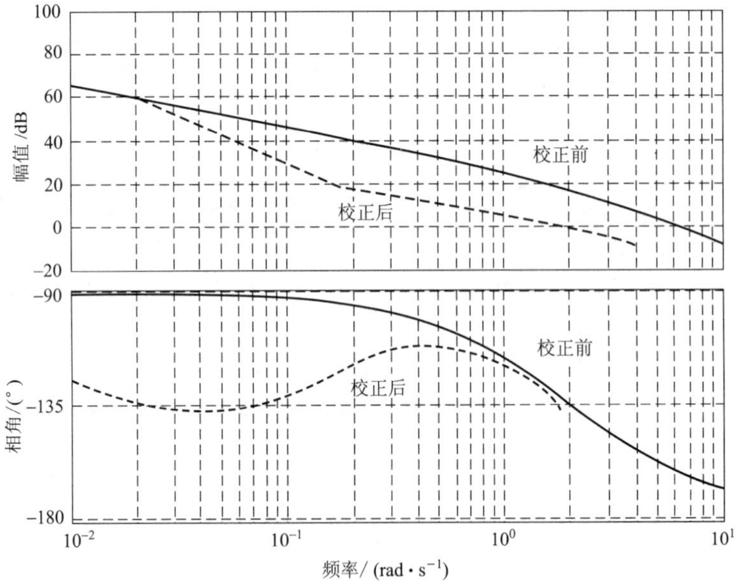

图 6–25　例 6.7 的 Bode 图

其 Bode 图如图 6–26 所示，与图 6–24 比较，该网络在高频段的增益为 1，这样，如果使 ω_1 和 ω_2 相对原系统穿越频率 ω_c 足够小，则由图 6–26 可以看到，滞后网络的相角接近于 0°，因此其对相位裕度的影响就有可能忽略。而滞后网络在低频段能够提供一个较大的增益，这就使系统的增益得到增加，从而实现系统稳态误差系数的增加，提高稳态性能。

设计步骤可以归纳为如下几个：

（1）根据系统动态性能要求，确定开环增益 K，使系统在穿越频率处的相位裕度满足要

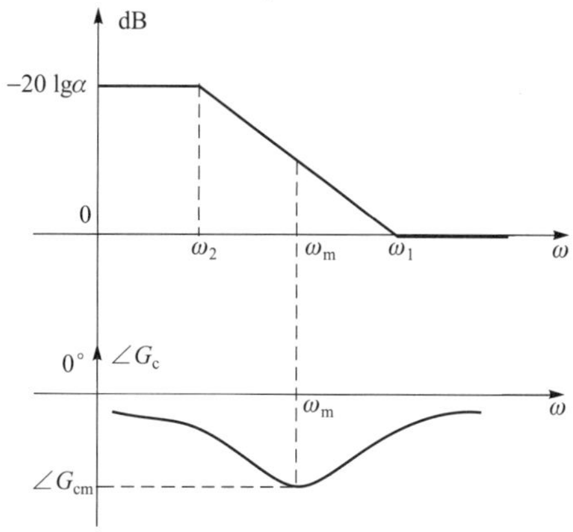

图 6–26　滞后网络 Bode 图

求，考虑到滞后网络相角的影响，一般要求相位裕度值比设计要求大 5°～12°；

（2）计算系统稳态误差系数，如果不能满足设计要求，则根据要求计算 α 值；

（3）取 $\omega_1=\dfrac{\omega_c}{10}$，即可得滞后校正网络传递函数。

例 6.8　设原系统开环频率特性函数为

$$G(s)H(s)=\frac{0.5}{s(s+1)(0.1s+1)} \tag{6–60}$$

给定的设计要求为：最大超调量 $\sigma_p=25\%$，过渡过程时间 $t_s\leqslant 16.5$ s，系统的速度误差系数为 $k_v=10$。

解：如图 6–27 所示作系统 Bode 图，可计算得穿越频率在 $\omega_{c0}\approx 0.45$ rad/s（注：计算时，由于其中环节 $\dfrac{1}{(0.1s+1)}$ 位于高频段，对穿越频率点处影响很小，由此可以忽略以减少计算量）。

由此可进一步计算得

$$\gamma_0=180°-90°-\arctan 0.45-\arctan 0.045=63.2°$$

$$M_r=\frac{1}{\sin\gamma_0}=1.12\Rightarrow\sigma_p=0.16+0.4(M_r-1)=20.8\%$$

$$\Rightarrow t_s=\frac{\pi}{\omega_c}[2+1.5(M_r-1)+2.5(M_r-1)^2]=15.5\text{ s}$$

可见原系统动态性能指标满足设计要求，并有一定的裕量。

而系统速度误差系数 $k_{v0}=\dfrac{0.5}{1}=0.5$，没有达到要求。为此，可以通过增加滞后校正网络的方法解决这个问题。

取 $\alpha=\dfrac{k_{v0}}{k_v}=\dfrac{0.5}{10}=0.05$，$\omega_1=\dfrac{\omega_{c0}}{10}=0.045$ rad/s

则

$$\omega_2=\alpha\omega_1=0.002\,25\text{ rad/s}$$

因此得滞后校正网络传递函数为

$$\frac{1}{\alpha}G_c(s)=\frac{1}{\alpha}\frac{\dfrac{s}{\omega_1}+1}{\dfrac{s}{\omega_2}+1}=20\frac{\dfrac{s}{0.045}+1}{\dfrac{s}{0.002\,25}+1} \tag{6–61}$$

校正后系统的 Bode 图如图 6–27 的虚线所示。

与滞后校正网络不同，超前校正网络主要通过提供附加超前相角来改变未校正系统的频率响应特性，从而增加系统的相位裕度。由于超前校正网络和滞后校正网络各有所长，因此可以设计一种综合性的校正网络，即将超前网络和滞后网络同时使用而形成超前–滞后校正网络。

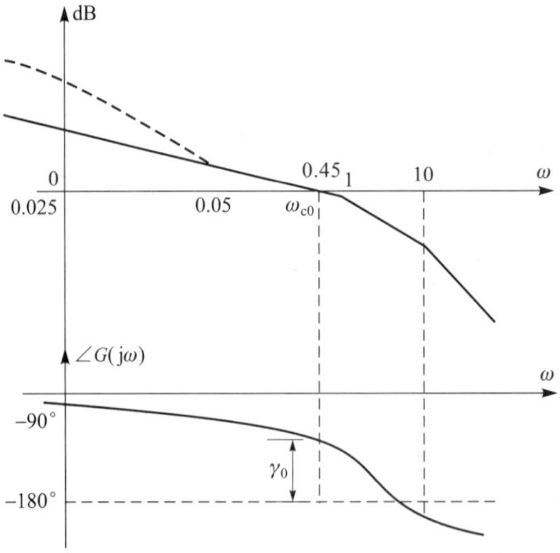

图 6–27　例 6.8 的 Bode 图

设计过程可以首先使开环增益满足稳态要求，然后用滞后补偿网络使中频段衰减，在稍低于要求的穿越频率点 ω_c 附近穿越 0 dB 线，最后用超前网络使系统在 ω_c 处穿越 0 dB 线，并使相位裕度达到要求。也可首先利用超前网络使系统达到动态指标要求，然后利用滞后网络使系统开环增益增加以达到稳态指标要求。具体每一步的设计过程与前面介绍的完全一致。

6.5.3　用频率特性方法设计滞后–超前校正网络

滞后–超前校正兼有滞后校正和超前校正的优点，即校正后的系统响应速度快，超调量小，抑制高频噪声的性能也好，如果待校正系统不稳定，并且要求系统校正后的系统响应速度、相位裕度和稳态精度较高时，单独使用滞后校正或超前校正不能达到控制目标，这时就采用滞后–超前校正。

设滞后–超前网络传递函数为

$$G_c(s)=\frac{(R_1C_1s+1)(R_2C_2s+1)}{R_1R_2C_1C_2s^2+(R_1C_1+R_2C_2+R_1C_2)s+1}$$

设 $T_1=R_1C_1$，$T_2=R_2C_2$，$T_{12}=R_1C_2$，$T_1+T_2+T_{12}=\alpha T_1+\dfrac{T_1}{\alpha}$，$\alpha>1$

$$G_c(s)=\frac{(T_1s+1)(T_2s+1)}{(\alpha T_1s+1)\left(\dfrac{T_2}{\alpha}s+1\right)},\quad \alpha T_1>T_1>T_2>\frac{T_2}{\alpha}$$

电路如图 6–28 所示：

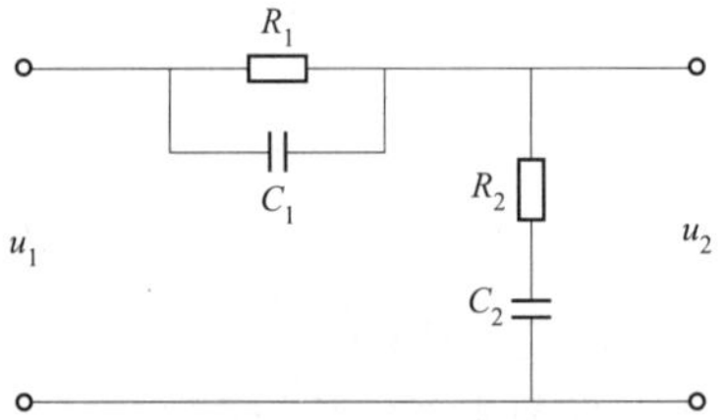

图 6–28　滞后–超前网络

其 Bode 图如图 6–29 所示：

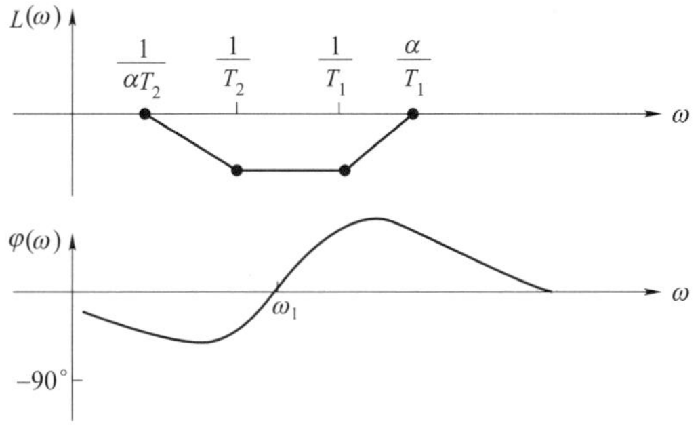

图 6–29　滞后–超前网络 Bode 图

滞后–超前网络的设计步骤可归纳如下：

（1）根据稳态误差的要求，确定开环增益 K。

（2）根据已确定的开环增益 K，求出 $\gamma_0(\omega)$

（3）在待校正系统的 Bode 图上，选择斜率从 –20 dB/dec 变为 –40 dB/dec 的转折频率作为校正网络超前部分的第一个转折频率 $\omega_3=\dfrac{1}{T_2}$。

（4）根据响应速度的要求，选择新的截止频率 ω_c' 和 α

$$-20\lg\alpha+L(\omega_c')+20\lg\left(\frac{\omega_c'}{\omega_3}\right)=0$$

$$20\lg\alpha=L(\omega_c')+20\lg\left(\frac{\omega_c'}{\omega_3}\right) \tag{6–62}$$

其中，$L(\omega_c')+20\lg\left(\dfrac{\omega_c'}{\omega_3}\right)$ 可由待校正系统的对数幅频特性上 –20 dB/dec 延长线在 ω_c' 处的数值确定，由式（6–62）求出 α 值。

（5）确定滞后部分的转折频率，通常选取滞后部分的第二个转折频率 $\omega_2=\dfrac{1}{T_1}\approx\left(\dfrac{1}{10}\sim\dfrac{1}{5}\right)\omega_c'$。再根据已求得的 α 值，确定滞后部分的第一个转折频率 $\omega_1=\dfrac{1}{\alpha T_1}$。

（6）确定超前部分的第二个转折频率 $\omega_4=\dfrac{\alpha}{T_2}$。

（7）校验校正后系统的各项性能指标。

例 6.9　设系统的开环传递函数为

$$G_0(s)=\frac{K}{s(0.5s+1)(0.167s+1)}$$

要求设计滞后–超前校正装置，使系统满足如下性能指标：速度误差系数 $k_v\geqslant 80$，相位裕度 $\gamma\geqslant 45^\circ$，调节时间不超过 3 s。

解：（1）确定开环增益，$K=k_v=180$

$$G_0(s)=\frac{180}{s(0.5s+1)(0.167s+1)}$$

（2）可以求得原系统的截止频率 $\omega_c=12.6\ \text{rad/s}$ ，相位裕度 $\gamma_0=-55.5^\circ$，原系统不稳定。

（3）选择校正网络超前部分的第一个转折频率为 $\omega_3=\frac{1}{T_2}=2\ \text{rad/s}$ 。

（4）选择系统截止频率 ω_c' 和 α 值，根据 $\gamma\geqslant 45^\circ$ 和 $t_s\leqslant 3\ \text{s}$ 的指标要求，利用式

$$M_r=\frac{1}{\sin\gamma}(1\leqslant\gamma_r\leqslant 1.8)$$

与

$$t_s=\frac{\pi[2+1.5(M_r-1)+2.5(M_r-1)^2]}{\omega_c}\ (1\leqslant\gamma_r\leqslant 1.8)$$

可算出

$$\omega_c\geqslant\frac{\pi[2+1.5(1.414-1)+2.5(1.414-1)^2]}{3}=3.2\ \text{rad/s}$$

故 ω_c' 应在 3.2～6 rad/s 内选取，为保证 −20 dB/dec 斜率的中频区应有一定宽度，故选 ω_c'=3.5 rad/s，相应地

$$L(\omega_c')+20\lg\left(\frac{\omega_c'}{\omega_3}\right)=34\ \text{dB}$$

由

$$20\lg\alpha=L(\omega_c')+20\lg\left(\frac{\omega_c'}{\omega_3}\right)$$

得 $\alpha=50$ 。

（5）确定滞后部分的转折频率：

$$\omega_2=\frac{1}{T_1}=\frac{1}{T}\omega_c'=0.5\ \text{rad/s}$$

$$\omega_1=\frac{1}{\alpha T_1}=0.01\ \text{rad/s}$$

（6）确定超前部分的转折频率：

$$\omega_3=\frac{1}{T_2}=2\ \text{rad/s}$$

$$\omega_4=\frac{\alpha}{T_2}=100\ \text{rad/s}$$

滞后–超前校正装置的传递函数为

$$G_c(s)=\frac{2s+1}{100s+1}\cdot\frac{0.5s+1}{0.01s+1}$$

（7）校验校正后的系统的各项性能指标。

校正后系统开环传递函数为

$$G_{\mathrm{K}}(s)=\frac{180(2s+1)}{s(0.01s+1)(0.167s+1)(100s+1)}$$

由 $\omega_{\mathrm{c}}'=3.5\ \mathrm{rad/s}$ 可得

$$\begin{aligned}\gamma&=180^\circ+\varphi(\omega_{\mathrm{c}}')\\&=180^\circ-90^\circ+\arctan 2\omega_{\mathrm{c}}'-\arctan 0.01\omega_{\mathrm{c}}'-\arctan 0.167\omega_{\mathrm{c}}'-\arctan 100\omega_{\mathrm{c}}'\\&=49.8^\circ>45^\circ\end{aligned}$$

系统的调节时间为

$$t_{\mathrm{s}}=\frac{\pi[2+1.5(1.31-1)+2.5(1.31-1)^2]}{3.5}=2.2\ \mathrm{s}<3\ \mathrm{s}$$

从图 6–30 可知，完全满足性能指标要求。

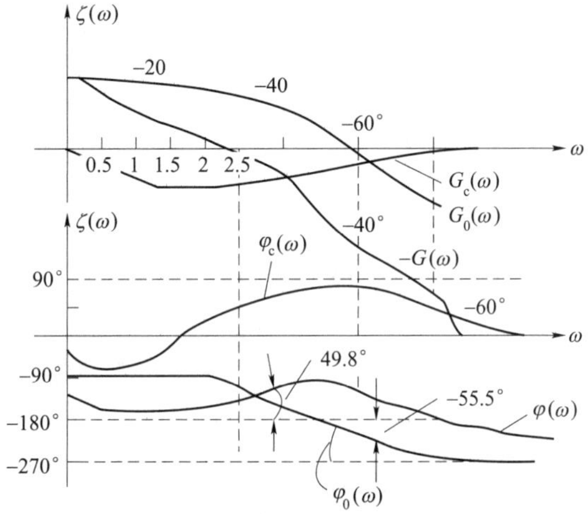

图 6–30　例 6.9 的 Bode 图

（8）确定 ω_1、ω_2，通常取 $\omega_2=\dfrac{1}{T}=\left(\dfrac{1}{10}\sim\dfrac{1}{5}\right)\omega_{\mathrm{c}}'$，$\omega_1=\dfrac{1}{\alpha T}$。

例 6.10　设计实例：转子绕线机控制系统。

本例的设计目标是用机器代替手工操作，为小型电动机的转子缠绕铜线。每个小型电动机都有 3 个独立的转子线圈，上面需要缠绕几百圈的铜线。绕线机用直流电动机来缠绕铜线，它需要快速准确地绕线，并使线圈连贯坚固。采用自动绕线机后，操作人员只需从事插入空的转子、按下启动按钮和取下绕线转子等简单操作。控制系统设计的具体目标是：使绕线速度和缠绕位置都具有很高的稳态精度。绕线机控制系统相应的框图如图 6–31 所示。该系统至少是个 I 型系统，它的阶跃输入响应的稳态误差为零，单位斜坡输入响应的稳态误差为

$$e_{\mathrm{ss}}=\frac{1}{k_{\mathrm{v}}}\tag{6–63}$$

式中，$k_{\mathrm{v}}=\lim\limits_{s\to 0}\dfrac{G_{\mathrm{c}}(s)}{50}$。

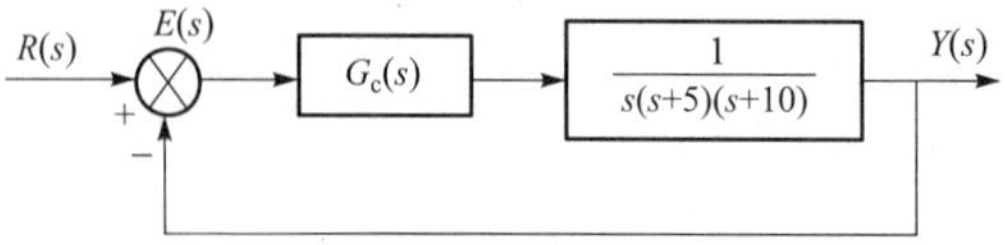

图 6–31　转子绕线机控制系统框图

当 $G_c(s)=K$ 时，有 $k_v=K/50$ 。取 $K=500$，则有 $k_v=10$，系统具有较好的稳态精度。但此时系统阶跃响应的超调量将高达 70%，调节时间长达 8 s，因此，此时的设计结果不能满足实际需要。

为此，可以尝试为系统引入超前校正网络

$$G_{cq}(s)=\frac{K(s+z_1)}{s+p_1} \tag{6-64}$$

为了使校正后的系统最大超调量降为 3%，调节时间缩短为 1.5 s，得超前校正网络为

$$G_{cq}(s)=\frac{191.2(s+4)}{s+7.3}$$

但校正后的速度误差系数仅为

$$k_v=\frac{191.2\times4}{7.3\times50}=2.1 \tag{6-65}$$

可见，仅采用超前校正网络还不能满足实际需要。为此，尝试继续为系统引入滞后校正网络，并争取达到 $k_v=20$ 。将滞后校正网络取为

$$G_{cz}(s)=\frac{s+z_2}{s+p_2} \tag{6-66}$$

于是，校正后的速度误差系数为

$$k_v=2.1\frac{z_2}{p_2} \tag{6-67}$$

取 $z_2=0.1$， $p_2=0.01$，得 $k_v=2.1\times\frac{z_2}{p_2}=21$ 。

超前–滞后校正网络传递函数为

$$G_c(s)=\frac{K(s+z_1)(s+z_2)}{(s+p_1)(s+p_2)}=\frac{191.2(s+4)(s+0.1)}{(s+7.3)(s+0.01)} \tag{6-68}$$

整个系统的开环传递函数变为

$$G(s)G_c(s)=\frac{191.2(s+4)(s+0.1)}{s(s+5)(s+10)(s+7.3)(s+0.01)} \tag{6-69}$$

经过这样校正后，系统的阶跃响应和斜坡响应分别如图 6–32（a）和图 6–32（b）所示，从中可以看出，采用超前–滞后校正网络后，系统基本能达到令人满意的综合性能指标。

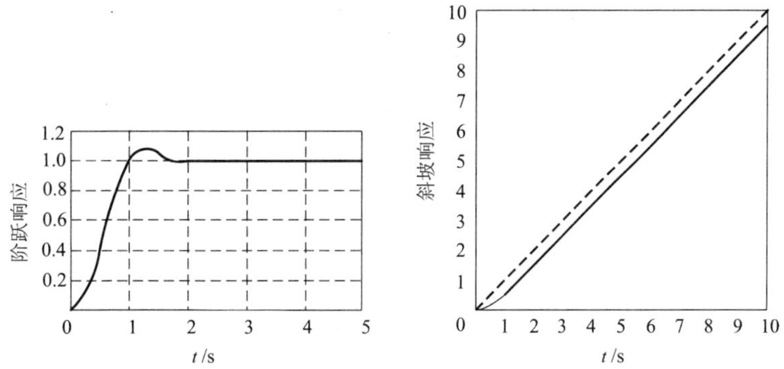

（a）　　　　　　（b）

图 6–32　转子绕线机的响应曲线

（a）阶跃响应；（b）斜坡响应

习　题

6.1　单位负反馈系统开环传递函数为

$$G(s)=\frac{K}{s+2}$$

为消除阶越响应的稳态误差，引入串联校正网络 $G_c(s)=\frac{s+\alpha}{s}$。若要求引入校正网络后的系统具有性质：最大超调量 $\sigma_p=10\%$，过渡过程时间 $t_s=2\,s(\varDelta=2\%)$，请确定参数 α 和 K。

6.2　已知单位负反馈系统的开环传递函数为

$$G(s)=\frac{K}{(s+1)(s-1)}$$

（1）试画出系统的根轨迹简图，并讨论系统的稳定情况；

（2）若进行串联校正，加入超前补偿网络 $G_c(s)=\frac{s+2}{s+20}$，请重新画系统的根轨迹简图，并讨论系统的稳定情况。

6.3　如习题图 6–1 所示单位负反馈系统，已知 $G(s)=\frac{1}{s^2}$。

（1）若 $G_c(s)=K$，请利用根轨迹说明系统稳定情况；

（2）若 $G_c(s)=\frac{K(s+2)}{(s+18)}$，请确定渐近线的位置和分离点/汇合点的位置，绘出根轨迹图，并讨论系统稳定情况。

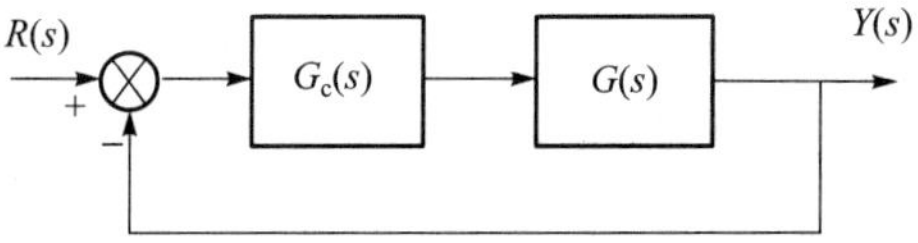

习题图 6–1

提示：分离点/汇合点位于同一点。

6.4 如习题图 6–1 单位负反馈系统，已知 $G(s)=\dfrac{1}{s(s-1)}$。

（1）若 $G_c(s)=K$，请利用根轨迹证明系统始终不稳定；

（2）若 $G_c(s)=\dfrac{K(s+2)}{s+20}$，请确定系统稳定的 K 的范围。

6.5 已知单位负反馈系统开环传递函数为

$$G(s)=\frac{K}{s(s+1)(s+90)}$$

（1）为使系统 $k_v=7$，确定 K 值；

（2）画出 Bode 图；

（3）计算系统相位裕度；

（4）引入滞后校正网络 $G_c(s)=\dfrac{(s+0.15)}{(s+0.015)}$，重新计算系统 k_v 值。

6.6 设单位负反馈系统开环传递函数为

$$G(s)=\frac{K}{s(s+1)}$$

试利用根轨迹法设计一串联超前校正网络，使系统的主导极点位于 $(-2,\pm 2\mathrm{j})$，同时确定系统的稳态误差系数。

6.7 设单位负反馈系统开环传递函数为

$$G(s)=\frac{K}{s(s+4)}$$

试利用根轨迹法设计一串联滞后校正网络，使系统满足：$\zeta=\dfrac{\sqrt{2}}{2}$，速度误差系数 $k_v=10$。

6.8 已知单位负反馈系统开环传递函数为

$$G(s)=\frac{K}{s(s+3)(s+30)}$$

（1）要求系统速度误差系数 $k_v=10$，请确定 K 值；

（2）绘制极坐标图，判定闭环系统稳定性；

（3）绘制 Bode 图，求穿越频率 ω_c 和相位裕度 γ（注：可略去 $\dfrac{1}{\dfrac{s}{30}+1}$ 项后进行计算）；

（4）若要求系统相位裕度 $\gamma\geqslant 45°$，试确定超前补偿网络 $G_c(s)$，并验证。

6.9 已知单位负反馈系统开环传递函数为

$$G(s)=\frac{K}{s(s+3)(s+50)}$$

（1）要求系统速度误差系数 $k_v=10$，请确定 K 值；

（2）绘制极坐标图，判定闭环系统稳定性；

（3）绘制 Bode 图，求穿越频率 ω_c 和相位裕度 γ；

（4）若要求系统相位裕度$\gamma \geqslant 35^\circ$，试确定滞后补偿网络$G_c(s)$，并验证。

6.10　单位负反馈系统开环传递函数为

$$G(s)=\frac{1}{s(0.1s+1)}$$

若要求系统速度误差系数$k_v \geqslant 100$，相位裕度$\gamma \geqslant 50^\circ$，试确定串联补偿网络的传递函数。

第 7 章
现代控制理论基础

在前面的章节中讨论了系统的微分方程和传递函数模型。这类模型着重描述的是系统输入量与输出量之间的数学关系，这种模型通常称为输入–输出模型。输入–输出模型是分析和设计控制系统的重要工具，特别是在经典控制理论的根轨迹方法和频率特性方法中发挥了极其重要的作用。但是这种模型只能揭示输入和输出之间的外部特性，难以揭示系统内部结构特性，也难以有效地处理多输入多输出系统。

在 20 世纪 50 年代后期，随着航天技术的蓬勃兴起，现代控制理论开始形成并得到了迅速发展。现代控制理论的重要标志和理论基础就是美国学者鲁道夫·卡尔曼（Rudolf Kalman）引入的状态空间概念。他主导提出的控制系统的数学理论，为状态变量方法奠定了基础。状态空间方法可以描述系统输入、状态、输出等各变量间的因果关系。它不仅能反映系统的外部特性，而且能够揭示系统的内部结构特性，既适用于单输入单输出系统，又适合于多输入多输出系统，既适用于时变系统，又适用于定常系统，还可用于非线性系统、随机系统以及更复杂的非线性系统。从这个意义上讲，状态空间描述是对系统的一种完全描述。

7.1 状态空间法的基本概念

系统在时间域中的行为或运动信息的集合称为状态。动力学系统的状态是描述系统全部行为的一组相互独立的变量集合，而完全确定系统状态的数目最小的一组变量称为状态变量。只要已知在 $t=t_0$ 时刻的该组变量值以及 $t\geqslant t_0$ 时刻的输入，就能够完全确定在 $t\geqslant t_0$ 及以后任意时刻系统中的所有状态变化情况。

对某一系统而言，状态的选取不是唯一的，但状态的数目都是一定的。状态变量不一定是可测量的物理量。有时也可能只有数学意义而没有物理意义，但通常在工程实践中，应当优先选取具有物理意义并容易测量的物理量以方便以后系统设计中的使用。

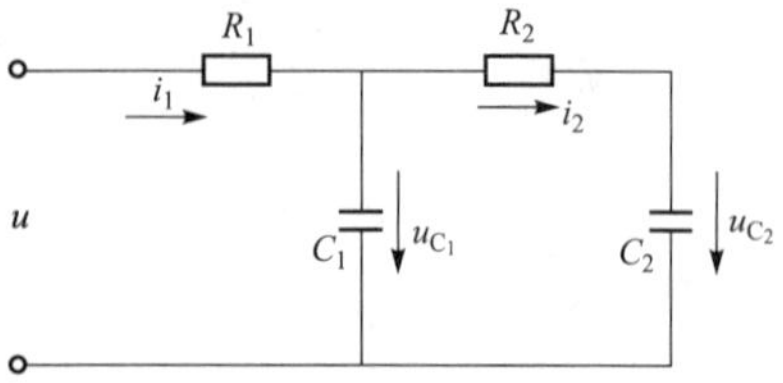

图 7–1 *RC* 网络

例 7.1 考察如图 7–1 所示的 *RC* 网络，其中 u_{C_1} 和 i_2 可以是一组状态变量。因为由电路分析可知，当 $u(t)$ 已知时，在任一时刻，由 u_{C_1} 可唯一确定 R_1 上的电压，进一步由 u_{R_1} 又可唯一确定 i_1；同时，根据 u_{R_1} 和 i_2 可唯一确定 R_2 上的电压 u_{R_2}，进而唯一确定 u_{C_2}，于是系统的动态行为可以被唯一确定。同理也可选取 u_{C_1} 和 u_{C_2}，i_1 和 i_2，i_2 和 u_{C_2} 以及 i_1 和 u_{C_2} 作为系统状态变量。但不能选

取 u_{C_1} 和 i_1 作为状态变量，一方面 u_{C_1} 和 i_1 这两个变量不是线性独立的，即 $u = R_1 i_1 + u_{C_1}$，另一方面仅根据 u_{C_1} 和 i_1 不能唯一确定系统的其他变量。通常电路中储能元件的个数决定了独立变量的个数，以及方程的阶数，此 RC 网络有两个储能元件，因而可以用二阶微分方程表示，由两个独立变量构成一组状态变量。

对于状态和状态变量，有以下几点说明：

（1）"描述系统时间域行为"指给定状态变量的初值，以及 $t \geqslant t_0$ 时刻的各点系统输入信号，就能够完全确定系统未来的状态和输出响应。

（2）状态变量组的"最小数目"指能够完全描述系统运动状态变量的最少个数，多选没有意义，减少变量个数将不能完全表征系统。

（3）考虑系统内部的各个变量 $x_1(t), \cdots, x_n(t)$，构成系统变量中线性无关的一个极大线性无关组，并且状态变量只能取实数。

因此，具有 n 维状态变量的全体就构成了实数域上的 n 维状态空间。

一般地，线性定常系统的状态空间方程写成如下形式

$$\dot{\boldsymbol{x}} = \boldsymbol{A}\boldsymbol{x} + \boldsymbol{B}\boldsymbol{u}$$

$$\boldsymbol{y} = \boldsymbol{C}\boldsymbol{x} + \boldsymbol{D}\boldsymbol{u}$$

其中：$\boldsymbol{x}(t) \in \mathbf{R}^n$，称为状态向量，系统阶次为 n 阶；

$\boldsymbol{u}(t) \in \mathbf{R}^r$，称为系统的输入向量或控制向量；

$\boldsymbol{y}(t) \in \mathbf{R}^m$，称为系统的输出向量；

$\boldsymbol{A}$：$n \times n$，称为系统矩阵；

$\boldsymbol{B}$：$n \times r$，称为系统输入矩阵；

$\boldsymbol{C}$：$m \times n$，称为系统输出矩阵；

$\boldsymbol{D}$：$m \times r$，称为系统直达矩阵或前馈矩阵。

$$\boldsymbol{x}(t) = \begin{bmatrix} x_1(t) \\ \vdots \\ x_n(t) \end{bmatrix}, \quad \boldsymbol{u}(t) = \begin{bmatrix} u_1(t) \\ \vdots \\ u_r(t) \end{bmatrix}, \quad \boldsymbol{y}(t) = \begin{bmatrix} y_1(t) \\ \vdots \\ y_m(t) \end{bmatrix}$$

$$\boldsymbol{A} = \begin{bmatrix} a_{11} & \cdots & a_{1n} \\ a_{21} & \cdots & a_{2n} \\ \vdots & & \vdots \\ a_{n1} & \cdots & a_{nn} \end{bmatrix}_{n\times n}, \quad \boldsymbol{B} = \begin{bmatrix} b_{11} & \cdots & b_{1r} \\ b_{21} & \cdots & b_{2r} \\ \vdots & & \vdots \\ b_{n1} & \cdots & b_{nr} \end{bmatrix}_{n\times r}$$

$$\boldsymbol{C} = \begin{bmatrix} c_{11} & \cdots & c_{1n} \\ c_{21} & \cdots & c_{2n} \\ \vdots & & \vdots \\ c_{m1} & \cdots & c_{mn} \end{bmatrix}_{m\times n}, \quad \boldsymbol{D} = \begin{bmatrix} d_{11} & \cdots & d_{1r} \\ d_{21} & \cdots & d_{2r} \\ \vdots & & \vdots \\ d_{m1} & \cdots & d_{mr} \end{bmatrix}_{m\times r}$$

上述系统可简称为系统（$\boldsymbol{A}$，$\boldsymbol{B}$，$\boldsymbol{C}$，$\boldsymbol{D}$）。当 $m = n = 1$ 时就是之前研究的单输入单输出系统。

系统的状态空间方程可由状态方程和输出方程联合组成。其中状态方程由状态变量的一阶微分方程组形成，描述的是系统状态变量之间和系统输入量之间的关系，表征输入引起状态变化的过程；输出方程是一组代数方程，描述的是系统输出变量与状态变量（有时还包括

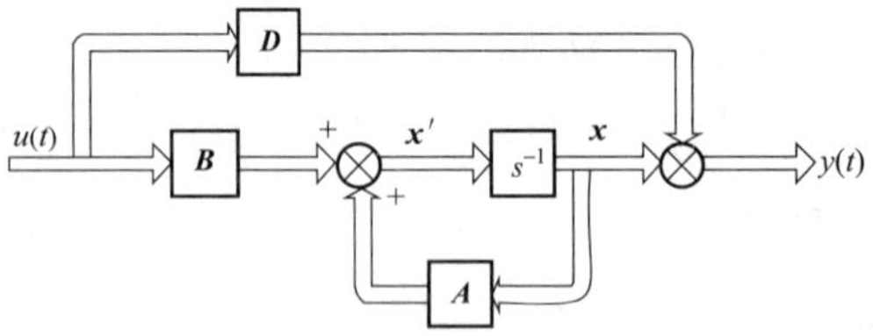

图 7–2　状态空间方程结构框图

输入变量）之间的函数关系，表征状态和输入决定输出的变化。

状态空间表达式描述的系统也可以用框图表示，对应框图如图 7–2 所示，其中双线箭头表示信号流向。

7.2　线性定常系统状态空间方程的建立

建立系统的状态空间方程通常有两种方法，一种是由系统的物理或化学原理出发进行推导，另一种是由其他数学模型予以演化得到，通常包括由系统方框图、信号流图列写状态空间方程；由系统动态微分方程或传递函数推导状态空间方程。

7.2.1　根据系统工作原理建立状态空间方程

常见的控制系统按其能量属性可分为电气、机械、机电、电动液压、热力等系统。根据物理规律，如基尔霍夫定律、牛顿定律、能量守恒定律等，可建立系统的状态方程，指定系统输出时，可写出系统的输出方程。

例 7.2　在如图 7–3 所示的 RLC 网络中，u_1 是输入量，u_2 是输出量，试选取适当的状态变量，写出系统的状态空间方程。

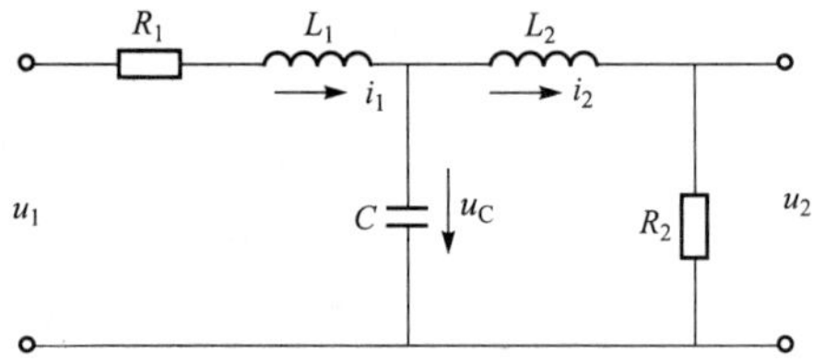

图 7–3　***RLC*** 网络

解：

第一步：确定状态变量。一般选取独立储能元件的变量作为状态变量。这里选取电容电压 u_C 和电感电流 i_1、i_2 为电路的状态变量。

第二步：依据电路原理列写电路方程。

$$i_1 = C\frac{\mathrm{d}u_C}{\mathrm{d}t} + i_2$$

$$u_1 = R_1 i_1 + L_1\frac{\mathrm{d}i_1}{\mathrm{d}t} + u_C$$

$$u_C = L_2\frac{\mathrm{d}i_2}{\mathrm{d}t} + R_2 i_2$$

将以上方程整理为含有状态变量 u_C、i_1、i_2 的一阶微分方程组形式。

第三步：列写状态方程组和输出方程组。

状态方程组为

$$\begin{cases} \dfrac{\mathrm{d}u_C}{\mathrm{d}t} = \dfrac{1}{C}i_1 - \dfrac{1}{C}i_2 \\ \dfrac{\mathrm{d}i_1}{\mathrm{d}t} = -\dfrac{1}{L_1}u_C - \dfrac{R_1}{L_1}i_1 + \dfrac{1}{L_1}u_1 \\ \dfrac{\mathrm{d}i_2}{\mathrm{d}t} = \dfrac{1}{L_2}u_C - \dfrac{R_2}{L_2}i_2 \end{cases}$$

输出方程组为

$$u_2 = R_2 i_2$$

第四步：写成向量形式。记 $x_1 = u_C$，$x_2 = i_1$，$x_3 = i_2$，$u = u_1$，则系统的状态空间方程为

$$\begin{bmatrix} \dot{x}_1 \\ \dot{x}_2 \\ \dot{x}_3 \end{bmatrix} = \begin{bmatrix} 0 & \frac{1}{C} & \frac{1}{-C} \\ -\frac{1}{L_1} & -\frac{R_1}{L_1} & 0 \\ \frac{1}{L_2} & 0 & -\frac{R_2}{L_2} \end{bmatrix} \begin{bmatrix} x_1 \\ x_2 \\ x_3 \end{bmatrix} + \begin{bmatrix} 0 \\ \frac{1}{L_1} \\ 0 \end{bmatrix} \boldsymbol{u}$$

$$\boldsymbol{y} = [0 \quad 0 \quad R_2] \begin{bmatrix} x_1 \\ x_2 \\ x_3 \end{bmatrix}$$

例 7.3　图 7–4 所示为电枢控制式直流电动机系统示意图。试列写在电枢电压作为控制输入，电动机轴转速Ω为输出时的状态空间方程。

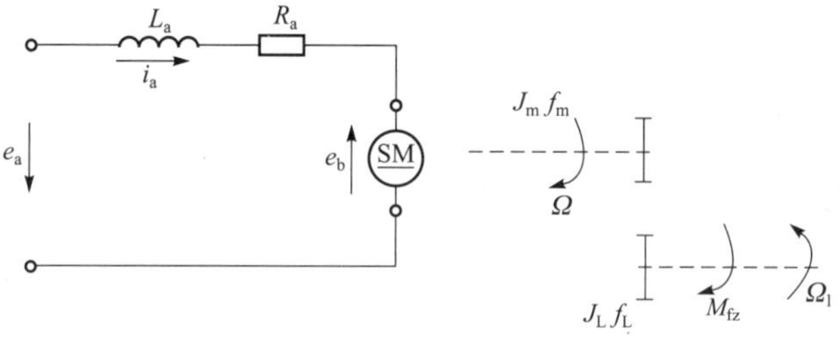

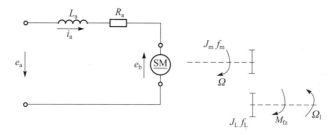

图 7–4　电枢控制式直流电动机系统示意图

图中 R_a、L_a 分别为电枢回路的电阻和电感，i_a 为电枢绕组的电流，e_a 为作用到电枢上的电压，e_b 为电动机上的反电势，Ω 为电动机轴的转速，Ω_1 为负载轴的转速，J_m、J_L 分别为电动机与负载的转动惯量，f_m、f_L 分别为电动机轴和负载轴的黏性摩擦系统。

解：

第一步：确定状态变量。本系统中有两个独立储能元件，即电感与具有惯量的转动体。可选取电枢绕组电流 i_a 和电动机轴的转速 Ω 为状态变量，即 $x_1=i_a$，$x_2=\Omega$。

第二步：根据物理原理列写方程。由电枢回路的电路方程，有

$$L_a \frac{\mathrm{d}i_a}{\mathrm{d}t} + R_a i_a + e_b = e_a$$

由动力学方程有

$$J \frac{\mathrm{d}\Omega}{\mathrm{d}t} + f\Omega = k_i i_a$$

由电磁感应关系有

$$e_b = k_b \Omega$$

式中，$J = J_m + \frac{1}{i^2} J_L \left(i = \frac{\Omega}{\Omega_1} > 1 \text{为传动比} \right)$为电动机及负载折算到电机轴上的等效转动惯量；

$f = f_m + \frac{1}{i^2} f_L$ 为电动机及负载折算到电机轴上的等效黏性摩擦系统；k_i、k_b 为转矩系数和反电势系数。

将上面 3 式整理得

$$\frac{\mathrm{d}i_a}{\mathrm{d}t} = -\frac{R_a}{L_a} i_a - \frac{k_b}{L_a} \Omega + \frac{1}{L_a} e_a$$

$$\frac{\mathrm{d}\Omega}{\mathrm{d}t} = \frac{k_i}{J} i_a - \frac{f}{J} \Omega$$

第三步：列写状态方程组和输出方程。将 $x_1 = i_a$，$x_2 = \Omega$ 代入，有

$$\begin{bmatrix} \dot{x}_1 \\ \dot{x}_2 \end{bmatrix} = \begin{bmatrix} -\frac{R_a}{L_a} & -\frac{k_b}{L_a} \\ \frac{k_i}{J} & -\frac{f}{J} \end{bmatrix} \begin{bmatrix} x_1 \\ x_2 \end{bmatrix} + \begin{bmatrix} \frac{1}{L_a} \\ 0 \end{bmatrix} e_a$$

电动机轴转速 Ω 为输出，则

$$\boldsymbol{y} = x_2 = [0 \ \ 1] \begin{bmatrix} x_1 \\ x_2 \end{bmatrix}$$

7.2.2 根据微分方程建立状态空间方程

1. 方程中不含输入的导数项

设单变量 n 阶线性定常系统的微分方程为

$$y^{(n)} + a_{n-1} y^{(n-1)} + \cdots + a_1 y^{(1)} + a_0 y = u$$

首先选取状态变量。n 阶系统具有 n 个状态变量。根据微分方程原理，若 $y(0)$，$y^{(1)}(0)$，…，$y^{(n-1)}(0)$ 及 $t \geqslant 0$ 时的输入 $u(t)$ 已知，则方程有唯一解，系统在 $t \geqslant 0$ 时刻的运动状态便可完全确定。因此选 $y, y^{(1)}, \cdots, y^{(n-1)}$ 这几个变量作为系统的一组状态变量。即

$$\begin{aligned} x_1 &= y \\ x_2 &= y^{(1)} \\ &\vdots \\ x_n &= y^{(n-1)} \end{aligned}$$

由此可知

$$\begin{aligned} \dot{x}_1 &= y^{(1)} = x_2 \\ \dot{x}_2 &= y^{(2)} = x_3 \\ &\vdots \\ \dot{x}_{n-1} &= y^{(n-1)} = x_n \\ \dot{x}_n &= y^{(n)} = -a_0 y - a_1 y^{(1)} - a_2 y^{(2)} - \cdots - a_{n-1} y^{(n-1)} + u \end{aligned}$$

具有上述特点的变量组称为相变量。

写成矩阵向量形式 $\dot{\boldsymbol{x}} = \boldsymbol{Ax} + \boldsymbol{Bu}$ 有

$$\dot{\boldsymbol{x}} = \begin{bmatrix} \dot{x}_1 \\ \dot{x}_2 \\ \vdots \\ \dot{x}_n \end{bmatrix} \quad \boldsymbol{x} = \begin{bmatrix} x_1 \\ x_2 \\ \vdots \\ x_n \end{bmatrix} \quad \boldsymbol{A} = \begin{bmatrix} 0 & 1 & 0 & \cdots & 0 \\ 0 & 0 & 1 & \cdots & 0 \\ \vdots & \vdots & \vdots & & \vdots \\ 0 & 0 & 0 & \cdots & 1 \\ -a_0 & -a_1 & -a_2 & \cdots & -a_{n-1} \end{bmatrix} \boldsymbol{B} = \begin{bmatrix} 0 \\ 0 \\ \vdots \\ 0 \\ 1 \end{bmatrix} \tag{7–1}$$

系统的输出方程为

$$\begin{aligned} \boldsymbol{y} &= x_1 = [1 \quad 0 \quad \cdots \quad 0]\boldsymbol{x} = \boldsymbol{Cx} \\ \boldsymbol{C} &= [1 \quad 0 \quad \cdots \quad 0] \end{aligned} \tag{7–2}$$

系统矩阵 $\boldsymbol{A}$ 和控制矩阵 $\boldsymbol{B}$ 具有上述形式时，状态空间方程称为能控标准型。

2. 方程中含有输入的导数项

这时单变量线性定常系统的微分方程如下

$$y^{(n)} + a_{n-1}y^{(n-1)} + \cdots + a_1 y^{(1)} + a_0 y = b_n u^{(n)} + b_{n-1}u^{(n-1)} + \cdots + b_1 u^{(1)} + b_0 u$$

首先引入中间变量 $\hat{y}(t)$，根据系统的微分特性，将上式进一步写为

$$\hat{y}^{(n)} + a_{n-1}\hat{y}^{(n-1)} + \cdots + a_1\hat{y}^{(1)} + a_0\hat{y} = u$$

$$y = b_n\hat{y}^{(n)} + b_{n-1}\hat{y}^{(n-1)} + \cdots + b_1\hat{y}^{(1)} + b_0\hat{y}$$

选取状态变量组

$$\begin{aligned} x_1 &= \hat{y} \\ x_2 &= \hat{y}^{(1)} \\ &\vdots \\ x_n &= \hat{y}^{(n-1)} \end{aligned}$$

可以得到

$$\begin{aligned} \dot{x}_1 &= \hat{y}^{(1)} = x_2 \\ \dot{x}_2 &= \hat{y}^{(2)} = x_3 \\ &\vdots \\ \dot{x}_{n-1} &= \hat{y}^{(n-1)} = x_n \\ \dot{x}_n &= \hat{y}^{(n)} = -a_0\hat{y} - a_1\hat{y}^{(1)} - a_2\hat{y}^{(2)} - \cdots - a_{n-1}\hat{y}^{(n-1)} + u \\ &= -a_0 x_1 - a_1 x_2 - a_2 x_3 - \cdots - a_{n-1}x_n + u \end{aligned}$$

和

$$\begin{aligned} y &= b_0 x_1 + b_1 x_2 + \cdots + b_{n-1}x_n + b_n(-a_0 x_1 - a_1 x_2 - a_2 x_3 - \cdots - a_{n-1}x_n + u) \\ &= (b_0 - a_0 b_n)x_1 + (b_1 - a_1 b_n)x_2 + \cdots + (b_{n-1} - a_{n-1}b_n)x_n + b_n u \end{aligned}$$

写成矩阵向量形式有

$$\dot{\boldsymbol{x}}=\begin{bmatrix}0 & 1 & 0 & \cdots & 0\\0 & 0 & 1 & \cdots & 0\\\vdots & \vdots & \vdots & & \vdots\\0 & 0 & 0 & \cdots & 1\\-a_0 & -a_1 & -a_2 & \cdots & -a_{n-1}\end{bmatrix}\boldsymbol{x}+\begin{bmatrix}0\\0\\\vdots\\0\\1\end{bmatrix}\boldsymbol{u} \tag{7–3}$$

当 $m<n$ 时有

$$\boldsymbol{y}=[b_0\ \cdots b_m\ \ 0\ \cdots\ 0]\boldsymbol{x},\quad D=0 \tag{7–4}$$

当 $m=n$ 时有

$$\boldsymbol{y}=[b_0-a_0b_n, b_1-a_1b_n,\cdots,b_{n-1}-a_{n-1}b_n]\boldsymbol{x},\quad D=b_n \tag{7–5}$$

7.2.3 根据传递函数建立状态空间方程

1. 传递函数具有标准型

（1）传递函数无零点

$$\frac{Y(s)}{U(s)}=\frac{1}{s^n+a_{n-1}s^{n-1}+\cdots+a_1s+a_0}$$

此时的传递函数与方程中不含输入的导数项的微分方程等价，因此可直接列写式（7–1）和式（7–2）。

（2）传递函数含有零点

$$\frac{Y(s)}{U(s)}=\frac{b_ns^n+b_{n-1}s^{n-1}+\cdots+b_1s+b_0}{s^n+a_{n-1}s^{n-1}+\cdots+a_1s+a_0} \tag{7–6}$$

此时的传递函数等价于方程中含有输入导数项时的微分方程，因此列写出的状态空间方程如式（7–3）、式（7–4）、式（7–5）。

2. 按传递函数极点情况列写状态空间方程

（1）传递函数中只有互异的实数极点。设式（7–6）的极点 s_1，…，s_n 是 n 个互异实数极点，则对该式进行部分分式分解有

$$\frac{Y(s)}{U(s)}=\frac{c_1}{s-s_1}+\frac{c_2}{s-s_2}+\cdots+\frac{c_n}{s-s_n} \tag{7–7}$$

其中，$C_i=\left[(s-s_i)\dfrac{Y(s)}{U(s)}\right]\Bigg|_{s=s_i}$。

将式（7–7）改写成

$$Y(s)=\frac{c_1}{s-s_1}U(s)+\frac{c_2}{s-s_2}U(s)+\cdots+\frac{c_n}{s-s_n}U(s)$$

并选取状态变量

$$X_1(s)=\frac{1}{s-s_1}U(s)\text{，}\quad X_2(s)=\frac{1}{s-s_2}U(s)\text{，}\quad\cdots\text{，}\quad X_n(s)=\frac{1}{s-s_n}U(s)$$

由此可得

$$sX_1=s_1X_1(s)+U(s)$$
$$sX_2=s_2X_2(s)+U(s)$$
$$\vdots$$
$$sX_n=s_nX_n(s)+U(s)$$

对其作拉氏反变换可得一组时域方程

$$\dot{x}_1=s_1x_1+u$$
$$\dot{x}_2=s_2x_2+u$$
$$\vdots$$
$$\dot{x}_n=s_nx_n+u$$
$$y=c_1x_1+c_2x_2+\cdots+c_nx_n$$

写成矩阵向量形式为

$$\begin{bmatrix}\dot{x}_1\\ \dot{x}_2\\ \vdots\\ \dot{x}_n\end{bmatrix}=\begin{bmatrix}s_1&0&\cdots&0\\ 0&s_2&\cdots&0\\ \vdots&\vdots&&\vdots\\ 0&0&\cdots&s_n\end{bmatrix}\begin{bmatrix}x_1\\ x_2\\ \vdots\\ x_n\end{bmatrix}+\begin{bmatrix}1\\ 1\\ \vdots\\ 1\end{bmatrix}\boldsymbol{u}$$

$$\boldsymbol{y}=[c_1\ \ c_2\ \ \cdots\ \ c_n]\boldsymbol{x}\tag{7–8}$$

由式（7–8）可见矩阵 $\boldsymbol{A}$ 是一个对角矩阵，如图 7–5 所示。因此，式（7–8）称为状态空间方程的对角规范型。

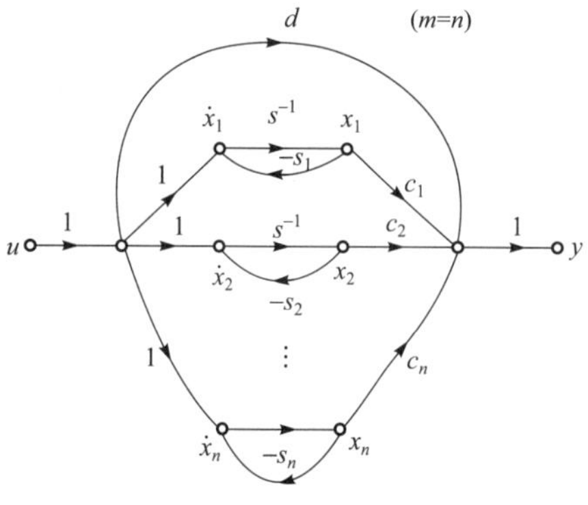

图 7–5　对角型系统的信号流图

例 7.4　已知 $\dfrac{Y(s)}{U(s)}=\dfrac{s^2+s-2}{s^3+2s^2-5s-6}$，列写出状态方程。

解：对其进行部分分式分解得

$$\frac{Y(s)}{U(s)}=\frac{\frac{1}{3}}{s+1}+\frac{\frac{4}{15}}{s-2}+\frac{\frac{2}{5}}{s+3}$$

所以

$$\dot{\boldsymbol{x}}=\begin{bmatrix}-1&0&0\\ 0&2&0\\ 0&0&-3\end{bmatrix}\boldsymbol{x}+\begin{bmatrix}1\\ 1\\ 1\end{bmatrix}\boldsymbol{u}$$

$$\boldsymbol{y}=\begin{bmatrix}\frac{1}{3}&\frac{4}{15}&\frac{2}{5}\end{bmatrix}\boldsymbol{x}$$

（2）传递函数中有重根时。

设 s_1 为 r 重极点，将式（7–6）进行部分分式展开得到

$$\frac{Y(s)}{U(s)}=\frac{c_{11}}{s-s_1}+\frac{c_{12}}{(s-s_1)^2}+\cdots+\frac{c_{1r}}{(s-s_1)^r}+\frac{c_2}{s-s_2}+\cdots+\frac{c_{n-r+1}}{s-s_{n-r+1}}$$

对于互异单根部分，i=2，…，n–r+1

$$c_i=\left[(s-s_i)\frac{Y(s)}{U(s)}\right]\Bigg|_{s=s_i}$$

对于重根部分有

$$c_{1j}=\frac{1}{(r-j)!}\frac{\mathrm{d}^{r-j}}{\mathrm{d}s^{r-j}}\left[(s-s_1)^r\frac{Y(s)}{U(s)}\right]\Bigg|_{s=s_1}$$

对重根部分选取状态变量

$$X_1(s)=\frac{1}{(s-s_1)^r}U(s)=\frac{1}{s-s_1}\left[\frac{1}{(s-s_1)^{r-1}}U(s)\right]=\frac{1}{(s-s_1)}X_2(s)$$

$$X_{r-1}(s)=\frac{1}{(s-s_1)^2}U(s)=\frac{1}{s-s_1}\left[\frac{1}{(s-s_1)}U(s)\right]=\frac{1}{(s-s_1)}X_r(s)$$

$$X_r(s)=\frac{1}{(s-s_1)}U(s)$$

$$\begin{gathered}sX_1(s)=s_1X_1(s)+X_2(s)\\ sX_2(s)=s_1X_2(s)+X_3(s)\\ \vdots\\ sX_r(s)=s_1X_r(s)+X_r(s)\end{gathered}$$

经过拉氏反变换可得

$$\begin{bmatrix}\dot{x}_1\\ \dot{x}_2\\ \vdots\\ \dot{x}_r\end{bmatrix}=\begin{bmatrix}s_1 & 1 & \cdots & 0\\ 0 & s_1 & \cdots & 0\\ \vdots & \vdots & & \vdots\\ 0 & 0 & \cdots & s_1\end{bmatrix}\begin{bmatrix}x_1\\ x_2\\ \vdots\\ x_n\end{bmatrix}+\begin{bmatrix}0\\ 0\\ \vdots\\ 1\end{bmatrix}\boldsymbol{u}$$

其互异单根部分同情况 1，此时，系统的状态空间方程写成矩阵向量形式为

$$\begin{bmatrix}\dot{x}_1\\ \vdots\\ \vdots\\ \dot{x}_r\\ \dot{x}_{r+1}\\ \vdots\\ \vdots\\ \dot{x}_n\end{bmatrix}=\begin{bmatrix}s_1 & 1 & \cdots & 0 & & & & \\ 0 & s_1 & \cdots & 0 & & 0 & & \\ \vdots & \vdots & & \vdots & & & & \\ 0 & 0 & \cdots & s_1 & & & & \\ & & & & s_2 & 0 & \cdots & 0\\ & 0 & & & 0 & 0 & \cdots & 0\\ & & & & \vdots & \vdots & & \vdots\\ & & & & 0 & 0 & \cdots & s_{n-r+1}\end{bmatrix}\begin{bmatrix}x_1\\ \vdots\\ \vdots\\ x_r\\ x_{r+1}\\ \vdots\\ \vdots\\ x_n\end{bmatrix}+\begin{bmatrix}0\\ \vdots\\ \vdots\\ 1\\ 1\\ \vdots\\ \vdots\\ 1\end{bmatrix}\boldsymbol{u} \tag{7–9}$$

$$\begin{aligned} \boldsymbol{y} &= c_{11}x_r + c_{12}x_{r-1} + \cdots + c_{1r}x_1 + c_2 x_{r+1} + \cdots + c_{n-r+1}x_{n-r+1} \\ &= [c_{1r}\ \ c_{1(r-1)}\ \ \cdots\ \ c_{11}\ \ c_2\ \ \cdots\ \ c_{n-r+1}]\boldsymbol{x} \end{aligned}$$

由式（7–9）可见矩阵 $\boldsymbol{A}$ 是由各个约当块组成的矩阵，并且对角线上的单个元素可以看成是 1×1 的约当块，具有这种特点的状态空间方程称为约当规范型，如图 7–6 所示。

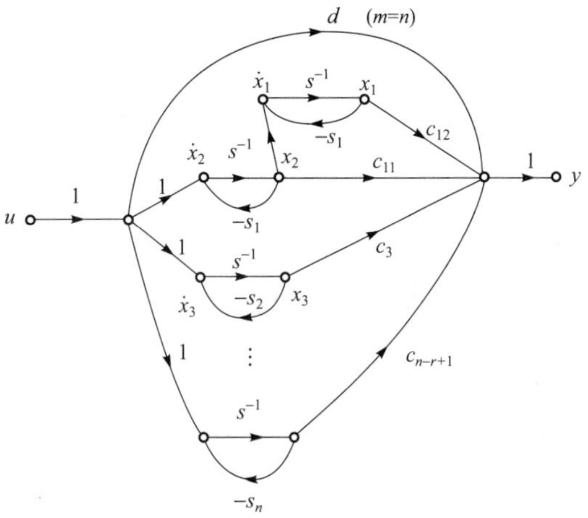

图 7–6　约当型系统的信号流图

由对角型系统的信号流图可以看出整个系统可看成是 n 个一阶系统的并联结构。

由约当型系统的信号流图可以看出具有重根的约当块部分是 r 阶子系统的串联结构。

例 7.5　已知 $\dfrac{Y(s)}{U(s)} = \dfrac{2s^2+6s+5}{(s+1)^2(s+2)}$，求其状态方程和信号流图。

解：部分分式分解得

$$\frac{Y(s)}{U(s)} = \frac{1}{(s+1)^2} + \frac{1}{(s+1)} + \frac{1}{s+2}$$

所以 $$\dot{\boldsymbol{x}} = \begin{bmatrix} -1 & 1 & 0 \\ 0 & -1 & 0 \\ 0 & 0 & -2 \end{bmatrix}\boldsymbol{x} + \begin{bmatrix} 0 \\ 1 \\ 1 \end{bmatrix}\boldsymbol{u}$$

$$\boldsymbol{y} = [1\ \ 1\ \ 1]\boldsymbol{x}$$

信号流图如图 7–7 所示。

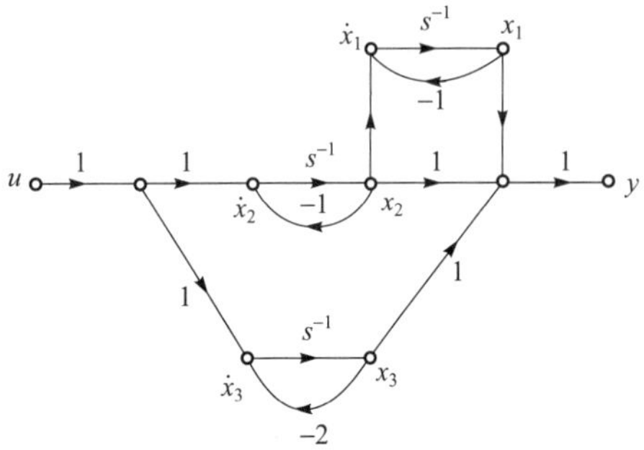

图 7–7　例 7.5 的流图

3. 由系统的方框图或信号流图建立系统的状态空间方程模型

系统的方框图和信号流图是表示系统的重要手段之一，描述的仍然是系统的输入输出关系。下面来讨论依据这两类模型建立系统的状态空间方程，通常遵循两个要点：① 积分器的输出端选作状态变量。② 由加法器的输出端列写方程。

例 7.6　系统的方框图如图 7–8 所示。

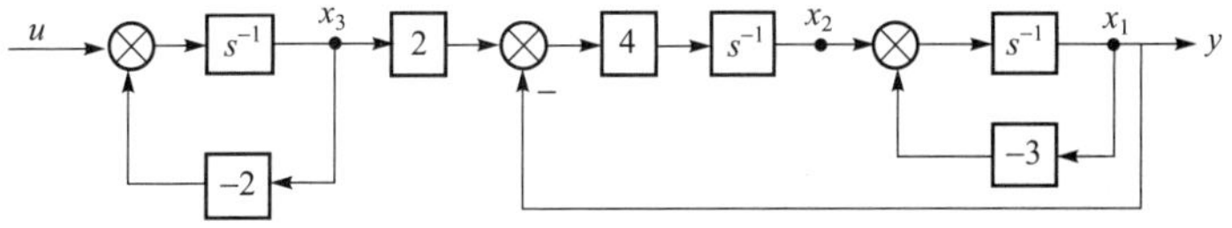

图 7–8　例 7.6 系统的方框图

解：取状态变量得

$$\begin{aligned} \dot{x}_1 &= -3x_1 + x_2 \\ \dot{x}_2 &= 4(2x_3 - x_1) \end{aligned}$$

$$\dot{x}_3 = -2x_3 + u$$
$$y = x_1$$

所以

$$\dot{\boldsymbol{x}} = \begin{bmatrix} -3 & 1 & 0 \\ -4 & 0 & 8 \\ 0 & 0 & -2 \end{bmatrix} \boldsymbol{x} + \begin{bmatrix} 0 \\ 0 \\ 1 \end{bmatrix} \boldsymbol{u}$$

$$\boldsymbol{y} = [1 \quad 0 \quad 0] \boldsymbol{x}$$

例 7.7 系统结构如图 7–9 所示。

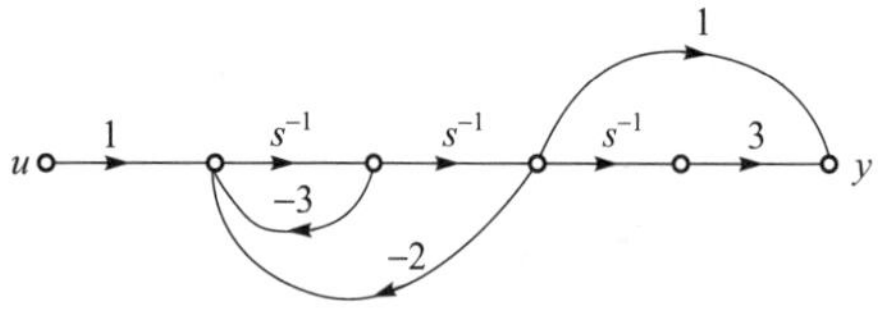

图 7–9 例 7.7 的系统结构图

解：（1）取状态变量如图 7–10（a）所示，得

$$\dot{x}_1 = x_2$$
$$\dot{x}_2 = x_3$$
$$\dot{x}_3 = -2x_2 - 3x_3 + u$$
$$y = 3x_1 + x_2$$

所以

$$\dot{\boldsymbol{x}} = \begin{bmatrix} 0 & 1 & 0 \\ 0 & 0 & 1 \\ 0 & -2 & -3 \end{bmatrix} \boldsymbol{x} + \begin{bmatrix} 0 \\ 0 \\ 1 \end{bmatrix} \boldsymbol{u}$$

$$\boldsymbol{y} = [3 \quad 1 \quad 0] \boldsymbol{x}$$

（2）取状态变量如图 7–10（b）所示，得

$$\dot{x}_3 = x_2$$
$$\dot{x}_2 = x_1$$
$$\dot{x}_1 = -3x_1 - 2x_2 + u$$
$$y = 3x_3 + x_2$$

所以

$$\dot{\boldsymbol{x}} = \begin{bmatrix} -3 & -2 & 0 \\ 1 & 0 & 0 \\ 0 & 1 & 0 \end{bmatrix} \boldsymbol{x} + \begin{bmatrix} 1 \\ 0 \\ 0 \end{bmatrix} \boldsymbol{u}$$

$$\boldsymbol{y} = [0 \quad 1 \quad 3] \boldsymbol{x}$$

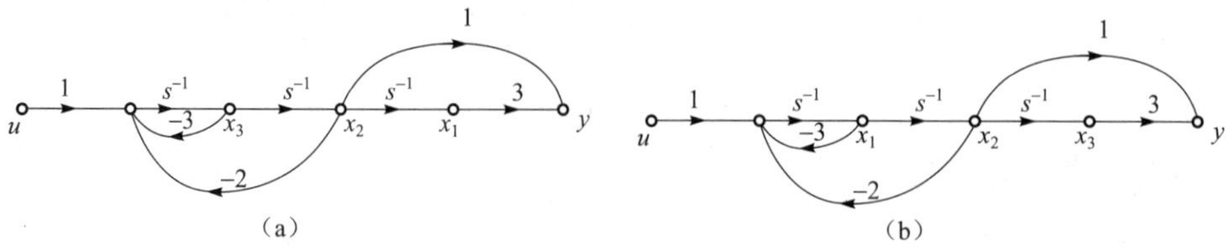

图 7–10 例 7.7 的状态变量图

由例 7.7 可见，对于一个系统来讲，状态变量的选择不是唯一的，因此状态空间方程的

表达式也不是唯一的，但系统的阶数是一定的，由此想到由于描述的是同一个系统，因此在各个模型之间一定存在某种对应关系，这就是下面要谈到的线性系统的代数等价性。

7.2.4　线性系统的代数等价性

从前面的讨论可以看出，选取不同的状态变量得到的状态空间描述也不同，实际上，对一个 n 维系统，不同的状态空间描述就是同一个系统在不同坐标系下的表征，换句话说，可以通过坐标变换把系统的一种状态描述转化为另一种状态描述，二者是等价的。

代数等价：给定一定常线性系统 $\sum(\boldsymbol{A}\ \boldsymbol{B}\ \boldsymbol{C}\ \boldsymbol{D})$，如果存在一非奇异线性变换 $\bar{\boldsymbol{x}}=\boldsymbol{P}\boldsymbol{x}$，其中 $\boldsymbol{P}$ 是非奇异矩阵，则 $\boldsymbol{x}=\boldsymbol{P}^{-1}\bar{\boldsymbol{x}}$ 经过状态变换后，系统可以写成

$$\dot{\bar{\boldsymbol{x}}}=\boldsymbol{P}\dot{x}=\boldsymbol{P}(\boldsymbol{A}\boldsymbol{x}+\boldsymbol{B}\boldsymbol{u})=\boldsymbol{P}\boldsymbol{A}\boldsymbol{P}^{-1}\bar{\boldsymbol{x}}+\boldsymbol{P}\boldsymbol{B}\boldsymbol{u}$$

$$\boldsymbol{y}=\boldsymbol{C}\boldsymbol{x}+\boldsymbol{D}\boldsymbol{u}=\boldsymbol{C}\boldsymbol{P}^{-1}\bar{\boldsymbol{x}}+\boldsymbol{D}\boldsymbol{u}$$

式中：$\boldsymbol{A}$=$\boldsymbol{PAP}^{-1}$；$\boldsymbol{B}$=$\boldsymbol{PB}$；$\boldsymbol{C}$=$\boldsymbol{CP}^{-1}$；$\boldsymbol{D}$=$\boldsymbol{D}$。
则称这两个状态空间描述是代数等价的。

由于坐标的选择是人为的，系统本身特性是固定的，因此在非奇异线性变换下系统的表达形式发生改变，而系统的特性是不变的。

对线性定常系统，我们称矩阵 $\boldsymbol{A}$ 为系统的特征矩阵，行列式 $|s\boldsymbol{I}-\boldsymbol{A}|$ 为系统的特征多项式；$|s\boldsymbol{I}-\boldsymbol{A}|$=0 为系统的特征方程；对应的根为特征根。很显然经过非奇异线性变换后，由于其特征多项式保持不变，从而特征值不发生改变，并且相互代数等价的线性定常系统具有相同的传递函数。

7.2.5　由状态空间方程求传递函数

设线性定常系统的状态空间方程为

$$\dot{\boldsymbol{x}}=\boldsymbol{A}\boldsymbol{x}+\boldsymbol{B}\boldsymbol{u}$$

$$\boldsymbol{Y}=\boldsymbol{C}\boldsymbol{x}+\boldsymbol{D}\boldsymbol{u}$$

在初始条件为零时，对系统的状态方程和输出方程进行拉氏变换

$$sX(s)=\boldsymbol{A}X(s)+\boldsymbol{B}U(s)$$

$$Y(s)=\boldsymbol{C}X(s)+\boldsymbol{D}U(s)$$

整理得

$$(s\boldsymbol{I}-\boldsymbol{A})X(s)=\boldsymbol{B}U(s)$$

所以

$$X(s)=(s\boldsymbol{I}-\boldsymbol{A})^{-1}\boldsymbol{B}U(s)$$

代入到输入方程中得

$$Y(s)=[\boldsymbol{C}(s\boldsymbol{I}-\boldsymbol{A})^{-1}\boldsymbol{B}+\boldsymbol{D}]U(s)$$

对应系统的传递函数为

$$\frac{Y(s)}{U(s)}=\boldsymbol{C}(s\boldsymbol{I}-\boldsymbol{A})^{-1}\boldsymbol{B}+\boldsymbol{D}$$

利用已知的状态空间方程中的系数矩阵 $\boldsymbol{A}$、$\boldsymbol{B}$、$\boldsymbol{C}$、$\boldsymbol{D}$，就可以直接求得系统的传递函数，并且一旦系统的输入输出确定后，不论如何选取状态变量，对应的输入输出传递函数一定是相同的。

7.3　线性定常系统的运动分析

前面各节讨论了关于线性定常系统的状态空间方程的建立。当得到系统状态空间方程后，就可以对系统的运动行为和特征进行分析。分析包括两个方面，一是定量分析，二是定性分析，主要是对决定系统行为和特性的几个重要性质，如系统的能控性、能观测性、稳定性等进行深入刻画。本节着重研究系统状态方程的解。

系统的响应通常由两部分原因产生，一是无输入作用，只由初始状态激励而产生的自由运动，即 u=0 时系统 $\dot{x}=\boldsymbol{A}x$ 在 $x(0)=x_0$ 时的解，通常称为零输入响应。另一个是在系统初始条件为零的条件下，单由系统输入引起的响应，即 $\dot{x}=\boldsymbol{A}x+\boldsymbol{B}u$，$u\neq0$，$x(t_0)=0$ 时的解，通常称为零状态响应。线性系统满足齐次可加性质，因此系统的状态解和输出解均满足对应的零输入响应和零状态响应的叠加。

7.3.1　线性定常系统的解

系统响应=零输入响应+零状态响应

1. 线性定常系统的时域解

$$\dot{x}(t)=\boldsymbol{A}x(t)+\boldsymbol{B}u(t) \tag{7-10}$$

将式（7–10）写成

$$\dot{x}(t)-\boldsymbol{A}x(t)=\boldsymbol{B}u(t)$$

两端同乘 $\mathrm{e}^{-\boldsymbol{A}t}$，即

$$\mathrm{e}^{-\boldsymbol{A}t}[\dot{x}(t)-\boldsymbol{A}x(t)]=\mathrm{e}^{-\boldsymbol{A}t}\boldsymbol{B}u(t)$$

又可以写成

$$\frac{\mathrm{d}[\mathrm{e}^{-\boldsymbol{A}t}x(t)]}{\mathrm{d}t}=\mathrm{e}^{-\boldsymbol{A}t}\boldsymbol{B}u(t)$$

设初始时刻 t=0，对上式两端进行由 0 到 t 的积分，可得

$$\int_0^t\frac{\mathrm{d}(\mathrm{e}^{-\boldsymbol{A}\tau}x(\tau))}{\mathrm{d}\tau}\mathrm{d}\tau=\int_0^t\mathrm{e}^{-\boldsymbol{A}\tau}\boldsymbol{B}u(\tau)\,\mathrm{d}\tau$$

所以

$$\mathrm{e}^{-\boldsymbol{A}\tau}x(\tau)\Big|_0^t=\int_0^t\mathrm{e}^{-\boldsymbol{A}\tau}\boldsymbol{B}u(\tau)\mathrm{d}\tau$$

$$\mathrm{e}^{-\boldsymbol{A}t}x(t)-x(0)=\int_0^t\mathrm{e}^{-\boldsymbol{A}\tau}\boldsymbol{B}u(\tau)\mathrm{d}\tau$$

$$x(t)=\mathrm{e}^{\boldsymbol{A}t}x(0)+\int_0^t\mathrm{e}^{\boldsymbol{A}(t-\tau)}\boldsymbol{B}u(\tau)\mathrm{d}\tau$$

令 $\boldsymbol{\varphi}(t)=\mathrm{e}^{\boldsymbol{A}t}$，则上式可以写为

$$x(t)=\boldsymbol{\varphi}(t)x(0)+\int_0^t \boldsymbol{\varphi}(t-\tau)\boldsymbol{B}u(\tau)\mathrm{d}\tau \tag{7-11}$$

由式（7-11）可以看出，第一项 $\boldsymbol{\varphi}(t)x(0)$ 只由初始条件产生而与输入无关，是状态的零输入响应部分，而第二项 $\int_0^t \boldsymbol{\varphi}(t-\tau)\boldsymbol{B}u(t)\,\mathrm{d}\tau$ 只由输入引起而与初始状态无关，是状态的零状态响应部分，此时系统的输出响应为

$$\begin{aligned} y(t)&=\boldsymbol{C}x(t)+\boldsymbol{D}u(t)\\ &=\boldsymbol{C}[\mathrm{e}^{At}x(0)+\int_0^t \mathrm{e}^{A(t-\tau)}\boldsymbol{B}u(\tau)\mathrm{d}\tau]+\boldsymbol{D}u(t)\\ &=\boldsymbol{C}\mathrm{e}^{At}x(0)+\int_0^t[\boldsymbol{C}\mathrm{e}^{A(t-\tau)}\boldsymbol{B}+\boldsymbol{D}\delta(\tau)]u(\tau)\mathrm{d}\tau\\ &=\boldsymbol{C}\boldsymbol{\varphi}(t)x(0)+\int_0^t[\boldsymbol{C}\boldsymbol{\varphi}(t-\tau)\boldsymbol{B}+\boldsymbol{D}\delta(\tau)]u(\tau)\mathrm{d}\tau \end{aligned}$$

其中，第一项为输出的零输入响应部分；第二项是输出的零状态响应部分。当初始时刻不为 t=0 时，则状态方程的解为

$$x(t)=\boldsymbol{\varphi}(t-t_0)x(t_0)+\int_{t_0}^t \boldsymbol{\varphi}(t-\tau)\boldsymbol{B}u(\tau)\mathrm{d}\tau$$

输出方程的解为

$$y(t)=\boldsymbol{C}\boldsymbol{\varphi}(t-t_0)x(t_0)+\int_{t_0}^t[\boldsymbol{C}\mathrm{e}^{A(t-\tau)}\boldsymbol{B}+\boldsymbol{D}\delta(\tau)]u(\tau)\mathrm{d}\tau$$

2. 线性定常系统的 s 域解

$$\begin{aligned}\dot{x}(t)&=\boldsymbol{A}x(t)+\boldsymbol{B}u(t)\\ y(t)&=\boldsymbol{C}x(t)+\boldsymbol{D}u(t)\end{aligned}$$

对其进行拉氏变换有

$$\begin{aligned} sX(s)-x(0)&=\boldsymbol{A}X(s)+\boldsymbol{B}U(s)\\ Y(s)&=\boldsymbol{C}X(s)+\boldsymbol{D}U(s)\end{aligned}$$

（1）状态方程的解

$$(s\boldsymbol{I}-\boldsymbol{A})X(s)=x(0)+\boldsymbol{B}U(s)$$

所以

$$X(s)=(s\boldsymbol{I}-\boldsymbol{A})^{-1}x(0)+(s\boldsymbol{I}-\boldsymbol{A})^{-1}\boldsymbol{B}U(s)$$

令

$$\boldsymbol{\Phi}(s)=(s\boldsymbol{I}-\boldsymbol{A})^{-1}$$

则

$$X(s)=\boldsymbol{\Phi}(s)x(0)+\boldsymbol{\Phi}(s)\boldsymbol{B}U(s) \tag{7-12}$$

其中，第一项为状态在 s 域的零输入响应部分；第二项为状态在 s 域的零状态响应部分。

其时域解可表示为：

$$x(t)=L^{-1}\{\boldsymbol{\Phi}(s)x(0)+\boldsymbol{\Phi}(s)\boldsymbol{B}U(s)\}$$

观察式（7–11）和式（7–12）可以看出：$\boldsymbol{\Phi}(s)=(s\boldsymbol{I}-\boldsymbol{A})^{-1}$ 和 $\boldsymbol{\varphi}(t)=\mathrm{e}^{\boldsymbol{A}t}$ 互为拉氏变换对。其中，$\boldsymbol{\Phi}(s)$ 称为系统的预解矩阵；$\boldsymbol{\varphi}(t)$ 称为系统的状态转移矩阵。

（2）输出方程的解

$$\begin{aligned}Y(s)&=\boldsymbol{C}X(s)+\boldsymbol{D}U(s)\\&=\boldsymbol{C}[\boldsymbol{\Phi}(s)x(0)+\boldsymbol{\Phi}(s)\boldsymbol{B}U(s)]+\boldsymbol{D}U(s)\\&=\boldsymbol{C\Phi}(s)x(0)+[\boldsymbol{C\Phi}(s)\boldsymbol{B}+\boldsymbol{D}]U(s)\end{aligned}$$

其中，第一项为输出在 s 域的零输入响应部分；第二项为输出在 s 域的零状态响应部分。

$$y(t)=L^{-1}\{\boldsymbol{C\Phi}(s)x(0)+[\boldsymbol{C\Phi}(s)\boldsymbol{B}+\boldsymbol{D}]U(s)\}$$

7.3.2 状态转移矩阵的性质

从求解的过程中可以清楚地看到，如果已知系统的初始条件 $x(0)$、输入 $u(t)$ 和状态转移矩阵 $\boldsymbol{\varphi}(t)$，就可以求得系统状态的时间响应 $x(t)$。要想精确地求解系统的状态解及输出解，状态转移矩阵是一个至关重要的量，于是，关键问题就是求系统的状态转移矩阵 $\boldsymbol{\varphi}(t)$。对于 $\boldsymbol{\varphi}(t)$ 的求解存在多种方法。下面不加证明地给出有关状态转移矩阵的重要性质。

（1）$\boldsymbol{\varphi}(t,t)=\boldsymbol{I}$。

（2）$\boldsymbol{\varphi}(t,t_0)$ 是非奇异的，且 $\boldsymbol{\varphi}^{-1}(t,t_0)=\boldsymbol{\varphi}(t_0,t)$。

（3）$\boldsymbol{\varphi}(t_2,t_0)=\boldsymbol{\varphi}(t_2,t_1)\boldsymbol{\varphi}(t_1,t_0)$。

（4）当 $\boldsymbol{A}$ 给定以后，$\boldsymbol{\varphi}(t,t_0)$ 是唯一的，其表达式为

$$\boldsymbol{\varphi}(t,t_0)=\boldsymbol{I}+\int_{t_0}^{t}\boldsymbol{A}(\tau)\,\mathrm{d}\tau+\int_{t_0}^{t}\boldsymbol{A}(\tau)\left[\int_{t_0}^{t}\boldsymbol{A}(\tau_1)\,\mathrm{d}\tau_1\right]\mathrm{d}\tau+\cdots\qquad t\in[t_0,t_1]$$

从式（7–11）已经看到，在线性定常系统中的状态转移矩阵又称作矩阵指数函数 $\mathrm{e}^{\boldsymbol{A}t}$，即 $\boldsymbol{\varphi}(t)=\mathrm{e}^{\boldsymbol{A}t}$。其性质如下。

（1）$\mathrm{e}^{\boldsymbol{A}t}\big|_{t=0}=\boldsymbol{I}$；

（2）$\dfrac{\mathrm{d}}{\mathrm{d}t}\mathrm{e}^{\boldsymbol{A}t}=\boldsymbol{A}\mathrm{e}^{\boldsymbol{A}t}=\mathrm{e}^{\boldsymbol{A}t}\boldsymbol{A}$；

（3）$\mathrm{e}^{\boldsymbol{A}t}=\displaystyle\sum_{k=0}^{\infty}\frac{\boldsymbol{A}^k t^k}{k!}$

（4）$\mathrm{e}^{\boldsymbol{A}(t+s)}=\mathrm{e}^{\boldsymbol{A}t}\mathrm{e}^{\boldsymbol{A}s}$；

（5）$(\mathrm{e}^{\boldsymbol{A}t})^{-1}=\mathrm{e}^{-\boldsymbol{A}t}$；

（6）$\mathrm{e}^{(\boldsymbol{A}+\boldsymbol{B})t}=\mathrm{e}^{\boldsymbol{A}t}\mathrm{e}^{\boldsymbol{B}t}$（当 $\boldsymbol{AB}=\boldsymbol{BA}$）；

$\mathrm{e}^{(\boldsymbol{A}+\boldsymbol{B})t}\neq\mathrm{e}^{\boldsymbol{A}t}\mathrm{e}^{\boldsymbol{B}t}$（当 $\boldsymbol{AB}\neq\boldsymbol{BA}$）。

（7）若 $\boldsymbol{P}$ 为可逆矩阵，且 $\boldsymbol{A}=\boldsymbol{PJP}^{-1}$，则 $\mathrm{e}^{\boldsymbol{A}t}=\boldsymbol{P}\mathrm{e}^{\boldsymbol{J}t}\boldsymbol{P}^{-1}$，其中 $\boldsymbol{J}$ 为对角矩阵。

接下来介绍几种矩阵指数函数 $\mathrm{e}^{\boldsymbol{A}t}$ 的求取方法。

1. $\boldsymbol{A}$ 为对角矩阵时矩阵指数函数的求取

$$\boldsymbol{A}=\begin{bmatrix}\lambda_1&0&0\\0&\ddots&0\\0&0&\lambda_n\end{bmatrix}，则\ \mathrm{e}^{\boldsymbol{A}t}=\begin{bmatrix}\mathrm{e}^{\lambda_1 t}&0&0\\0&\ddots&0\\0&0&\mathrm{e}^{\lambda_n t}\end{bmatrix}。$$

2. A 为约当矩阵时矩阵指数函数的求取

$$A=\begin{bmatrix}\lambda & 1 & 0\\ 0 & \ddots & 1\\ 0 & 0 & \lambda\end{bmatrix}，则\ e^{At}=\begin{bmatrix}e^{\lambda t} & te^{\lambda t} & \cdots & \dfrac{e^{\lambda t}}{(n-1)!}t^{n-1}\\ 0 & \ddots & \ddots & \vdots\\ \vdots & & \ddots & te^{\lambda t}\\ \cdots & \cdots & 0 & e^{\lambda t}\end{bmatrix}$$

3. 应用状态转移矩阵与预解矩阵的关系求取

$\boldsymbol{\Phi}(s)=(s\boldsymbol{I}-\boldsymbol{A})^{-1}$，则 $\boldsymbol{\varphi}(t)=L^{-1}\{(s\boldsymbol{I}-\boldsymbol{A})^{-1}\}$。

4. 应用凯莱–哈密顿定理求取

首先不加证明地引入矩阵理论中的 Cayley–Hamilton 定理，设 n 阶方阵 $\boldsymbol{A}$ 的特征方程为

$$\left|s\boldsymbol{I}-\boldsymbol{A}\right|=s^n+a_{n-1}s^{n-1}+\cdots+a_1s+a_0=0$$

则矩阵 $\boldsymbol{A}$ 满足 $\boldsymbol{A}^n+a_{n-1}\boldsymbol{A}^{n-1}+\cdots+a_0\boldsymbol{I}=0$。

根据 Cayley–Hamilton 定理，e^{At} 可表示为

$$e^{At}=a_0\boldsymbol{I}+a_1\boldsymbol{A}+\cdots+a_{n-1}\boldsymbol{A}^{n-1}$$

式中，$a_0\cdots a_{n-1}$ 为待定系数。

（1）当 $\boldsymbol{A}$ 的特征根互异时，可由下式确定

$$e^{\lambda_i t}=a_0+a_1\lambda_i+\cdots+a_{n-1}\lambda_i^{n-1}\quad(i=1,2,\cdots,n)$$

于是

$$\begin{bmatrix}a_0(t)\\ a_1(t)\\ \vdots\\ a_{n-1}(t)\end{bmatrix}=\begin{bmatrix}1 & \lambda_1 & \cdots & \lambda_1^{n-1}\\ 1 & \lambda_2 & \cdots & \lambda_2^{n-1}\\ \vdots & \vdots & & \vdots\\ 1 & \lambda_n & \cdots & \lambda_n^{n-1}\end{bmatrix}^{-1}\begin{bmatrix}e^{\lambda_1 t}\\ e^{\lambda_2 t}\\ \vdots\\ e^{\lambda_n t}\end{bmatrix}$$

（2）$\boldsymbol{A}$ 的特征根为 n 重根时，设 $\boldsymbol{A}$ 的特征值为 λ_1，则

$$e^{\lambda_1 t}=a_0+a_1\lambda_1+\cdots+a_{n-1}\lambda_1^{n-1}$$

对 λ_1 求导得

$$te^{\lambda_1 t}=a_1+2a_2\lambda_1+\cdots+(n-1)a_{n-1}\lambda_1^{n-2}$$

重复以上步骤，最后有

$$t^{n-1}e^{\lambda_1 t}=(n-1)!a_{n-1}$$

所以

$$\begin{bmatrix}a_0(t)\\ \vdots\\ a_{n-1}(t)\end{bmatrix}=\begin{bmatrix}0 & 0 & 0 & \cdots & 1\\ 0 & 0 & 0 & \cdots & (n-1)\lambda_1\\ 0 & 0 & 1 & \cdots & \dfrac{(n-1)(n-2)\lambda_1^{n-3}}{2!}\\ 0 & 1 & 2\lambda_1 & \cdots & \dfrac{(n-1)\lambda_1^{n-2}}{1!}\\ 1 & \lambda_1 & \lambda_1^2 & \cdots & \lambda_1^{n-1}\end{bmatrix}^{-1}\begin{bmatrix}\dfrac{1}{(n-1)!}t^{n-1}e^{\lambda_1 t}\\ \dfrac{1}{(n-2)!}t^{n-2}e^{\lambda_1 t}\\ \vdots\\ \dfrac{1}{2!}t^2e^{\lambda_1 t}\\ te^{\lambda_1 t}\\ e^{\lambda_1 t}\end{bmatrix}$$

（3）当 $\boldsymbol{A}$ 的特征值既有互异特征根，又有重特征根时，a_i 可综合上述两种情况求解。

例 7.8 已知矩阵 $\boldsymbol{A}=\begin{bmatrix}0 & 1\\-2 & -3\end{bmatrix}$，求状态转移矩阵 $\boldsymbol{\varphi}(t)$。

解：方法一：应用拉氏反变换求解 $\boldsymbol{\varphi}(t)$。

$$\boldsymbol{\Phi}(s)=(s\boldsymbol{I}-\boldsymbol{A})^{-1}=\begin{bmatrix}s & s-1\\2 & s+3\end{bmatrix}^{-1}=\frac{1}{(s+1)(s+2)}\begin{bmatrix}s+3 & 1\\-2 & s\end{bmatrix}$$

$$=\begin{bmatrix}\dfrac{2}{s+1}-\dfrac{1}{s+2} & \dfrac{1}{s+1}-\dfrac{1}{s+2}\\ \dfrac{-2}{s+1}+\dfrac{2}{s+2} & \dfrac{-1}{s+1}+\dfrac{2}{s+2}\end{bmatrix}$$

所以

$$\boldsymbol{\varphi}(t)=L^{-1}\{\boldsymbol{\Phi}(s)\}=\begin{bmatrix}2\mathrm{e}^{-t}-\mathrm{e}^{-2t} & \mathrm{e}^{-t}-\mathrm{e}^{-2t}\\-2\mathrm{e}^{-t}+2\mathrm{e}^{-2t} & -\mathrm{e}^{-t}+2\mathrm{e}^{-2t}\end{bmatrix},\ t\geqslant 0$$

方法二：应用凯莱–哈密顿定理计算 $\boldsymbol{\varphi}(t)$。

系统特征方程为

$$|\lambda\boldsymbol{I}-\boldsymbol{A}|=\begin{vmatrix}\lambda & -1\\2 & \lambda+3\end{vmatrix}=\lambda^2+3\lambda+2=0$$

特征根为 $\lambda_1=-1,\lambda_2=-2$，属于互异单根形式。

$$\begin{cases}\mathrm{e}^{-t}=a_0-a_1\\ \mathrm{e}^{-2t}=a_0-2a_1\end{cases}\quad\Rightarrow\quad\begin{cases}a_0=2\mathrm{e}^{-t}-\mathrm{e}^{-2t}\\ a_1=\mathrm{e}^{-t}-\mathrm{e}^{-2t}\end{cases}$$

于是状态转移矩阵为

$$\boldsymbol{\varphi}(t)=\mathrm{e}^{\boldsymbol{A}t}=a_0\boldsymbol{I}+a_1\boldsymbol{A}=(2\mathrm{e}^{-t}-\mathrm{e}^{-2t})\begin{bmatrix}1 & 0\\0 & 1\end{bmatrix}+(\mathrm{e}^{-t}-\mathrm{e}^{-2t})\begin{bmatrix}0 & 1\\-2 & -3\end{bmatrix}$$

$$=\begin{bmatrix}2\mathrm{e}^{-t}-\mathrm{e}^{-2t} & \mathrm{e}^{-t}-\mathrm{e}^{-2t}\\-2\mathrm{e}^{-t}+2\mathrm{e}^{-2t} & -\mathrm{e}^{-t}+2\mathrm{e}^{-2t}\end{bmatrix}\quad(t\geqslant 0)$$

7.4 线性系统的能控性和能观测性

经典控制理论用传递函数作为数学模型，描述系统的输入–输出特性，只要系统是稳定的，输出量便可以控制，同时总是可以测量到的。与经典控制理论不同的是，当用状态空间方程描述系统时，不仅存在输入量、输出量，更重要的是存在系统的状态变量。是否都受输入的控制，或者说输入 $u(t)$ 是否对状态 $x(t)$ 有控制能力，即能控性问题。还有系统的输出能否反映系统的状态，或者说状态 $x(t)$ 是否能从输出 $y(t)$ 的测量值得到重构，即能观测性问题。系统的能控性、能观测性问题由卡尔曼首先提出，是现代控制理论中的两个重要概念，是最优控制和最优估计的基础。在讨论系统的能控性和能观测性的问题上，关键讨论 3 个方面：① 能控性、能观测性如何定义？② 如何判断能控性、能观测性？③ 如何通过状态变换使能控性、能观测性变得显而易见？

7.4.1　线性系统的能控性与能控性判据

1. 能控性定义

对于线性定常系统

$$\dot{\boldsymbol{x}} = \boldsymbol{A}x + \boldsymbol{B}u$$

如果存在一个容许输入 $u(t)$，能在有限的时间区间 $t \in (t_0, t_1)$ 内，使系统在这个控制的作用下，由某一初始状态 $x(t_0)$ 转移到指定的任一终端状态 $x(t_1)$，则称线性定常系统是状态完全能控的，简称系统能控。

下面对以上定义加以说明。

（1）所谓容许控制是指控制信号各分量均应满足平方可积条件，以此保证系统状态解的存在且唯一。而实际物理信号由于能量总是有限的，因此总满足平方可积条件，也就是说，实际上该定义对输入 $u(t)$ 是没有限制的。

（2）对于线性定常系统，能控性与初始时刻无关，初始时刻 t_0 可任意选取，并且不关心控制作用时间段 (t_0, t_1) 的长短。

（3）定义只要求在有限时间区间内将状态 $x(t_0)$ 转移到状态 $x(t_1)$，对状态转移的轨线无任何限制。

（4）系统中的每个状态变量都要能控，只要有一个状态变量不能控，则称系统不完全能控，简称系统不能控。

2. 能控性判据

考察下面的数学条件是否成立，可以判断该系统是否状态完全能控。

定理一： 设 n 阶线性定常系统的状态方程为

$$\dot{\boldsymbol{x}} = \boldsymbol{A}x + \boldsymbol{B}u$$

系统完全能控的充分必要条件是

$$\operatorname{rank}[\boldsymbol{Q}_{\mathrm{c}}] = \operatorname{rank}[\boldsymbol{B} \ \ \boldsymbol{AB} \ \ \cdots \ \ \boldsymbol{A}^{n-1}\boldsymbol{B}] = n$$

式中，$\boldsymbol{Q}_{\mathrm{c}} = [\boldsymbol{B} \ \ \boldsymbol{AB} \ \ \cdots \ \ \boldsymbol{A}^{n-1}\boldsymbol{B}]$ 称为系统能控性矩阵，由其构成可看出系统能控性只与系统矩阵 $\boldsymbol{A}$ 和控制矩阵 $\boldsymbol{B}$ 有关，因此（$\boldsymbol{A}$，$\boldsymbol{B}$）称为能控性矩阵对。对于单输入单输出系统，$\boldsymbol{Q}_{\mathrm{c}}$ 是一个 $n \times n$ 维矩阵。当 $\boldsymbol{Q}_{\mathrm{c}}$ 的行列式不等于零时，系统完全能控。

证明： 从能控性定义可以看出，判别一个线性系统能控性的问题，实际上是根据系统的状态方程和任意初始状态，看能否找到任意的控制向量，把初始状态 $x(t_0)$ 在有限时间内转移到任一终端状态 $x(t_1)$，由于线性定常系统状态转移特性只与时间间隔有关，与初始时刻无关，为证明简单且又不失一般性，可假设 $t_0 = 0$，$x(t_1) = 0$。

状态方程的解为

$$x(t_1) = \mathrm{e}^{\boldsymbol{A}t_1} x(0) + \int_0^{t_1} \mathrm{e}^{\boldsymbol{A}(t_1 - \tau)} \boldsymbol{B}u(\tau)\,\mathrm{d}\tau = 0$$

或

$$x(0) = -\int_0^{t_1} \mathrm{e}^{\boldsymbol{A}(-\tau)} \boldsymbol{B}u(\tau)\,\mathrm{d}\tau \qquad (7\text{–}13)$$

根据凯莱–哈密顿定理，$\mathrm{e}^{-\boldsymbol{A}\tau}$ 可写成

$$\mathrm{e}^{-A\tau}=\sum_{i=0}^{n-1}a_i(\tau)\boldsymbol{A}^i$$

将其代入式（7–13）有

$$\sum_{i=0}^{n-1}\boldsymbol{A}^i\boldsymbol{B}\int_0^{t_1}a_i(\tau)\,u(\tau)\,\mathrm{d}\tau=-x(0) \tag{7–14}$$

式中，$\boldsymbol{a}_i$ 是 p 维向量，令 $F_i=\int_0^{t_1}a_i(\tau)\,u(\tau)\mathrm{d}\tau$，于是式（7–14）可写成

$$\sum_{i=0}^{n-1}\boldsymbol{A}^i\boldsymbol{B}\boldsymbol{F}_i=[\boldsymbol{B}\ \boldsymbol{A}\boldsymbol{B}\ \boldsymbol{A}^2\boldsymbol{B}\ \cdots\ \boldsymbol{A}^{n-1}\boldsymbol{B}]\begin{bmatrix}\boldsymbol{F}_0\\ \boldsymbol{F}_1\\ \vdots\\ \boldsymbol{F}_{n-1}\end{bmatrix}=-x(0)$$

令 $\boldsymbol{F}=\begin{bmatrix}\boldsymbol{F}_0\\ \boldsymbol{F}_1\\ \vdots\\ \boldsymbol{F}_{n-1}\end{bmatrix}$，则有

$$\boldsymbol{Q}_\mathrm{c}\boldsymbol{F}=-x(0) \tag{7–15}$$

若式（7–15）有解，其充分必要条件是其系数矩阵 $\boldsymbol{Q}_\mathrm{c}$ 及增广矩阵$[\boldsymbol{Q}_\mathrm{c}\ \ x(0)]$ 的秩相等，即

$$\mathrm{rank}[\boldsymbol{Q}_\mathrm{c}]=\mathrm{rank}[\boldsymbol{Q}_\mathrm{c}\ \ x(0)] \tag{7–16}$$

由于初始状态 $x(0)$ 是任意给定的，若式（7–16）成立，必有 $\boldsymbol{Q}_\mathrm{c}$ 的秩是满秩的，这样，系统状态完全能控的充要条件为 $\mathrm{rank}(\boldsymbol{Q}_\mathrm{c})=n$。

例 7.9 已知系统的状态方程为

$$\dot{\boldsymbol{x}}=\begin{bmatrix}-2 & 1\\ 1 & -2\end{bmatrix}\boldsymbol{x}+\begin{bmatrix}1\\ 0\end{bmatrix}\boldsymbol{u}$$

试判别系统的能控性。

解： 系统能控性矩阵为

$$\boldsymbol{Q}_\mathrm{c}=[\boldsymbol{B}\ \ \boldsymbol{A}\boldsymbol{B}]=\begin{bmatrix}1 & -2\\ 0 & 1\end{bmatrix}$$

$\mathrm{rank}(\boldsymbol{Q}_\mathrm{c})=2=n$，所以系统状态完全能控。

例 7.10 已知系统的状态方程为

$$\dot{\boldsymbol{x}}=\begin{bmatrix}1 & 2 & -1\\ 0 & 1 & 0\\ 1 & -4 & 3\end{bmatrix}\boldsymbol{x}+\begin{bmatrix}0\\ 0\\ 1\end{bmatrix}\boldsymbol{u}$$

试判断系统的能控性。

解：$\boldsymbol{B}=\begin{bmatrix}0\\0\\1\end{bmatrix}$　$\boldsymbol{AB}=\begin{bmatrix}1&2&-1\\0&1&0\\1&-4&3\end{bmatrix}\begin{bmatrix}0\\0\\1\end{bmatrix}=\begin{bmatrix}-1\\0\\3\end{bmatrix}$

$$\boldsymbol{A}^2\boldsymbol{B}=\boldsymbol{A}[\boldsymbol{AB}]=\begin{bmatrix}1&2&-1\\0&1&0\\1&-4&3\end{bmatrix}\begin{bmatrix}-1\\0\\3\end{bmatrix}=\begin{bmatrix}-4\\0\\8\end{bmatrix}$$

$$\mathrm{rank}[\boldsymbol{Q}_{\mathrm{c}}]=\begin{bmatrix}0&-1&-4\\0&0&0\\1&3&8\end{bmatrix}=2<3=n$$

所以，系统状态是不完全能控的。

7.4.2　线性定常系统的能观测性

1. 能观测性定义

对于线性定常系统

$$\begin{aligned}\dot{\boldsymbol{x}}&=\boldsymbol{Ax}+\boldsymbol{Bu}\\\boldsymbol{y}&=\boldsymbol{Cx}+\boldsymbol{Du}\end{aligned}\tag{7–17}$$

对系统的任意给定输入 $u(t)$，当且仅当在有限时间 T，根据输出 $y(t)$ 在[0,T]区间的测量值能唯一确定系统的初始状态 $x(t_0)$，则称状态 $x(t_0)$ 是能观测的。

2. 能观测性判据

考察如下的数学条件，可以判断该系统状态是否完全能观测。

定理二：对于式（7–17）所示的 n 阶线性定常系统状态完全能观测的充要条件是：

$$\mathrm{rank}[\boldsymbol{Q}_{\mathrm{o}}]=\mathrm{rank}\begin{bmatrix}\boldsymbol{C}\\\boldsymbol{CA}\\\vdots\\\boldsymbol{CA}^{n-1}\end{bmatrix}=n$$

式中，$\boldsymbol{Q}_{\mathrm{o}}=\begin{bmatrix}\boldsymbol{C}\\\boldsymbol{CA}\\\vdots\\\boldsymbol{CA}^{n-1}\end{bmatrix}$称为系统能观测性矩阵。由其构成可看出系统的能观测性只与系统矩阵 $\boldsymbol{A}$ 和输出矩阵 $\boldsymbol{C}$ 有关，因此（$\boldsymbol{A}$, $\boldsymbol{C}$）称为能观测性矩阵对。对于单输入单输出系统，Q_{o} 是一个 $n\times n$ 维矩阵。当 Q_{o} 的行列式不等于零时，系统完全能观测。

证明：由于能观测性所表示的是输出 $y(t)$ 对状态变量 $x(t)$ 的估计能力，与控制作用没有直接关系，所以在分析能观测性问题时，通常只需要考虑齐次状态方程以及输出方程，即

$$\begin{aligned}\dot{\boldsymbol{x}}&=\boldsymbol{Ax}\\\boldsymbol{y}&=\boldsymbol{Cx}\end{aligned}$$

由于齐次状态方程 $\dot{\boldsymbol{x}}=\boldsymbol{Ax}$ 的解为 $x(t)=\mathrm{e}^{At}x(t_0)$，不失一般性，设 $t_0=0$，则 $x(t_0)=x(0)$。

对应输出方程解为

$$y(t)=\boldsymbol{C}x(t)=\boldsymbol{C}\mathrm{e}^{\boldsymbol{A}t}x(0)$$

根据凯莱–哈密顿定理可知

$$\mathrm{e}^{\boldsymbol{A}t}=\sum_{i=0}^{n-1}a_i(t)\boldsymbol{A}^i \tag{7–18}$$

将其代入式（7–18）有

$$y(t)=\sum_{i=0}^{n-1}a_i(t)\boldsymbol{C}\boldsymbol{A}^i x(0)=[a_0\ a_1\ \cdots\ a_{n-1}]\begin{bmatrix}\boldsymbol{C}\\ \boldsymbol{CA}\\ \vdots\\ \boldsymbol{CA}^{n-1}\end{bmatrix}x(0) \tag{7–19}$$

式（7–19）表明，能在有限时间间隔 $(0,t_1)$ 内，由 $y(t)$ 的 n 个测量值唯一确定系统状态 $x(0)$ 的充要条件是：矩阵 $\begin{bmatrix}\boldsymbol{C}\\ \boldsymbol{CA}\\ \vdots\\ \boldsymbol{CA}^{n-1}\end{bmatrix}$ 可逆，即 $\mathrm{rank}[\boldsymbol{Q}_o]=n$ 。

例 7.11 已知系统的状态空间方程为

$$\begin{cases}\dot{\boldsymbol{x}}=\begin{bmatrix}-2 & 1\\ 1 & -2\end{bmatrix}\boldsymbol{x}+\begin{bmatrix}1\\ 0\end{bmatrix}\boldsymbol{u}\\ \boldsymbol{y}=[1\quad -1]\boldsymbol{x}\end{cases}$$

试判断系统的能观测性。

解：系统能观测矩阵 $\boldsymbol{Q}_o=\begin{bmatrix}\boldsymbol{C}\\ \boldsymbol{CA}\end{bmatrix}=\begin{bmatrix}1 & -1\\ -3 & 3\end{bmatrix}$，$\mathrm{rank}[\boldsymbol{Q}_o]=1<2=n$，所以系统不完全能观测。

例 7.12 已知系统的状态空间方程为

$$\begin{cases}\dot{\boldsymbol{x}}=\begin{bmatrix}1 & 3 & 2\\ 0 & 4 & 2\\ 0 & 0 & 1\end{bmatrix}\boldsymbol{x}(t)+\begin{bmatrix}1\\ 0\\ 0\end{bmatrix}\boldsymbol{u}(t)\\ \boldsymbol{y}(t)=[1\ \ 0\ \ 0]\boldsymbol{x}(t)\end{cases}$$

试判断系统的状态能观测性。

解： $\boldsymbol{C}=[1\ \ 0\ \ 0]$，$\boldsymbol{CA}=[1\ \ 3\ \ 2]$，$\boldsymbol{CA}^2=[\boldsymbol{CA}]\boldsymbol{A}=[1\ 15\ 10]$

$\mathrm{rank}[\boldsymbol{Q}_o]=\mathrm{rank}\begin{bmatrix}1 & 0 & 0\\ 1 & 3 & 2\\ 1 & 15 & 10\end{bmatrix}=2<3=n$，所以系统状态是不完全能观测的。

7.4.3 对偶原理

1. 线性系统的对偶关系

设有两个 n 阶线性定常系统 S_1 和 S_2，其状态空间表达式分别为

$$S_1:\quad \dot{\boldsymbol{x}} = \boldsymbol{A}\boldsymbol{x} + \boldsymbol{B}\boldsymbol{u}$$
$$\boldsymbol{y} = \boldsymbol{C}\boldsymbol{x}$$
$$S_2:\quad \dot{\boldsymbol{z}} = \boldsymbol{A}^{\mathrm{T}}\boldsymbol{z} + \boldsymbol{C}^{\mathrm{T}}\boldsymbol{v}$$
$$\boldsymbol{w} = \boldsymbol{B}^{\mathrm{T}}\boldsymbol{z}$$

称系统 S_1、S_2 为对偶系统。

2. 对偶原理

设 S_1 和 S_2 是互为对偶的两个系统。若 S_1 是状态完全能控（或完全能观测的），则 S_2 是状态完全能观测（或完全能控）的。

利用对偶原理，可以使系统的能观测性研究转化为其对偶系统的能控性研究，或将系统的能控性研究转化为对偶系统的能观测性研究。

3. 对偶系统的两个基本特征

（1）对偶系统的传递函数互为转置。设 S_1 的传递函数为 $G_1(s)$，S_2 的传递函数为 $G_2(s)$，则

$$\begin{aligned}
G_1(s) &= \boldsymbol{C}_1(s\boldsymbol{I} - \boldsymbol{A}_1)^{-1}\boldsymbol{B}_1 \\
G_2(s) &= \boldsymbol{C}_2(s\boldsymbol{I} - \boldsymbol{A}_2)^{-1}\boldsymbol{B}_2 = \boldsymbol{B}_1^{\mathrm{T}}(s\boldsymbol{I} - \boldsymbol{A}_1^{\mathrm{T}})^{-1}\boldsymbol{C}_1^{\mathrm{T}} \\
&= \boldsymbol{C}_1^{\mathrm{T}}[(s\boldsymbol{I} - \boldsymbol{A}_1)^{-1}\boldsymbol{B}_1]^{\mathrm{T}} \\
&= \boldsymbol{G}_1^{\mathrm{T}}(s)
\end{aligned}$$

（2）对偶系统特征值相同，即

$$|\lambda\boldsymbol{I} - \boldsymbol{A}_1| = |\lambda\boldsymbol{I} - \boldsymbol{A}_1^{\mathrm{T}}|$$

7.4.4　非奇异线性变换的不变特性与约当判别法

1. 非奇异线性变换的不变特性

在前面已经讲过，对于同一系统可以有不同状态变量的选择方式。它们之间存在着非奇异线性变换，并且非奇异线性变换具有如下的不变特性：变换后系统的特征值不变，系统的传递函数不变，系统的能控性不变，能观测性不变。由此可将任意系统通过非奇异变换变成对角规范型和约当规范型，通过约当判别法进行系统状态的能控性与能观测性判别。

2. 约当判别法

对于具有约当规范型的系统。

（1）系统完全能控的充要条件是：每个约当块末行所对应的 $\boldsymbol{B}$ 矩阵中的行元素不全为 0；

（2）系统完全能观测的充要条件是：每个约当块首列所对应的 $\boldsymbol{C}$ 矩阵中的列元素不全为 0。对角规范型可看成是特殊的约当规范型，每个约当块的维数是 1×1，该元素既是末行也是首列，并且不能存在两个约当块由相同特征值构成，此时上述结论不成立。

例 7.13　已知系统的状态空间方程为

$$\begin{cases}
\dot{\boldsymbol{x}} = \begin{bmatrix} 8 & 0 & 0 \\ 0 & -1 & 0 \\ 0 & 0 & 2 \end{bmatrix}\boldsymbol{x} + \begin{bmatrix} 1 \\ 2 \\ 3 \end{bmatrix}\boldsymbol{u} \\
\boldsymbol{y} = \begin{bmatrix} 1 & 0 & 0 \\ 0 & 2 & 3 \end{bmatrix}\boldsymbol{x}
\end{cases}$$

判断系统的能控性和能观测性。

解： 此对角规范型中的 $\boldsymbol{B}$ 矩阵不包含全为 0 的行，$\boldsymbol{C}$ 矩阵不包含全为 0 的列，因此系统既能控又能观测。

例 7.14 已知系统的状态空间方程为

$$\begin{cases} \dot{\boldsymbol{x}} = \begin{bmatrix} 1 & 1 & 0 \\ 0 & 1 & 0 \\ 0 & 0 & 2 \end{bmatrix} \boldsymbol{x} + \begin{bmatrix} 0 \\ -2 \\ 1 \end{bmatrix} \boldsymbol{u} \\ \boldsymbol{y} = \begin{bmatrix} 1 & 0 & 0 \end{bmatrix} \boldsymbol{x} \end{cases}$$

判断系统的能控性和能观测性。

解： 此约当规范型中，约当块末行对应的 $\boldsymbol{B}$ 矩阵中的行元素均不为 0，所以系统是能控的，第二个约当块首列对应的 $\boldsymbol{C}$ 矩阵中的列元素为 0，所以系统是不完全能观测的。

3. 系统的能控性、能观测性与传递函数的关系

传递函数是系统模型之一，那么传递函数与系统的能控性、能观测性之间必然存在内在联系。对于单输入单输出系统，要使系统是既能控又能观测的充分必要条件是传递函数的分子、分母之间没有公因式，即没有零极点相消现象。若存在零极点相消现象，则由于状态变量选择的不同，系统或是状态不能控的，或是不能观测的，或是既不能控又不能观测的。

7.5 线性系统的状态反馈与极点配置

由经典控制理论可知，闭环系统性能与闭环极点密切相关。因此反馈成为控制系统设计的主要方式，通过引入反馈来配置闭环极点，在经典控制论中用输出量作为反馈量。而在现代控制理论中当系统采用状态空间描述时，除了输出反馈外，广泛采用系统状态作为反馈量，这就是状态反馈。通常，我们假设系统的所有状态变量都可以测量，于是就可以直接设计状态反馈控制律。但实际中，往往从系统输出中只能得到部分状态信息，也就是说，并不是所有的状态变量都可以测量。因此要研究观测器的设计用于估计那些无法直接测量的状态变量，这就是状态观测器设计问题。这里我们首先来研究状态反馈问题。状态反馈能提供更多的校正信息和可供选择的自由度，使系统容易获得更为优异的性能。

7.5.1 状态反馈

状态反馈是将系统的每一个状态变量乘以相应的反馈系数，然后反馈到输入端与参考输入相减形成控制律，作为系统的控制输入，其基本结构如图 7–11 所示。

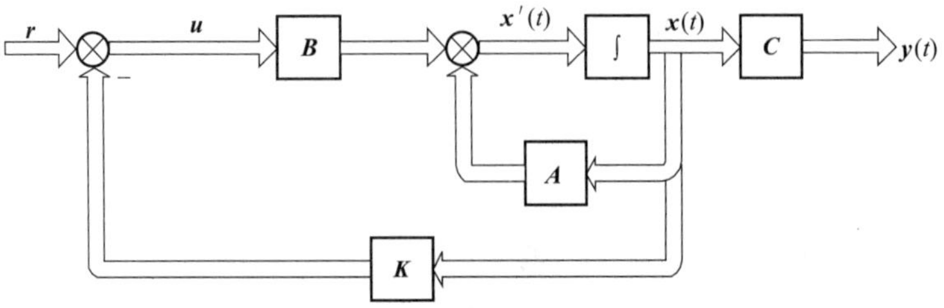

图 7–11 状态反馈结构图

设 n 阶线性定常系统

$$\begin{aligned}\dot{\boldsymbol{x}} &= \boldsymbol{A}\boldsymbol{x} + \boldsymbol{B}\boldsymbol{u} \\ \boldsymbol{y} &= \boldsymbol{C}\boldsymbol{x}\end{aligned} \tag{7-20}$$

将系统控制规律选为

$$\boldsymbol{u} = \boldsymbol{r} - \boldsymbol{K}\boldsymbol{x} \tag{7-21}$$

式中，$\boldsymbol{r}$ 为 $p\times1$ 维的参考输入；$\boldsymbol{K}$ 为 $p\times n$ 维的反馈增益矩阵。

可以证明：状态反馈不改变系统的能控性，但有可能改变系统的能观测性。

将式（7–21）代入式（7–20）可得

$$\begin{aligned}\dot{\boldsymbol{x}} &= \boldsymbol{A}\boldsymbol{x} + \boldsymbol{B}\boldsymbol{u} = \boldsymbol{A}\boldsymbol{x} + \boldsymbol{B}(\boldsymbol{r} - \boldsymbol{K}\boldsymbol{x}) \\ &= (\boldsymbol{A} - \boldsymbol{B}\boldsymbol{K})\boldsymbol{x} + \boldsymbol{B}\boldsymbol{r} \\ \boldsymbol{y} &= \boldsymbol{C}\boldsymbol{x}\end{aligned}$$

闭环系统矩阵为 $(\boldsymbol{A} - \boldsymbol{B}\boldsymbol{K})$。

闭环特征方程为 $|s\boldsymbol{I} - (\boldsymbol{A} - \boldsymbol{B}\boldsymbol{K})| = 0$，通过改变 $\boldsymbol{K}$ 的各个分量值，可自由地改变闭环系统的特征值，从而使系统获得所要求的性能。

7.5.2　极点配置

对于单输入系统

$$\begin{aligned}\dot{\boldsymbol{x}} &= \boldsymbol{A}\boldsymbol{x} + \boldsymbol{B}u \\ y &= \boldsymbol{C}\boldsymbol{x}\end{aligned}$$

一组期望的闭环特性值为 $\{s_1^*, s_2^*, \cdots, s_n^*\}$，试确定 $1\times n$ 维的反馈增益矩阵 $\boldsymbol{K}$，通过状态反馈 $u = r - \boldsymbol{K}\boldsymbol{x}$，使闭环系统

$$\begin{aligned}\dot{\boldsymbol{x}} &= (\boldsymbol{A} - \boldsymbol{B}\boldsymbol{K})\boldsymbol{x} + \boldsymbol{B}r \\ y &= \boldsymbol{C}\boldsymbol{x}\end{aligned}$$

的极点满足 $\{s_i^*, i = 1, \cdots, n\}$，该问题称为系统的极点配置问题。

定理三：利用线性状态反馈，可实现闭环极点任意配置的充分必要条件是系统状态完全能控。

下面来说明这个问题。

若系统（$\boldsymbol{A}, \boldsymbol{B}$）状态完全能控，则可以通过非奇异线性变换将其化为能控标准型。

系统矩阵与控制矩阵分别为：

$$\boldsymbol{A} = \begin{bmatrix} 0 & 1 & 0 & \cdots & 0 \\ 0 & 0 & 1 & \cdots & 0 \\ \vdots & \vdots & \vdots & & \vdots \\ 0 & 0 & 0 & \cdots & 1 \\ -a_0 & -a_1 & -a_2 & \cdots & -a_{n-1} \end{bmatrix}, \quad \boldsymbol{B} = \begin{bmatrix} 0 \\ 0 \\ \vdots \\ 0 \\ 1 \end{bmatrix}$$

设 $\boldsymbol{K} = [k_0 \quad k_1 \quad \cdots \quad k_{n-1}]$，则引入状态反馈后，系统矩阵和控制矩阵分别为

$$A-BK=\begin{bmatrix}0 & 1 & 0 & \cdots & 0\\ 0 & 0 & 1 & \cdots & 0\\ \vdots & \vdots & \vdots & & \vdots\\ 0 & 0 & 0 & \cdots & 1\\ -(a_0+k_0) & -(a_1+k_1) & -(a_2+k_2) & \cdots & -(a_{n-1}+k_{n-1})\end{bmatrix},\quad B=\begin{bmatrix}0\\0\\ \vdots\\0\\1\end{bmatrix}$$

其闭环系统特征多项式为

$$|sI-(A-BK)|=s^n+(a_{n-1}+k_{n-1})s^{n-1}+\cdots+(a_1+k_1)s+(a_0+k_0) \tag{7–22}$$

可见，状态反馈改变了系统极点。对给出的期望极点 s_i^* 有对应的特征多项式：

$$\prod_{i=1}^{n}(s-s_i^*)=s^n+b_{n-1}^*s^{n-1}+\cdots+b_1^*s+b_0^* \tag{7–23}$$

令式（7–22）与式（7–23）相等，则有

$$\begin{matrix}a_0+k_0=b_0\\ a_1+k_1=b_1\\ \vdots\\ a_{n-1}+k_{n-1}=b_{n-1}\end{matrix}\quad\Rightarrow\quad\begin{matrix}k_0=b_0^*-a_0\\ k_1=b_1^*-a_1\\ \vdots\\ k_{n-1}=b_{n-1}^*-a_{n-1}\end{matrix}$$

当 K 确定之后，状态反馈就实现了期望极点的配置。

前述的说明给出了状态反馈增益矩阵 K 的构造方法，但前提是系统具有能控标准型，对于一般非能控标准型系统，采用上述基于能控标准型设计状态反馈增益的算法如下。

第一步：计算系统矩阵 A 的特征多项式

$$|sI-A|=s^n+a_{n-1}s^{n-1}+\cdots+a_1s+a_0$$

第二步：计算由期望极点 $\{s_1^*,s_2^*,\cdots,s_n^*\}$ 所决定的多项式

$$f(s)=(s-s_1^*)(s-s_2^*)\cdots(s-s_n^*)=s^n+a_{n-1}^*s^{n-1}+\cdots+a_1^*s+a_0^*$$

第三步：令 $f(s)=|sI-A|$，求出

$$\bar{K}=[a_0^*-a_0\quad a_1^*-a_1\quad\cdots\quad a_{n-1}^*-a_{n-1}]$$

第四步：计算变换矩阵 P

$$P=[A^{n-1}B\quad\cdots\quad AB\quad B]\begin{bmatrix}1 & 0 & \cdots & 0\\ a_{n-1} & 1 & \cdots & 0\\ \vdots & \vdots & & \vdots\\ a_1 & \cdots & a_{n-1} & 1\end{bmatrix}$$

第五步：求 $Q=P^{-1}$。

第六步：求反馈增益矩阵 K

$$K=\bar{K}Q$$

例 7.15 给定线性定常系统

$$\dot{x}=\begin{bmatrix}0 & 0 & 0\\ 1 & -6 & 0\\ 0 & 1 & -12\end{bmatrix}x+\begin{bmatrix}1\\0\\0\end{bmatrix}u$$

试设计状态反馈控制器，使闭环极点位于 $s_1^*=-2$，$s_{2,3}^*=-1\pm \mathrm{j}$ 处。

解：（1）首先判断系统是否完全能控

$$\operatorname{rank}[\boldsymbol{Q}_\mathrm{c}]=\operatorname{rank}[\boldsymbol{B}\quad \boldsymbol{AB}\quad \boldsymbol{A}^2\boldsymbol{B}]=3=n$$

故系统完全能控，满足闭环极点任意配置条件。

（2）计算系统的特征多项式

$$|s\boldsymbol{I}-\boldsymbol{A}|=\begin{vmatrix} s & 0 & 0 \\ -1 & s+6 & 0 \\ 0 & -1 & s+12 \end{vmatrix}=s^3+18s^2+72s$$

（3）计算期望极点所对应的闭环特征多项式为

$$f(s)=(s+2)(s+1-\mathrm{j})(s+1+\mathrm{j})=s^3+4s^2+6s+4$$

（4）求得 $\overline{\boldsymbol{K}}=[a_0^*-a_0\quad a_1^*-a_1\quad a_2^*-a_2]=[4\quad -66\quad -14]$。

（5）计算变换矩阵 $\boldsymbol{P}$

$$\boldsymbol{P}=[\boldsymbol{A}^2\boldsymbol{B}\ \ \boldsymbol{AB}\ \ \boldsymbol{B}]\begin{bmatrix} 1 & 0 & 0 \\ a_2 & 1 & 0 \\ a_1 & a_2 & 1 \end{bmatrix}=\begin{bmatrix} 0 & 0 & 1 \\ -6 & 1 & 0 \\ 1 & 0 & 0 \end{bmatrix}\begin{bmatrix} 1 & 0 & 0 \\ 18 & 1 & 0 \\ 72 & 18 & 1 \end{bmatrix}=\begin{bmatrix} 72 & 18 & 1 \\ 12 & 1 & 0 \\ 1 & 0 & 0 \end{bmatrix}$$

（6）求其逆矩阵 $\boldsymbol{Q}$

$$\boldsymbol{Q}=\boldsymbol{P}^{-1}=\begin{bmatrix} 0 & 0 & 1 \\ 0 & 1 & -12 \\ 1 & -18 & 144 \end{bmatrix}$$

（7）从而求得反馈增益矩阵 $\boldsymbol{K}$ 为

$$\boldsymbol{K}=\overline{\boldsymbol{K}}\boldsymbol{Q}=[4\quad -66\quad -14]\begin{bmatrix} 0 & 0 & 1 \\ 0 & 1 & -12 \\ 1 & -18 & 144 \end{bmatrix}=[-14\quad 186\quad -1\,220]$$

对于低阶系统，并不一定都必须化为能控标准型，可以采取直接求原系统的反馈增益矩阵 $\boldsymbol{K}$ 的方法。

第一步：根据期望的闭环极点写出其对应的特征多项式

$$f^*(s)=\prod_{i=1}^{n}(s-s_i^*)=s^n+a_{n-1}^*s^{n-1}+\cdots+a_1^*s+a_0^*$$

第二步：设待求的反馈增益矩阵 $\boldsymbol{K}$ 为

$$\boldsymbol{K}=[k_1\quad \cdots\quad k_n]$$

写出加入状态反馈后的闭环特征多项式

$$f(s)=|s\boldsymbol{I}-(\boldsymbol{A}-\boldsymbol{BK})|=f(s,k_1,\cdots,k_n)$$

该多项式是含 k 的关于 s 的 n 阶多项式。

第三步：令 $f^*(s)=f(s)$，得到 n 个联立方程，解出 $k_i, i=1,2,\cdots,n$。

例 7.16　给定线性定常系统如例 7.15，再用上述方法进行状态反馈控制律的设计。

解：（1）计算期望的闭环极点所对应的特征多项式

$$f^*(s)=\prod_{i=1}^{3}(s-s_i^*)=(s+2)(s+1-\mathrm{j})(s+1+\mathrm{j})$$
$$=s^3+4s^2+6s+4$$

（2）设待求的反馈增益矩阵 $\boldsymbol{K}$ 为

$$\boldsymbol{K}=[k_1 \quad \cdots \quad k_n]$$

$$f(s)=|s\boldsymbol{I}-(\boldsymbol{A}-\boldsymbol{BK})|=\left|\begin{bmatrix} s & 0 & 0 \\ 0 & s & 0 \\ 0 & 0 & s \end{bmatrix}-\left(\begin{bmatrix} 0 & 0 & 0 \\ 1 & -6 & 0 \\ 0 & 1 & -12 \end{bmatrix}-\begin{bmatrix} 1 \\ 0 \\ 0 \end{bmatrix}[k_1 \quad k_2 \quad k_3]\right)\right|$$
$$=s^3+(18+k_1)s^2+(72+18k_1+k_2)s+(72k_1+12k_2+k_3)$$

$$\begin{cases} 18+k_1=4 \\ 72+18k_1+k_2=6 \\ 72k_1+12k_2+k_3=4 \end{cases}$$

所以 $\boldsymbol{K}=[-14 \quad 186 \quad -1\ 220]$。

7.6 状态观测器

状态观测器设计问题又常称为状态重构问题。前面所介绍的极点配置问题以及现代控制理论中的常见问题如自适应控制、最优控制、变结构控制、系统镇定、解耦问题等都依赖于引入适当的状态反馈得以实现。但实际上，在许多情况下不可能获得系统控制对象的全部状态变量，因而使状态反馈的物理实现难以做到，于是产生了状态反馈在性能上的优越性与物理不可实现性之间的矛盾。解决这一矛盾的一个主要途径是重构系统状态，利用构造的系统状态代替真实状态来实现所要求的状态反馈。

状态重构问题的实质就是利用原系统中可直接测量的变量重新构造一个系统，如将原系统的输入量作为重构系统的输入信号，并使其状态信号 $\hat{x}(t)$ 在一定意义下与原系统状态 $x(t)$ 等价。通常 $\hat{x}(t)$ 称为 $x(t)$ 的重构状态或估计状态，用以实现状态重构的系统称为状态观测器。这种理论是由龙伯格（Luenberger）首先建立的，因此又称为龙伯格观测器。一般情形下，$\hat{x}(t)$ 和 $x(t)$ 间的等价关系采用渐近等价指标，即

$$\lim_{t\to\infty}\hat{x}(t)=\lim_{t\to\infty}x(t)$$

如果观测器的维数与原系统维数相同，则称之为全维观测器；如果观测器的维数小于原系统的维数，则称之为降维观测器。降维观测器在结构上一般较全维观测器简单。

7.6.1 全维状态观测器

考虑 n 维线性定常系统

$$\begin{aligned} \dot{\boldsymbol{x}}&=\boldsymbol{Ax}+\boldsymbol{Bu}, \quad x(0)=x_0, t\geqslant 0 \\ \boldsymbol{y}&=\boldsymbol{Cx} \end{aligned} \tag{7–24}$$

式中，$\boldsymbol{A}$ 为 $n\times n$ 维矩阵；$\boldsymbol{B}$ 为 $n\times r$ 维矩阵；$\boldsymbol{C}$ 为 $m\times n$ 维矩阵。

构造该系统的状态观测器最直观的方法就是对被估计系统的直接复制，即为

$$\dot{\hat{\boldsymbol{x}}}=\boldsymbol{A}\hat{\boldsymbol{x}}+\boldsymbol{B}\boldsymbol{u},\qquad \hat{x}(0)=\hat{x}_0$$

原系统与重构系统状态方程的解分别为

$$x(t)=\boldsymbol{\varphi}(t)x(0)+\int_0^t\boldsymbol{\varphi}(t-\tau)\boldsymbol{B}u(\tau)\mathrm{d}\tau$$

$$\hat{x}(t)=\boldsymbol{\varphi}(t)\hat{x}(0)+\int_0^t\boldsymbol{\varphi}(t-\tau)\boldsymbol{B}u(\tau)\mathrm{d}\tau$$

如果两者的初始状态相同，即 $x(0)=\hat{x}(0)$，则两个方程的解相同，理论上可实现对所有 $t\geqslant 0$ 均成立 $\hat{x}(t)=x(t)$，即实现完全的状态重构。但这种开环型的观测器在实际应用时存在两个主要缺点：① 每次使用这种观测器前都必须设置初始状态 $\hat{x}_0$ 使其等于 x_0；② 如果系统矩阵 $\boldsymbol{A}$ 包含有不稳定的特征值，那么即使 $\hat{x}_0$ 与 x_0 之间的偏差很小，也会随着 t 的增加而导致 $\hat{x}(t)$ 与 $x(t)$ 之间的偏差愈来愈大，失去了状态重构的意义，而这一点也正是开环型观测器的致命弱点。针对这两个缺点，又由于状态有差异，输出就有差异，$y(t)=\boldsymbol{C}x(t)$ 及 $\hat{y}(t)=\boldsymbol{C}\hat{x}(t)$，所以两系统输出之间的误差 $y(t)-\hat{y}(t)$ 反应了两个系统状态之间的误差，利用这一点对观测器进行修正，如图 7–12 所示。

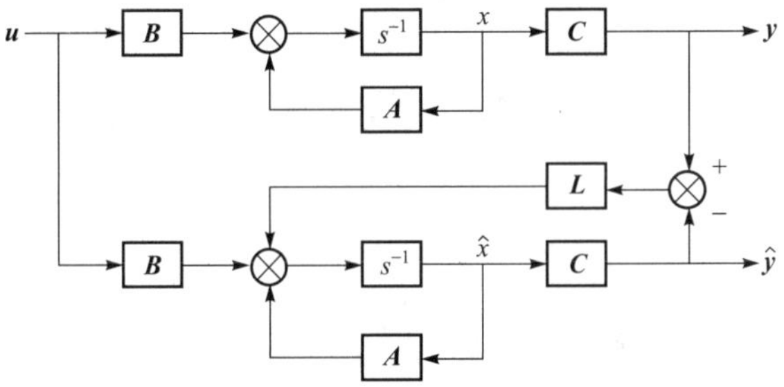

图 7–12　龙伯格状态观测器

将输出端的偏差信号 $y(t)-\hat{y}(t)$ 通过反馈矩阵 $\boldsymbol{L}$ 加到 $\hat{x}(t)$ 上，使重构系统成为给定系统的一个闭环全维状态观测器，其状态方程为

$$\begin{aligned}\dot{\hat{\boldsymbol{x}}}&=\boldsymbol{A}\hat{\boldsymbol{x}}+\boldsymbol{B}\boldsymbol{u}+\boldsymbol{L}(\boldsymbol{y}-\hat{\boldsymbol{y}})=\boldsymbol{A}\hat{\boldsymbol{x}}+\boldsymbol{B}\boldsymbol{u}+\boldsymbol{L}(\boldsymbol{y}-\boldsymbol{C}\hat{\boldsymbol{x}})\\&=(\boldsymbol{A}-\boldsymbol{L}\boldsymbol{C})\hat{\boldsymbol{x}}+\boldsymbol{B}\boldsymbol{u}+\boldsymbol{L}\boldsymbol{y}\end{aligned}\tag{7–25}$$

用式（7–24）减去式（7–25）有

$$\dot{\boldsymbol{x}}-\dot{\hat{\boldsymbol{x}}}=(\boldsymbol{A}-\boldsymbol{L}\boldsymbol{C})(\boldsymbol{x}-\hat{\boldsymbol{x}})$$

记 $\tilde{\boldsymbol{x}}=\boldsymbol{x}-\hat{\boldsymbol{x}}$ 为观测误差，则

$$\dot{\tilde{\boldsymbol{x}}}=(\boldsymbol{A}-\boldsymbol{L}\boldsymbol{C})\tilde{\boldsymbol{x}}$$

该齐次方程的解为

$$\tilde{\boldsymbol{x}}=\mathrm{e}^{(\boldsymbol{A}-\boldsymbol{L}\boldsymbol{C})t}[x(0)-\hat{x}(0)]\tag{7–26}$$

由式（7–26）可知，若 $\hat{x}(0)=x(0)$，则由状态观测器估计出的状态 $\hat{x}(t)$ 与实际状态 $x(t)$ 相同，即 $\hat{x}(t)=x(t)$；若初始状态 $\hat{x}(0)\neq x(0)$，只要式（7–25）所描述的系统特征值全部都在 s 平面的左半平面，即系统状态具有渐近稳定性，则系统的观测误差（式（7–26）所示）随着时间的推移逐渐衰减为零，即

$$\lim_{t\to\infty}(x(t)-\hat{x}(t))=0$$

那么关键的一个问题是如何保证式（7–25）所描述的系统特征值，即（***A***–***LC***）的特征值全部都具有负实部呢？这就要求状态观测器的极点应该做到能够任意配置。可以证明全维状态观测器式（7–25）能任意配置极点的条件如下述定理所述。

定理四：线性定常系统的全维状态观测器式（7–25）存在且可以任意配置极点，即可通过选择增益矩阵 ***L***，任意配置（***A***–***LC***）的全部特征值的充要条件是：系统（***A***, ***C***）的状态能观测。

7.6.2　全维状态观测器的设计

利用系统（***A***, ***C***）的状态能观测的条件进行全维状态观测器的设计。

第一步：导出对偶系统（$\boldsymbol{A}^{\mathrm{T}}, \boldsymbol{C}^{\mathrm{T}}, \boldsymbol{B}^{\mathrm{T}}$）。

第二步：根据所要设计的全维观测器的期望极点 (s_1^*,s_2^*,s_3^*)，选择反馈增益矩阵 ***K***，使 $s_i\big|_{\boldsymbol{A}^{\mathrm{T}}-\boldsymbol{C}^{\mathrm{T}}\boldsymbol{K}}=s_i^*,i=1,2,\cdots,n$。

第三步：取 $\boldsymbol{L}=\boldsymbol{K}^{\mathrm{T}}$，并计算（***A***–***LC***），则所要设计的全维状态观测器即为

$$\dot{\hat{\boldsymbol{x}}}=(\boldsymbol{A}-\boldsymbol{LC})\hat{\boldsymbol{x}}+\boldsymbol{Bu}+\boldsymbol{Ly}$$

式中，$\hat{\boldsymbol{x}}$ 即为 $\boldsymbol{x}$ 的估计状态。

同样，对于低阶系统，只要满足矩阵对（***A***, ***C***）能观测，也可利用如下方法进行全维观测器设计。

第一步：设给定的观测器期望极点为 $s_1^*,s_2^*,\cdots,s_n^*$，则其特征多项式为

$$f^*(s)=\prod_{i=1}^{n}(s-s_i^*)=s^n+a_{n-1}^*s^{n-1}+\cdots+a_1^*s+a_0^*$$

第二步：令 $L=\begin{bmatrix} l_1\\ \vdots\\ l_n\end{bmatrix}$，计算待设计的观测器特征多项式

$$f(s)=\left|s\boldsymbol{I}-(\boldsymbol{A}-\boldsymbol{LC})\right|=f(s,l_1,l_2,\cdots,l_n)$$

第三步：令 $f(s)=f^*(s)$，即可得到 n 个方程，解出 l_i, i=1, …, n。

第四步：计算（***A***–***LC***），得到所要设计的观测器如式（7–25）。

例 7.17　已知线性系统为

$$\dot{\boldsymbol{x}}=\begin{bmatrix}1&0\\0&0\end{bmatrix}\boldsymbol{x}+\begin{bmatrix}1\\1\end{bmatrix}\boldsymbol{u}$$

$$\boldsymbol{y}=[2\ \ -1]\boldsymbol{x}$$

设计全维状态观测器，使其极点为–10，–10。

解：第一步检验系统的能观测性

$$\mathrm{rank}[\boldsymbol{Q}_{\mathrm{o}}]=\mathrm{rank}\begin{bmatrix}2&-1\\2&0\end{bmatrix}=2=n$$

系统是完全能观测的。

第二步：导出对偶系统$(\boldsymbol{A}^{\mathrm{T}},\boldsymbol{C}^{\mathrm{T}},\boldsymbol{B}^{\mathrm{T}})$

$$(\boldsymbol{A}^{\mathrm{T}},\boldsymbol{C}^{\mathrm{T}},\boldsymbol{B}^{\mathrm{T}})=\left(\begin{bmatrix}1&0\\0&0\end{bmatrix},\begin{bmatrix}2\\-1\end{bmatrix},[1\ 1]\right)$$

第三步：针对对偶系统进行极点配置

$$\left|s\boldsymbol{I}-(\boldsymbol{A}^{\mathrm{T}}-\boldsymbol{C}^{\mathrm{T}}\boldsymbol{K})\right|=\left|\begin{bmatrix}s&0\\0&s\end{bmatrix}-\left(\begin{bmatrix}1&0\\0&0\end{bmatrix}-\begin{bmatrix}2\\-1\end{bmatrix}[k_1\ k_2]\right)\right|$$

$$=\left|\begin{bmatrix}s-1+2k_1&2k_2\\-k_1&s-k_2\end{bmatrix}\right|=s^2+(2k_1-k_2-1)s+k_2$$

期望极点对应的特征多项式为

$$f^*(s)=(s+10)(s+10)=s^2+20s+100$$

所以

$$\begin{cases}2k_1-k_2-1=20\\k_2=100\end{cases}\Rightarrow\begin{cases}k_1=\dfrac{121}{2}\\k_2=100\end{cases}$$

由此

$$\boldsymbol{L}=\boldsymbol{K}^{\mathrm{T}}=\begin{bmatrix}\dfrac{121}{2}\\100\end{bmatrix}$$

7.6.3　降维状态观测器

前面介绍的观测器是对系统全部状态变量都进行估计，观测器的阶数与系统阶数相同，称为全维状态观测器。而从系统的输出方程中看到，在系统的输出 $y(t)$中包含了系统状态的部分信息，如果在设计系统的观测器时，这些信息是可以直接观测的，这些分量就不必由观测器重构，那么构造出的原系统的观测器维数必然小于 n，称为降维观测器。如果输出向量 $\boldsymbol{y}$ 为可测量的 m 维向量，由于 m 个输出变量是状态变量的线性组合，则 m 个状态变量可观测，不用重构，那么降维观测器的状态变量重构维数为 $n-m$，即降维观测器的最小维数为 $n-m$。

设有状态完全能观测的系统

$$\dot{\boldsymbol{x}}=\boldsymbol{A}\boldsymbol{x}+\boldsymbol{B}\boldsymbol{u}$$

$$\boldsymbol{y}=\boldsymbol{C}\boldsymbol{x}$$

其中，$\mathrm{rank}[\boldsymbol{C}]=m$，则总可以找到一个非奇异矩阵 $\boldsymbol{P}$，使得以 $\boldsymbol{P}$ 为变换矩阵对原系统进行非奇异线性变换后有

$$\overline{\boldsymbol{A}}=\boldsymbol{P}\boldsymbol{A}\boldsymbol{P}^{-1}=\begin{bmatrix}\overline{\boldsymbol{A}}_{11}&\overline{\boldsymbol{A}}_{12}\\\overline{\boldsymbol{A}}_{21}&\overline{\boldsymbol{A}}_{22}\end{bmatrix}\qquad\overline{\boldsymbol{B}}=\boldsymbol{P}\boldsymbol{B}=\begin{bmatrix}\overline{\boldsymbol{B}}_1\\\overline{\boldsymbol{B}}_2\end{bmatrix}\qquad\overline{\boldsymbol{C}}=\boldsymbol{C}\boldsymbol{P}^{-1}=[\boldsymbol{I}_{m\times m}\quad 0]$$

变换后系统状态为

$$\overline{\boldsymbol{x}}=\boldsymbol{P}\boldsymbol{x}=\begin{bmatrix}\overline{\boldsymbol{x}}_1\\\overline{\boldsymbol{x}}_2\end{bmatrix}$$

则变换后系统可写成如下形式

$$\dot{\bar{\boldsymbol{x}}}_1 = \bar{\boldsymbol{A}}_{11}\bar{x}_1 + \bar{\boldsymbol{A}}_{12}\bar{x}_2 + \bar{\boldsymbol{B}}_1\boldsymbol{u}$$

$$\dot{\bar{\boldsymbol{x}}}_2 = \bar{\boldsymbol{A}}_{21}\bar{x}_1 + \bar{\boldsymbol{A}}_{22}\bar{x}_2 + \bar{\boldsymbol{B}}_2\boldsymbol{u}$$

$$\boldsymbol{y} = \bar{\boldsymbol{C}}\,\bar{\boldsymbol{x}} = \bar{x}_1$$

由输出方程可以看出，输出 y 是变换后状态的一部分，可以直接测量，所以接下来需要设计的只是针对 $\bar{x}_2$ 状态的子系统部分的全维状态观测器，其维数为 $n-m$。此时针对 $\bar{x}_2$ 部分的子系统方程为

$$\dot{\bar{x}}_2 = \bar{\boldsymbol{A}}_{21}\bar{x}_1 + \bar{\boldsymbol{A}}_{22}\bar{x}_2 + \bar{\boldsymbol{B}}_2\boldsymbol{u}$$

由于 $y = \bar{x}_1$，又因为 $\dot{\bar{\boldsymbol{x}}}_1 = \bar{\boldsymbol{A}}_{11}\bar{x}_1 + \bar{\boldsymbol{A}}_{12}\bar{x}_2 + \bar{\boldsymbol{B}}_1\boldsymbol{u}$，所以

$$\dot{\boldsymbol{y}} = \bar{\boldsymbol{A}}_{11}\bar{x}_1 + \bar{\boldsymbol{A}}_{12}\bar{x}_2 + \bar{\boldsymbol{B}}_1\boldsymbol{u}$$

$$\dot{\boldsymbol{y}} - \bar{\boldsymbol{A}}_{11}\bar{x}_1 - \bar{\boldsymbol{B}}_1\boldsymbol{u} = \bar{\boldsymbol{A}}_{12}\bar{x}_2$$

设 $\boldsymbol{z} = \dot{\boldsymbol{y}} - \bar{\boldsymbol{A}}_{11}\bar{x}_1 - \bar{\boldsymbol{B}}_1\boldsymbol{u}$，则 $\boldsymbol{z} = \bar{\boldsymbol{A}}_{12}\bar{x}_2$，又令 $\boldsymbol{v} = \bar{\boldsymbol{A}}_{21}\boldsymbol{y} + \bar{\boldsymbol{B}}_2\boldsymbol{u}$，于是问题转化为设计如下系统

$$\dot{\bar{\boldsymbol{x}}}_2 = \bar{\boldsymbol{A}}_{22}\bar{x}_2 + \boldsymbol{v}$$

$$\boldsymbol{z} = \bar{\boldsymbol{A}}_{12}\bar{x}_2$$

的全维观测器问题。由于系统状态是完全可观测的，那么其中的 $\bar{x}_2$ 部分的状态也一定是可观测的，即 $(\bar{\boldsymbol{A}}_{22}, \bar{\boldsymbol{A}}_{12})$ 必是可观测矩阵对，因此，该子系统的状态观测器的极点是可以任意配置的。

降维观测器的状态空间表示式为

$$\dot{\hat{\bar{\boldsymbol{x}}}}_2 = (\bar{\boldsymbol{A}}_{22} - \bar{\boldsymbol{L}}\bar{\boldsymbol{A}}_{12})\hat{\bar{x}}_2 + \bar{\boldsymbol{L}}\boldsymbol{z} + \boldsymbol{v} \tag{7–27}$$

通过选取 $\bar{\boldsymbol{L}}$ 任意配置 $(\bar{\boldsymbol{A}}_{22} - \bar{\boldsymbol{L}}\bar{\boldsymbol{A}}_{12})$ 的全部特征值。再将 $\boldsymbol{z}$ 和 $\boldsymbol{v}$ 的定义式代入式（7–27）可得

$$\dot{\hat{\bar{\boldsymbol{x}}}}_2 = (\bar{\boldsymbol{A}}_{22} - \bar{\boldsymbol{L}}\bar{\boldsymbol{A}}_{12})\hat{\bar{\boldsymbol{x}}}_2 + \bar{\boldsymbol{L}}(\dot{\boldsymbol{y}} - \bar{\boldsymbol{A}}_{11}\boldsymbol{y} - \bar{\boldsymbol{B}}_1\boldsymbol{u}) + (\bar{\boldsymbol{A}}_{21}\boldsymbol{y} - \bar{\boldsymbol{B}}_2\boldsymbol{u}) \tag{7–28}$$

由于式（7–28）中 $\dot{\boldsymbol{y}}$ 的存在将影响系统的抗干扰性，因此引入新的变量 $\boldsymbol{w} = \hat{\bar{\boldsymbol{x}}}_2 - \bar{\boldsymbol{L}}\boldsymbol{y}$。则

$$\begin{aligned}\dot{\boldsymbol{w}} = \dot{\hat{\bar{\boldsymbol{x}}}}_2 - \bar{\boldsymbol{L}}\dot{\boldsymbol{y}} &= (\bar{\boldsymbol{A}}_{22} - \bar{\boldsymbol{L}}\bar{\boldsymbol{A}}_{12})\hat{\bar{\boldsymbol{x}}}_2 + \bar{\boldsymbol{L}}\dot{\boldsymbol{y}} - \bar{\boldsymbol{L}}\bar{\boldsymbol{A}}_{11}\boldsymbol{y} - \bar{\boldsymbol{L}}\bar{\boldsymbol{B}}_1\boldsymbol{u} + \bar{\boldsymbol{A}}_{21}\boldsymbol{y} + \bar{\boldsymbol{B}}_2\boldsymbol{u} - \bar{\boldsymbol{L}}\dot{\boldsymbol{y}}\\ &= (\bar{\boldsymbol{A}}_{22} - \bar{\boldsymbol{L}}\bar{\boldsymbol{A}}_{12})\boldsymbol{w} + (\bar{\boldsymbol{A}}_{22} - \bar{\boldsymbol{L}}\bar{\boldsymbol{A}}_{12})\bar{\boldsymbol{L}}\boldsymbol{y} - \bar{\boldsymbol{L}}\bar{\boldsymbol{A}}_{11}\boldsymbol{y} - \bar{\boldsymbol{L}}\bar{\boldsymbol{B}}_1\boldsymbol{u} + \bar{\boldsymbol{A}}_{21}\boldsymbol{y} + \bar{\boldsymbol{B}}_2\boldsymbol{u}\\ &= (\bar{\boldsymbol{A}}_{22} - \bar{\boldsymbol{L}}\bar{\boldsymbol{A}}_{12})\boldsymbol{w} + (\bar{\boldsymbol{B}}_2 - \bar{\boldsymbol{L}}\bar{\boldsymbol{B}}_1)\boldsymbol{u} + [(\bar{\boldsymbol{A}}_{22} - \bar{\boldsymbol{L}}\bar{\boldsymbol{A}}_{12})\bar{\boldsymbol{L}} + \bar{\boldsymbol{A}}_{21} - \bar{\boldsymbol{L}}\bar{\boldsymbol{A}}_{11}]\boldsymbol{y}\end{aligned}$$

其 $\bar{\boldsymbol{x}}_2$ 的重构状态为

$$\hat{\bar{\boldsymbol{x}}}_2 = \boldsymbol{w} + \bar{\boldsymbol{L}}\boldsymbol{y}$$

从而可导出变换状态 $\bar{\boldsymbol{x}}$ 的重构状态 $\hat{\bar{\boldsymbol{x}}}$ 为

$$\hat{\bar{\boldsymbol{x}}} = \begin{bmatrix}\hat{\bar{\boldsymbol{x}}}_1\\ \hat{\bar{\boldsymbol{x}}}_2\end{bmatrix} = \begin{bmatrix}\boldsymbol{y}\\ \boldsymbol{w} + \bar{\boldsymbol{L}}\boldsymbol{y}\end{bmatrix}$$

由于 $\bar{\boldsymbol{x}} = \boldsymbol{P}\boldsymbol{x}$，所以 $\boldsymbol{x} = \boldsymbol{P}^{-1}\bar{\boldsymbol{x}} = \boldsymbol{Q}\bar{\boldsymbol{x}}$，相应地有 $\hat{\boldsymbol{x}} = \boldsymbol{Q}\hat{\bar{\boldsymbol{x}}}$，则系统状态 $\boldsymbol{x}$ 的重构状态 $\hat{\boldsymbol{x}}$ 为

$$\hat{\boldsymbol{x}}=[\boldsymbol{Q}_1\ \ \boldsymbol{Q}_2]\begin{bmatrix}\boldsymbol{y}\\ \boldsymbol{w}+\bar{\boldsymbol{L}}\boldsymbol{y}\end{bmatrix}=\boldsymbol{Q}_1\boldsymbol{y}+\boldsymbol{Q}_2(\boldsymbol{w}+\bar{\boldsymbol{L}}\boldsymbol{y})$$

于是得到如下结论

$$\dot{\boldsymbol{w}}=(\bar{\boldsymbol{A}}_{22}-\bar{\boldsymbol{L}}\bar{\boldsymbol{A}}_{12})\boldsymbol{w}+(\bar{\boldsymbol{B}}_2-\bar{\boldsymbol{L}}\bar{\boldsymbol{B}}_1)\boldsymbol{u}+[(\bar{\boldsymbol{A}}_{22}-\bar{\boldsymbol{L}}\bar{\boldsymbol{A}}_{12})\bar{\boldsymbol{L}}+\bar{\boldsymbol{A}}_{21}-\bar{\boldsymbol{L}}\bar{\boldsymbol{A}}_{11}]\boldsymbol{y}$$

$$\hat{\boldsymbol{x}}=\boldsymbol{Q}_1\boldsymbol{y}+\boldsymbol{Q}_2(\boldsymbol{w}+\bar{\boldsymbol{L}}\boldsymbol{y})=\boldsymbol{Q}_2\boldsymbol{w}+(\boldsymbol{Q}_1+\boldsymbol{Q}_2\bar{\boldsymbol{L}})\boldsymbol{y} \tag{7–29}$$

构成原系统的一个 $n–m$ 维状态观测器，即对于任何的 $x(0)$，$\omega(0)$，$v(t)$，均满足下述关系

$$\lim_{x\to\infty}[x(t)-\hat{x}(t)]=0$$

设计降维观测器的步骤如下：

（1）确定非奇异线性变换矩阵 $\boldsymbol{P}$，$\boldsymbol{P}$ 的维数是 $n\times n$。

（2）计算 $\bar{\boldsymbol{A}}=\boldsymbol{PAP}^{-1}=\begin{bmatrix}\bar{\boldsymbol{A}}_{11} & \bar{\boldsymbol{A}}_{12}\\ \bar{\boldsymbol{A}}_{21} & \bar{\boldsymbol{A}}_{22}\end{bmatrix}$，$\bar{\boldsymbol{B}}=\boldsymbol{PB}=\begin{bmatrix}\bar{\boldsymbol{B}}_1\\ \bar{\boldsymbol{B}}_2\end{bmatrix}$

式中，$\bar{\boldsymbol{A}}_{11}$ 为 $m\times m$ 维矩阵；$\bar{\boldsymbol{A}}_{12}$ 为 $m\times(n-m)$ 维矩阵；$\bar{\boldsymbol{A}}_{21}$ 为 $(n-m)\times m$ 维矩阵；$\bar{\boldsymbol{A}}_{22}$ 为 $(n-m)\times(n-m)$ 维矩阵；$\bar{\boldsymbol{B}}_1$ 为 $m\times r$ 维矩阵；$\bar{\boldsymbol{B}}_2$ 为 $(n-m)\times r$ 维矩阵。

（3）选取 $\bar{\boldsymbol{L}}$ 使得矩阵 $(\bar{\boldsymbol{A}}_{22}-\bar{\boldsymbol{L}}\bar{\boldsymbol{A}}_{12})$ 具有希望的稳定特征值。

（4）计算矩阵 $\boldsymbol{Q}=\boldsymbol{P}^{-1}=[\boldsymbol{Q}_1\ \ \boldsymbol{Q}_2]$，其中：$\boldsymbol{Q}_1$ 为 $n\times m$ 维矩阵；$\boldsymbol{Q}_2$ 为 $n\times(n-m)$ 维矩阵。

（5）由式（7–29）构造 $n–m$ 维状态观测器及状态重构变量 $\hat{x}$。

例 7.18　给定线性定常系统（$\boldsymbol{A}, \boldsymbol{B}, \boldsymbol{C}$）

$$\boldsymbol{A}=\begin{bmatrix}4 & 4 & 4\\ -11 & -12 & -12\\ 13 & 14 & 13\end{bmatrix},\quad \boldsymbol{B}=\begin{bmatrix}1\\ -1\\ 0\end{bmatrix},\quad \boldsymbol{C}=[1\ 1\ 1]$$

试设计降维观测器，期望极点在–3，–4。

解：判断系统的能观测性

$$\text{rank}[\boldsymbol{Q}_o]=\text{rank}\begin{bmatrix}\boldsymbol{C}\\ \boldsymbol{CA}\\ \boldsymbol{CA}^2\end{bmatrix}=\begin{bmatrix}1 & 1 & 1\\ 6 & 6 & 5\\ 23 & 22 & 17\end{bmatrix}=3=n$$

所以系统完全能观测，并且 $\text{rank}[\boldsymbol{C}]=1$。因此可以设计 $n–m$=2 维的状态观测器。

（1）确定非奇异线性变换矩阵 $\boldsymbol{P}=\begin{bmatrix}1 & 1 & 1\\ 0 & 1 & 0\\ 0 & 0 & 1\end{bmatrix}$。

（2）计算 $\bar{\boldsymbol{A}}=\boldsymbol{PAP}^{-1}=\begin{bmatrix}6 & 0 & -1\\ -11 & -1 & -1\\ 13 & 1 & 0\end{bmatrix}$，$\bar{\boldsymbol{B}}=\boldsymbol{PB}=\begin{bmatrix}0\\ -1\\ 0\end{bmatrix}$

式中，$\bar{\boldsymbol{A}}_{22}=\begin{bmatrix}-1 & -1\\ 1 & 0\end{bmatrix}$；$\bar{\boldsymbol{A}}_{12}=[0\ -1]$；$\bar{\boldsymbol{B}}_1=0$；$\bar{\boldsymbol{B}}_2=\begin{bmatrix}-1\\ 0\end{bmatrix}$。

（3）选取 $\bar{\boldsymbol{L}}$，使矩阵 $(\bar{\boldsymbol{A}}_{22}-\bar{\boldsymbol{L}}\bar{\boldsymbol{A}}_{12})$ 具有期望极点–3，–4。期望的观测器特征多项式为

$$f^*(s)=(s+3)(s+4)$$
$$=s^2+7s+12$$

令 $\bar{\boldsymbol{L}}=\begin{bmatrix} l_1 \\ l_2 \end{bmatrix}$，则 $\left|s\boldsymbol{I}-(\bar{\boldsymbol{A}}_{22}-\bar{\boldsymbol{L}}\bar{\boldsymbol{A}}_{12})\right|=f^*(s)$

$$\left|s\boldsymbol{I}-\begin{bmatrix} -1 & -1 \\ 1 & 0 \end{bmatrix}-\begin{bmatrix} l_1 \\ l_2 \end{bmatrix}[0\ \ -1])\right|=f^*(s)$$

$$s^2+(1-l_2)s+(1-l_1-l_2)=s^2+7s+12$$

$$l_1=-5,\quad l_2=-6$$

（4）计算 $\boldsymbol{Q}=\boldsymbol{P}^{-1}=\begin{bmatrix} 1 & -1 & -1 \\ 0 & 1 & 0 \\ 0 & 0 & 1 \end{bmatrix}$

$$\boldsymbol{Q}_1=\begin{bmatrix} 1 \\ 0 \\ 0 \end{bmatrix},\quad \boldsymbol{Q}_2=\begin{bmatrix} -1 & -1 \\ 1 & 0 \\ 0 & 1 \end{bmatrix}$$

（5）构造降维观测器

$$\dot{\boldsymbol{w}}=\begin{bmatrix} -1 & -6 \\ 1 & -6 \end{bmatrix}\boldsymbol{w}+\begin{bmatrix} 60 \\ 80 \end{bmatrix}\boldsymbol{y}+\begin{bmatrix} -1 \\ 0 \end{bmatrix}\boldsymbol{u}$$

$$\hat{\boldsymbol{x}}=\begin{bmatrix} -1 & -1 \\ 1 & 0 \\ 0 & 1 \end{bmatrix}\boldsymbol{w}+\begin{bmatrix} 12 \\ -5 \\ -6 \end{bmatrix}\boldsymbol{y}$$

7.6.4　分离原理

在前面的章节中可以看到，对于系统的综合，一个重要手段就是引入状态反馈。如果状态变量是完全可以测量的，则可以直接构成状态反馈；若状态变量不完全可测量，就要借助状态观测器，利用重构状态进行反馈设计，此时，它与直接状态反馈系统有何相同与不同呢？

设系统的状态空间方程如下

$$\dot{\boldsymbol{x}}=\boldsymbol{A}\boldsymbol{x}+\boldsymbol{B}\boldsymbol{u}$$
$$\boldsymbol{y}=\boldsymbol{C}\boldsymbol{x}$$

若（$\boldsymbol{A}$，$\boldsymbol{B}$）矩阵对是可控的，则可以通过选择状态反馈增益矩阵 $\boldsymbol{K}$，使闭环系统性能按要求配置。若（$\boldsymbol{A}$，$\boldsymbol{C}$）矩阵对可观测，则即使系统状态不完全可测量，可构造一个观测器，重构系统状态。假设系统状态可以测量，直接引入如下状态反馈

$$\boldsymbol{u}=-\boldsymbol{K}\boldsymbol{x}+\boldsymbol{v}$$

则对应闭环系统为

$$\dot{\boldsymbol{x}}=(\boldsymbol{A}-\boldsymbol{B}\boldsymbol{K})\boldsymbol{x}+\boldsymbol{B}\boldsymbol{v}$$
$$\boldsymbol{y}=\boldsymbol{C}\boldsymbol{x}$$

若状态不完全可测量，则基于状态观测器的状态反馈控制律为

$$\dot{\bar{x}} = (A - LC)\bar{x} + Bu - Ly$$
$$u = -K\,\bar{x} + v$$

状态误差 $\tilde{x}(t) = \bar{x} - x$。则 $\dot{\tilde{x}}(t) = (A - LC)\tilde{x}(t)$，于是系统在基于全维状态观测器的控制器作用下，闭环系统为

$$\begin{bmatrix} \dot{x}(t) \\ \dot{\tilde{x}}(t) \end{bmatrix} = \begin{bmatrix} A - BK & BK \\ 0 & A - LC \end{bmatrix}\begin{bmatrix} x(t) \\ \tilde{x}(t) \end{bmatrix} + \begin{bmatrix} B \\ 0 \end{bmatrix} v$$

$$y = Cx = [C\ \ 0]\begin{bmatrix} x \\ \tilde{x} \end{bmatrix}$$

整个系统的极点由（A–BK）与（A–LC）两部分组成，所以控制系统的动态特性与观测器特性是相互独立的，因此，只要系统满足（A, B）可控，（A, C）可观测，就可以分别按由系统状态直接实现状态反馈的方程设计状态反馈增益矩阵 K 以及按设计不含状态反馈的系统状态观测器的方法选择观测器增益矩阵 L，这个原理称为分离原理。需要注意的是，观测器极点的选择要比系统极点的选择更负，或者说离虚轴更远些，以保证观测器的过渡过程比系统过渡过程短。

习　题

7.1　线性定常系统的齐次状态方程为

$$\dot{x}(t) = \begin{bmatrix} 0 & 1 \\ -2 & -3 \end{bmatrix} x(t)$$

系统的初始条件为 $x(0) = \begin{bmatrix} 1 \\ 0 \end{bmatrix}$，求系统状态方程的解。

7.2　试列写由下列微分方程描述的线性定常系统的状态空间表达式。

（1）$\dddot{y}(t) + 6\ddot{y}(t) + 11\dot{y}(t) + 6y(t) = 6u(t)$

（2）$\dddot{y}(t) + 7\ddot{y}(t) + 14\dot{y}(t) + 8y(t) = \ddot{u}(t) + 8\dot{u}(t) + 15u(t)$

（3）$\ddot{y}(t) + 2\dot{y}(t) + y(t) = 0$

7.3　已知控制系统的传递函数如下，试列写状态空间方程表达式。

（1）$\dfrac{Y(s)}{U(s)} = \dfrac{s^2 + 4s + 5}{s^3 + 6s^2 + 11s + 6}$

（2）$\dfrac{Y(s)}{U(s)} = \dfrac{s^2 + 6s + 8}{s^2 + 4s + 3}$

（3）$\dfrac{Y(s)}{U(s)} = \dfrac{2s^2 + 5s + 1}{s^3 - 6s^2 + 12s - 27}$

7.4　已知系统的状态方程为

$$\dot{x}(t) = \begin{bmatrix} 1 & 0 \\ 1 & 1 \end{bmatrix} x(t) + \begin{bmatrix} 1 \\ 1 \end{bmatrix} u(t)$$

初始条件为 $x(0) = \begin{bmatrix} 1 \\ 0 \end{bmatrix}$，试求系统在单位阶跃输入作用下的响应。

7.5　已知系统的状态空间表达式为

$$\dot{\boldsymbol{x}}(t)=\begin{bmatrix}0 & 1\\0 & -2\end{bmatrix}\boldsymbol{x}(t)+\begin{bmatrix}0\\1\end{bmatrix}\boldsymbol{u}(t)$$

$$\boldsymbol{y}(t)=\begin{bmatrix}2 & 0\end{bmatrix}\boldsymbol{x}(t)$$

试求系统的传递函数。

7.6　已知系统的状态空间表达式为

$$\dot{\boldsymbol{x}}(t)=\begin{bmatrix}-a & c\\-d & -b\end{bmatrix}\boldsymbol{x}(t)+\begin{bmatrix}1\\1\end{bmatrix}\boldsymbol{u}(t)$$

$$\boldsymbol{y}(t)=\begin{bmatrix}1 & 0\end{bmatrix}\boldsymbol{x}(t)$$

式中，a、b、c、d 均为实常数，求当系统状态可控和可观测时，a、b、c、d 满足的条件。

7.7　已知系统的状态空间表达式为

$$\dot{\boldsymbol{x}}(t)=\begin{bmatrix}1 & 0 & -1\\0 & 1 & 0\\0 & 0 & 2\end{bmatrix}\boldsymbol{x}(t)+\begin{bmatrix}a\\b\\c\end{bmatrix}\boldsymbol{u}(t)$$

证明在该系统中，无论 a、b、c 取何值，系统都不是状态完全可控的。

7.8　判断下列系统的可控性和可观测性。

（1）$$\dot{\boldsymbol{x}}(t)=\begin{bmatrix}0 & 0 & 6\\1 & 0 & -11\\0 & 1 & 6\end{bmatrix}\boldsymbol{x}(t)+\begin{bmatrix}0\\-2\\1\end{bmatrix}\boldsymbol{u}(t)$$

$$\boldsymbol{y}(t)=\begin{bmatrix}0 & 0 & 1\end{bmatrix}\boldsymbol{x}(t)$$

（2）$$\dot{\boldsymbol{x}}(t)=\begin{bmatrix}0 & 1 & 0\\0 & 0 & 1\\-6 & -11 & -6\end{bmatrix}\boldsymbol{x}(t)+\begin{bmatrix}0\\0\\1\end{bmatrix}\boldsymbol{u}(t)$$

$$\boldsymbol{y}(t)=\begin{bmatrix}0 & 2 & 1\end{bmatrix}\boldsymbol{x}(t)$$

（3）$$\boldsymbol{A}=\begin{bmatrix}-2 & 1 & 0 & 0 & 0 & 0\\0 & -2 & 0 & 0 & 0 & 0\\0 & 0 & -3 & 1 & 0 & 0\\0 & 0 & 0 & -3 & 0 & 0\\0 & 0 & 0 & 0 & -1 & 1\\0 & 0 & 0 & 0 & 0 & -1\end{bmatrix}$$

$$\boldsymbol{B}=\begin{bmatrix}2 & 1\\0 & 0\\3 & 1\\-2 & 0\\1 & 5\\0 & 0\end{bmatrix},\quad \boldsymbol{C}=\begin{bmatrix}2 & 0 & 0 & 1 & 0 & -1\\1 & -3 & 0 & 2 & 0 & 3\end{bmatrix}$$

（4）$\boldsymbol{A}=\begin{bmatrix}-2 & 3\\ 1 & 0\end{bmatrix}$，$\boldsymbol{B}=\begin{bmatrix}1\\ 1\end{bmatrix}$，$\boldsymbol{C}=\begin{bmatrix}1 & 0\end{bmatrix}$

7.9　已知系统的状态空间表达式为

$$\dot{\boldsymbol{x}}(t)=\begin{bmatrix}0 & 1 & 0\\ 0 & 0 & 1\\ 0 & -2 & -3\end{bmatrix}\boldsymbol{x}(t)+\begin{bmatrix}0\\ 0\\ 1\end{bmatrix}\boldsymbol{u}(t)$$

试用状态反馈使闭环极点配置在 $s_{1,2}=-1\pm\mathrm{j}$，$s_3=-2$。

7.10　已知系统的开环传递函数为

$$G(s)=\frac{s+1}{s^2(s+3)}$$

试用状态反馈使闭环极点配置在 $-2,-2,-1$。

7.11　已知系统的状态空间表达式为

$$\dot{\boldsymbol{x}}(t)=\begin{bmatrix}0 & 1\\ 0 & 0\end{bmatrix}\boldsymbol{x}(t)+\begin{bmatrix}0\\ 1\end{bmatrix}\boldsymbol{u}(t)$$

$$\boldsymbol{y}(t)=\begin{bmatrix}1 & 0\end{bmatrix}\boldsymbol{x}(t)$$

试设计全维状态观测器，使观测器的极点为 -1，-2。

7.12　已知系统的状态空间表达式为

$$\boldsymbol{A}=\begin{bmatrix}1 & 2 & 0\\ 3 & -1 & 1\\ 0 & 2 & 0\end{bmatrix},\quad \boldsymbol{B}=\begin{bmatrix}0\\ 0\\ 1\end{bmatrix},\quad \boldsymbol{C}=\begin{bmatrix}-1 & 1 & 1\end{bmatrix}$$

试设计 $(n-q)$ 维状态观测器，使观测器的所有极点为 -4。

7.13　已知系统的传递函数为

$$\frac{Y(s)}{U(s)}=\frac{1}{s(s+6)}$$

（1）试用状态反馈使闭环极点配置在 $s_{1,2}=-4\pm 6\mathrm{j}$；

（2）试设计状态观测器，使观测器的极点为 -10，-10。

7.14　已知系统的状态空间表达式为

$$\dot{\boldsymbol{x}}(t)=\begin{bmatrix}1 & 1\\ 0 & -2\end{bmatrix}\boldsymbol{x}(t)+\begin{bmatrix}1\\ 1\end{bmatrix}\boldsymbol{u}(t)$$

$$\boldsymbol{y}(t)=\begin{bmatrix}2 & 1\end{bmatrix}\boldsymbol{x}(t)$$

（1）试用状态反馈使闭环极点配置在 $s_{1,2}=-1\pm\mathrm{j}$；

（2）试设计状态观测器，使观测器的极点为 -3，-4。

第 8 章
计算机控制系统

近年来，由于脉冲和数字信号技术，特别是微处理器、高速信号处理器的蓬勃发展，数字控制器已经越来越多地取代了模拟控制器，使得离散控制系统得到了广泛的应用。

线性离散控制系统与连续控制系统相比存在本质上的区别，同时在分析研究方面又有很多相似性。线性离散控制系统不能采用用于描述连续系统的数学模型，如微分方程、拉普拉斯变换、传递函数等概念与方法。因此引入了差分方程、z 变换、脉冲传递函数等概念，并利用前面分析连续系统的方法对离散控制系统进行分析。

本章将介绍采样过程及采样定理、保持器、z 变换、差分方程、脉冲传递函数、离散控制系统的时域分析和频域分析等。

8.1　离散控制系统概述

在前面各章介绍的控制系统中，所有的信号或变量都是关于时间的连续函数，这种信号或变量统称为连续时间信号或模拟变量，这类控制系统称为连续时间控制系统。如果控制系统中除了连续的模拟信号外，还有一处或几处信号是数码或脉冲序列，这类系统又称为离散控制系统。通常，若离散系统中的信号或变量以脉冲序列的形式出现，则称此类离散系统为采样控制系统或脉冲控制系统；如果以数码或数字序列形式出现，则称此类离散系统为数字控制系统或计算机控制系统。图 8–1 为离散控制系统的基本结构框图。

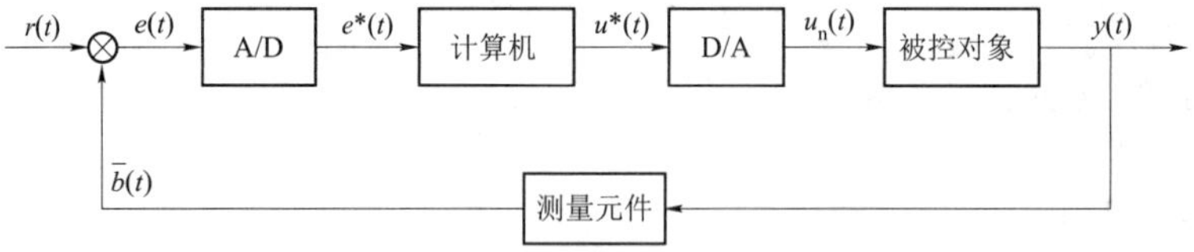

（a）

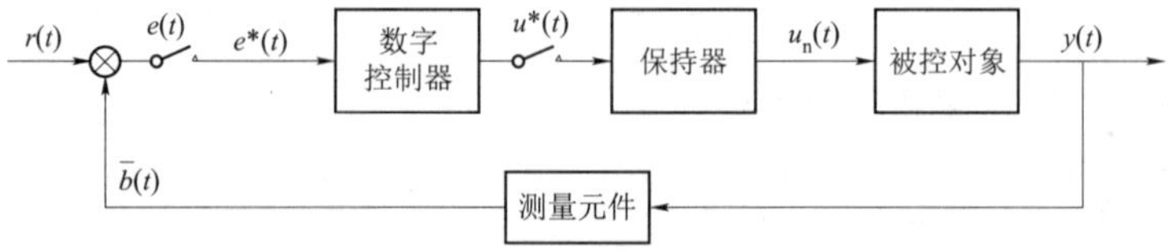

（b）

图 8–1　离散控制系统

（a）计算机控制系统；（b）采样控制系统

其中 A/D 转换器等效为一个采样开关，D/A 转换器等效为一个采样开关和一个保持器，数字控制器的功能由计算机实现。众所周知，计算机所能接受的信号是时间上离散、量值上被数字化的信号，系统的控制量 $r(t)$ 和反馈量 $b(t)$ 都是连续的模拟信号，为了将其差值输入计算机，必须将这个模拟量通过 A/D 转换器转换为离散的数字信号。A/D 的输出送入计算机，经计算机处理后的输出仍是一个在时间上离散、量值上数字化的信号，这个信号不能直接用于控制被控对象，必须由 D/A 转换器将其转换为连续的模拟信号来驱动具有连续工作状态的被控对象，以使被控变量 $y(t)$ 满足性能指标的要求。

8.2　采样过程及采样定理

将连续信号变换为脉冲序列的过程称为采样。采样过程可以用一个周期性闭合的采样开关来表示，如图 8–2 所示。开关闭合周期为 T，每次闭合时间为τ，通常 $T \gg \tau$，这时可以将采样过程看成是一个幅度调制过程。

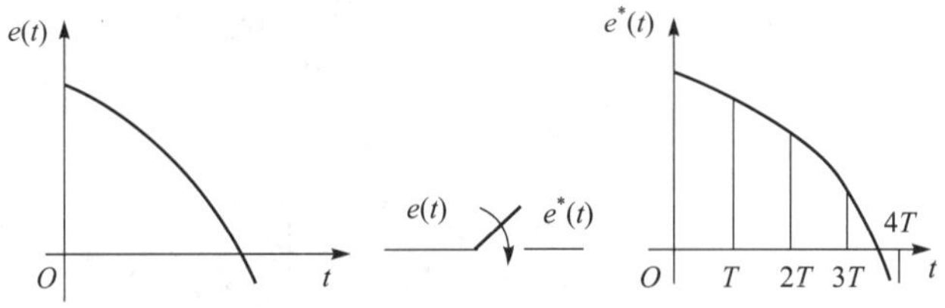

图 8–2　理想采样开关及采样过程

当采样开关视为理想采样开关时，采样输出信号 $e^*(t)$ 为脉冲序列 $e\{nT\}$（n=0,1,2,⋯），可表示如下

$$e^*(t)=\sum_{n=0}^{\infty}e(nT)\delta(t-nT)$$

由于 $\sum\limits_{n=0}^{\infty}\delta(t-nT)$ 是周期函数，可以展开成傅里叶级数的形式

$$\sum_{n=0}^{\infty}\delta(t-nT)=\sum_{k=-\infty}^{\infty}c_k\mathrm{e}^{\mathrm{j}k\omega_s t}$$

式中，$\omega_s=\dfrac{2\pi}{T}$ 为采样角频率；c_k 为傅里叶系数。

$$c_k=\frac{1}{T}\int_{-\frac{T}{2}}^{\frac{T}{2}}\sum_{n=0}^{\infty}\delta(t-nT)\,\mathrm{e}^{-\mathrm{j}k\omega_s t}\,\mathrm{d}t=\frac{1}{T}\mathrm{e}^{-\mathrm{j}k\omega_s t}\bigg|_{t=0}=\frac{1}{T}$$

所以

$$\sum_{n=0}^{\infty}\delta(t-nT)=\sum_{k=-\infty}^{\infty}\frac{1}{T}\mathrm{e}^{\mathrm{j}k\omega_s t}$$

其对应的傅里叶变换为

$$\sum_{n=0}^{\infty}\delta(t-nT)\leftrightarrow\sum_{k=-\infty}^{\infty}2\pi c_k\delta(\omega-k\omega_s)=\frac{2\pi}{T}\sum_{k=-\infty}^{\infty}\delta(\omega-k\omega_s)$$

根据频域卷积定理可得采样信号的频谱为

$$E^*(\omega)=\frac{1}{2\pi}\left[E(\omega)*\frac{2\pi}{T}\sum_{k=-\infty}^{\infty}\delta(\omega-k\omega_s)\right]=\frac{1}{T}\sum_{k=-\infty}^{\infty}E(\omega-k\omega_s)$$

其中 $E(\omega)$ 为 $e(t)$ 的傅里叶变换，$E^*(\omega)$ 为 $e^*(t)$ 的傅里叶变换。

采样前后信号的频谱如图 8–3 所示。

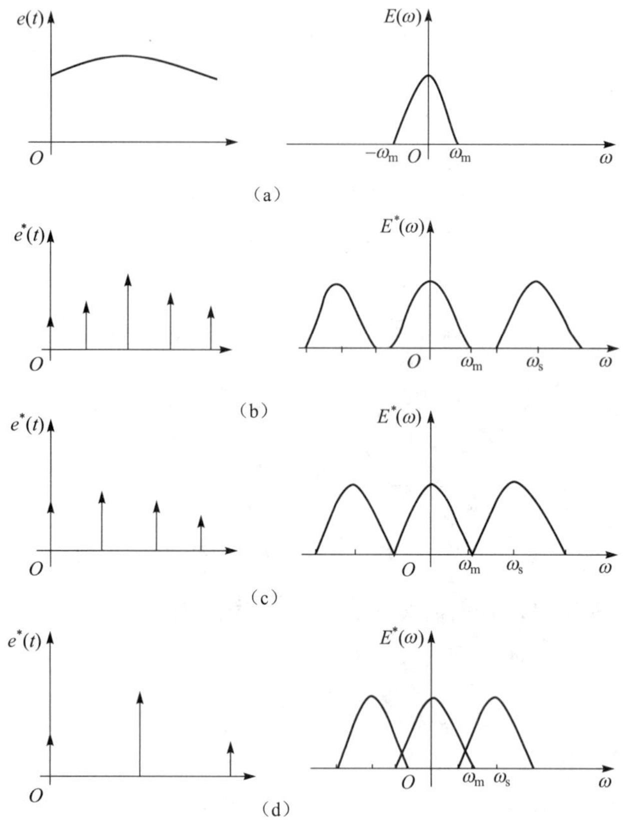

图 8–3　采样前后信号的频谱

（a）原始信号及其频谱；（b）T 较小，$\omega_s>2\omega_m$；（c）$\omega_s=2\omega_m$；（d）T 较大，$\omega_s<2\omega_m$

由图可知，图 8–3（a）表示采样周期为 T=0，即原始信号，此时信号以连续信号形式存在，$E(\omega)$为一有限带宽的孤立频谱，频带宽度为 ω_m。图 8–3（b）表示 T 较小，采样频率 ω_s 较高，满足 $\omega_s>2\omega_m$，此时频谱不出现混叠现象。图 8–3（c）表示 $\omega_s=2\omega_m$ 时的情况，频谱恰好相交但不混叠。图 8–3（d）表示 T 较大，$\omega_s<2\omega_m$ 时，频谱出现混叠，混叠后的频谱形状已经和原信号的频谱 $E(\omega)$不同了。因此若要重构原信号的所有信息，必须要求采样信号的频谱彼此不混叠，即要求采样频率 ω_s 满足如下条件

$$\omega_s \geqslant 2\omega_m$$

这就是香农（shanon）采样定理的内容。它指明了从采样信号中不失真地复现原始信号所必需的理论上的最高采样周期 T，工程中常根据具体问题确定采样频率。一般情况总是尽量使 ω_s 比信号频谱的最高频率 $2\omega_m$ 大很多。

8.3　信号的复现与保持器

采样器的作用是从连续信号中采样得到离散信号，但在控制过程中也需要将离散信号转换为连续信号，这一过程称为信号的复现。用于信号复现的装置称为保持器。保持器所要解决的问题是各相邻采样点之间的插值问题。通常使用的是零阶保持器，常用的方法是采用多项式外推方法。零阶保持器是一种具有常值外推功能的保持器，它将 kT 采样时刻的数值作为常值保持到下一个相邻的采样时刻到来之前，保持时间为一个采样周期。零阶保持器的输出为阶梯信号，如图 8–4 所示。

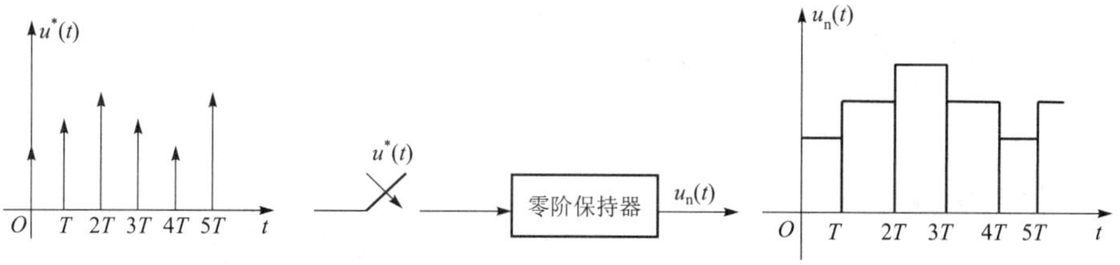

图 8–4　零阶保持器

零阶保持器的单位冲激响应 $g_n(t)$ 是一个幅值为 1，持续时间为 T 的矩形脉冲，如图 8–5 所示，可以表示如下

$$g_n(t)=1(t)-1(t-T)$$

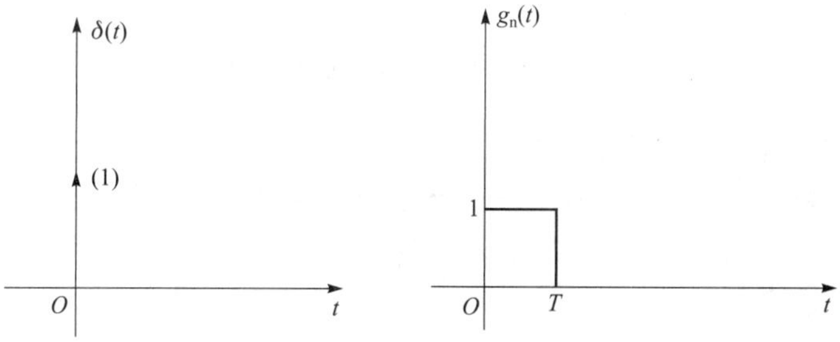

图 8–5　零阶保持器单位冲激响应

对 $g_n(t)$ 取拉氏变换，可得零阶保持器的传递函数

$$G_n(s)=\frac{1}{s}-\frac{1}{s}e^{-Ts}=\frac{1-e^{-Ts}}{s}$$

其频率特性为

$$G_n(j\omega)=\frac{1-e^{-j\omega T}}{j\omega}=T\frac{\sin\frac{\omega T}{2}}{\frac{\omega T}{2}}e^{-j\omega T/2}$$

其中，幅频特性为

$$|G_n(j\omega)|=T\left|\frac{\sin\frac{\omega T}{2}}{\frac{\omega T}{2}}\right|$$

当$\omega \to 0$时有

$$\lim_{\omega\to 0}|G_{\mathrm{n}}(\mathrm{j}\omega)| = \lim_{\omega\to 0} T\left|\frac{\sin\frac{\omega T}{2}}{\frac{\omega T}{2}}\right| = T$$

相频特性为

$$\angle G_{\mathrm{n}}(\mathrm{j}\omega) = -\frac{\omega T}{2} + \theta$$

式中，

$$\theta = \begin{cases} 0, & \sin\frac{\omega T}{2} > 0 \\ \pi, & \sin\frac{\omega T}{2} < 0 \end{cases}$$

零阶保持器的频率特性如图 8–6 所示。

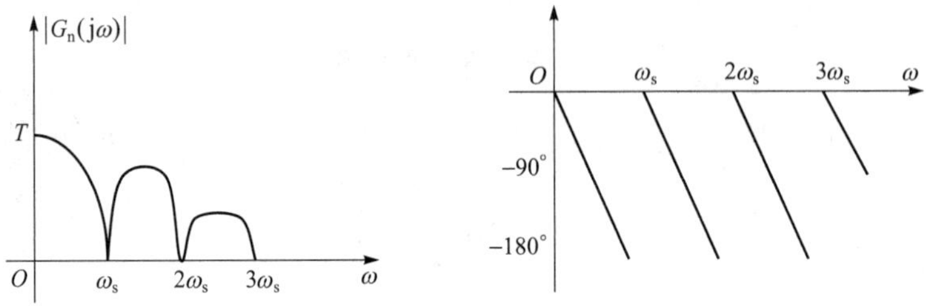

图 8–6　零阶保持器的频率特性

由图 8–6 可知，零阶保持器是一个低通滤波器，但不是一个理想低通滤波器，高频信号通过零阶保持器不能被完全滤除，并且同时产生相位滞后。零阶保持器的最大优点就是结构简单、容易实现。在工程实践中零阶保持器可用输出寄存器实现，在正常情况下，还应附加模拟滤波器，以有效滤除高频分量。

8.4　线性离散时间系统的数学模型

8.4.1　脉冲传递函数

脉冲传递函数的定义：脉冲传递函数又称为 z 传递函数。线性离散时间系统的脉冲传递函数是在零初始条件下，输出脉冲序列 $y(k)$的 z 变换与输入脉冲序列 $u(k)$的 z 变换之比，即

$$G(z)=\frac{Y(z)}{U(z)}$$

脉冲传递函数仅取决于系统本身的特性，与系统的输入无关。需要说明的是，通常物理系统的输出量是时间的连续函数。但由于 z 变换定义的原函数是离散化了的脉冲序列，它只能给出采样时刻的特性，所以这里所求的系统和环节的脉冲传递函数，实际上是取该环节或

系统的输出脉冲序列作为输出量，这就是在输出端加虚拟同步采样开关，它与输入采样开关同步工作，并且具有相同的采样周期，以此求得系统的脉冲传递函数，从而求得 $y^*(t)$。

可以证明如图 8–7 所示系统所对应的脉冲传递函数就是连续部分的单位冲激响应 $g(t)$ 的离散信号 $g^*(t)$ 的 z 变换，即

$$G(z)=Z[g^*(t)]=Z[g(t)]=Z[G^*(s)]=Z[G(s)]$$

求 $G(z)$也就是对传递函数 $G(s)$求 z 变换。

例 8.1　设图 8–7 所示开环系统中

$$G(s)=\frac{a}{s(s+a)}$$

试求相应的脉冲传递函数 $G(z)$。

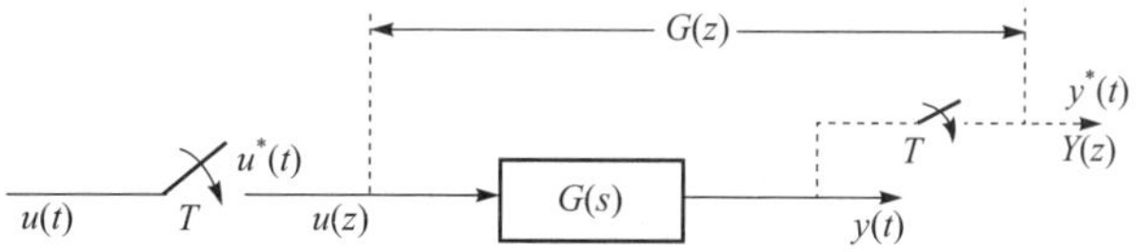

图 8–7　线性定常离散系统

解：先将 $G(s)$作部分分式分解

$$G(s)=\frac{1}{s}-\frac{1}{s+a}$$

则

$$G(z)=Z[G(s)]=Z\left[\frac{1}{s}-\frac{1}{s+a}\right]=\frac{z}{z-1}-\frac{z}{z-e^{-aT}}=\frac{z(1-e^{-aT})}{(z-1)(z-e^{-aT})}$$

8.4.2　开环系统脉冲传递函数

1. 串联环节的脉冲传递函数

如果开环离散系统由两个或两个以上的环节串联，串联环节间有无同步采样开关时，脉冲传递函数是不相同的。

（1）串联环节间无采样开关。

由图 8–8 可见，$G_1(s)$与$G_2(s)$之间无采样开关。

$$D(s)=R^*(s)G_1(s)$$
$$Y(s)=D(s)G_2(s)$$

于是

$$Y(s)=R^*(s)G_1(s)G_2(s)$$

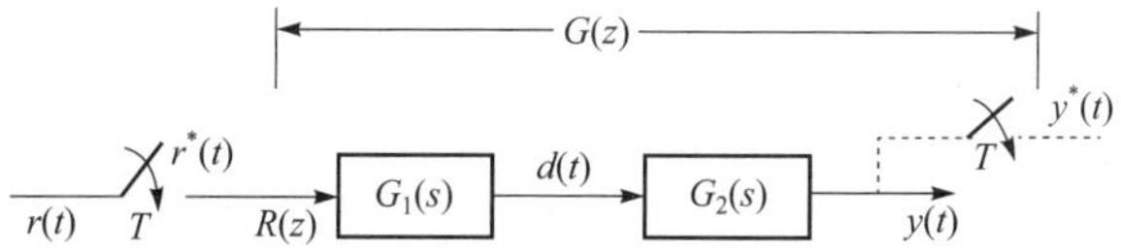

图 8–8　串联环节间无采样开关的开环离散系统

对 $Y(s)$取离散化，并由采样拉氏变换的性质得

$$Y^*(s)=R^*(s)[G_1G_2(s)]^*$$

取 z 变换，得

$$Y(z)=R(z)\,G_1G_2(z)$$

即

$$G(z)=G_1G_2(z) \tag{8-1}$$

式（8–1）表明，当两个串联环节之间没有采样开关隔开时的脉冲传递函数，等于这两个环节传递函数乘积后的 z 变换，该结论可以推广到 n 个环节串联时的情况，即

$$\begin{aligned}G(z)&=Z[G_1(s)G_2(s)\cdots G_n(s)]\\&=G_1G_2\cdots G_n(z)\end{aligned}$$

（2）串联环节之间有采样开关。

由图 8–9 可见，$G_1(s)$ 与 $G_2(s)$ 之间有采样开关。

由脉冲传递函数的定义得

$$D(z)=R(z)G_1(z)$$

$$Y(z)=D(z)G_2(z)$$

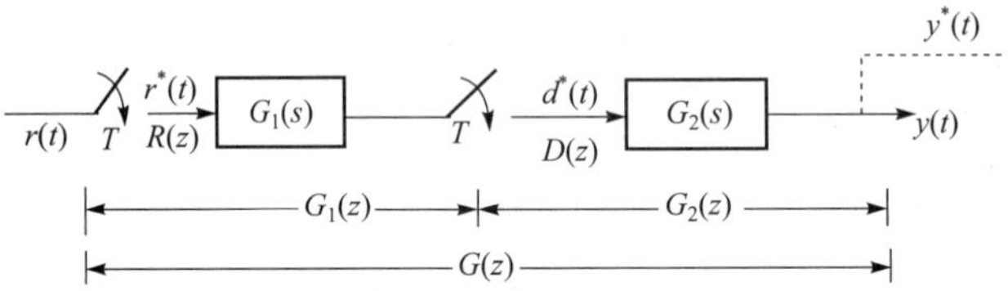

图 8–9　串联环节间有采样开关的开环离散系统

所以

$$Y(z)=R(z)G_1(z)G_2(z)$$

$$G(z)=G_1(z)G_2(z) \tag{8-2}$$

式（8–2）表明，当两个串联环节之间有采样开关隔开时，对应的脉冲传递函数等于这两个环节脉冲传递函数之积，该结论可以推广到同步采样开关隔开的 n 个环节串联时的情况，即

$$G(z)=Z[G_1(s)]Z[G_2(s)]\cdots Z[G_n(s)]=G_1(z)G_2(z)\cdots G_n(z)$$

通常，串联环节间有无同步采样开关隔离，得到的脉冲传递函数是不一样的，即

$$G_1G_2(z)\neq G_1(z)G_2(z)$$

其不同之处在于零点不同，而极点是相同的。

例 8.2　设开环离散系统分别如图 8–8、图 8–9 所示，其中 $G_1(s)=\dfrac{1}{s}$，$G_2(s)=\dfrac{a}{s+a}$。分别求其开环系统的脉冲传递函数。

解：① 对图 8–8 所示的开环离散系统有

$$\begin{aligned}G(z)&=G_1G_2(z)=Z[G_1(s)\,G_2(s)]=Z\left[\frac{\left(\frac{1}{s}\right)a}{s+a}\right]=Z\left[\frac{1}{s}-\frac{1}{s+a}\right]\\&=Z\left[\frac{1}{s}\right]-Z\left[\frac{1}{s+a}\right]=\frac{z}{z-1}-\frac{z}{z-\mathrm{e}^{-aT}}=\frac{z(1-\mathrm{e}^{-aT})}{(z-1)(z-\mathrm{e}^{-aT})}\end{aligned}$$

② 对图 8–9 所示的开环离散系统有

$$G(z)=G_1(z)G_2(z)=Z[G_1(s)]Z[G_2(s)]=\frac{z}{z-1}\frac{az}{z-\mathrm{e}^{-aT}}=\frac{az^2}{(z-1)(z-\mathrm{e}^{-aT})}$$

显然

$$G_1G_2(z)\neq G_1(z)\,G_2(z)$$

2. 串联零阶保持器时的开环系统脉冲传递函数

开环离散系统中经常有零阶保持器与环节串联的情况，其结构如图 8–10 所示。

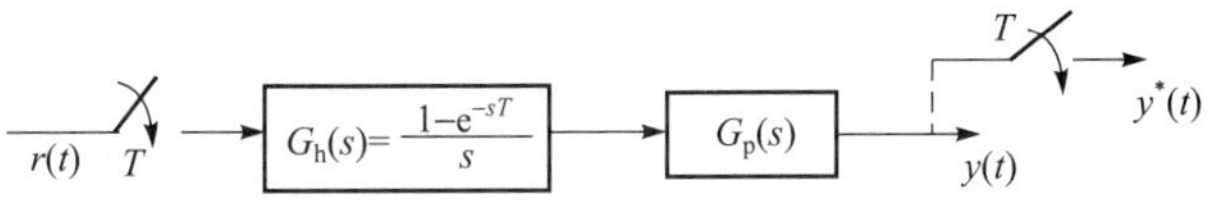

图 8–10　串联零阶保持器时的开环系统

零阶保持器与环节之间无采样开关相隔，$G_h(s)$为零阶保持器的脉冲传递函数，$G_p(s)$为环节的传递函数。由于 $G_h(s)$不是 s 的有理分式，可以将结构进行等效，如图 8–11 所示。

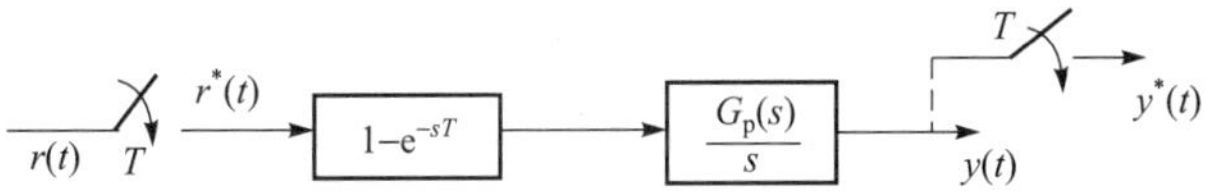

图 8–11　图 8–10 的等效结构图

$$G(z)=Z[G_h(s)\,G_p(s)]=Z\left[\frac{1-\mathrm{e}^{-sT}}{s}\cdot G_p(s)\right]$$

$$=Z\left[\frac{G_p(s)}{s}-\mathrm{e}^{-sT}\frac{G_p(s)}{s}\right]$$

令 $G_1(z)=Z[G_p(s)/s]$，则

$$G(z)=G_1(z)-z^{-1}G_1(z)=(1-z^{-1})\,G_1(z)$$

所以，具有零阶保持器的开环系统脉冲传递函数为

$$G(z)=(1-z^{-1})\,G_1(z)$$

例 8.3　设系统如图 8–10 所示，与零阶保持器 $G_h(s)$串联的环节为 $G_p(s)=\dfrac{k}{s(s+a)}$。其中 k、a 为常量。求系统总的脉冲传递函数。

解：

$$G(z)=(1-z^{-1})\,Z\left[\frac{G_p(s)}{s}\right]$$

$$=(1-z^{-1})\,Z\left[\frac{k}{s^2(s+a)}\right]$$

$$=(1-z^{-1})\,Z\left\{k\left(\frac{1}{as^2}-\frac{1}{a^2s}+\frac{1}{a^2(a+s)}\right)\right\}$$

$$=\frac{k[(aT-1+\mathrm{e}^{-aT})z+(1-\mathrm{e}^{-aT}-aT\mathrm{e}^{-aT})]}{a^2(z-1)(z-\mathrm{e}^{-aT})}$$

由此例可以看出，$G_p(s)$是二阶环节，具有零阶保持器的脉冲传递函数也是二阶的，零阶保持器不会增加开环脉冲传递函数分母多项式的阶数。

3. 闭环系统的脉冲传递函数

闭环系统可能有一个或几个采样开关，并且采样开关可以放置在不同的位置上，因此闭环离散系统的结构形式是多种多样的。图 8–12 是一种比较常见的结构。

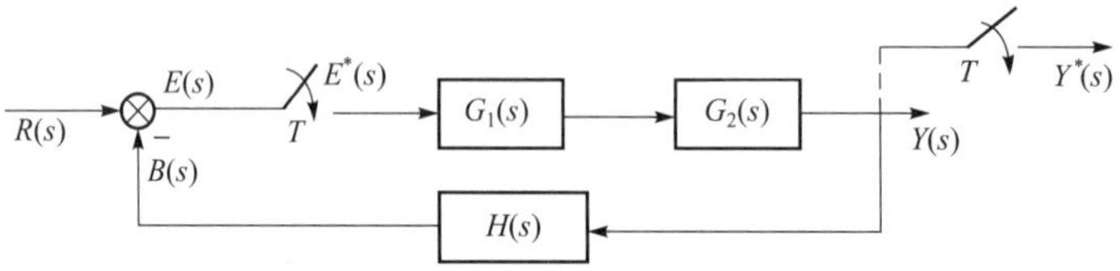

图 8–12　闭环离散控制系统

由图 8–12 可得如下关系式

$$Y(s)=E^*(s)G_1(s)G_2(s)$$
$$B(s)=Y(s)H(s)$$
$$E(s)=R(s)-B(s)$$

由以上各式可求得

$$E(s)=R(s)-E^*(s)G_1(s)\ G_2(s)H(s) \tag{8–3}$$

对式（8–3）取 z 变换得

$$\begin{aligned}E(z)&=Z[R(s)-E^*(s)G_1(s)G_2(s)H(s)]\\&=R(z)-E(z)G_1G_2H(z)\end{aligned}$$

所以

$$E(z)=\left[\frac{1}{1+G_1G_2H(z)}\right]R(z)$$

$$Y(z)=\left[\frac{G_1G_2(z)}{1+G_1G_2H(z)}\right]R(z)$$

由此可得出闭环离散系统对于输入量的误差脉冲传递函数为

$$\begin{aligned}\boldsymbol{\Phi}_e(z)&=\frac{E(z)}{R(z)}\\&=\frac{1}{1+G_1G_2H(z)}\end{aligned}$$

闭环离散系统对于输入量的脉冲传递函数为

$$\begin{aligned}\boldsymbol{\Phi}(z)&=\frac{Y(z)}{R(z)}\\&=\frac{G_1G_2(z)}{1+G_1G_2H(z)}\end{aligned}$$

对应的闭环离散系统的特征方程为

$$1+G_1G_2H(z)=0$$

通过以上方法，可以推导出采样开关处于不同位置时其他闭环系统的脉冲传递函数。但是，如果偏差信号不是以离散信号的形式输入到前向通道的第一个环节，则一般写不出闭环脉冲传递函数，只能写出输出的 z 变换表达式。此时令分母多项式为零就可以得到特征方程。

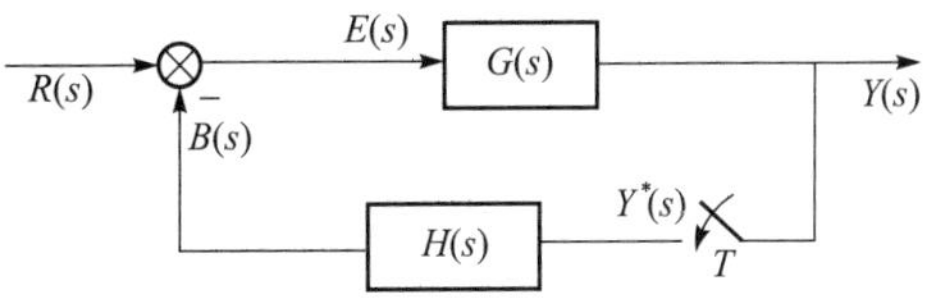

图 8–13　闭环离散系统

例 8.4　设闭环离散系统结构如图 8–13 所示，试求输出采样信号的 z 变换函数。

解：由图 8–13 可见

$$Y(s)=E(s)G(s)$$
$$E(s)=R(s)-B(s)$$
$$B(s)=H(s)Y^*(s)$$

所以

$$Y(s)=[R(s)-H(s)Y^*(s)]G(s)=R(s)G(s)-H(s)Y^*(s)\,G(s) \tag{8–4}$$

对式（8–4）取离散化得

$$Y^*(s)=[R(s)G(s)]^*-[H(s)Y^*(s)G(s)]^*$$

求 z 变换得

$$Y(z)=RG(z)-HG(z)Y(z)$$

整理得

$$Y(z)=\frac{RG(z)}{1+HG(z)}$$

由此可知，例 8.4 解不出 $\dfrac{Y(z)}{R(z)}$，因此无法得到系统的脉冲传递函数，而只能得出输出采样信号的 z 变换 $Y(z)$，从而求得 $y^*(t)$，这在离散系统中是很常见的。表 8–1 所列为常见线性离散系统的框图及输出信号的 z 变换 $Y(z)$。

表 8–1　常见线性离散系统的框图及输出信号的 z 变换

序号	系统框图	$Y(z)$计算式
1	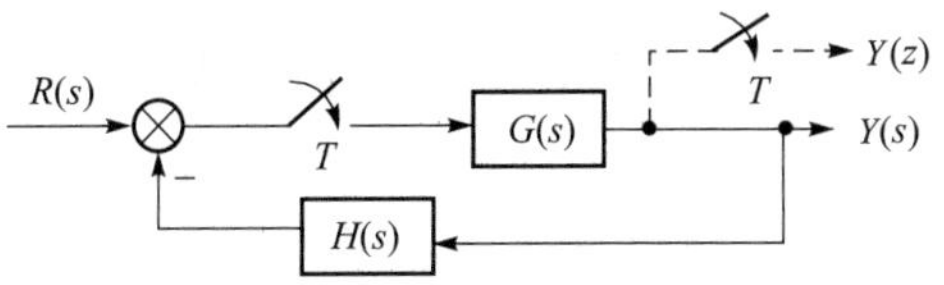	$\dfrac{G(z)\cdot R(z)}{1+GH(z)}$
2	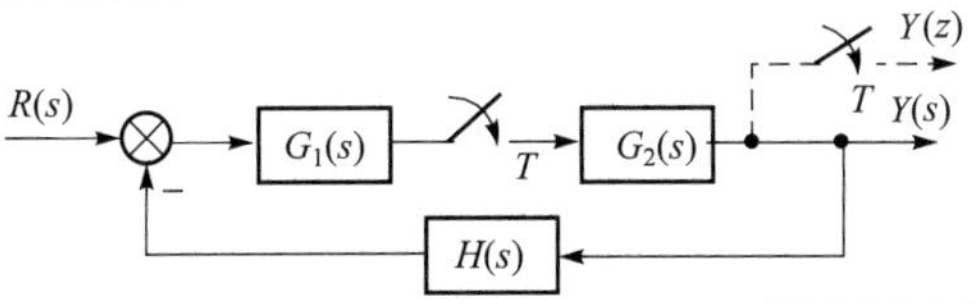	$\dfrac{RG_1(z)\cdot G_2(z)}{1+G_2HG_1(z)}$
3	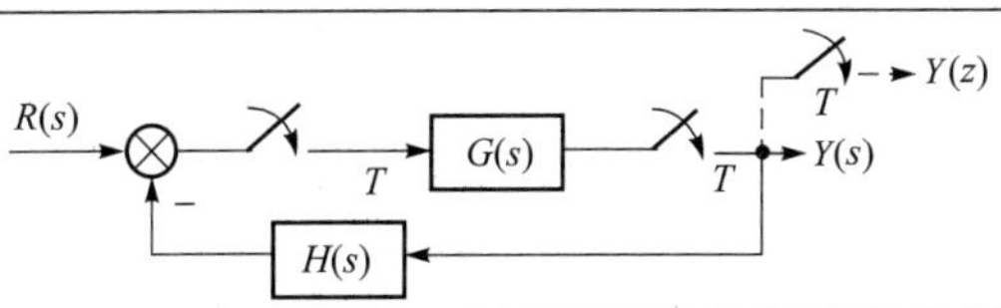	$\dfrac{G(z)\cdot R(z)}{1+G(z)\cdot H(z)}$

续表

序号	系统框图	$Y(z)$计算式
4	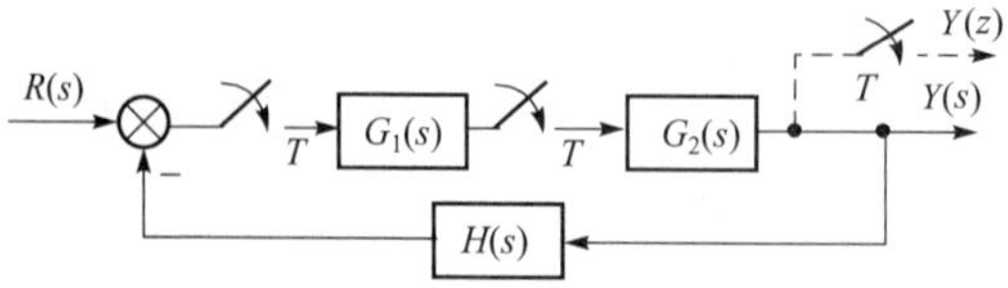	$\dfrac{G_1(z)\cdot G_2(z)\cdot R(z)}{1+G_1(z)G_2H(z)}$
5	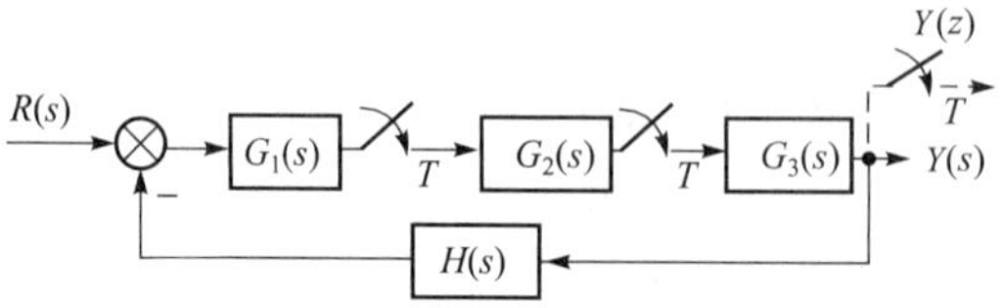	$\dfrac{RG_1(z)\cdot G_2(z)\cdot G_3(z)}{1+G_2(z)G_1G_3H(z)}$
6	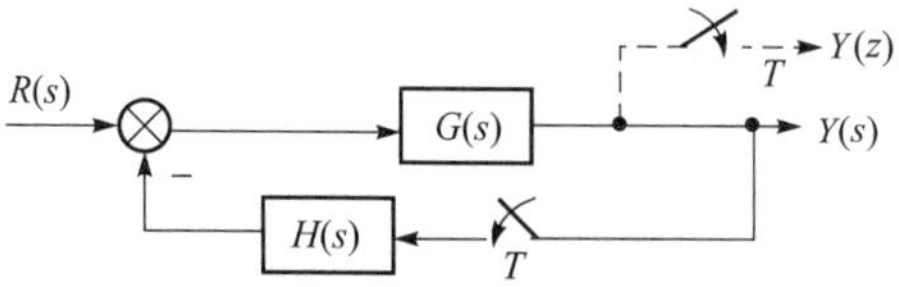	$\dfrac{RG(z)}{1+G(z)H(z)}$
7	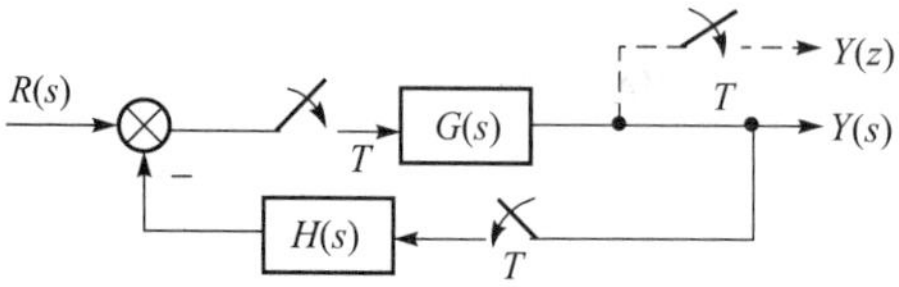	$\dfrac{G(z)\cdot R(z)}{1+G(z)\cdot H(z)}$
8	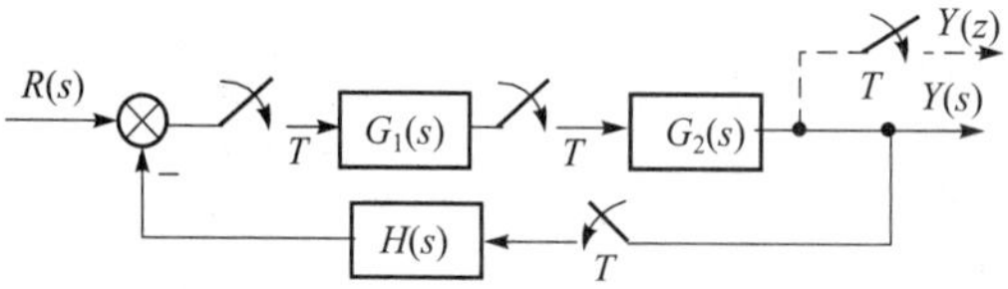	$\dfrac{G_1(z)\cdot G_2(z)\cdot R(z)}{1+G_1(z)\cdot G_2(z)\cdot H(z)}$

8.5 线性离散系统的稳定性

与连续系统相同，稳定性是分析、设计离散系统的首要问题。在连续系统的稳定性讨论中，曾经介绍了劳斯判据、奈奎斯特判据等，由于 z 变换和拉普拉斯变换在数学上的联系，使我们有可能从 s 平面和 z 平面的关系中找出利用已有的稳定性判据分析离散系统稳定性的方法。

8.5.1 s 平面到 z 平面的变换关系

由 z 变换的定义可知

$$z=\mathrm{e}^{sT}$$

s 域中的任意点为

$$s=\sigma+\mathrm{j}\omega$$

映射到 z 域则为

$$z = e^{(\sigma + j\omega)T} = e^{\sigma T} e^{j\omega T} = re^{j\Omega}$$

即

$$|z| = r = e^{\sigma T},\ \arg z = \Omega = \omega T$$

由此可得到 $s \to z$ 平面之间的如下映射关系：

s 平面	z 平面
虚轴 $\sigma=0$	$r=1$ 单位圆
左半平面 $\sigma<0$	$r<1$ 单位圆内
右半平面 $\sigma>0$	$r>1$ 单位圆外
实轴 $\omega=0$	$\Omega=0$ 正实轴
原点 $\sigma=0$，$\omega=0$	$r=1$，$\Omega=0$，$z=1$ 点

由 s 域与 z 域的映射关系可知：s 左半平面映射为 z 平面的单位圆内，对应稳定区域；s 右半平面映射为 z 平面的单位圆外，为不稳定区域；s 平面的虚轴映射为 z 平面的单位圆上，对应临界稳定状态。因此可以类似于连续系统，得出 z 域线性离散系统稳定的充要条件是：当且仅当系统脉冲传递函数的全部特征根均落在单位圆内时，系统是稳定的。

例 8.5　一线性离散系统闭环脉冲传递函数是

$$\frac{Y(z)}{R(z)} = \frac{0.368z + 0.264}{z^2 - z + 0.632}$$

试判断系统的稳定性。

解：该线性离散系统的特征方程为

$$z^2 - z + 0.632 = 0$$

特征根为

$$z_{1,2} = 0.5 \pm j0.618$$

$$|z_1| = |z_2| = \sqrt{0.5^2 + 0.618^2} = 0.795 < 1$$

由于两个特征根 z_1、z_2 都落在 z 平面的单位圆内，所以该系统是稳定的。

8.5.2　劳斯稳定判据

由例 8.5 可知，对于一个二阶系统，求特征根是比较容易的，但对于高阶系统，求特征根就相当麻烦。在线性连续系统中，一种简单的代数判据就是劳斯判据，而在 z 平面内不能直接将劳斯判据应用于以复变量 z 表示的特征方程，必须引入一个新的坐标变换，将 z 平面的稳定区域映射到新平面的左半平面，这时就可以使用劳斯判据了。

根据复变函数双线性变换公式，引入下列变换

$$z = \frac{W+1}{W-1} \quad 或 \quad W = \frac{z+1}{z-1}$$

称为 W 变换。设 $W = x + jy$，则

$$|z| = \frac{\sqrt{(x+1)^2 + y^2}}{\sqrt{(x-1)^2 + y^2}} \tag{8-5}$$

由式（8–5）明显看出：

当 $x<0$ 时，$|z|<1$；当 $x>0$ 时，$|z|>1$；当 $x=0$ 时，$|z|=1$。

经过上述变换，原来以 z 为变量的特征方程就变成了以 W 为变量的代数方程，于是判断离散系统稳定性，就转化为判断以 W 为变量的代数方程的根是否位于 W 平面的左半平面的问题，这时就可以直接利用劳斯判据进行判断。

例 8.6 设闭环离散系统的结构如图 8–14 所示，采样周期 $\begin{cases} T = 0.1\ \text{s} \\ T = 0.2\ \text{s} \end{cases}$，试求使系统稳定时 k 的取值范围。

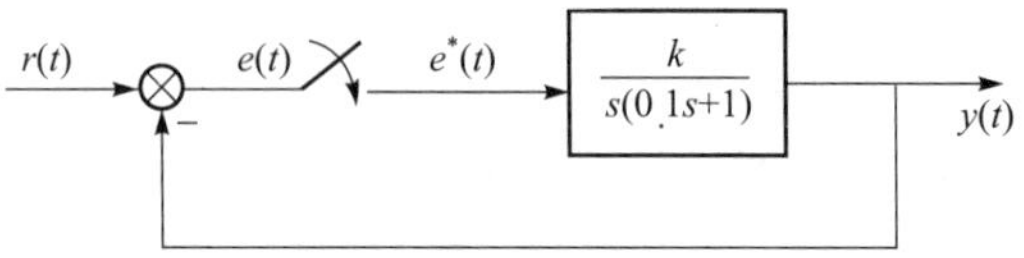

图 8–14　例 8.6 图

解：系统的开环脉冲传递函数为

$$G(z) = Z\left[\frac{k}{s(0.1s+1)}\right] = Z\left[\frac{k\left(\frac{1}{s}-1\right)}{\frac{1}{s+10}}\right]$$

$$= k\left[\frac{z}{z-1} - \frac{z}{z-\mathrm{e}^{-10T}}\right] \tag{8–6}$$

（1）将 T=0.1s 代入式（8–6）得

$$G(z) = \frac{0.632kz}{z^2 - 1.368z + 0.368}$$

系统闭环传递函数为

$$\varPhi(z) = \frac{Y(z)}{R(z)} = \frac{0.632kz}{z^2 + (0.632k - 1.368)z + 0.368}$$

特征方程为

$$D(z) = z^2 + (0.632k - 1.368)z + 0.368 = 0 \tag{8–7}$$

作双线性变换

$$z = \frac{W+1}{W-1}$$

代入式（8–7）化简后得

$$0.632kW^2 + 1.264W + (2.736 - 0.632k) = 0$$

列劳斯表如下：

W^2	$0.632k$	$2.736 - 0.632k$
W^1	1.264	
W^0	$2.736 - 0.632k$	

由劳斯表可知，系统稳定时必须满足 $\begin{cases} 2.736 - 0.632k > 0 \\ k > 0 \end{cases}$，故系统稳定的取值范围是 $0 < k < 4.33$。

（2）$T=0.2\text{s}$ 时

$$G(z)=\frac{0.865kz}{z^2-1.135z+0.135}$$

作双线性变换

$$z=\frac{W+1}{W-1}$$

变换后可得特征方程为

$$0.865kW^2+1.73w+(2.27-0.865k)=0$$

列劳斯表如下

W^2	$0.865k$	$2.27-0.865k$
W^1	1.73	
W^0	$2.27-0.865k$	

系统稳定的取值范围是 $0<k<2.6$。

应当指出的是，在如图 8–14 所示系统中，如果没有采样开关，只要 $k>0$，系统总是稳定的。但如果加入采样开关变为离散系统后，当 k 超过一定值时，将使系统变得不稳定。另一个值得注意的问题是，采样周期 T 是离散系统的重要参数。采样周期变化时，系统的开环脉冲传递函数、闭环脉冲传递函数和特征方程都将发生变化，因此系统的稳定性也将受到影响。一般情况下，缩短采样周期 T 可以使线性离散系统稳定性得到改善，使其在特性上更加接近相应的连续系统，而增大采样周期会使系统信息丢失增加，可能使系统变得不稳定。

8.6　线性离散系统的时域分析

8.6.1　线性离散系统极点

在分析线性连续系统时，我们知道闭环传递函数的零极点在 s 平面上的位置与输出量的瞬态特性有密切关系。对于离散系统，闭环脉冲传递函数的极点在 z 平面单位圆内和圆外的位置同样与瞬态特性有密切关系，决定了系统时域响应中瞬态响应各分量的类型。

设系统的闭环脉冲传递函数为

$$\Phi(z)=\frac{M(z)}{D(z)}=\frac{k\prod_{i=1}^{m}(z-z_i)}{\prod_{i=1}^{n}(z-p_i)}，\quad n>m$$

式中，$M(z)$为分子多项式；$D(z)$为分母多项式，是系统的特征多项式；z_i 是闭环系统的零点；p_i 是闭环系统的极点；k 是系统增益因子。

当系统输入为单位阶跃信号，即 $r(t)=1(t)$，$R(z)=\dfrac{z}{z-1}$ 时，系统的输出为

$$Y(z)=R(z)\Phi(z)=\frac{z}{z-1}\cdot\frac{k\prod_{i=1}^{m}(z-z_i)}{\prod_{i=1}^{n}(z-p_i)}$$

当特征根为互异单根时

$$Y(z)=\frac{Az}{z-1}+\sum_{i=1}^{n}\frac{B_i z}{z-p_i} \tag{8-8}$$

对式（8–8）进行 z 反变换可得

$$y(k)=A\bullet 1(k)+\sum_{i=1}^{n}B_i p_i^k$$

其中系统的瞬态分量为：$\sum_{i=1}^{n}B_i p_i^k$。

极点 p_i 在 z 平面的位置决定了系统瞬态响应分量的类型。

下面分几种情况加以讨论。

1. 实数极点

当闭环极点位于实轴上时，由极点 p_i 给出的瞬态响应分量为

$$y(k)=B_i p_i^k$$

（1）$p_i>1$，极点在单位圆外正实轴上，$y(k)$为单调发散序列。

（2）$p_i=1$，极点在单位圆边界+1 点上，$y(k)$为等幅脉冲序列。

（3）$0<p_i<1$，极点在单位圆内正实轴上，$y(k)$为单调衰减序列。

（4）$-1<p_i<0$，极点在单位圆内负实轴上，$y(k)$为正负交替的衰减振荡过程。

（5）$p_i=-1$，极点在单位圆上边界–1 点上，$y(k)$为幅值不变的正负交替振荡过程。

（6）$p_i<-1$，极点在单位圆外负实轴上，$y(k)$为正负交替的发散振荡过程。

2. 共轭复数极点

如果闭环脉冲传递函数中有共轭复数极点 $p_{i,i+1}=|p_i|\mathrm{e}^{\pm\mathrm{j}\theta_i}$，则对应的瞬态响应分量为

$$y_{ii}(k)=C_i p_i^k+\overline{C}_i\,\overline{p}_i^k$$

其中 C_i 及 $\overline{C}_i$ 也是共轭复数对。设 $\overline{C}_i=|C_i|\mathrm{e}^{\pm\mathrm{j}\varphi_i}$，则

$$\begin{aligned}y_{ii}(k)&=|C_i||p_i|^k\,\mathrm{e}^{\mathrm{j}(k\theta_i+\varphi_i)}+|C_i||p_i|^k\,\mathrm{e}^{-\mathrm{j}(k\theta_i+\varphi_i)}\\&=2|C_i||p_i|^k\cos(k\theta_i+\varphi_i)\end{aligned}$$

（1）$|p_i|>1$，极点在单位圆外，$y(k)$为衰减振荡脉冲序列。

（2）$|p_i|=1$，极点在单位圆上，$y(k)$为等幅振荡脉冲序列。

（3）$|p_i|<1$，极点在单位圆内，$y(k)$为发散振荡脉冲序列。

瞬态分量 $y_{ii}(k)$ 按振荡规律变化，振荡角频率与 θ_i 有关，θ_i 越大，振荡角频率越高。

综上所述，离散系统瞬态响应的特性决定于极点在 z 平面上的分布，极点越靠近原点，暂态响应衰减得越快，极点的相角越趋于零，暂态响应振荡频率越低。为使系统具有较满意的瞬态性能，其闭环极点最好分布在单位圆的正向部分，且尽量靠近原点。

8.6.2 线性离散系统的动态性能指标

与连续系统一样，线性离散系统的过渡过程也用常用典型信号作用下系统的响应来衡量，通常使用的常用典型信号有单位阶跃信号、单位斜坡信号。但离散系统的过渡过程是

指各采样时刻的离散信号，通常如果已知离散系统的数学模型（差分方程、脉冲传递函数等），通过递推计算及 z 变换法，可以求出典型输入作用下系统输出信号的脉冲序列 $y^*(t)$，从而更方便地分析系统的动态性能。

例 8.7　一线性离散系统的闭环脉冲传递函数为

$$\Phi(z)=\frac{0.368z+0.264}{z^2-z+0.632}$$

输入信号 $r(t)=1(t)$，采样周期 $T=1$ s，试分析系统的动态性能。

解：$r(t)=1(t)$，$R(z)=\dfrac{z}{z-1}$

求出单位阶跃序列响应的 z 变换

$$Y(z)=\Phi(z)R(z)=\frac{0.368z^{-1}+0.264z^{-2}}{1-2z^{-1}+1.632z^{-2}-0.632z^{-3}}$$

利用长除法，将 $Y(z)$展成无穷级数形式

$$Y(z)=0.368z^{-1}+z^{-2}+1.4z^{-3}+1.4z^{-4}+1.147z^{-5}+0.895z^{-6}+0.802z^{-7}+0.868z^{-8}+\cdots$$

由 z 变换定义知，输出序列 $y(k)$为

$y(0)=0$，$y(T)=0.368$，$y(2T)=1$，$y(3T)=1.4$，$y(4T)=1.4$，

$y(5T)=1.147$，$y(6T)=0.895$，$y(7T)=0.802$，…

脉冲序列 $y^*(t)$为

$$y^*(t)=0.368\delta(t-T)+1\cdot\delta(t-2T)+1.4\delta(t-3T)+1.4\delta(t-4T)+$$
$$1.147\delta(t-5T)+0.895\delta(t-6T)+0.802(t-7T)+\cdots$$

给出单位阶跃响应 $y^*(t)$如图 8–15 所示。

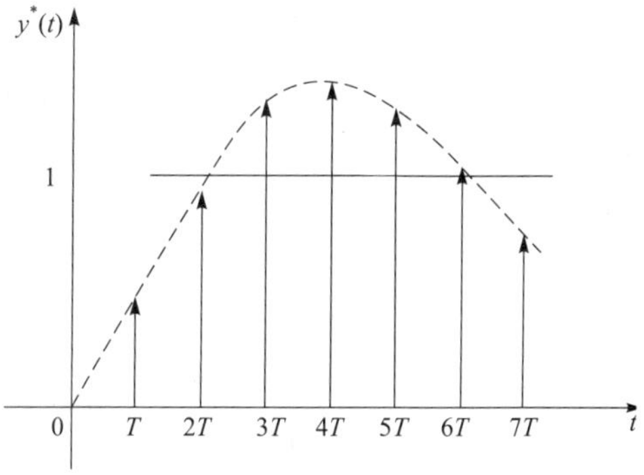

图 8–15　单位阶跃响应 $y^*(t)$

由图 8–15 求得系统的近似动态性能指标为：上升时间 t_s=2 s，峰值时间 t_p=4 s，调节时间 t_s=12 s，最大超调量 $\sigma_p=40\%$。由于所有的性能指标都是采样时刻的采样值，因此结果都是近似的。

8.6.3　线性离散系统的稳态误差

在连续系统中，采用典型输入信号作用下系统响应的稳态误差来表征系统的稳态性能。离散系统与连续系统类似，离散系统稳态误差和系统本身及输入信号都有关系。在系统稳态特性中起主要作用的是系统的类型及开环增益。研究系统的稳态精度，必须首先检验系统的稳定性，只有稳定的系统才存在稳态误差，在这种情况下，研究系统的稳态性能才有意义。稳态误差既可用级数的方法求取，也可用终值定理求取。终值定理方法较为简单，所以经常使用。

离散系统误差信号的脉冲序列 $e^*(t)$反映了在采样时刻，系统的希望值与实际输出之差，通常采用稳态下，系统误差信号的脉冲序列表示离散系统的稳态误差，一般记为

$$e_{ss}^*(\infty)=\lim_{t\to\infty}e^*(t)=\lim_{t\to\infty}e_{ss}^*(t)$$

下面以单位负反馈离散系统为例，介绍利用终值定理求系统稳态误差的方法。

设闭环系统如图 8–16 所示，其中 $G(s)$为连续部分的传递函数，$e(t)$为系统连续误差信号，$e^*(t)$为系统采样误差信号，闭环系统误差传递函数为

$$\Phi_e(z)=\frac{E(z)}{R(z)}=\frac{1}{1+G(z)}$$

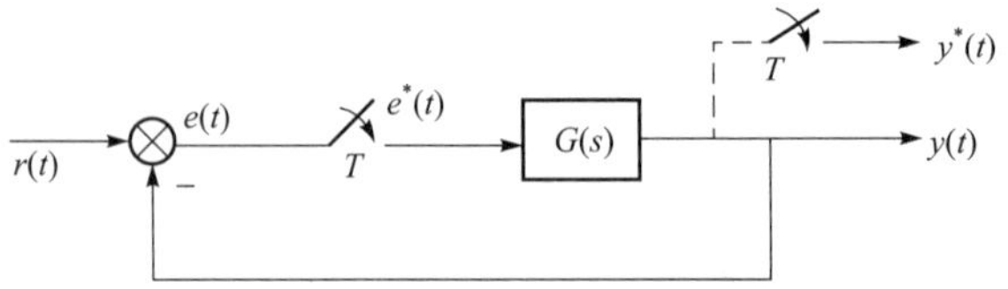

图 8–16　单位负反馈离散系统

如果 $\Phi_e(z)$的极点全部位于 z 平面上的单位圆内，即系统稳定，则利用终值定理求离散系统的稳态误差终值 $e_{ss}^*(\infty)$：

$$e_{ss}^*(\infty)=\lim_{t\to\infty}e^*(t)=\lim_{z\to1}(z-1)E(z)=\lim_{z\to1}\frac{(z-1)R(z)}{1+G(z)}$$

由于离散系统没有唯一的典型结构图形式，所以对于误差脉冲传递函数也没有计算通式，因此必须按实际系统求出 $\Phi_e(z)$，然后利用终值定理求稳态误差 $e_{ss}^*(\infty)$。

8.6.4　稳态误差系数

连续系统中以开环传递函数 $G(s)$所含 $s=0$ 的开环极点个数 γ 作为划分系统类型的标准，分别把$\gamma=0$、1、2 的系统称为 0 型、Ⅰ型、Ⅱ型系统。在 z 平面上与 $s=0$ 极点相对应的是 $z=1$ 的开环极点，因此在线性离散系统中，把开环脉冲传递函数 $G(z)$具有 $z=1$ 的开环极点个数 γ 作为划分离散系统类型的标准，即 $G(z)$中$\gamma=0$、1、2，对应系统为 0 型、Ⅰ型、Ⅱ型离散系统。

对于一个离散系统，其稳态误差系数定义如下。

（1）稳态位置误差系数

$$k_p=\lim_{z\to1}G(z)$$

（2）稳态速度误差系数

$$k_v=\lim_{z\to1}(z-1)G(z)$$

（3）稳态加速度误差系数

$$k_a=\lim_{z\to1}(z-1)^2G(z)$$

下面讨论不同类型的单位负反馈离散系统在典型输入信号作用下的稳态误差终值。

（1）单位阶跃响应的稳态误差终值。当系统的输入信号为单位阶跃信号 $r(t)=1(t)$，$R(z)=\dfrac{z}{z-1}$时，系统稳态误差终值为

$$e_{ss}^*(\infty)=\lim_{z\to1}\frac{(z-1)R(z)}{[1+G(z)]}=\lim_{z\to1}\frac{1}{1+G(z)}=\frac{1}{1+\lim\limits_{z\to1}G(z)}=\frac{1}{1+k_p}$$

若 $G(z)$在 $z=1$ 的极点个数为 0，则 k_p 为有限值；若 $G(z)$在 $z=1$ 时的极点个数大于或等于 1，则 $k_p=\infty$，可见对 0 型系统 $k_p\neq\infty$，对于Ⅰ、Ⅱ型及以上系统，$k_p=\infty$。

（2）单位斜坡响应的稳态误差终值。当系统的输入信号为单位斜坡信号 $r(t)=t$，$R(z)=\dfrac{Tz}{(z-1)^2}$时，系统稳态误差终值

$$e_{ss}^*(\infty)=\lim_{z\to1}\frac{(z-1)R(z)}{1+G(z)}=\lim_{z\to1}\frac{T}{(z-1)G(z)}=\frac{T}{\lim\limits_{z\to1}(z-1)G(z)}=\frac{T}{k_v}$$

若 $G(z)$在 $z=1$ 的极点个数为 0，则 $k_v=0$；若 $G(z)$在 $z=1$ 的极点个数为 1，则 k_v 为有限值；若 $G(z)$在 $z=1$ 的极点个数大于或等于 2，则 $k_v=\infty$。可见在斜坡信号作用下，当 $t\to\infty$ 时，0 型离散系统的稳态误差终值为无穷大，Ⅰ型离散系统的稳态误差是有限值，Ⅱ型及Ⅱ型以上离散系统在采样点上的稳态误差为 0。

（3）单位加速度响应的稳态误差终值。当系统的输入信号为单位加速度信号 $r(t)=\dfrac{1}{2}t^2$，$R(z)=\dfrac{T^2z(z+1)}{2(z-1)^3}$时，系统的稳态误差终值为

$$e_{ss}^*(\infty)=\lim_{z\to1}(z-1)\frac{R(z)}{1+G(z)}=\lim_{z\to1}\frac{T^2(z+1)}{2(z-1)^2G(z)}=\frac{T^2}{\lim\limits_{z\to1}(z-1)^2G(z)}=\frac{T^2}{k_a}$$

0 型及Ⅰ型系统为 $k_a=0$，Ⅱ型系统的 k_a 为常值。所以在加速度信号作用下，当 $t\to\infty$ 时，0 型和Ⅰ型离散系统的稳态误差为无穷大，Ⅱ型离散系统的稳态误差为有限值。在 3 种典型信号作用下，0 型、Ⅰ型、Ⅱ型单位负反馈离散系统当 $t\to\infty$ 时的稳态误差见表 8–2。

表 8–2　单位负反馈离散系统稳态误差终值

系统类型＼输入信号	$r(t)=R_0\cdot1(t)$	$r(t)=R_1t$	$r(t)=R_2\cdot\frac{1}{2}t^2$
0 型	$\frac{R_0}{1+k_p}$	∞	∞
Ⅰ型	0	$\frac{R_1T}{k_v}$	∞
Ⅱ型	0	0	$\frac{R_2T^2}{k_a}$

例 8.8　离散系统结构如图 8–17 所示，采样周期 T=0.2 s，输入信号 $r(t)=1+t+\dfrac{1}{2}t^2$，试计算系统的稳态误差。

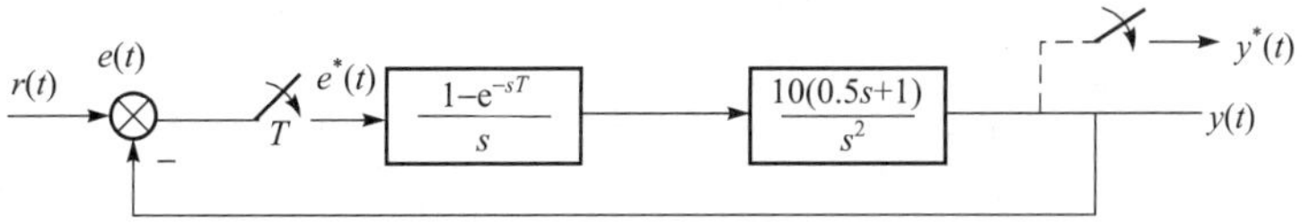

图 8–17　离散系统结构图

解：由图 8–17 可知，该系统为单位负反馈离散系统，且连续环节中含有零阶保持器。为了求得 $e_{ss}^*(\infty)$，分 3 步进行。

① 求 $G(z)$。系统中有零阶保持器，所以

$$G(z)=\frac{1}{1-z^{-1}}z\left[\frac{G_p(s)}{s}\right]=\frac{1}{1-z^{-1}}z\left[\frac{10(0.5s+1)}{s^3}\right]=\frac{1}{1-z^{-1}}z\left[\frac{10}{s^3}+\frac{5}{s^2}\right]$$

查 z 变换表得

$$G(z)=\frac{1}{1-z^{-1}}\left[\frac{5T^2z(z+1)}{(z-1)^3}+\frac{5Tz}{(z-1)^2}\right] \tag{8–9}$$

将采样周期 T=0.2 s 代入式（8–9）并化简得

$$G(z)=\frac{1.2z-0.8}{(z-1)^2}$$

② 判断稳定性。

$$D(z)=1+G(z)=0$$

展开得

$$(z-1)^2+1.2z+0.8=0$$

即

$$z^2-0.8z+0.2=0 \tag{8–10}$$

进行双线性变换，将 $z=\dfrac{W+1}{W-1}$ 代入式（8–10）并整理得

$$0.4W^2+1.6W+2=0$$

列劳斯表

W^2	0.4	2
W^1	1.6	
W^0	2	

可见闭环系统稳定。

③ 求 $e_{ss}^*(\infty)$。

由 $G(z)=\dfrac{1.2z-0.8}{(z-1)^2}$ 可知，系统为Ⅱ型系统。所以

$$k_p=\infty，\quad k_v=\infty$$

$$k_a=\lim_{z\to1}(z-1)^2G(z)=0.4$$

由表 8–2 可知，对于 $r(t)=1+t+\frac{1}{2}t^2$ 作用下的稳态误差终值为

$$e_{ss}^*=\frac{1}{1+k_p}+\frac{T}{k_v}+\frac{T^2}{k_a}=0+0+\frac{0.04}{0.4}=0.1$$

习　题

8.1　求下列函数的 z 变换。

（1）$e(t)=\cos\omega_0 t$　　（2）$e(t)=t\mathrm{e}^{-at}$　　（3）$e(k)=a^k$

（4）$E(s)=\dfrac{s+3}{(s+1)(s+2)}$　　（5）$E(s)=\dfrac{1}{(s+2)^2}$　　（6）$E(s)=\dfrac{\mathrm{e}^{-nTs}}{(s+a)}$（$T$ 为采样周期）

8.2　求下列函数的 z 反变换。

（1）$X(z)=\dfrac{z^2}{(z-0.8)(z-0.1)}$　　（2）$X(z)=\dfrac{-3+z^{-1}}{1-2z^{-1}+z^{-2}}$

（3）$X(z)=\dfrac{z}{(z-1)(z+0.5)^2}$　　（4）$X(z)=\dfrac{z^3+2z^2+1}{z(z-1)(z-0.5)}$

8.3　求如习题图 8–1（1）（2）所示系统的闭环系统输出 $Y(z)$。

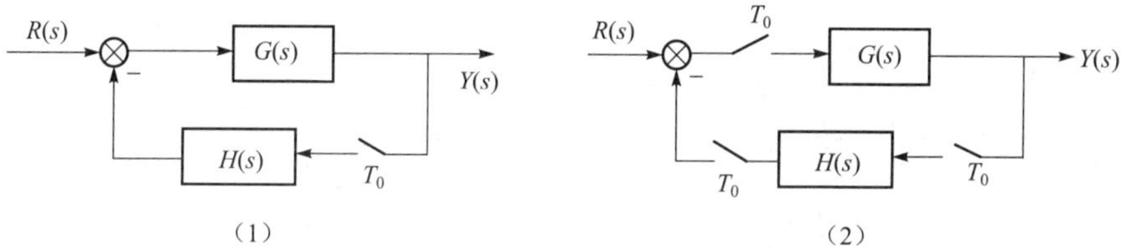

习题图 8–1

8.4　已知线性离散系统如习题图 8–2 所示，分析系统的稳定性，确定使系统稳定的参数 K 的取值范围。

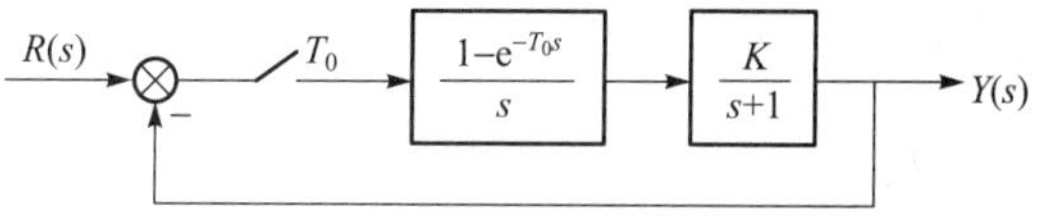

习题图 8–2

8.5　已知线性离散系统如习题图 8–3 所示，试求其单位阶跃响应，已知 $T_0=1\ \mathrm{s}$。

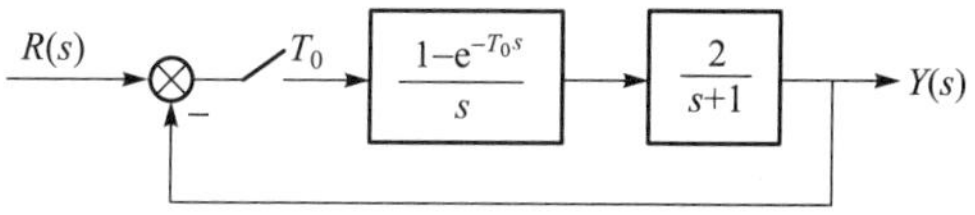

习题图 8–3

8.6　判断如习题图 8–4 所示系统的稳定性，其中 $T_0=1\ \mathrm{s}, k=3$。

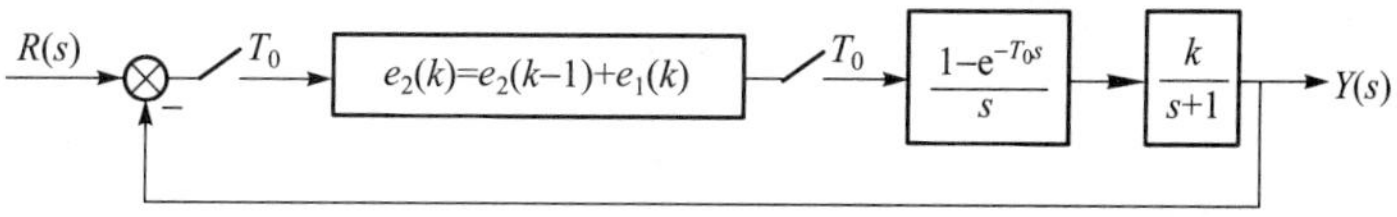

习题图 8–4

8.7　试计算如习题图 8–5 所示系统在 $r(t)=1(t)$、t、t^2 时的稳态误差，其中 $T_0=1\ \mathrm{s}$。

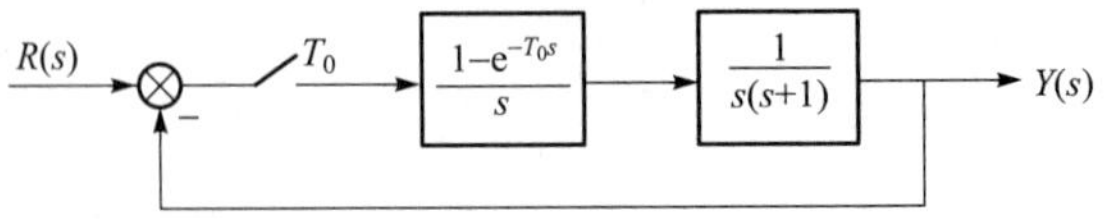

习题图 8–5

8.8　已知离散系统如习题图 8–6 所示，系统中各采样开关同步，$T_0=1\ \mathrm{s}$，若要求闭环系统稳定，试确定 K_1、K_2 的取值范围。

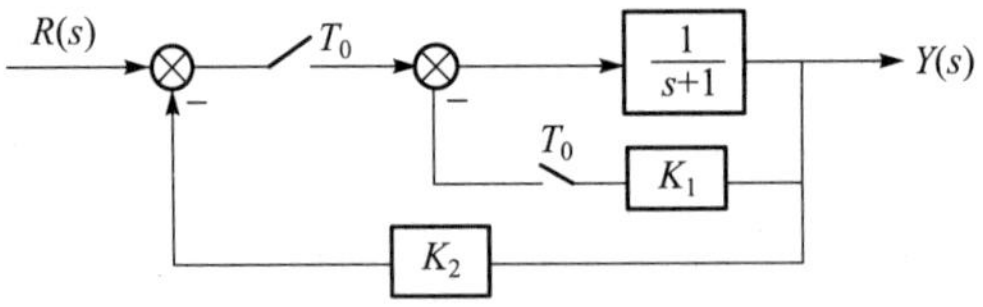

习题图 8–6

8.9　设线性离散系统如习题图 8–7 所示，采样周期 $T_0=1\ \mathrm{s}$，$G_h(s)$ 为零阶保持器，$G(s)=\dfrac{k}{s(0.2s+1)}$。

（1）当 $k=5$ 时，判断系统稳定性；（2）确定使系统稳定的 k 值范围。

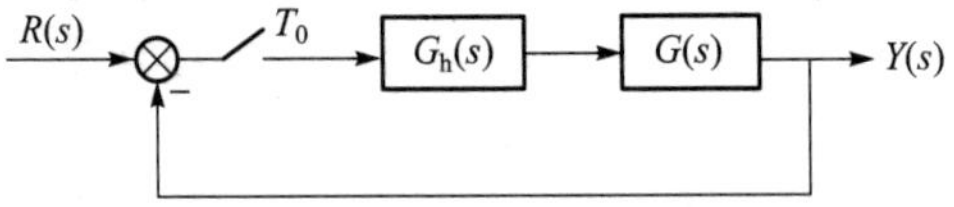

习题图 8–7

8.10　设线性离散系统如习题图 8–8 所示，采样周期 $T_0=0.25\ \mathrm{s}$，$G_h(s)$ 为零阶保持器，当 $r(t)=2+t$ 时，欲使稳态误差小于 0.1，试求 k 值。

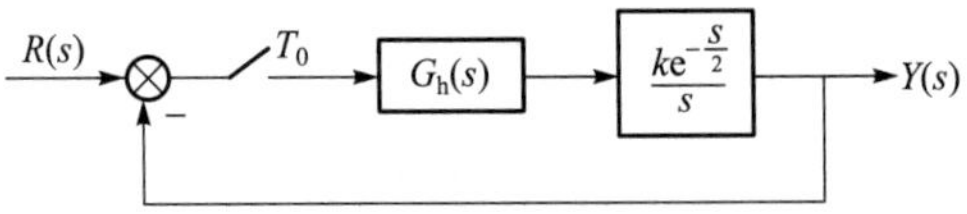

习题图 8–8

第 9 章
非线性控制系统

前面各章研究了线性系统的建模、分析与设计问题，但实际上，几乎所有现实的物理系统及组成系统的所有元器件都在不同程度上具有非线性特性，因此非线性控制系统广泛存在。如果系统在工作范围内点点存在导数，那么可以将系统进行线性化处理，将其视为线性系统，按照线性系统的理论对系统进行分析与综合。这种非线性称为非本质非线性。而当系统在工作范围内不存在点点可微，也就是说，不能够进行线性近似时，这种非线性称为本质非线性。这一章讨论几种典型的本质非线性特性。

9.1 非线性系统概述

9.1.1 典型的非线性特性

1. 饱和特性

当输入信号在一定范围内变化时，具有饱和特性环节的输入输出呈现线性关系。当输入信号的绝对值超过线性区继续增大时，输出量趋于某一常数值，饱和特性如图 9–1 所示。其数学表达式为

$$y(t)=\begin{cases}ka, & (x(t)>a)\\ kx(t), & (|x(t)|\leqslant a)\\ -ka, & (x(t)<-a)\end{cases}$$

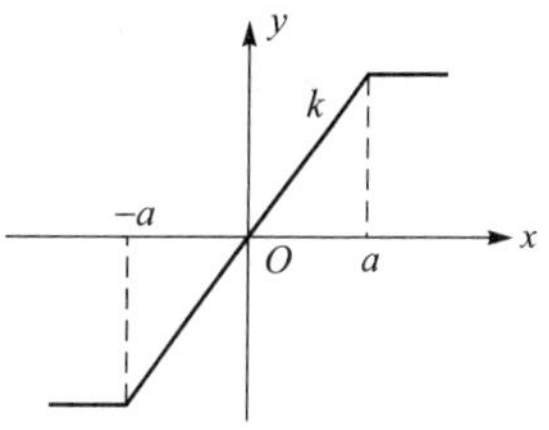

图 9–1 饱和特性

其中，$-a\leqslant x(t)\leqslant a$ 为线性区；k 为线性区增益；$x(t)$为输入信号；$y(t)$为输出信号。一般放大器的执行元件都具有饱和特性，有时在系统工作中，也会人为地引入饱和特性，对控制信号进行限幅，保证系统元件在额定工作条件下安全运行。

2. 死区特性

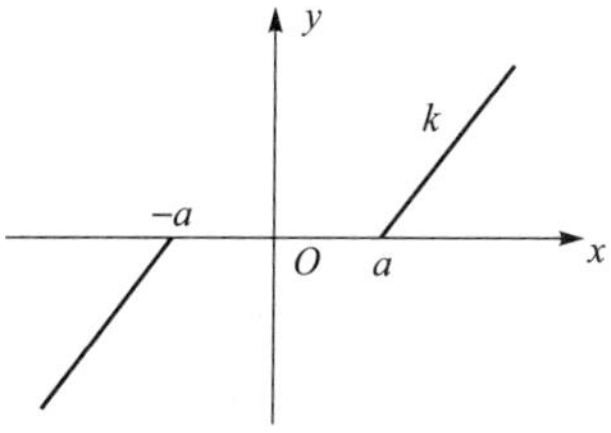

图 9–2 死区特性

死区特性又称为不灵敏特性，当输入信号很小时，元件没有输出信号，当输入信号绝对值增加到某个值以上时，该元件才有输出，此时输入输出为线性关系，死区特性如图 9–2 所示。其数学表达式为

$$y(t)=\begin{cases}k(x+a), & (x(t)<-a)\\ 0, & (|x(t)|\leqslant a)\\ k(x-a), & (x(t)>a)\end{cases}$$

图中，$-a \leqslant x(t) \leqslant a$ 为死区或不灵敏区；k 为线性增益。死区特性常见于许多控制系统中的测量元件、执行元件，如测量元件的不灵敏区，伺服电机的死区电压（启动电压）。一般情况下要考虑死区特性对系统性能的影响，在工程实践中，有时为了提高系统的抗干扰能力，会人为地引入或增大死区。

3. 间隙特性

间隙特性表现出正向与反向特性不是重叠在一起，而是在输入输出关系上出现闭合回路，即输入输出关系不是单值对应的，又称为滞环特性。间隙特性如图 9–3 所示。其数学表达式为

$$y(t)=\begin{cases}k[x(t)-a], & (\dot{x}(t)>0)\\ k[x(t)+a], & (\dot{x}(t)<0)\end{cases}$$

图中，间隙宽度为 $2a$；k 为线性增益。这类特性表明，当系统静止时，输入信号开始作用，且当输入信号小于间隙 a 时，输出为 0；当输入信号大于间隙 a 时，输出随输入作线性变化。当输入反向时，其输出保持在方向变化时的输出值上，直到输入反向运动到 $2a$ 后，输出才作线性变化。间隙特性常存在于齿轮传动机构中，为保证转动灵活不发生卡死现象，齿轮之间有少量的间隙，当主动轮改变方向时，从动轮保持原位不动，直到间隙消除之后才改变方向。除了齿轮传动中的间隙外，电磁元件的磁滞、液压传动中的油隙均属于这类特性。

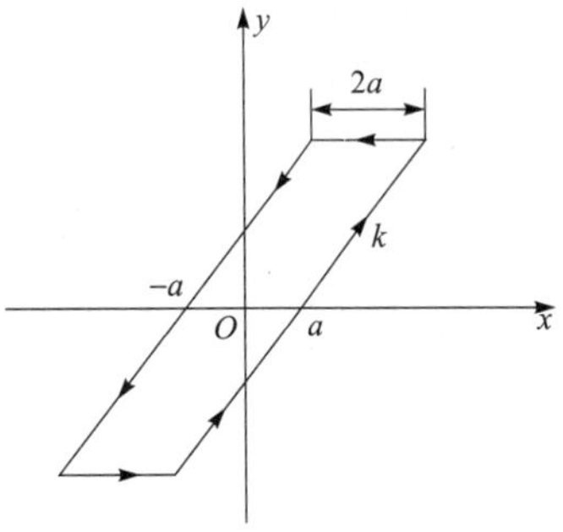

图 9–3　间隙特性

4. 继电器特性

继电器工作的输入输出特性称为继电器特性。继电器的类型较多，从输入输出特性看可以分为如下几种类型。

（1）理想继电器特性

$$y = M\operatorname{sgn} x$$

（2）具有死区的继电器特性

$$y=\begin{cases}M\operatorname{sgn} x, & (|x|>h)\\ 0, & (|x|=h)\end{cases}$$

（3）具有滞环的继电器特性

$$\dot{x}>0,\ y=\begin{cases}-M, & (x\leqslant h)\\ M, & (x>h)\end{cases}$$

（4）具有死区和滞环的继电器特性

$$\dot{x}>0,\ y=\begin{cases}-M, & (x\leqslant -mh)\\ 0, & (-mh<x\leqslant h)\\ M, & (x>h)\end{cases}$$

$$\dot{x}<0,\ y=\begin{cases}M, & (x\geqslant mh)\\ 0, & (-h<x<mh)\\ -M, & (x\leqslant -h)\end{cases}$$

四种继电器特性如图 9–4 所示。

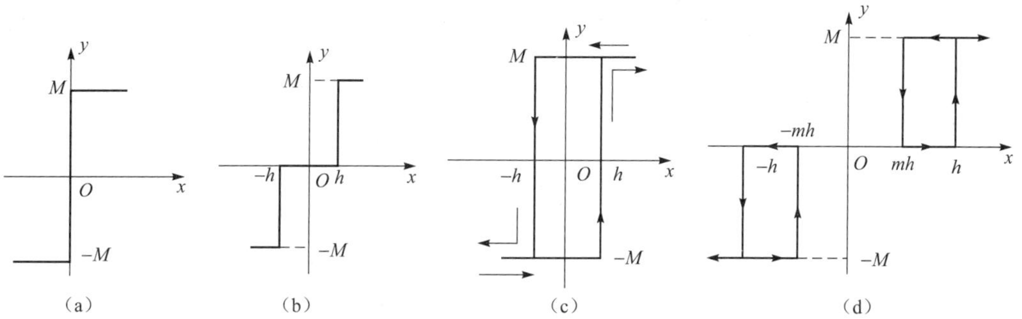

图 9–4 继电器特性

(a)理想继电器特性;(b)具有死区的继电器特性;

(c)具有滞环的继电器特性;(d)具有死区和滞环的继电器特性

继电器特性中死区的存在是由于继电器线圈需要一定数量的电流才能产生吸合作用。滞环的存在是由于铁磁元件磁滞特性使继电器的吸上电流与释放电流不一样大。

9.1.2 非线性系统的特点

非线性系统与线性系统相比，有许多特点。

1. 稳定性

在线性系统中，系统的稳定性只取决于系统的结构和参数，而与初始条件和输入信号无关，但非线性系统则不同，其稳定性不仅与系统结构参数有关，并且还与输入信号和初始条件有关。系统在某些初始条件或输入信号下是稳定的，而在另一些初始条件或输入信号下却是不稳定的。

2. 动态响应

线性系统的动态过程与输入信号、初始条件无关。运动状态或收敛于平衡状态或发散，只有当系统处于临界稳定时，才会出现等幅振荡。但实际上，只要系统参数稍有变化，系统状态要么发散，要么变为收敛，不能持续保持等幅振荡状态。而对于非线性系统，由于振荡的振幅将受到非线性特性的限制，即使没有受到外界作用，也可能产生具有一定频率和振幅的稳态振荡，这种振荡称为自持振荡、自振荡或自激振荡。它们的出现和自振荡幅值与初始条件和输入的幅度大小有关，改变系统结构，参数能够改变这种自激振荡的振幅和频率。自激振荡是非线性系统研究的重要内容之一。通常情况下，系统正常工作时不希望产生自激振荡，要想办法抑制它，但在有些情况下，为达到某种目的，却特意引用自激振荡。

3. 频率响应

频率响应又叫正弦稳态响应。对于线性系统，当输入信号为正弦信号时，其输出的稳态分量是同频率的正弦信号。而对于非线性系统，当输入信号是正弦信号时，其稳态输出通常是含有高次谐波分量的非正弦周期函数。

4. 叠加原理

对于线性系统，描述其运动状态的数学模型是线性微分方程，其基本特性就是叠加原理。对于非线性系统，不能使用叠加原理。

9.2 非线性系统的分析方法

9.2.1 描述函数法

描述函数法是一种频域分析方法，是线性环节频率特性法在非线性特性中的推广。其基本思想是在一定条件下用非线性环节在正弦信号作用下输出信号的基波分量代替整个输出，得出非线性环节的等效近似频率特性。

在应用描述函数法分析非线性系统时，要求元件和系统必须满足以下条件：

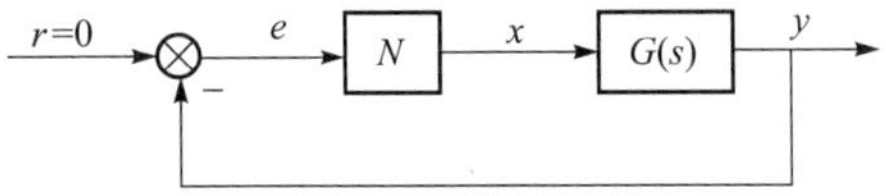

图 9–5 非线性系统简化结构

（1）非线性系统的结构要简化为只有一个非线性环节 N 和一个线性部分 $G(s)$ 相串联的闭环结构，如图 9–5 所示。

（2）非线性环节的输入输出特性是奇对称的，即 $x(-e)=-x(e)$，由此可以保证非线性环节在正弦输入信号作用下的输出不含直流分量，即输出的平均值为零。

（3）系统的线性部分具有良好的低通特性，这样当非线性元件输出的高次谐波通过线性部分后被大大削弱。线性部分的低通滤波性越好，描述函数法分析结果越准确。

（4）非线性环节中不包含储能元件，其输出与输入信号的频率无关。

非线性环节的描述函数计算按以下步骤进行。

第一步：设非线性环节的输入信号为正弦信号

$$e(t)=A\sin\omega_0 t$$

则非线性环节的输出 $x(t)$ 是一个非正弦周期函数。

第二步：将 $x(t)$ 展开成傅里叶级数

$$\begin{aligned}x(t) &= A_0+\sum_{k=1}^{\infty}(A_k\cos k\omega_0 t+B_k\sin k\omega_0 t)\\ &= A_0+\sum_{k=1}^{\infty}X_k\sin(k\omega_0 t+\varphi_k)\end{aligned}$$

式中，A_0 是直流分量。由于非线性环节的输入输出是奇对称的，所以 $A_0=0$。另外

$$A_k=\frac{1}{\pi}\int_0^{2\pi}x(t)\cos(k\omega_0 t)\mathrm{d}t$$

$$B_k=\frac{1}{\pi}\int_0^{2\pi}x(t)\sin(k\omega_0 t)\mathrm{d}t$$

$$X_k=\sqrt{A_k^2+B_k^2}$$

$$\varphi_k=\arctan\left(\frac{B_k}{A_k}\right)$$

由傅里叶级数展开式可以看出，非线性环节的输出不仅含有基波分量，而且还含有高次谐波分量，通过线性部分后，使高次谐波分量大为衰减。

第三步：取傅里叶级数中的基波，给出描述函数定义式，求得其描述函数。此时输出的

基波分量为

$$x_1(t)=A_1\cos\omega_0 t+B_1\sin\omega_0 t=X_1\sin(\omega_0 t+\varphi_1)$$

其中：

$$A_1=\frac{1}{\pi}\int_0^{2\pi}x(t)\cos(\omega_0 t)\mathrm{d}t$$

$$B_1=\frac{1}{\pi}\int_0^{2\pi}x(t)\sin(\omega_0 t)\mathrm{d}t$$

$$X_1=\sqrt{A_1^2+B_1^2}$$

$$\varphi_1=\arctan\left(\frac{B_1}{A_1}\right)$$

类似于线性环节频率特性的定义，非线性环节的描述函数定义为非线性环节输出的基波分量与正弦输入的复数化，记为 $N(A)$ 。

$$N(A)=\frac{X_1(\mathrm{j}\omega)}{E(\mathrm{j}\omega)}=\frac{X_1}{A}\mathrm{e}^{\mathrm{j}\varphi_1}$$

当 $\varphi_1\neq 0$ 时，N 是一个复数。如果非线性特性为单值奇函数时， $A_1=0$， $\varphi_1=0$ ，于是有 $N(A)=\dfrac{B_1}{A}$ ，这时的描述函数是一个实函数，输出的基波信号 $x_1(t)$ 与输入正弦信号 $e(t)$ 是同相位的。典型非线性环节的描述函数见表 9–1。

表 9–1　非线性环节的描述函数

名称	非线性特性	描述函数
理想继电器特性	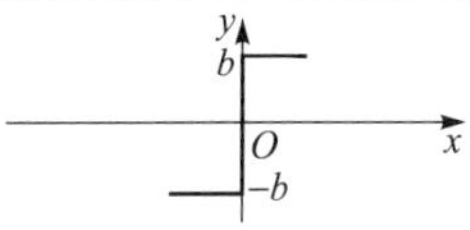	$N(A)=\dfrac{4b}{\pi A}$
具有死区的继电器特性	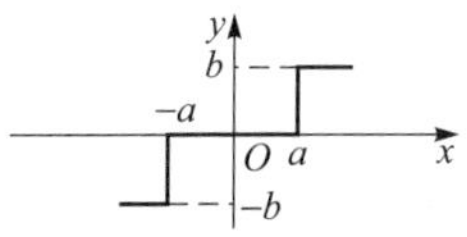	$N(A)=\dfrac{4b}{\pi A}\left[\sqrt{1-\left(\dfrac{a}{A}\right)^2}\right](A>a)$
具有滞环的继电器特性	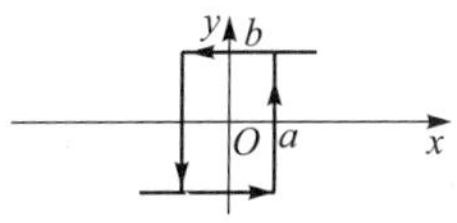	$N(A)=\dfrac{4b}{\pi A}\left[\sqrt{1-\left(\dfrac{a}{A}\right)^2}-\mathrm{j}\dfrac{a}{A}\right](A>a)$
典型继电器特性	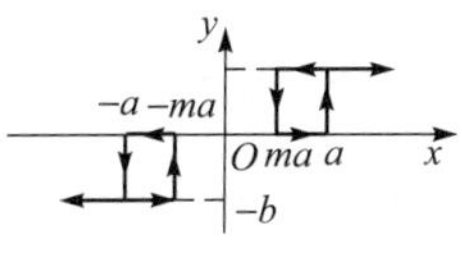	$N(A)=\dfrac{2b}{\pi A}\left[\sqrt{1-\left(\dfrac{a}{A}\right)^2}+\sqrt{1-\left(\dfrac{ma}{A}\right)^2}+\mathrm{j}\dfrac{a(m-1)}{A}\right](A>a)$
变增益特性	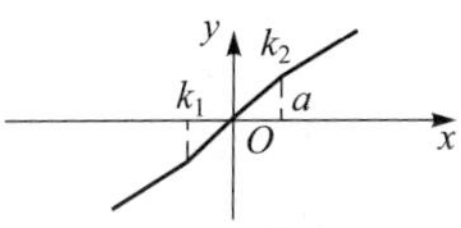	$N(A)=k_2+\dfrac{2(k_1-k_2)}{\pi}\left[\arcsin\dfrac{a}{A}+\dfrac{a}{A}\sqrt{1-\left(\dfrac{a}{A}\right)^2}\right](A>a)$

续表

名称	非线性特性	描述函数
饱和特性	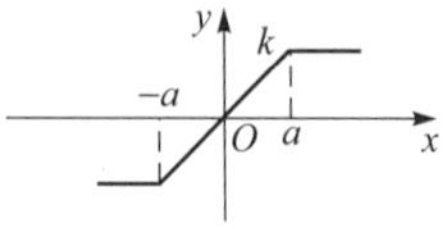	$N(A)=\frac{2k}{\pi}\left[\arcsin\frac{a}{A}+\frac{a}{A}\sqrt{1-\left(\frac{a}{A}\right)^2}\right](A>a)$
死区特性（一）	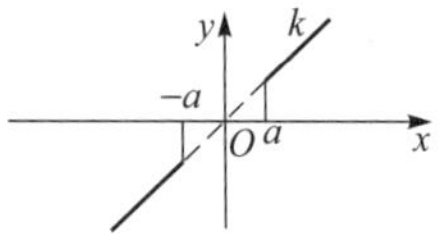	$N(A)=\frac{2k}{\pi}\left[\frac{\pi}{2}-\arcsin\frac{a}{A}+\frac{a}{A}\sqrt{1-\left(\frac{a}{A}\right)^2}\right](A>a)$
死区特性（二）	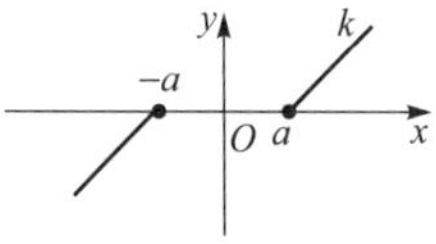	$N(A)=k-\frac{2k}{\pi}\left[\arcsin\frac{a}{A}+\frac{a}{A}\sqrt{1-\left(\frac{a}{A}\right)^2}\right](A>a)$
具有死区的饱和特性	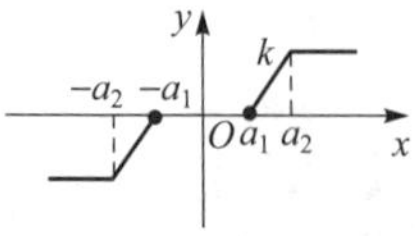	$N(A)=\frac{2k}{\pi}\left[\arcsin\frac{a_2}{A}-\arcsin\frac{a_1}{A}+\frac{a_2}{A}\sqrt{1-\left(\frac{a_2}{A}\right)^2}-\frac{a_1}{A}\sqrt{1-\left(\frac{a_1}{A}\right)^2}\right](A>a_2)$
间隙特性	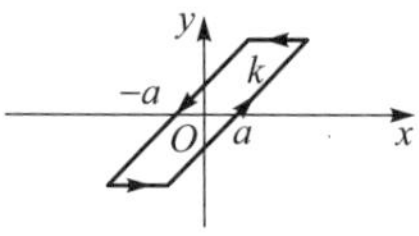	$N(A)=\frac{k}{\pi}\left[\frac{\pi}{2}+\arcsin\left(\frac{A-2a}{A}\right)+\left(\frac{A-2a}{A}\right)\sqrt{1-\left(\frac{A-2a}{A}\right)^2}\right]+$ $\mathrm{j}\frac{4k}{\pi}\left[\frac{a(a-A)}{A^2}\right](A>a)$
单值非线性	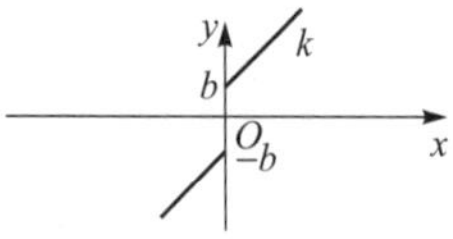	$N(A)=k+\frac{4b}{\pi A}$
三次曲线	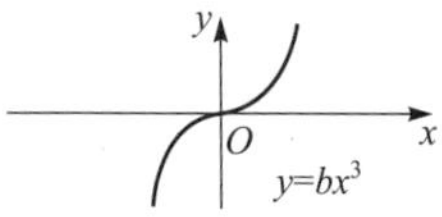	$N(A)=\frac{3}{4}bA^2$

9.2.2 组合非线性特性的描述函数

当非线性系统中含有两个或两个以上非线性环节时，要求出等效的非线性特性的描述函数。

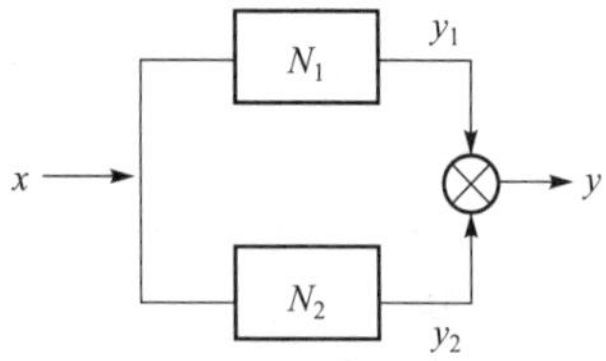

图 9–6 非线性环节并联

1. 非线性环节并联

两个非线性环节并联的系统如图 9–6 所示。当输入为 $x(t)$ 时，两个环节的输出基波分量分别是输入信号乘以各自的描述函数，即

$$y_1(t)=x(t)\cdot N_1(A)=A\sin\omega_0 t\cdot N_1(A)$$

$$y_2(t)=x(t)\cdot N_2(A)=A\sin\omega_0 t\cdot N_2(A)$$

总的输出基波分量为 $y(t)=y_1(t)+y_2(t)=(N_1+N_2)\cdot A\sin\omega_0 t$，即非线性环节并联后总的描述函数等于各非线性环节描述函数之和。

2. 非线性环节串联

串联非线性环节总的描述函数不等于每个非线性环节描述函数的乘积，应当首先求出串联非线性环节的等效非线性特性，然后根据等效非线性特性求出总的描述函数。并且如果环节串联顺序发生变化，则等效的非线性特性会不相同，总的描述函数也不一样。非线性环节串联如图 9–7 所示。

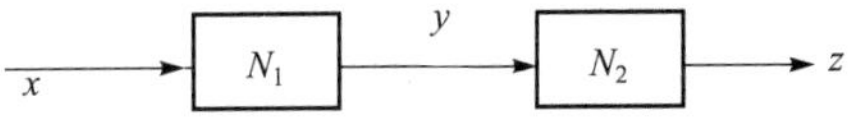

图 9–7　非线性环节串联

例 9.1　两个非线性环节并联如图 9–8 所示，求等效的非线性特性。

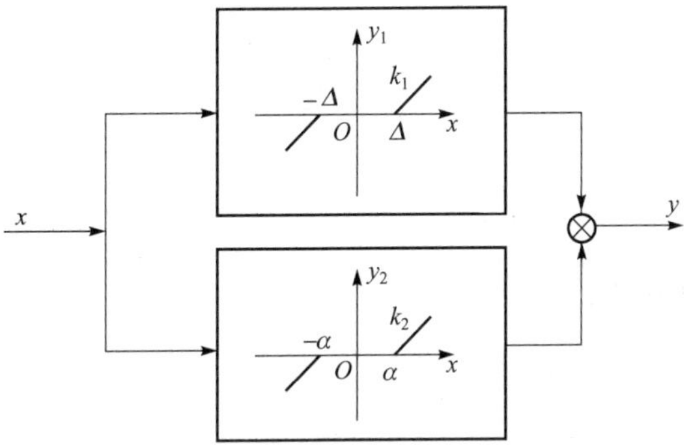

图 9–8　例 9.1 图

解：由于非线性特性具有对称性，所以给出正半周期表达式。

$$y_1=\begin{cases}0, & (0\leqslant x<\varDelta)\\ k_1(x-\varDelta), & (x\geqslant\varDelta)\end{cases}$$

$$y_2=\begin{cases}0, & (0\leqslant x<\alpha)\\ k_2(x-\alpha), & (x\geqslant\alpha)\end{cases}$$

假设 $\alpha>\varDelta$，则

$$y=y_1+y_2=\begin{cases}0, & (0\leqslant x<\varDelta)\\ k_1(x-\varDelta), & (\varDelta\leqslant x<\alpha)\\ k_1(x-\varDelta)+k_2(x-\alpha), & (x\geqslant\alpha)\end{cases}$$

等效特性图如图 9–9 所示。

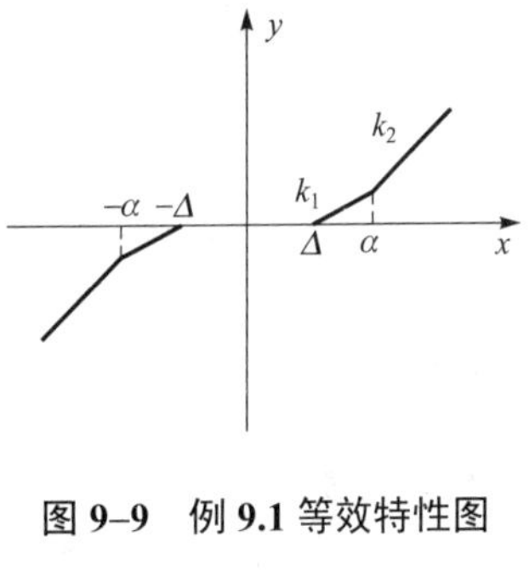

图 9–9　例 9.1 等效特性图

例 9.2　两个非线性环节以如图 9–10 所示的两种顺序串联，求等效的非线性特性。

解：第（1）种情况

$$z=\begin{cases}0, & (0\leqslant y<s)\\ M, & (y\geqslant s)\end{cases}$$

$$y=\begin{cases}0, & (0\leqslant x<\varDelta)\\ k(x-\varDelta), & (x\geqslant\varDelta)\end{cases}$$

令 $y=k(x-\varDelta)=s$，则 $x=\varDelta+\dfrac{s}{k}$。

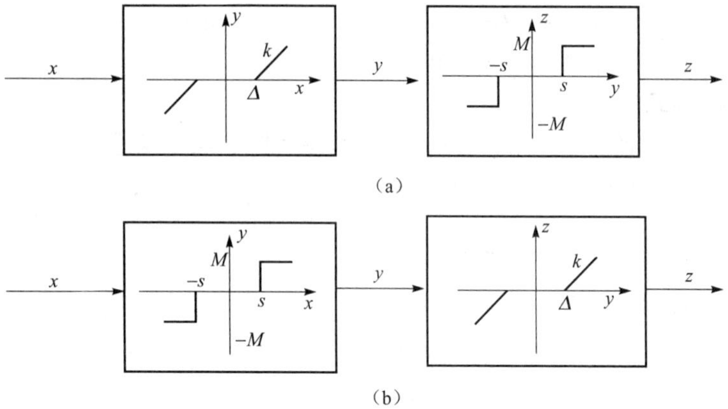

图 9–10　例 9.2 图

（a）、（b）两种顺序的串联

当 $x \geqslant \Delta+\dfrac{s}{k}$，即 $y \geqslant s$ 时，$z=M$；

当 $0 \leqslant x < \Delta+\dfrac{s}{k}$，即 $0 \leqslant y < s$ 时，$z=0$。

根据对称性，等效的非线性特性如下：

$$z=\begin{cases} M, & \left(x \geqslant \Delta+\dfrac{s}{k}\right) \\ 0, & \left(-\Delta-\dfrac{s}{k} < x < \Delta+\dfrac{s}{k}\right) \\ -M, & \left(x \leqslant -\Delta-\dfrac{s}{k}\right) \end{cases}$$

等效特性图如图 9–11 所示。

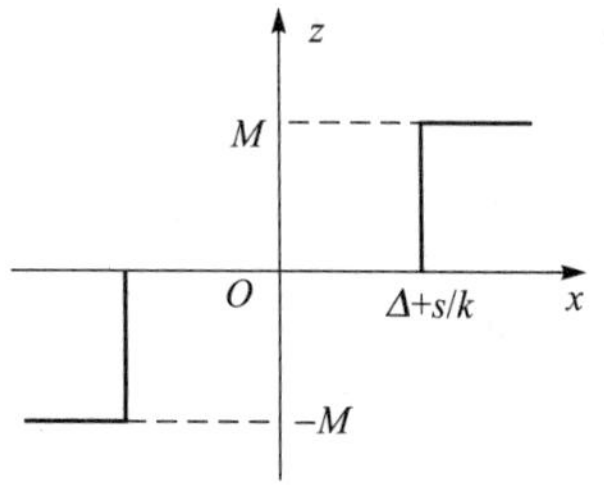

图 9–11　例 9.2（a）等效特性图

第（2）种情况：

$$z=\begin{cases} 0, & (0 \leqslant y < \Delta) \\ k(y-\Delta), & (y \geqslant \Delta) \end{cases}$$

$$y=\begin{cases} 0, & (0 \leqslant x < s) \\ M, & (x \geqslant s) \end{cases}$$

当 $x \geqslant s$ 时，$y=M$，因为 $M > s$，所以 $z=k(M-\Delta)$；

当 $x < s$ 时，$y=0$，$z=0$。

故等效非线性特性为

$$z=\begin{cases} k(M-\Delta), & (x \geqslant s) \\ 0, & (-s < x < s) \\ -k(M-\Delta), & (x \leqslant -s) \end{cases}$$

等效特性图如图 9–12 所示。

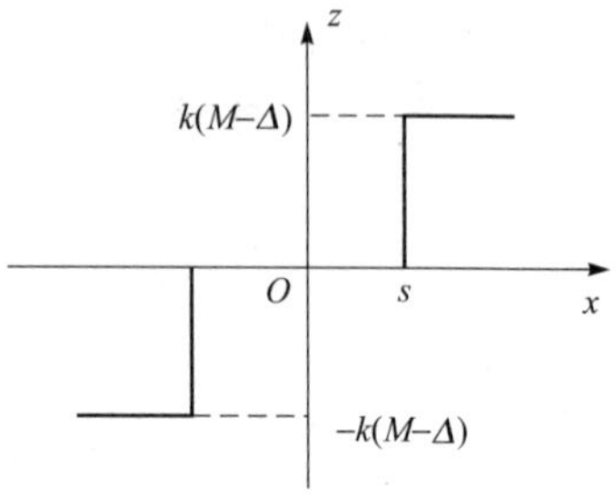

图 9–12　例 9.2（b）等效特性图

9.3　用描述函数法分析稳定性

9.3.1　非线性系统的稳定性分析

描述函数法本质上是一种频率响应法，用描述函数法分析非线性系统的稳定性实质上是线性系统奈奎斯特稳定判据在非线性系统中的推广。用描述函数法分析非线性系统时，首先将系统简化为如图 9–13 所示结构，其中：$N(A)$为等效非线性部分；$G(s)$为等效线性部分。采用描述函数法，系统的闭环频率响应为

$$\frac{Y(\mathrm{j}\omega)}{R(\mathrm{j}\omega)}=\frac{N(A)G(\mathrm{j}\omega)}{1+N(A)G(\mathrm{j}\omega)}$$

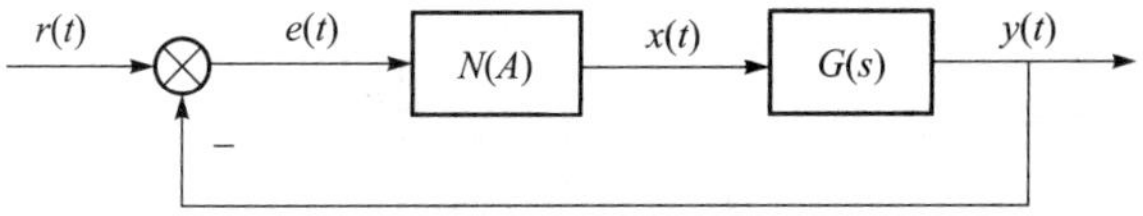

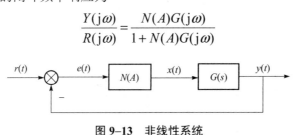

图 9–13　非线性系统

系统的特征方程为：$1+N(A)G(\mathrm{j}\omega)=0$ 或 $G(\mathrm{j}\omega)=-\dfrac{1}{N(A)}$。其中 $-\dfrac{1}{N(A)}$ 称为非线性特性的负倒描述函数，复平面上 $-\dfrac{1}{N(A)}$ 的轨迹是稳定的临界线，因此可以利用 $-\dfrac{1}{N(A)}$ 轨迹与 $G(\mathrm{j}\omega)$ 轨迹之间的相对位置来判别系统稳定性。

为了判别系统的稳定性，画出 $-\dfrac{1}{N(A)}$ 和 $G(\mathrm{j}\omega)$ 的轨迹，如图 9–14 所示的 3 种情况。

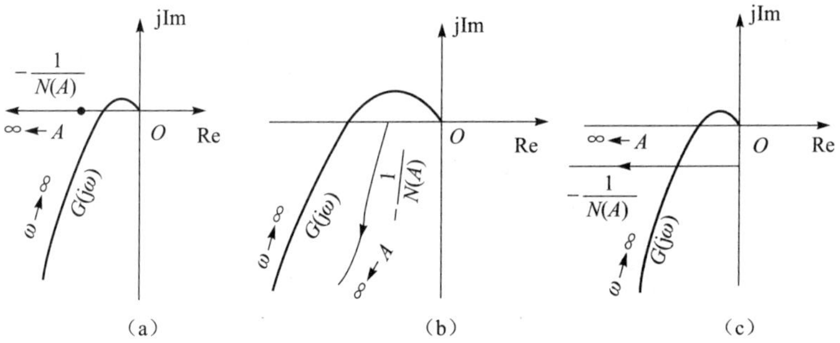

图 9–14　非线性系统稳定性分析

（a）稳定；（b）不稳定；（c）振荡

判断非线性系统稳定性的方法如下：

（1）如果在复平面上，$-\dfrac{1}{N(A)}$ 曲线不被 $G(\mathrm{j}\omega)$ 的曲线包围，如图 9–14（a）所示，则非线性系统是稳定的。

（2）如果在复平面上，$-\dfrac{1}{N(A)}$ 曲线被 $G(\mathrm{j}\omega)$ 的曲线包围，如图 9–14（b）所示，则非线

性系统是不稳定的。

（3）如果在复平面上，$-\dfrac{1}{N(A)}$ 曲线与 $G(\mathrm{j}\omega)$ 曲线相交，如图 9–14（c）所示，则在非线性系统中产生周期性振荡，振荡的振幅由 $-\dfrac{1}{N(A)}$ 曲线交点处对应的 A 值决定，振荡的频率由 $G(\mathrm{j}\omega)$ 曲线交点处的 ω 值决定。

9.3.2 自持振荡分析

若复平面中 $-\dfrac{1}{N(A)}$ 曲线与 $G(\mathrm{j}\omega)$ 曲线相交，即方程

$$G(\mathrm{j}\omega)=-\frac{1}{N(A)}$$

有解，则交点处对应着等幅振荡，其方程的解 ω 和 A 分别对应着这个周期运动信号的频率和振幅。若系统受到一个瞬时扰动偏离原来状态，扰动消失后，系统又恢复到原来频率和振幅的等幅持续振荡，则该稳定的等幅振荡被称为自持振荡；反之，若该振荡不能稳定地存在，则必然转移到其他运动状态。其他状态有可能是由原来的周期运动变为收敛、发散或另一稳定的周期状态。

以图 9–15 为例，图中 $-\dfrac{1}{N(A)}$ 与 $G(\mathrm{j}\omega)$ 有两个交点 a 和 b，它们对应于不同的振荡频率和振幅。设 a 点的振幅及频率为 A_a 与 ω_a，b 点的振幅及频率为 A_b 与 ω_b，在这两点产生的周期运动是否为自持振荡，需要进行具体分析。首先来看 a 点，如果受到一个轻微的扰动使振荡的振幅略有增大，这时工作将沿 $-\dfrac{1}{N(A)}$ 曲线上 A 增大的方向移动到 c 点，由于 c 点不被 $G(\mathrm{j}\omega)$ 所包围，系统稳定，所以响应要收敛，振幅要衰减，逐步恢复到 A_a，返回工作点 a；若由于扰动使振荡的振幅略有减小，则工作点将沿 $-\dfrac{1}{N(A)}$ 曲线由 a 点转移到 d 点，由于 d 点被 $G(\mathrm{j}\omega)$ 所包围，系统不稳定，响应要发散，振幅将变大，工作点又从 d 点返回 a 点。由此可见 a 是稳定工作点，可以形成稳定的自持振荡。

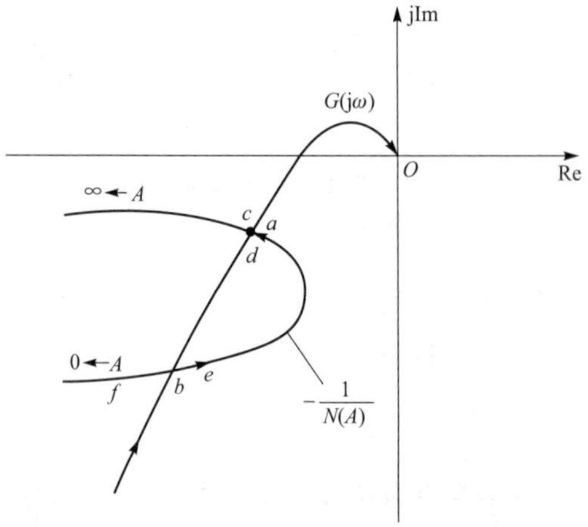

图 9–15　自持振荡分析

用同样的方法可以分析 b 点，可知 b 点的振荡状态将随扰动作用如此变化，扰动使振幅增大时，b 点转移到振幅更大的点 e；扰动使振幅减小时，b 点转移到振幅衰减的点 f，因此 b 点对应的周期振荡不是稳定的，在 b 点不产生自持振荡。

由上述分析可知，如图 9–15 所示的系统最终呈现两种可能的运动状态：当扰动较小时，即扰动振幅小于 A_b 时，系统收敛，不出现自持振荡；当扰动较大，其振幅超过 A_a 时，系统将出现自持振荡，其振幅为 A_a，频率为 ω_a。

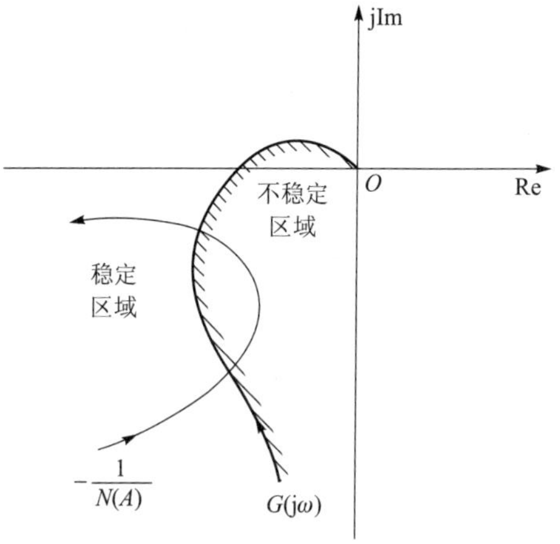

图 9–16　周期运动稳定性判别

若将 $G(j\omega)$ 曲线包围的区域看成是不稳定区域，不被 $G(j\omega)$ 曲线包围的区域看成是稳定区域，如图 9–16 所示，则判断 $-\dfrac{1}{N(A)}$ 与 $G(j\omega)$ 曲线交点是否产生自持振荡的一个简便方法是：当交点处的 $-\dfrac{1}{N(A)}$ 曲线沿 A 增加的方向由不稳定区进入稳定区时，则该点产生稳定的周期运动，即产生自持振荡；反之，若交点处的 $-\dfrac{1}{N(A)}$ 曲线沿 A 增加的方向由稳定区进入不稳定区时，该交点产生不稳定的周期运动，不产生自持振荡。

习　　题

9.1　将如习题图 9–1（1）（2）（3）所示非线性系统简化成典型结构形式，并写出等效线性部分的传递函数。

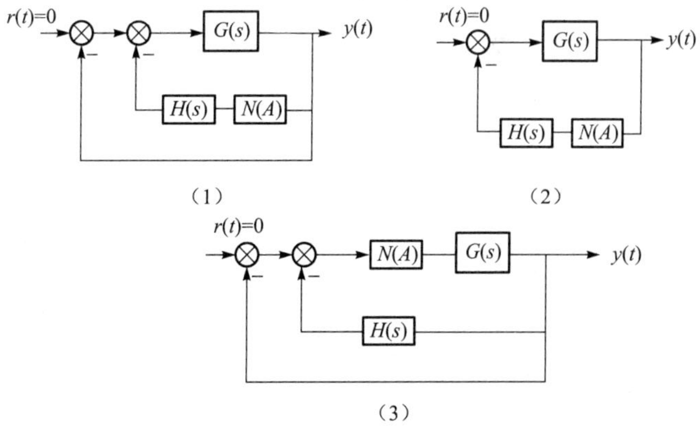

习题图 9–1

9.2　试求如习题图 9–2（1）（2）（3）所示非线性特性的描述函数。

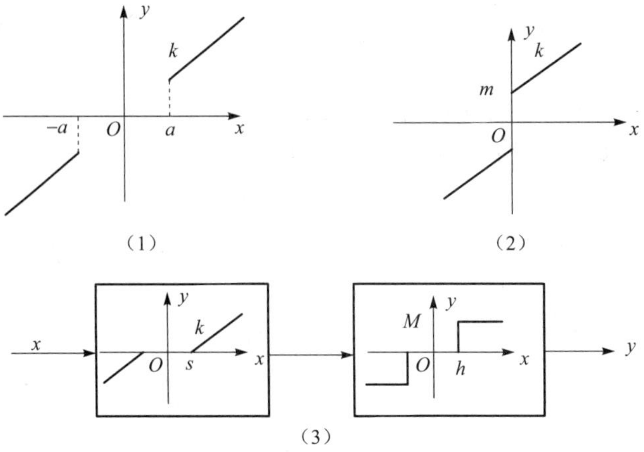

习题图 9–2

9.3　某非线性控制系统如习题图 9–3 所示，试确定系统自持振荡的振幅和频率。

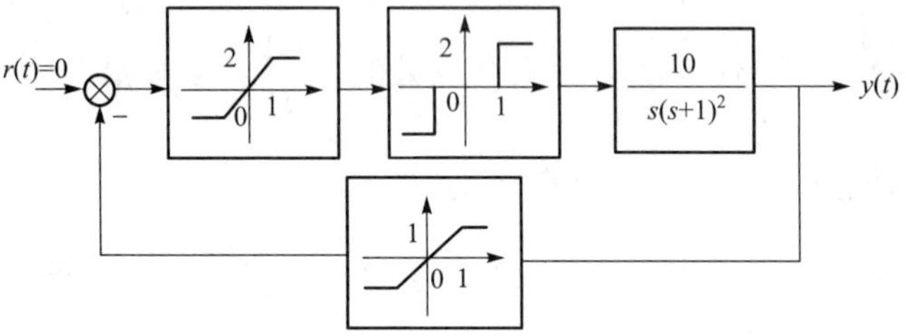

习题图 9–3

9.4　某非线性控制系统如习题图 9–4 所示，其中非线性环节的描述函数为 $N(A)=\dfrac{4M}{\pi A}$。

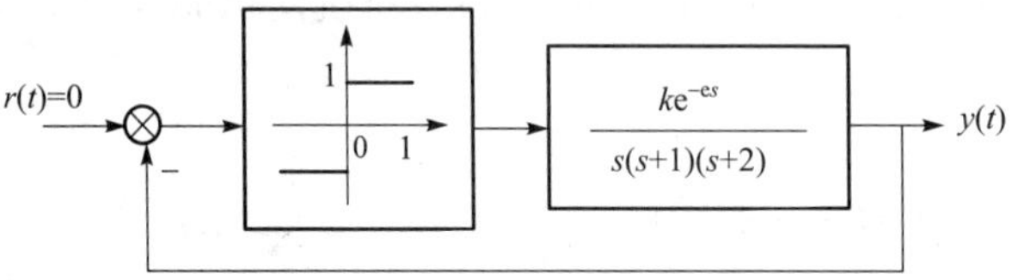

习题图 9–4

（1）当 $\tau=0$ 时，若使系统产生幅值 $A=\dfrac{2}{3}$ 的自振，k 取何值，自振频率 ω 为何值？

（2）当 $\tau\neq 0$ 时，若使系统产生幅值 $A=2$ 的自振，k 取何值，τ 为何值？

9.5　某非线性控制系统如习题图 9–5 所示，其中非线性环节的描述函数为 $N(A)=\dfrac{4b}{\pi A}\sqrt{1-\left(\dfrac{a}{A}\right)^2}$，$a=b=1$。

（1）当 $G_1(s)=\dfrac{1}{s(s+1)}$，$G_2(s)=\dfrac{2}{3}$，$G_3(s)=1$ 时，分析系统是否会产生自持振荡，若产生，求自持振荡的振幅和频率；

（2）当（1）中的 $G_3(s)=s$ 时，分析系统的稳定性。

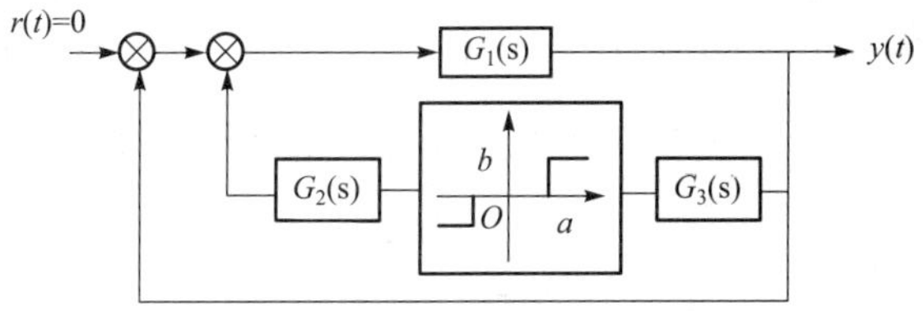

习题图 9–5

9.6　已知非线性控制系统如习题图 9–6 所示，为使系统不产生自持振荡，试确定继电特性 a 和 b 的关系。

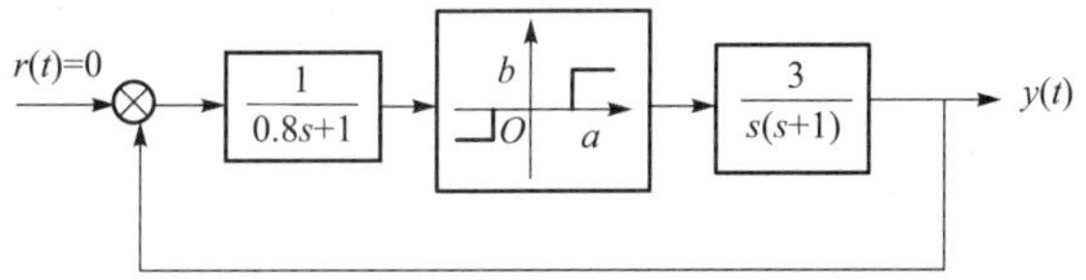

习题图 9–6

9.7　非线性控制系统如习题图 9–7 所示，分析 k 值的大小对系统自由运动的影响，若产生自持振荡，求振荡频率 ω，其中 $N(A)=k-\frac{2k}{\pi}\arcsin\frac{\Delta}{A}+\frac{4M-2k\Delta}{\pi A}\sqrt{1-\left(\frac{\Delta}{A}\right)^2}$ 。

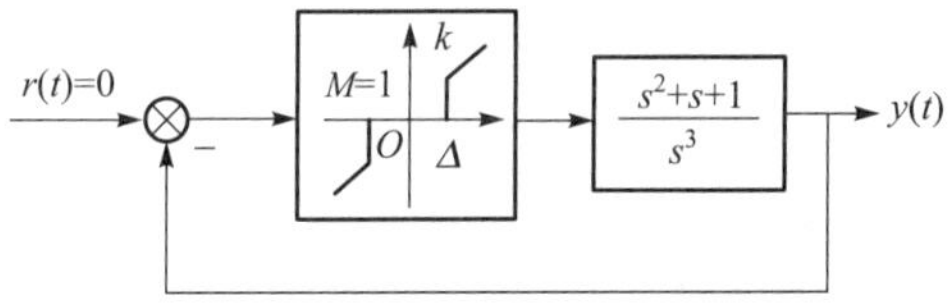

习题图 9–7

9.8　非线性控制系统如习题图 9–8 所示，分析系统的稳定性，并确定系统输出的振幅和频率，其中 $N(A)=\frac{4M}{\pi A}\sqrt{1-\left(\frac{h}{A}\right)^2}-\mathrm{j}\frac{4Mh}{\pi A^2}$， $A\geqslant h,\ M=1,\ h=0.2$ 。

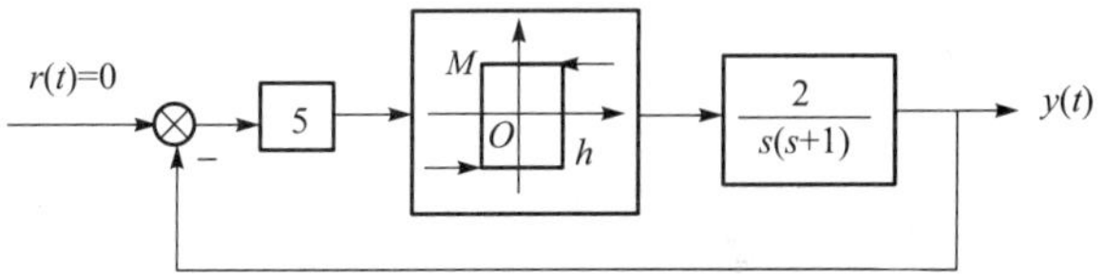

习题图 9–8

9.9　非线性系统如习题图 9–9 所示，分析系统的稳定性。

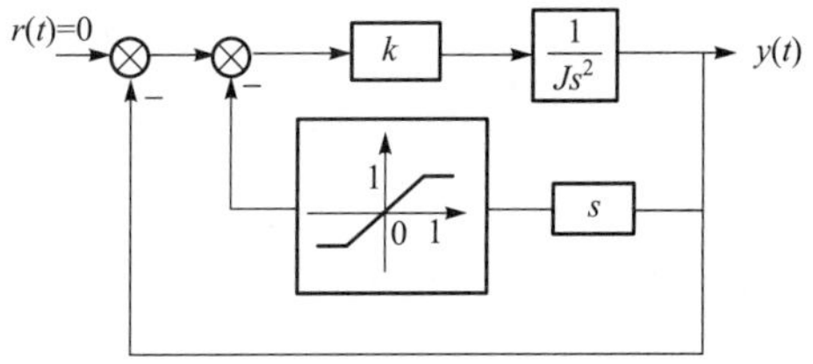

习题图 9–9

9.10 某非线性控制系统如习题图 9–10 所示，其中 $G_c(s)$ 为校正环节传递函数，$G_c(s)=\dfrac{a\tau s+1}{\tau s+1}$，分析（1）$0<a<1$、（2）$a>1$ 时系统的稳定性。

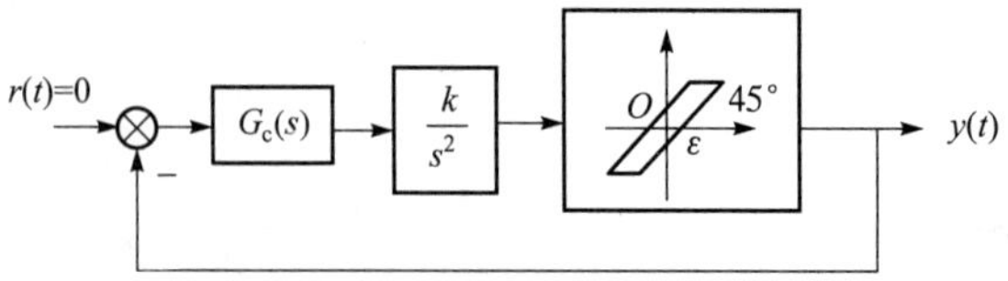

习题图 9–10

参考文献

［1］胡寿松. 自动控制原理（修订版）［M］. 北京：国防工业出版社，1984.
［2］绪芳胜彦. 现代控制工程［M］. 北京：科学出版社，1976.
［3］梅晓榕. 自动控制原理［M］. 北京：科学出版社，2002.
［4］吴麒. 自动控制原理［M］. 北京：清华大学出版社，1990.
［5］孔凡才. 自动控制原理与系统（第 2 版）［M］. 北京：机械工业出版社，1995.
［6］李文秀. 自动控制原理［M］. 哈尔滨：哈尔滨工程大学出版社，2001.
［7］［美］R・C・多尔夫，R・H・毕晓普. 现代控制系统［M］. 北京：科学出版社，2005.
［8］Eveleigh V. W. Introduction to Control Systems Design［M］. Syrause, New York: 1973.
［9］吴沧浦. 最优控制理论与方法［M］. 北京：国防工业出版社，1989.
［10］蔡尚峰. 自动控制理论［M］. 北京：机械工业出版社，1980.
［11］自动化名词审定委员会. 自动化名词［M］. 北京：科学出版社，1991.
［12］Kuo B. C. Digital Control Systems［M］. Holt, Rinehartand Winston. Inc.，1980.
［13］李友善. 自动控制原理（修订版）［M］. 北京：国防工业出版社，1989.
［14］许可康. 线性系统控制理论讲义［M］. 北京：中国科学院，1991.
［15］李光泉. 自动控制原理［M］. 北京：机械工业出版社，1987.